代数[illegible]讲

科学出版社

北京

内 容 简 介

本书以高等代数所体现的数学思维方式与数学思想为切入点，将高等代数主要的知识点按照不同思维方式与数学思想归类，这些数学思想包括特殊与一般、五个重要结论、扩充与限制、递推与数学归纳法、化归思想、利用多项式的根、整体与局部、构造思想. 通过对数学思想与高等代数内容的紧密结合，力图起到提纲挈领的作用，为深入掌握高等代数的内容提供帮助.

本书力求简明扼要便于阅读，主要作为大学生学完高等代数后的考研教材，还可作为学习代数思想方法的教材.

图书在版编目(CIP)数据

代数选讲/乔虎生编著. —北京：科学出版社，2022.12

ISBN 978-7-03-074206-3

Ⅰ. ①代… Ⅱ. ①乔… Ⅲ. ①线性代数-研究生-入学考试-自学参考资料 Ⅳ. ①O151.2

中国版本图书馆 CIP 数据核字(2022) 第 235826 号

责任编辑：李 欣 李 萍／责任校对：樊雅琼

责任印制：吴兆东／封面设计：无极书装

科学出版社出版

北京东黄城根北街 16 号

邮政编码：100717

http://www.sciencep.com

北京中科印刷有限公司印刷

科学出版社发行 各地新华书店经销

*

2022 年 12 月第 一 版 开本：720 × 1000 1/16

2022 年 12 月第一次印刷 印张：14 3/4

字数：295 000

定价：88.00 元

(如有印装质量问题，我社负责调换)

前　言

“高等代数”，是一门重要的大学数学课程.

老子说：有道无术，术尚可求也. 有术无道，止于术. 庄子说：以道驭术，术必成. 离道之术，术必衰.《孙子兵法》说：道为术之灵，术为道之体；以道统术，以术得道.

那么，什么是“高等代数”中的“道”与“术”呢？

如果把本书所讲的某种思维方式和数学思想看作“道”，那么具体的解题方法就是“术”. 道是道理、规律；术是技术方法. 常见的教材大多数按照内容来编排，围绕一个主题为重点展开，比如“行列式”“多项式”等等. 本书则是在“道”的方面的一个尝试，试图通过不同主题之间在思维方式与思想方面的共同点，把不同主题联系在一起. 学生学完一门课程，多年后，细节未必记得，而其思维方式往往印象最深刻，其实这也是最重要的内容之一.

本书帮助已经学完大学“高等代数”的基础内容的同学，进一步从思维方式与数学思想的角度，深入系统掌握“高等代数”的内容. 本书与刘仲奎等编写的《高等代数》教材配合使用，以课本中出现的例子作为思想的引子. 通过讲解“高等代数”的思维方式与数学思想，应考学生能够快速掌握核心内容，心中形成某几种清晰的思维方式与数学思想. 因开设一门“代数选讲”课程，故本书取名《代数选讲》.

本书希望起到的作用是：尽量从思维方式的角度，涵盖“高等代数”中的主要内容. 对于一道题目的解答，采用本书所讨论的思维方式与数学思想，按图索骥，可以在思路方面受到一定的启发.

非常感谢西北师范大学数学与统计学院对本书编写工作的鼓励与支持. 本书的出版得到甘肃省数学优势学科建设经费的支持. 特别感谢刘仲奎、杨永保、陈祥恩、杨世洲、程辉、汪小琳、王占平、张文汇、卢博、田双亮、张佳等老师，他们前期编写的资料，为本书提供了很好的素材.

本书是从“高等代数”思维方式和数学思想的角度思考的一个尝试. 作者水平有限，书中不足之处在所难免，欢迎读者批评指正，不胜感激.

作　者

2022 年 1 月

目　　录

第 1 章　基本知识

本章所列的基本知识，是绝大多数高等代数教材中都会有的, 属于高等代数最基本的内容. 本书可供已经学习过高等代数的同学复习考研使用, 结论作为常识, 除特别原因, 一般不重复列出证明.

1.1　基本概念

定义 1.1.1　n 阶行列式指的是数学记号

$$\begin{vmatrix} a_{11} & a_{12} & \cdots & a_{1n} \\ a_{21} & a_{22} & \cdots & a_{2n} \\ \vdots & \vdots & & \vdots \\ a_{n1} & a_{n2} & \cdots & a_{nn} \end{vmatrix}.$$

它表示 $n!$ 项的代数和, 每一项是一切可能的取自不同行、不同列的 n 个元素的乘积 $a_{1j_1}a_{2j_2}\cdots a_{nj_n}$. 项 $a_{1j_1}a_{2j_2}\cdots a_{nj_n}$ 带有符号 $(-1)^{\pi(j_1j_2\cdots j_n)}$, 即

$$\begin{vmatrix} a_{11} & a_{12} & \cdots & a_{1n} \\ a_{21} & a_{22} & \cdots & a_{2n} \\ \vdots & \vdots & & \vdots \\ a_{n1} & a_{n2} & \cdots & a_{nn} \end{vmatrix} = \sum_{j_1j_2\cdots j_n} (-1)^{\pi(j_1j_2\cdots j_n)}\, a_{1j_1}a_{2j_2}\cdots a_{nj_n},$$

这里 $\sum\limits_{j_1j_2\cdots j_n}$ 是对数码 $1,2,\cdots,n$ 构成的所有排列 $j_1j_2\cdots j_n$ 求和.

有时用符号 $|a_{ij}|$ 或 $\det(a_{ij})$ 表示上述 n 阶行列式. 一阶行列式 $|a|$ 就是数 a.

定义 1.1.2　设 $\boldsymbol{A}$ 是数域 F 上的 n 阶方阵, $\lambda \in F$. 如果存在 F 上的 n 维非零列向量 $\boldsymbol{\alpha}$, 使得

$$\boldsymbol{A\alpha} = \lambda\boldsymbol{\alpha},$$

那么称 λ 是 $\boldsymbol{A}$ 的特征根, 称 $\boldsymbol{\alpha}$ 为矩阵 $\boldsymbol{A}$ 的属于特征根 λ 的特征向量.

定义 1.1.3　设 $\boldsymbol{A} = (a_{ij}) \in M_n(F)$. 称 n 阶行列式

$$f_{\boldsymbol{A}}(x) = \det(x\boldsymbol{I} - \boldsymbol{A}) = \begin{vmatrix} x - a_{11} & -a_{12} & \cdots & -a_{1n} \\ -a_{21} & x - a_{22} & \cdots & -a_{2n} \\ \vdots & \vdots & & \vdots \\ -a_{n1} & -a_{n2} & \cdots & x - a_{nn} \end{vmatrix}$$

为 $\boldsymbol{A}$ 的特征多项式.

将行列式 $\det(x\boldsymbol{I} - \boldsymbol{A})$ 展开, 可得一个关于 x 的多项式:

$$f_{\boldsymbol{A}}(x) = \det(x\boldsymbol{I} - \boldsymbol{A}) = x^n - (a_{11} + a_{22} + \cdots + a_{nn})x^{n-1} + \cdots + (-1)^n \det \boldsymbol{A}.$$

称 $f_{\boldsymbol{A}}(x)$ 中 x^{n-1} 的系数的相反数 $a_{11}+a_{22}+\cdots+a_{nn}$ 为矩阵 $\boldsymbol{A}$ 的迹, 记作 $\mathrm{tr}(\boldsymbol{A})$.

定义 1.1.4　设 $\boldsymbol{A}, \boldsymbol{B} \in M_n(F)$. 如果存在可逆矩阵 $\boldsymbol{P} \in M_n(F)$, 使得

$$\boldsymbol{P}^{-1}\boldsymbol{A}\boldsymbol{P} = \boldsymbol{B},$$

那么称矩阵 $\boldsymbol{A}$ 与 $\boldsymbol{B}$ 相似, 记作 $\boldsymbol{A} \sim \boldsymbol{B}$.

矩阵的相似关系满足：自反性、对称性和传递性.

定义 1.1.5　设 $\boldsymbol{A}$ 是 n 阶实对称矩阵. 如果 $\boldsymbol{A}$ 的正惯性指数 p 等于 n, 那么称 $\boldsymbol{A}$ 是正定矩阵.

显然正定矩阵的行列式大于零.

定义 1.1.6　设

$$f(x_1, x_2, \cdots, x_n) = \sum_{i=1}^{n}\sum_{j=1}^{n} a_{ij}x_ix_j$$

是实数域上的 n 元二次型. 如果对变量 $x_1, x_2, \cdots, x_n$ 任取一组不全为零的实数, 实二次型 $f(x_1, x_2, \cdots, x_n)$ 的函数值都是正数, 那么就称二次型 $f(x_1, x_2, \cdots, x_n)$ 是正定二次型.

定义 1.1.7　设 F 是一个数域, x 是一个文字. 数域 F 上关于文字 x 的一元多项式是指形式表达式

$$a_0 + a_1x + a_2x^2 + \cdots + a_{n-1}x^{n-1} + a_nx^n,$$

这里 n 是非负整数, 并且 $a_0, a_1, a_2, \cdots, a_{n-1}, a_n$ 都是 F 中的数.

通常, 我们把多项式用 $f(x), g(x), \cdots$ 来表示. 数域 F 上关于文字 x 的全体多项式的集合记为 $F[x]$.

规定 $x^0 = 1$, 则一元多项式 $f(x) = a_0 + a_1x + \cdots + a_nx^n$ 可以表示为 $f(x) = \sum\limits_{i=0}^{n} a_ix^i$, 其中 a_ix^i 称为多项式 $f(x)$ 的 i 次项, a_i 称为 i 次项的系数, 零次项 a_0 通常也称为 $f(x)$ 的常数项.

各项系数都为 0 的多项式称为零多项式, 记为 0.

定义 1.1.8　在多项式 $f(x) = a_nx^n + a_{n-1}x^{n-1} + \cdots + a_1x + a_0$ 中, 如

果 $a_n \neq 0$, 那么称 n 是 $f(x)$ 的次数, 记为 $\deg f(x)$, 并且称 $a_n x^n$ 为 $f(x)$ 的首项, a_n 为首项系数. 如果 $a_n = 1$, 就称 $f(x)$ 为首一多项式.

零多项式是 $F[x]$ 中唯一没有次数的多项式.

定义 1.1.9 设 $f(x)$ 与 $g(x)$ 是 $F[x]$ 中的多项式. 如果 $f(x)$ 与 $g(x)$ 的同次项的系数相等, 那么就称 $f(x)$ 与 $g(x)$ 相等, 记为 $f(x) = g(x)$.

定义 1.1.10 设 $f(x), g(x) \in F[x]$. 若存在 $h(x) \in F[x]$, 使得 $f(x) = g(x)h(x)$, 则称 $g(x)$ 整除 $f(x)$, 记作 $g(x)|f(x)$. 同时称 $g(x)$ 为 $f(x)$ 的因式, 称 $f(x)$ 为 $g(x)$ 的倍式.

定义 1.1.11 设 $\boldsymbol{A}$ 是数域 F 上的 n 阶方阵. $F[x]$ 中使得 $p(\boldsymbol{A}) = \boldsymbol{0}$ 的次数最低的首一非零多项式 $p(x)$ 称为 $\boldsymbol{A}$ 的最小多项式.

定义 1.1.12 称多项式 $x^n - 1$ 的 n 个不同的复数根 ω_k $(0 \leqslant k \leqslant n-1)$ 为 n 次单位根.

定义 1.1.13 若所有的 n 次单位根 ω_k $(0 \leqslant k \leqslant n-1)$ 都是某个给定的 n 次单位根 ω_m 的幂, 则称 ω_m 为 n 次本原单位根.

定义 1.1.14 设 $\boldsymbol{A} = (a_{ij})$ 是数域 F 上的 n 阶方阵, 且 $1 \leqslant i_1 < i_2 < \cdots < i_k \leqslant n$. 取定 $\boldsymbol{A}$ 的第 $i_1, i_2, \cdots, i_k$ 行和第 $i_1, i_2, \cdots, i_k$ 列, 位于这 k 行和 k 列交叉处的元素按照原来的位置构成的 k 阶行列式叫作矩阵 $\boldsymbol{A}$ 的一个 k 阶主子式, 记为 $\Delta(i_1, i_2, \cdots, i_k)$.

定义 1.1.15 设 $\boldsymbol{\alpha}_1, \boldsymbol{\alpha}_2, \cdots, \boldsymbol{\alpha}_r$ 是数域 F 上向量空间 V 的 r 个向量. 如果存在 F 中一组不全为零的数 $k_1, k_2, \cdots, k_r$, 使得

$$k_1\boldsymbol{\alpha}_1 + k_2\boldsymbol{\alpha}_2 + \cdots + k_r\boldsymbol{\alpha}_r = \boldsymbol{0},$$

那么称向量 $\boldsymbol{\alpha}_1, \boldsymbol{\alpha}_2, \cdots, \boldsymbol{\alpha}_r$ 线性相关. 若当且仅当 $k_1 = k_2 = \cdots = k_r = 0$ 时上式才成立, 则称向量 $\boldsymbol{\alpha}_1, \boldsymbol{\alpha}_2, \cdots, \boldsymbol{\alpha}_r$ 线性无关.

定义 1.1.16 设向量组 $\{\boldsymbol{\alpha}_{i_1}, \boldsymbol{\alpha}_{i_2}, \cdots, \boldsymbol{\alpha}_{i_r}\}$ 是向量组 $\{\boldsymbol{\alpha}_1, \boldsymbol{\alpha}_2, \cdots, \boldsymbol{\alpha}_s\}$ 的部分组. 称 $\{\boldsymbol{\alpha}_{i_1}, \boldsymbol{\alpha}_{i_2}, \cdots, \boldsymbol{\alpha}_{i_r}\}$ 是 $\{\boldsymbol{\alpha}_1, \boldsymbol{\alpha}_2, \cdots, \boldsymbol{\alpha}_s\}$ 的极大无关组, 如果

(i) 向量组 $\{\boldsymbol{\alpha}_{i_1}, \boldsymbol{\alpha}_{i_2}, \cdots, \boldsymbol{\alpha}_{i_r}\}$ 线性无关;

(ii) $\{\boldsymbol{\alpha}_1, \boldsymbol{\alpha}_2, \cdots, \boldsymbol{\alpha}_s\}$ 中的任意 $r+1$ 个向量 (如果有的话) 构成的向量组总是线性相关的.

定义 1.1.17 设 W, W' 都是向量空间 V 的子空间. 若 $V = W \oplus W'$, 则称 W' 为 W 的一个余子空间 (或补子空间), 也称 W 是 W' 的一个余子空间.

定义 1.1.18 齐次线性方程组的解空间的一个基叫作该方程组的一个基础解系.

定义 1.1.19 设 $\lambda \in F, \boldsymbol{A} \in M_n(F)$, λ 是 $\boldsymbol{A}$ 的特征根. 称 V_λ 为 $\boldsymbol{A}$ 的属于特征根 λ 的特征子空间.

定义 1.1.20 设 $\lambda \in F, \boldsymbol{A} \in M_n(F)$. 如果 λ 是 $\boldsymbol{A}$ 的特征根, 那么 λ 作

为 $\boldsymbol{A}$ 的特征多项式的根时的重数称为 λ 的代数重数, $\boldsymbol{A}$ 的属于特征根 λ 的特征子空间 V_λ 的维数称为 λ 的几何重数. 几何重数总是小于等于代数重数.

定义 1.1.21 设 σ 是 F 上向量空间 V 的线性变换, W 是 σ 的不变子空间. 若只考虑 σ 在 W 上的作用, 就得到 W 的一个线性变换, 记为 $\sigma|_W$, 即对任意 $\boldsymbol{\xi}\in W$,

$$\sigma|_W\ (\boldsymbol{\xi})=\sigma(\boldsymbol{\xi}).$$

若 $\boldsymbol{\xi}\notin W$, 则 $\sigma|_W\ (\boldsymbol{\xi})$ 就没有意义. $\sigma|_W$ 称为 σ 在 W 上的限制.

定义 1.1.22 设 σ 是向量空间 V 的一个线性变换. 由 V 中全体向量在 σ 之下的像构成的集合称为 σ 的像 (或 σ 的值域), 记作 $\mathrm{Im}\,\sigma$ (或 $\sigma(V)$); 由零向量在 σ 之下的全体原像构成的集合称为 σ 的核, 记作 $\mathrm{Ker}\,\sigma$, 即

$$\mathrm{Im}\,\sigma=\{\sigma(\boldsymbol{\xi})|\boldsymbol{\xi}\in V\};$$

$$\mathrm{Ker}\,\sigma=\{\boldsymbol{\xi}\in V|\sigma(\boldsymbol{\xi})=\mathbf{0}\}.$$

定义 1.1.23 称 $\mathrm{Im}\,\sigma$ 的维数为线性变换 σ 的秩, 记作秩 σ. 称 $\mathrm{Ker}\,\sigma$ 的维数为线性变换 σ 的零度.

定义 1.1.24 设 V 是实数域 $\mathbf{R}$ 上的向量空间. 如果有一个映射 f: $V\times V\to\mathbf{R}$, $(\boldsymbol{\alpha},\boldsymbol{\beta})\mapsto f(\boldsymbol{\alpha},\boldsymbol{\beta})$, 为方便, 将 $f(\boldsymbol{\alpha},\boldsymbol{\beta})$ 记作 $\langle\boldsymbol{\alpha},\boldsymbol{\beta}\rangle$, 它具有以下三条性质, 那么 $\langle\boldsymbol{\alpha},\boldsymbol{\beta}\rangle$ 称为向量 $\boldsymbol{\alpha}$ 与 $\boldsymbol{\beta}$ 的内积, V 叫作对这个内积来说的一个欧几里得 (Euclid) 空间, 简称欧氏空间.

(i) 对称性: $\langle\boldsymbol{\alpha},\boldsymbol{\beta}\rangle=\langle\boldsymbol{\beta},\boldsymbol{\alpha}\rangle,\forall\boldsymbol{\alpha},\boldsymbol{\beta}\in V$;

(ii) 线性性: $\langle k_1\boldsymbol{\alpha}_1+k_2\boldsymbol{\alpha}_2,\boldsymbol{\beta}\rangle=k_1\langle\boldsymbol{\alpha}_1,\boldsymbol{\beta}\rangle+k_2\langle\boldsymbol{\alpha}_2,\boldsymbol{\beta}\rangle,\forall k_1,k_2\in\mathbf{R},\boldsymbol{\alpha}_1$, $\boldsymbol{\alpha}_2$, $\boldsymbol{\beta}\in V$;

(iii) 非负性: 对任意 $\boldsymbol{\alpha}\in V$, 有 $\langle\boldsymbol{\alpha},\boldsymbol{\alpha}\rangle\geqslant 0$, 当且仅当 $\boldsymbol{\alpha}=\mathbf{0}$ 时, $\langle\boldsymbol{\alpha},\boldsymbol{\alpha}\rangle=0$.

定义 1.1.24 中的 (ii) 线性性与以下两条等价:

(iv) $\langle k\boldsymbol{\alpha},\boldsymbol{\beta}\rangle=k\langle\boldsymbol{\alpha},\boldsymbol{\beta}\rangle,\forall k\in\mathbf{R},\boldsymbol{\alpha},\boldsymbol{\beta}\in V$;

(v) $\langle\boldsymbol{\alpha}_1+\boldsymbol{\alpha}_2,\boldsymbol{\beta}\rangle=\langle\boldsymbol{\alpha}_1,\boldsymbol{\beta}\rangle+\langle\boldsymbol{\alpha}_2,\boldsymbol{\beta}\rangle,\forall\boldsymbol{\alpha}_1,\boldsymbol{\alpha}_2,\boldsymbol{\beta}\in V$.

定义 1.1.25 设实系数线性方程组

$$\begin{cases}a_{11}x_1+a_{12}x_2+\cdots+a_{1s}x_s=b_1,\\a_{21}x_1+a_{22}x_2+\cdots+a_{2s}x_s=b_2,\\\qquad\cdots\cdots\\a_{n1}x_1+a_{n2}x_2+\cdots+a_{ns}x_s=b_n\end{cases}$$

无解, 即不论 $x_1,x_2,\cdots,x_s$ 取哪一组实数值, s 元实函数

$$\sum_{i=1}^{n}(a_{i1}x_1+a_{i2}x_2+\cdots+a_{is}x_s-b_i)^2$$

的值都大于零. 设法找 $c_1,c_2,\cdots,c_s$, 使当 $x_1=c_1,x_2=c_2,\cdots,x_s=c_s$ 时, 上式的值最小, 这样的 $c_1,c_2,\cdots,c_s$ 称为该方程组的最小二乘解, 这种问题就叫作最小二乘法问题.

令 $\boldsymbol{A}=(a_{ij})_{n\times s}$, $\boldsymbol{X}=(x_1,x_2,\cdots,x_s)^{\mathrm{T}}$, $\boldsymbol{B}=(b_1,b_2,\cdots,b_n)^{\mathrm{T}}$, 则上述线性方程组可写成

$$\boldsymbol{AX}=\boldsymbol{B}.$$

1.2 基本结论

定理 1.2.1 在 n 阶行列式中取出 n 个元素作乘积

$$a_{i_1j_1}a_{i_2j_2}\cdots a_{i_nj_n},$$

这里 $i_1i_2\cdots i_n$ 和 $j_1j_2\cdots j_n$ 都是 $1,2,\cdots,n$ 这 n 个数码的排列, 则这一项在行列式中的符号是 $(-1)^{\pi(i_1i_2\cdots i_n)+\pi(j_1j_2\cdots j_n)}$.

定理 1.2.2 设 $\boldsymbol{A}$ 是数域 F 上的 n 阶方阵, λ 是一个复数, 则 λ 是 $\boldsymbol{A}$ 的特征根当且仅当 λ 满足等式 $\det(\lambda\boldsymbol{I}-\boldsymbol{A})=0$.

定理 1.2.2 表明, 一个复数 λ 是 $\boldsymbol{A}$ 的特征根当且仅当 λ 是 $\boldsymbol{A}$ 的特征多项式 $f_{\boldsymbol{A}}(x)=\det(x\boldsymbol{I}-\boldsymbol{A})$ 的根.

定理 1.2.3 设 $\boldsymbol{A}$ 是 n 阶实对称矩阵, 则 $\boldsymbol{A}$ 是正定矩阵的充要条件是在实数域上 $\boldsymbol{A}$ 与 n 阶单位矩阵 $\boldsymbol{I}_n$ 合同.

定理 1.2.4 相似矩阵的特征根相等、迹相等、秩相等、行列式相等.

定理 1.2.5 设 $\boldsymbol{A}=(a_{ij})$ 是 n 阶实对称矩阵, 则 $\boldsymbol{A}$ 是正定矩阵的充要条件是 $f(x_1,x_2,\cdots,x_n)=\sum\limits_{i=1}^{n}\sum\limits_{j=1}^{n}a_{ij}x_ix_j$ 是正定二次型.

定理 1.2.6 设 $\boldsymbol{A}=(a_{ij})$ 是 n 阶实对称矩阵, 则以下几条彼此等价:

(i) $\boldsymbol{A}$ 是正定矩阵;

(ii) 对任意的 $i_1,i_2,\cdots,i_k\in\{1,2,\cdots,n\}$, 且 $i_1<i_2<\cdots<i_k$, 由 $\boldsymbol{A}$ 的第 $i_1,i_2,\cdots,i_k$ 行和第 $i_1,i_2,\cdots,i_k$ 列交叉处的元素按照原来的位置构成的 $\boldsymbol{A}$ 的 k 阶子式大于零;

(iii) 对任意的 $k\in\{1,2,\cdots,n\}$, 由 $\boldsymbol{A}$ 的前 k 行与前 k 列交叉处的元素按照原来的位置构成的 $\boldsymbol{A}$ 的 k 阶子式大于零.

定理 1.2.7 设 $f(x),g(x)$ 是 $F[x]$ 中的非零多项式, 则

(i) 当 $f(x)+g(x)\neq 0$ 时, 有

$$\deg\big(f(x)+g(x)\big)\leqslant\max\{\deg f(x),\deg g(x)\};$$

(ii) $\deg\big(f(x)g(x)\big)=\deg f(x)+\deg g(x)$.

定理 1.2.8 设 $f(x),g(x),h(x)\in F[x]$.

(i) 如果 $f(x)g(x)=0$, 那么 $f(x)=0$, 或者 $g(x)=0$;

(ii) 如果 $f(x)g(x)=f(x)h(x)$, 且 $f(x)\neq 0$, 那么 $g(x)=h(x)$.

定理 1.2.9 (带余除法定理) 设 $f(x),g(x)\in F[x]$, 且 $g(x)\neq 0$, 则

(i) 存在 $q(x)$, $r(x)\in F[x]$, 使得

$$f(x)=g(x)q(x)+r(x),$$

这里 $r(x)=0$, 或者 $\deg r(x)<\deg g(x)$.

(ii) 满足 (i) 中条件的多项式 $q(x)$ 和 $r(x)$ 都是唯一确定的.

我们把这种除法叫作带余除法. 定理中的多项式 $q(x),r(x)$ 分别叫作用 $g(x)$ 去除 $f(x)$ 所得的商式和余式, $g(x)$ 叫作除式, $f(x)$ 叫作被除式.

定理 1.2.10 在 $F[x]$ 中,

(i) 如果 $g(x)|f(x)$, 那么对 F 中任意非零常数 c, 总有 $cg(x)|f(x), g(x)|cf(x)$;

(ii) 如果 $h(x)|g(x), g(x)|f(x)$, 那么 $h(x)|f(x)$;

(iii) 如果 $g(x)|f(x), g(x)|h(x)$, 那么 $g(x)|(f(x)\pm h(x))$;

(iv) 如果 $g(x)|f(x)$, 那么对 $F[x]$ 中任意多项式 $h(x)$, 总有 $g(x)|f(x)h(x)$;

(v) 如果 $g(x)|f_i(x), i=1,2,\cdots,s$, 那么对 $F[x]$ 中任意多项式 $h_i(x)$, $i=1,2,\cdots,s$, 总有 $g(x)\left|\sum\limits_{i=1}^{s}f_i(x)h_i(x)\right.$;

(vi) 设 $f(x)\in F[x]$, 则对 F 中的任意非零常数 c, 总有 $c\mid f(x), cf(x)|f(x)$;

(vii) 如果 $f(x)|g(x), g(x)|f(x)$, 那么存在 F 中的非零常数 c, 使得 $f(x)=cg(x)$.

定理 1.2.11 设 $f_i(x)\in F[x], i=1,2,\cdots,s$.

(i) $f_1(x),f_2(x),\cdots,f_s(x)$ 的最大公因式总是存在的;

(ii) 若 $d(x)$ 是 $f_1(x),f_2(x),\cdots,f_s(x)$ 的一个最大公因式, 则存在 $u_i(x)\in F[x], i=1,2,\cdots,s$, 使得

$$\sum_{i=1}^{s}u_i(x)f_i(x)=d(x).$$

定理 1.2.12 (因式分解及唯一性定理) 设 $f(x)$ 是数域 F 上的一个次数大于零的多项式, 则

(i) $f(x)$ 可分解为若干个 F 上的不可约多项式的乘积;

(ii) 如果

$$f(x)=p_1(x)p_2(x)\cdots p_r(x)=q_1(x)q_2(x)\cdots q_s(x),$$

其中 $p_i(x),q_j(x)$ $(i=1,2,\cdots,r;\ j=1,2,\cdots,s)$ 都是 F 上的不可约多项式, 那么 $r=s$, 且适当地给 $q_1(x),q_2(x),\cdots,q_r(x)$ 重新编号后, 可使

$$p_i(x) = c_i q_i(x), \quad i = 1, 2, \cdots, r,$$

其中 c_i $(i = 1, 2, \cdots, r)$ 是 F 中的非零常数.

关于重因式的求法.

设 $f(x)$ 的典型分解式为 $f(x) = ap_1^{k_1}(x)p_2^{k_2}(x)\cdots p_s^{k_s}(x)$, 则用 $(f(x), f'(x))$ 去除 $f(x)$ 所得的商式 $q(x)$ 为

$$q(x) = \frac{f(x)}{\big(f(x), f'(x)\big)} = ap_1(x)p_2(x)\cdots p_s(x).$$

于是 $f(x)$ 和 $q(x)$ 具有完全相同的不可约因式. 而 $q(x)$ 没有重因式且次数比 $f(x)$ 的低, 因此常用下列方法求重因式.

方法一

第一步　求出 $f(x)$ 的导数 $f'(x)$, 并用辗转相除法求出 $\big(f(x), f'(x)\big)$;

第二步　求出 $q(x) = \dfrac{f(x)}{\big(f(x), f'(x)\big)}$ 的不可约因式;

第三步　利用带余除法或综合除法求出 $q(x)$ 的每个不可约因式在 $f(x)$ 中的重数.

如果 $\big(f(x), f'(x)\big)$ 容易分解因式, 那么还可用下面的方法二.

方法二

第一步　同方法一;

第二步　将 $\big(f(x), f'(x)\big)$ 进行因式分解, 得

$$\big(f(x), f'(x)\big) = p_1^{k_1-1}(x)p_2^{k_2-1}(x)\cdots p_r^{k_r-1}(x),$$

其中 $k_i > 1$. 从而得 $p_i(x)$ 是 $f(x)$ 的 k_i $(i = 1, 2, \cdots, r)$ 重因式;

如果要求 $f(x)$ 的典型分解式, 还需求出 $f(x)$ 的单因式.

第三步　根据带余除法定理 (定理 1.2.9), 用 $f_1(x) = p_1^{k_1}(x)p_2^{k_2}(x)\cdots p_r^{k_r}(x)$ 除 $f(x)$. 假设商式为 $q_1(x)$, 则 $q_1(x)$ 就是 $f(x)$ 的所有单因式的乘积. 再将 $q_1(x)$ 因式分解, 就得到 $f(x)$ 的所有单因式.

定理 1.2.13 (虚根成对定理)　设 $f(x)$ 是实系数多项式, α 是一个非实的复数, k 是一个正整数, 则 α 是 $f(x)$ 的 k 重根当且仅当 $\overline{\alpha}$ 是 $f(x)$ 的 k 重根.

定理 1.2.14 (有理根定理)　设

$$f(x) = a_n x^n + a_{n-1}x^{n-1} + \cdots + a_2x^2 + a_1x + a_0$$

是一个整系数多项式, $a_n \neq 0$. 如果 $\dfrac{u}{v}$ 是 $f(x)$ 的一个根, 这里 u 与 v 都是整数, 且 $(u, v) = 1$, 那么

(i) $v|a_n, u|a_0$;

(ii) $f(x)=\left(x-\dfrac{u}{v}\right)q(x)$, 其中 $q(x)$ 是整系数多项式.

定理 1.2.15 (艾森斯坦 (Eisenstein) 判别法)　设 $f(x)=a_nx^n+a_{n-1}x^{n-1}+\cdots+a_1x+a_0$ 是一个整系数多项式. 如果能够找到一个素数 p, 使得

(i) $p\nmid a_n$;

(ii) $p\mid a_i,\ i=0,1,\cdots,n-1$;

(iii) $p^2\nmid a_0$,

那么 $f(x)$ 在有理数域上不可约.

定理 1.2.16　设 $\boldsymbol{A}, \boldsymbol{B}$ 都是 $m\times n$ 阵, 则秩 $(\boldsymbol{A}+\boldsymbol{B})\leqslant$ 秩 $\boldsymbol{A}+$ 秩 $\boldsymbol{B}$.

复数域、实数域和有理数域上的不可约多项式.

(1) 复数域上的不可约多项式只有一次多项式.

复数域上多项式的典型分解式为

$$f(x)=a(x-\alpha_1)^{k_1}(x-\alpha_2)^{k_2}\cdots(x-\alpha_s)^{k_s},$$

其中 a 是 $f(x)$ 的最高次项的系数, $\alpha_1,\alpha_2,\cdots,\alpha_s$ 是复数, $k_1,k_2,\cdots,k_s$ 是正整数.

(2) 实数域上的不可约多项式只有一次多项式与含有非实共轭复根的二次多项式.

实数域上多项式的典型分解式为

$$f(x)=a(x-c_1)^{k_1}\cdots(x-c_s)^{k_s}(x^2+p_1x+q_1)^{l_1}\cdots(x^2+p_rx+q_r)^{l_r},$$

其中 a 是 $f(x)$ 的最高次项的系数, $c_1,\cdots,c_s,p_1,\cdots,p_r,q_1,\cdots,q_r$ 都是实数, $k_1,\cdots,k_s,l_1,\cdots,l_r$ 都是正整数, 且 $p_i^2-4q_i<0\ (i=1,2,\cdots,r)$.

(3) 有理数域上的不可约多项式可以是任意次的.

关于 n 次单位根.

将方程 $x^n=1$ 的每个复数根 z 写成三角函数式 $z=r(\cos\theta+\mathrm{i}\sin\theta)$, 其中实数 $r\geqslant 0, 0\leqslant\theta\leqslant 2\pi$, 则

$$z^n=r^n(\cos\theta+\mathrm{i}\sin\theta)^n=r^n(\cos n\theta+\mathrm{i}\sin n\theta)=1,$$

当且仅当 $r=1,\theta=\dfrac{2k\pi}{n},k=0,1,2,\cdots,n-1$. 故 $x^n=1$ 有 n 个不同的根

$$\omega_k=\cos\frac{2k\pi}{n}+\mathrm{i}\sin\frac{2k\pi}{n},\quad 0\leqslant k\leqslant n-1,$$

其中 $\omega_0=1$.

注记 1.2.17　分别在复数域 $\mathbf{C}$ 和实数域 $\mathbf{R}$ 上将 x^n-1 分解成不可约因式的乘积. 结果如下:

设 $\alpha=a+b\mathrm{i}$ 是 x^n-1 在 $\mathbf{C}$ 中的根. 在复平面上 α 可写成三角形式 $\alpha=r(\cos\theta+\mathrm{i}\sin\theta)$, 其中 r 是非负实数, $0\leqslant\theta<2\pi$. 因此

$$\alpha^n=r^n\ (\cos\theta+\mathrm{i}\sin\theta)^n=r^n\ (\cos n\theta+\mathrm{i}\sin n\theta)=1,$$

即

$$\begin{cases} r^n = 1, \\ n\theta = 2k\pi, \quad k \text{ 是整数}, \end{cases}$$

亦即

$$\begin{cases} r = 1, \\ \theta = \dfrac{2k\pi}{n}, \quad 0 \leqslant k \leqslant n-1. \end{cases}$$

多项式 $x^n - 1$ 在复数域 $\mathbf{C}$ 中的 n 个不同的根为

$$\varepsilon_k = \cos\frac{2k\pi}{n} + \mathrm{i}\sin\frac{2k\pi}{n}, \quad k = 0,\ 1,\ 2,\ \cdots,\ n-1.$$

它们称为 n 次单位根. 所以, $x^n - 1$ 在 $\mathbf{C}$ 上的典型分解式为

$$\begin{aligned} x^n - 1 &= (x-1)(x-\varepsilon_1)(x-\varepsilon_2)\cdots(x-\varepsilon_{n-1}) \\ &= \prod_{k=0}^{n-1}\left[x - \left(\cos\frac{2k\pi}{n} + \mathrm{i}\sin\frac{2k\pi}{n}\right)\right]. \end{aligned}$$

注意到 ε_k 的共轭复数

$$\overline{\varepsilon_k} = \cos\frac{2k\pi}{n} - \mathrm{i}\sin\frac{2k\pi}{n} = \cos\frac{2(n-k)\pi}{n} + \mathrm{i}\sin\frac{2(n-k)\pi}{n} = \varepsilon_{n-k},$$

而

$$(x-\varepsilon_k)(x-\overline{\varepsilon_k}) = (x-\varepsilon_k)(x-\varepsilon_{n-k}) = x^2 - 2x\cos\frac{2k\pi}{n} + 1$$

是实系数不可约多项式. 所以, $x^n - 1$ 在 $\mathbf{R}$ 上的典型分解式为

$$x^n - 1 = \begin{cases} (x-1)\displaystyle\prod_{k=1}^{\frac{n-1}{2}}\left(x^2 - 2x\cos\frac{2k\pi}{n} + 1\right), & \text{当 } n \text{ 为奇数}, \\ (x-1)(x+1)\displaystyle\prod_{k=1}^{\frac{n-2}{2}}\left(x^2 - 2x\cos\frac{2k\pi}{n} + 1\right), & \text{当 } n \text{ 为偶数}. \end{cases}$$

关于多项式的求根问题.

(1) 虽然由代数基本定理可知, 任意一个 n ($n \geqslant 1$) 次复系数多项式 $f(x)$ 在复数域内有 n 个根 (重根按重数计算), 但是这个定理现有的任何一个证明都没有给出实际求这些根的方法, 也就是说, 我们除了能求一些特殊多项式 (诸如 $x^n - 1$ 等) 的根外, 没有一般的方法求多项式的实根或复根 (指精确根). 然而我们能够较简单地求出整系数多项式的有理根, 从而求出有理系数多项式的有理根.

(2) 有理根的求法.

设 n 次整系数多项式 $f(x) = a_nx^n + a_{n-1}x^{n-1} + \cdots + a_1x + a_0$ 的最高次项系数 a_n 的因数是 $v_1, v_2, \cdots, v_k$, 常数项 a_0 的因数是 $u_1, u_2, \cdots, u_l$, 则由定

理 1.2.14 可知, 要求 $f(x)$ 的有理根, 只需对有限个有理数 $\dfrac{u_i}{v_j}$ $(i=1,\cdots,l;\ j=1,\cdots,k)$ 用综合除法进行验证. 但是当有理数 $\dfrac{u_i}{v_j}$ 的个数较多时, 对它们逐个验证还是比较麻烦的. 我们可用下面的方法简化计算.

因为 1 与 -1 肯定在 $\dfrac{u_i}{v_j}$ 中出现, 而 $f(1)$ 与 $f(-1)$ 容易计算, 所以先算 $f(1)$ 与 $f(-1)$. 假设 $f(1)f(-1)\neq 0$, 有理数 α $(\alpha\neq\pm1)$ 是 $f(x)$ 的根, 则 $f(x)=(x-\alpha)q(x)$, 其中 $q(x)$ 是整系数多项式. 因此商 $\dfrac{f(1)}{1-\alpha},\dfrac{f(-1)}{1+\alpha}$ 都是整数. 这样只需对那些使得商 $\dfrac{f(1)}{1-\alpha}$ 与 $\dfrac{f(-1)}{1+\alpha}$ 都是整数的 $\alpha=\dfrac{u_i}{v_j}$ 进行验证 (这里假定 $f(1)$ 和 $f(-1)$ 都非零, 否则对用 $x-1$ 或 $x+1$ 除 $f(x)$ 所得的商式重复上述过程).

性质 1.2.18 若在复平面上表示 n 次单位根 ω_k $(k=0,1,2,\cdots,n-1)$, 则它们是以原点为圆心的单位圆的一个内接正 n 边形的 n 个顶点.

性质 1.2.19 x^n-1 的 n 个不同的复数根 ω_k $(0\leqslant k\leqslant n-1)$ 之和为 0, 即

$$1+\omega_1+\omega_2+\cdots+\omega_{n-1}=0.$$

性质 1.2.20 对任意的 ω_k $(1\leqslant k\leqslant n-1)$, 有

$$\omega_k^{n-1}+\omega_k^{n-2}+\cdots+\omega_k+1=0.$$

性质 1.2.21 对任意的 $0\leqslant k\leqslant n-1$, 有 $\omega_k=\omega_1^k$, 即 $\omega_1=\cos\dfrac{2\pi}{n}+\mathrm{i}\sin\dfrac{2\pi}{n}$ 是 n 次本原单位根.

一个自然的问题是除了 ω_1 外还有哪些 n 次单位根是 n 次本原单位根?

性质 1.2.22 n 次单位根 $\omega_m=\cos\dfrac{2m\pi}{n}+\mathrm{i}\sin\dfrac{2m\pi}{n}=\omega_1^m$ $(1\leqslant m\leqslant n-1)$ 是 n 次本原单位根的充要条件是 $(m,n)=1$.

特征多项式的系数.

考察 F 上的 n 阶方阵 $\boldsymbol{A}=(a_{ij})$ 的特征多项式 $f_{\boldsymbol{A}}(x)=\det(x\boldsymbol{I}-\boldsymbol{A})$.

定理 1.2.23 设 $\boldsymbol{A}=(a_{ij})$ 是数域 F 上的 n 阶方阵, 则 $\boldsymbol{A}$ 的特征多项式是 F 上的 n 次多项式, n 次项的系数是 1, l 次项的系数等于 $\boldsymbol{A}$ 的全体 $n-l$ 阶主子式之和的 $(-1)^{n-l}$ 倍, $l=0,1,2,\cdots,n-1$, 即

$$f_{\boldsymbol{A}}(x)=x^n+\sum_{n-l=1}^{n}\left[(-1)^{n-l}\sum_{1\leqslant i_1<i_2<\cdots<i_{n-l}\leqslant n}\Delta(i_1,i_2,\cdots,i_{n-l})\right]x^l.$$

该定理应用广泛, 特别是关于常数项、$n-1$ 次项的讨论以及结合矩阵的秩的

讨论, 是硕士研究生考试考查的重点内容.

定理 1.2.24 设 $\boldsymbol{A}$ 是数域 F 上的 n 阶方阵, $\boldsymbol{A}$ 的特征多项式是

$$f_{\boldsymbol{A}}(x) = x^n + a_{n-1}x^{n-1} + \cdots + a_2x^2 + a_1x + a_0.$$

若 $\lambda_1, \lambda_2, \cdots, \lambda_n$ 是 $\boldsymbol{A}$ 的全部特征根 (重根按重数计算), 则

$$\begin{aligned}
&a_{n-1} = -(\lambda_1 + \lambda_2 + \cdots + \lambda_n),\\
&a_{n-2} = \lambda_1\lambda_2 + \lambda_1\lambda_3 + \cdots + \lambda_{n-1}\lambda_n,\\
&a_{n-3} = -(\lambda_1\lambda_2\lambda_3 + \lambda_1\lambda_2\lambda_4 + \cdots + \lambda_{n-2}\lambda_{n-1}\lambda_n),\\
&\qquad\qquad\cdots\cdots\\
&a_1 = (-1)^{n-1}(\lambda_1\lambda_2\cdots\lambda_{n-2}\lambda_{n-1} + \lambda_1\lambda_2\cdots\lambda_{n-2}\lambda_n + \cdots + \lambda_2\lambda_3\cdots\lambda_{n-1}\lambda_n),\\
&a_0 = (-1)^n\lambda_1\lambda_2\cdots\lambda_n,
\end{aligned}$$

即 l 次项的系数等于 $\boldsymbol{A}$ 的一切可能的 $n-l$ 个特征根的乘积 (这种乘积共有 C_n^{n-l} 个) 之和乘以 $(-1)^{n-l}$, $l = 0, 1, 2, \cdots, n-1$.

定理 1.2.25 若 $\lambda_1, \lambda_2, \cdots, \lambda_n$ 是 n 阶方阵 $\boldsymbol{A} = (a_{ij})$ 的全部特征根 (重根按重数计算), 则 $\boldsymbol{A}$ 的全体 k 阶主子式之和等于 $\boldsymbol{A}$ 的一切可能的 k 个特征根的乘积之和, 即

$$\sum_{1\leqslant i_1<i_2<\cdots<i_k\leqslant n} \Delta(i_1, i_2, \cdots, i_k) = \sum_{1\leqslant i_1<i_2<\cdots<i_k\leqslant n} \lambda_{i_1}\lambda_{i_2}\cdots\lambda_{i_k},$$

其中 $k = 1, 2, \cdots, n$. 特别地, 我们有

$$a_{11} + a_{22} + \cdots + a_{nn} = \lambda_1 + \lambda_2 + \cdots + \lambda_n,$$
$$\det \boldsymbol{A} = \lambda_1\lambda_2\cdots\lambda_n.$$

定理 1.2.26 设 $\boldsymbol{A}$ 是数域 F 上的 n 阶方阵, 则 $\boldsymbol{A}$ 是可逆矩阵当且仅当 $\boldsymbol{A}$ 的特征根都不是零.

定理 1.2.27 (哈密顿–凯莱 (Hamilton-Cayley)) 设 $\boldsymbol{A}$ 是数域 F 上的 n 阶方阵. 如果 $\boldsymbol{A}$ 的特征多项式 是 $f_{\boldsymbol{A}}(x)$, 那么 $f_{\boldsymbol{A}}(\boldsymbol{A}) = \boldsymbol{0}$.

定理 1.2.28 设 $\boldsymbol{A}$ 是数域 F 上的 n 阶方阵, $p(x)$ 是 $\boldsymbol{A}$ 的最小多项式, $g(x)$ 是 $F[x]$ 中的多项式, 则 $g(\boldsymbol{A}) = \boldsymbol{0}$ 当且仅当在 $F[x]$ 中 $p(x)$ 整除 $g(x)$.

定理 1.2.29 设 $\boldsymbol{A}$ 是数域 F 上的 n 阶方阵, 则 $\boldsymbol{A}$ 的最小多项式存在且唯一.

将 $\boldsymbol{A}$ 的唯一的最小多项式记为 $p_{\boldsymbol{A}}(x)$.

定理 1.2.30 设 $\boldsymbol{A}$ 是数域 F 上的 n 阶方阵, 则在 $F[x]$ 中 $\boldsymbol{A}$ 的最小多项式 $p_{\boldsymbol{A}}(x)$ 整除 $\boldsymbol{A}$ 的特征多项式 $f_{\boldsymbol{A}}(x)$.

定理 1.2.31 设数域 F 上的 n 阶方阵 $\boldsymbol{A}$ 与 $\boldsymbol{B}$ 相似, 则 $\boldsymbol{A}$ 与 $\boldsymbol{B}$ 有相同的最小多项式.

定理 1.2.32 设 $\boldsymbol{A}$ 是数域 F 上的 n 阶方阵, 则 $\boldsymbol{A}$ 的最小多项式 $p_{\boldsymbol{A}}(x)$ 就是 x-矩阵 $x\boldsymbol{I}_n - \boldsymbol{A}$ 的第 n 个不变因子 $d_n(x)$.

注记 1.2.33　零化多项式与最小多项式的一些说明.

关于方阵的零化多项式.

设 $\boldsymbol{A}$ 是数域 F 上的 n 阶方阵. 如果 $F[x]$ 中的非零多项式 $f(x)$, 使得 $f(\boldsymbol{A})=\boldsymbol{0}$, 那么称 $f(x)$ 为 $\boldsymbol{A}$ 的零化多项式, 并且称 $f(x)$ 以 $\boldsymbol{A}$ 为根. F 上的任意 n 阶方阵 $\boldsymbol{A}$ 都有零化多项式. 显然 $\boldsymbol{A}$ 的最小多项式 $p_{\boldsymbol{A}}(x)$ 是 $\boldsymbol{A}$ 的最高次项系数是 1 的次数最低的零化多项式.

特征多项式的根与零化多项式的根的关系.

(1) 设 $\boldsymbol{A}$ 是数域 F 上的 n 阶方阵, λ 是复数, 则 λ 是 $\boldsymbol{A}$ 的特征多项式 $f_{\boldsymbol{A}}(x)$ 的根当且仅当 λ 是 $\boldsymbol{A}$ 的最小多项式 $p_{\boldsymbol{A}}(x)$ 的根.

事实上, 若 λ 是 $f_{\boldsymbol{A}}(x)$ 的根, 则 $(x-\lambda)|f_{\boldsymbol{A}}(x)$. 由 $f_{\boldsymbol{A}}(x)=\det(x\boldsymbol{I}_n-\boldsymbol{A})=d_1(x)d_2(x)\cdots d_n(x)$ 知, 一定存在某个 i $(1\leqslant i\leqslant n)$, 使得 $(x-\lambda)|d_i(x)$. 因为 $d_i(x)|d_n(x)$, 所以 $(x-\lambda)|d_n(x)$. 由于 $p_{\boldsymbol{A}}(x)=d_n(x)$, 因此 $(x-\lambda)|p_{\boldsymbol{A}}(x)$, 即 λ 是 $p_{\boldsymbol{A}}(x)$ 的根.

反过来, 若 λ 是 $p_{\boldsymbol{A}}(x)$ 的根, 则由 $p_{\boldsymbol{A}}(x)|f_{\boldsymbol{A}}(x)$ 知, λ 是 $f_{\boldsymbol{A}}(x)$ 的根.

于是方阵 $\boldsymbol{A}$ 的最小多项式 $p_{\boldsymbol{A}}(x)$ 包含了 $f_{\boldsymbol{A}}(x)$ 的一切互异的根, 只是 $p_{\boldsymbol{A}}(x)$ 的根的重数与 $f_{\boldsymbol{A}}(x)$ 的根的重数不同而已. 从而可利用 $\boldsymbol{A}$ 的特征根求 $\boldsymbol{A}$ 的最小多项式.

(2) 数域 F 上 n 阶方阵 $\boldsymbol{A}$ 的特征多项式 $f_{\boldsymbol{A}}(x)$ 的每个根 λ 都是 $\boldsymbol{A}$ 的任一零化多项式 $g(x)$ 的根.

这是因为, λ 是 $f_{\boldsymbol{A}}(x)$ 的根当且仅当 λ 是 $p_{\boldsymbol{A}}(x)$ 的根, 而 $g(\boldsymbol{A})=\boldsymbol{0}$ 当且仅当 $\boldsymbol{A}$ 的最小多项式 $p_{\boldsymbol{A}}(x)$ 整除 $g(x)$.

最小多项式的求法.

方法一　特征根法.

先求出方阵 $\boldsymbol{A}$ 的特征多项式 $f_{\boldsymbol{A}}(x)=\det(x\boldsymbol{I}_n-\boldsymbol{A})$; 然后, 写出包含 $\boldsymbol{A}$ 的一切互异特征根的 $f_{\boldsymbol{A}}(x)$ 的所有因式; 最后, 按照次数从低到高依次验证这些因式是否为 $\boldsymbol{A}$ 的零化多项式, 从而得 $\boldsymbol{A}$ 的最小多项式.

方法二　x-矩阵的初等变换法.

先对 $x\boldsymbol{I}_n-\boldsymbol{A}$ 施行 x-矩阵的初等变换, 将其化成标准形; 然后, 由标准形得出 $x\boldsymbol{I}_n-\boldsymbol{A}$ 的第 n 个不变因子 $d_n(x)$, 即为 $\boldsymbol{A}$ 的最小多项式 $p_{\boldsymbol{A}}(x)$.

注意　当 $x\boldsymbol{I}_n-\boldsymbol{A}$ 的 $n-1$ 阶行列式因子 $D_{n-1}(x)$ 易求时, 可利用

$$d_n(x)=\frac{D_n(x)}{D_{n-1}(x)}=\frac{\det(x\boldsymbol{I}_n-\boldsymbol{A})}{D_{n-1}(x)}$$

求出 $d_n(x)$.

定理 1.2.34　设向量组 $\{\boldsymbol{\alpha}_1,\boldsymbol{\alpha}_2,\cdots,\boldsymbol{\alpha}_r\}$ 线性无关, 而向量组 $\{\boldsymbol{\alpha}_1,\boldsymbol{\alpha}_2,\cdots,\boldsymbol{\alpha}_r,\boldsymbol{\beta}\}$ 线性相关, 则 $\boldsymbol{\beta}$ 一定可以由 $\boldsymbol{\alpha}_1,\boldsymbol{\alpha}_2,\cdots,\boldsymbol{\alpha}_r$ 唯一地线性表示.

定理 1.2.35 向量组 $\{\boldsymbol{\alpha}_1,\boldsymbol{\alpha}_2,\cdots,\boldsymbol{\alpha}_r\}$ $(r\geqslant 2)$ 线性相关当且仅当其中某一个向量是其余向量的线性组合.

定理 1.2.36 设向量组 $\{\boldsymbol{\alpha}_{i_1},\boldsymbol{\alpha}_{i_2},\cdots,\boldsymbol{\alpha}_{i_r}\}$ 是向量组 $\{\boldsymbol{\alpha}_1,\boldsymbol{\alpha}_2,\cdots,\boldsymbol{\alpha}_s\}$ 的一个部分组, 则 $\{\boldsymbol{\alpha}_{i_1},\boldsymbol{\alpha}_{i_2},\cdots,\boldsymbol{\alpha}_{i_r}\}$ 是 $\{\boldsymbol{\alpha}_1,\boldsymbol{\alpha}_2,\cdots,\boldsymbol{\alpha}_s\}$ 的极大无关组的充要条件是

(i) 向量组 $\{\boldsymbol{\alpha}_{i_1},\boldsymbol{\alpha}_{i_2},\cdots,\boldsymbol{\alpha}_{i_r}\}$ 线性无关;

(ii) 每一个 $\boldsymbol{\alpha}_j$ $(j=1,2,\cdots,s)$ 都可以由 $\{\boldsymbol{\alpha}_{i_1},\boldsymbol{\alpha}_{i_2},\cdots,\boldsymbol{\alpha}_{i_r}\}$ 线性表示.

定理 1.2.37 设向量组 $\{\boldsymbol{\alpha}_1,\boldsymbol{\alpha}_2,\cdots,\boldsymbol{\alpha}_s\}$ 线性无关, $\boldsymbol{A}$ 是一个 $s\times t$ 矩阵. 令

$$(\boldsymbol{\beta}_1,\boldsymbol{\beta}_2,\cdots,\boldsymbol{\beta}_t)=(\boldsymbol{\alpha}_1,\boldsymbol{\alpha}_2,\cdots,\boldsymbol{\alpha}_s)\ \boldsymbol{A},$$

则秩 $(\boldsymbol{\beta}_1,\boldsymbol{\beta}_2,\cdots,\boldsymbol{\beta}_t)=$ 秩 $\boldsymbol{A}$.

定理 1.2.38 (维数公式) 设 W_1,W_2 是向量空间 V 的两个有限维子空间, 则

$$\dim\,(W_1+W_2)+\dim\,(W_1\cap W_2)=\dim\,W_1+\dim\,W_2.$$

定理 1.2.39 设 σ 是数域 F 上向量空间 V 的线性变换, $\{\varepsilon_1,\ \varepsilon_2,\ \cdots,\ \varepsilon_n\}$ 是 V 的一个基, σ 关于这个基的矩阵是 $\boldsymbol{A}$, 则

(i) $\sigma(V)=\operatorname{Im}\sigma=\mathscr{L}(\sigma(\varepsilon_1),\ \sigma(\varepsilon_2),\ \cdots,\ \sigma(\varepsilon_n))$;

(ii) $\dim(\operatorname{Im}\sigma)=$ 秩 $\boldsymbol{A}$;

(iii) $\dim(\operatorname{Im}\sigma)+\dim(\operatorname{Ker}\sigma)=n$.

关于余子空间.

定理 1.2.40 n 维向量空间 V 的任意一个子空间 W 都存在余子空间, 但不一定唯一.

证明 当 $\dim W=0$ 或 n 时, 结论显然成立. 设 $\dim W=r, 0<r<n$, 并且 $\boldsymbol{\alpha}_1,\boldsymbol{\alpha}_2,\cdots,\boldsymbol{\alpha}_r$ 是 W 的一个基, 则存在 $n-r$ 个向量 $\boldsymbol{\alpha}_{r+1},\boldsymbol{\alpha}_{r+2},\cdots,\boldsymbol{\alpha}_n\in V$, 使得 $\{\boldsymbol{\alpha}_1,\cdots,\boldsymbol{\alpha}_r,\boldsymbol{\alpha}_{r+1},\cdots,\boldsymbol{\alpha}_n\}$ 是 V 的一个基. 取 $W'=\mathscr{L}(\boldsymbol{\alpha}_{r+1},\boldsymbol{\alpha}_{r+2},\cdots,\boldsymbol{\alpha}_n)$, 则 $V=W+W'$, 且 $W\cap W'=\{\mathbf{0}\}$. 因此 W' 是 W 的一个余子空间.

若取 $W''=\mathscr{L}(\boldsymbol{\alpha}_1+\boldsymbol{\alpha}_{r+1},\boldsymbol{\alpha}_{r+2},\cdots,\boldsymbol{\alpha}_n)$, 则 W'' 也是 W 的一个余子空间. 因为 $\boldsymbol{\alpha}_1\notin W'$, $\boldsymbol{\alpha}_{r+1}\in W'$, 所以 $\boldsymbol{\alpha}_1+\boldsymbol{\alpha}_{r+1}\notin W'$. 但 $\boldsymbol{\alpha}_1+\boldsymbol{\alpha}_{r+1}\in W''$, 因此 $W''\neq W'$.

例如, 向量空间 V_2 中, x 轴上所有向量所构成的一维子空间 W 的余子空间有无穷多个. 这是因为, 过原点的不同于 x 轴的任意一条直线上的所有向量构成的子空间都是 W 的余子空间. 但是平凡子空间的余子空间是唯一的.

齐次线性方程组有非零解的条件.

设数域 F 上的线性方程组为

$$\begin{cases} a_{11}x_1+a_{12}x_2+\cdots+a_{1n}x_n=0,\\ a_{21}x_1+a_{22}x_2+\cdots+a_{2n}x_n=0,\\ \qquad\cdots\cdots\\ a_{m1}x_1+a_{m2}x_2+\cdots+a_{mn}x_n=0, \end{cases}\tag{1.1}$$

称这种常数项全为零的线性方程组为齐次线性方程组. 方程组 (1.1) 的矩阵形式为

$$\boldsymbol{AX}=\mathbf{0},$$

其中 $\boldsymbol{A}$ 是系数矩阵.

定理 1.2.41 齐次线性方程组 (1.1) 有非零解的充要条件是系数矩阵 $\boldsymbol{A}$ 的秩小于未知量的个数 n.

定理 1.2.42 如果 n 元齐次线性方程组 (1.1) 的系数矩阵 $\boldsymbol{A}$ 的秩为 r, 那么它的解空间 $W_{\boldsymbol{A}}$ 的维数为 $n-r$.

求 F^n 的两个子空间 W_1 与 W_2 的交空间的基与维数的方法.

设 $W_1=\mathscr{L}(\boldsymbol{\alpha}_1,\boldsymbol{\alpha}_2,\cdots,\boldsymbol{\alpha}_s)$ 与 $W_2=\mathscr{L}(\boldsymbol{\beta}_1,\boldsymbol{\beta}_2,\cdots,\boldsymbol{\beta}_t)$ 是 F^n 的两个子空间. 令 $\boldsymbol{\alpha}\in W_1\cap W_2$, 则

$$\boldsymbol{\alpha}=x_1\boldsymbol{\alpha}_1+x_2\boldsymbol{\alpha}_2+\cdots+x_s\boldsymbol{\alpha}_s=x_{s+1}\boldsymbol{\beta}_1+x_{s+2}\boldsymbol{\beta}_2+\cdots+x_{s+t}\boldsymbol{\beta}_t.$$

解以 $x_1,x_2,\cdots,x_s,x_{s+1},x_{s+2},\cdots,x_{s+t}$ 为未知元的齐次线性方程组

$$x_1\boldsymbol{\alpha}_1+x_2\boldsymbol{\alpha}_2+\cdots+x_s\boldsymbol{\alpha}_s-x_{s+1}\boldsymbol{\beta}_1-x_{s+2}\boldsymbol{\beta}_2-\cdots-x_{s+t}\boldsymbol{\beta}_t=\mathbf{0}$$

得一基础解系 $\boldsymbol{\xi}_1,\boldsymbol{\xi}_2,\cdots,\boldsymbol{\xi}_l$, 其中 $l=s+t-\dim(W_1+W_2)$.

于是分别以 $\boldsymbol{\xi}_1,\boldsymbol{\xi}_2,\cdots,\boldsymbol{\xi}_l$ 的前 s 个分量 (或后 t 个分量) 作为组合系数与向量 $\boldsymbol{\alpha}_1,\boldsymbol{\alpha}_2,\cdots,\boldsymbol{\alpha}_s$(或 $\boldsymbol{\beta}_1,\boldsymbol{\beta}_2,\cdots,\boldsymbol{\beta}_t$) 线性组合所得向量组的极大无关组就是 $W_1\cap W_2$ 的一个基.

定理 1.2.43 设矩阵 $\boldsymbol{A}$ 的秩为 r $(r\geqslant 1)$, 则 $\boldsymbol{A}$ 有 r 个列向量线性无关, 且任意 $r+1$ 个列向量 (如果存在的话) 线性相关.

定理 1.2.44 矩阵 $\boldsymbol{A}$ 的列秩等于 $\boldsymbol{A}$ 的秩. 矩阵 $\boldsymbol{A}$ 的行秩等于 $\boldsymbol{A}$ 的秩.

定理 1.2.45 设数域 F 上矩阵 $\boldsymbol{A}$ 的列向量依次是 $\boldsymbol{\alpha}_1,\boldsymbol{\alpha}_2,\cdots,\boldsymbol{\alpha}_n$, 矩阵 $\boldsymbol{B}$ 的列向量依次是 $\boldsymbol{\beta}_1,\boldsymbol{\beta}_2,\cdots,\boldsymbol{\beta}_n$. 若 $\boldsymbol{A}$ 只经过行初等变换化为 $\boldsymbol{B}$, 则对任意 $k_1,k_2,\cdots,k_n\in F$, $k_1\boldsymbol{\alpha}_1+k_2\boldsymbol{\alpha}_2+\cdots+k_n\boldsymbol{\alpha}_n=\mathbf{0}$ 当且仅当 $k_1\boldsymbol{\beta}_1+k_2\boldsymbol{\beta}_2+\cdots+k_n\boldsymbol{\beta}_n=\mathbf{0}$.

定理 1.2.46 设 $\boldsymbol{A}$ 是数域 F 上的 n 阶方阵, λ 是 $\boldsymbol{A}$ 的特征根. 如果复数域上的 n 维列向量 $\boldsymbol{\alpha}$ 是 $\boldsymbol{A}$ 的属于特征根 λ 的特征向量, 那么 $\boldsymbol{\alpha}$ 是线性方程组 $(\lambda\boldsymbol{I}-\boldsymbol{A})\boldsymbol{X}=\mathbf{0}$ 的非零解向量. 反过来, 方程组 $(\lambda\boldsymbol{I}-\boldsymbol{A})\boldsymbol{X}=\mathbf{0}$ 在复数域上的非零解向量都是 $\boldsymbol{A}$ 的属于 λ 的特征向量.

设 $\lambda\in F,\boldsymbol{A}\in M_n(F)$, λ 是 $\boldsymbol{A}$ 的特征根. 令 $V_\lambda=\{\boldsymbol{\alpha}\in F^n|\boldsymbol{A\alpha}=\lambda\boldsymbol{\alpha}\}$, 即 $V_\lambda=\{\boldsymbol{\alpha}\in F^n|(\lambda\boldsymbol{I}_n-\boldsymbol{A})\boldsymbol{\alpha}=\mathbf{0}\}$, 则 V_λ 是 F 上齐次线性方程组 $(\lambda\boldsymbol{I}_n-\boldsymbol{A})\boldsymbol{X}=\mathbf{0}$ 的解空间, 它是由 $\boldsymbol{A}$ 的属于 λ 的在 F^n 中的全体特征向量连同零向量一起构成的 F^n 的子空间.

定理 1.2.47 设 $\lambda\in F,\boldsymbol{A}\in M_n(F)$. 若 λ 是 $\boldsymbol{A}$ 的特征根, 则

$$\dim V_\lambda+\text{秩}(\lambda\boldsymbol{I}-\boldsymbol{A})=n.$$

定理 1.2.48 数域 F 上的 n 阶方阵 $\boldsymbol{A}$ 在 F 上可对角化的充要条件是 $\boldsymbol{A}$ 有 n 个在 F^n 中的特征向量构成一个线性无关的向量组.

定理 1.2.49 设 $\lambda_1,\lambda_2,\cdots,\lambda_m\in F, \boldsymbol{A}\in M_n(F)$. 若 $\lambda_1,\lambda_2,\cdots,\lambda_m$ 是 $\boldsymbol{A}$ 的互不相同的特征根, 且 $\boldsymbol{A}$ 的属于 λ_i 的在 F^n 中的特征向量 $\boldsymbol{\alpha}_{i1},\boldsymbol{\alpha}_{i2},\cdots,\boldsymbol{\alpha}_{it_i}$ 线性无关, $i=1,2,\cdots,m$, 则

$$\{\boldsymbol{\alpha}_{11},\boldsymbol{\alpha}_{12},\cdots,\boldsymbol{\alpha}_{1t_1},\boldsymbol{\alpha}_{21},\boldsymbol{\alpha}_{22},\cdots,\boldsymbol{\alpha}_{2t_2},\cdots,\boldsymbol{\alpha}_{m1},\boldsymbol{\alpha}_{m2},\cdots,\boldsymbol{\alpha}_{mt_m}\}$$

线性无关.

定理 1.2.50 设 $\boldsymbol{A}\in M_n(F)$, 则 $\boldsymbol{A}$ 在数域 F 上可对角化的充要条件是 $\boldsymbol{A}$ 的特征根都在 F 内, 且对于 $\boldsymbol{A}$ 的每一个特征根 λ 来讲, λ 的几何重数等于 λ 的代数重数.

不变子空间与简化线性变换的矩阵的关系.

设 σ 是 n 维向量空间 V 的一个线性变换.

(1) 若 W 是 σ 的一个非平凡不变子空间, 则在 W 中取一个基 $\{\boldsymbol{\alpha}_1,\boldsymbol{\alpha}_2,\cdots,\boldsymbol{\alpha}_r\}$, 将它扩充为 V 的一个基 $\{\boldsymbol{\alpha}_1,\cdots,\boldsymbol{\alpha}_r,\boldsymbol{\alpha}_{r+1},\cdots,\boldsymbol{\alpha}_n\}$, σ 关于这个基的矩阵为

$$\begin{pmatrix}\boldsymbol{A}_1 & \boldsymbol{A}_3\\ \boldsymbol{0} & \boldsymbol{A}_2\end{pmatrix},$$

其中 $\boldsymbol{A}_1$ 是 $\sigma|_W$ 关于 W 的基 $\{\boldsymbol{\alpha}_1,\boldsymbol{\alpha}_2,\cdots,\boldsymbol{\alpha}_r\}$ 的矩阵.

(2) 若 V 可分解成 σ 的两个非平凡不变子空间 W_1 与 W_2 的直和, 即 $V=W_1\oplus W_2$, 则选取 W_1 的一个基 $\{\boldsymbol{\alpha}_1,\cdots,\boldsymbol{\alpha}_r\}$ 和 W_2 的一个基 $\{\boldsymbol{\alpha}_{r+1},\cdots,\boldsymbol{\alpha}_n\}$, 凑成 V 的一个基 $\{\boldsymbol{\alpha}_1,\cdots,\boldsymbol{\alpha}_r,\boldsymbol{\alpha}_{r+1},\cdots,\boldsymbol{\alpha}_n\}$, σ 关于这个基的矩阵为

$$\begin{pmatrix}\boldsymbol{A}_1 & \boldsymbol{0}\\ \boldsymbol{0} & \boldsymbol{A}_2\end{pmatrix},$$

其中 $\boldsymbol{A}_1$ 是 $\sigma|_{W_1}$ 关于 W_1 的基 $\{\boldsymbol{\alpha}_1,\boldsymbol{\alpha}_2,\cdots,\boldsymbol{\alpha}_r\}$ 的矩阵, $\boldsymbol{A}_2$ 是 $\sigma|_{W_2}$ 关于 W_2 的基 $\{\boldsymbol{\alpha}_{r+1},\boldsymbol{\alpha}_{r+2},\cdots,\boldsymbol{\alpha}_n\}$ 的矩阵.

(3) 若 V 可分解成 σ 的 s 个非平凡不变子空间 $W_1,W_2,\cdots,W_s$ 的直和, 即 $V=W_1\oplus W_2\oplus\cdots\oplus W_s$, 则在每个不变子空间中取一个基, 凑成 V 的一个基, σ 关于这个基的矩阵为

$$\begin{pmatrix}\boldsymbol{A}_1 & & & \\ & \boldsymbol{A}_2 & & \\ & & \ddots & \\ & & & \boldsymbol{A}_s\end{pmatrix},$$

其中 $\boldsymbol{A}_i$ 是 $\sigma|_{W_i}$ 关于 W_i 的基的矩阵, $i=1,2,\cdots,s$.

(4) 若 V 可分解成 σ 的 n 个一维不变子空间 $W_1,W_2,\cdots,W_n$ 的直和, 即 $W=$

$W_1 \oplus W_2 \oplus \cdots \oplus W_n$, 则在每个 W_i 中任取一个非零的向量 $\boldsymbol{\alpha}_i(i=1,2,\cdots,n)$, 凑成 V 的一个基 $\{\boldsymbol{\alpha}_1,\boldsymbol{\alpha}_2,\cdots,\boldsymbol{\alpha}_n\}$, σ 在这个基下的矩阵就是对角形矩阵

$$\begin{pmatrix} \lambda_1 & & & \\ & \lambda_2 & & \\ & & \ddots & \\ & & & \lambda_n \end{pmatrix}.$$

定理 1.2.51 设 σ 是向量空间 V 的一个线性变换, 则 $\operatorname{Im}\sigma$ 和 $\operatorname{Ker}\sigma$ 是 V 的子空间, 并且在 σ 之下不变.

定理 1.2.52 设 σ 是 n 维向量空间 V 的一个线性变换, $\{\boldsymbol{\alpha}_1,\boldsymbol{\alpha}_2,\cdots,\boldsymbol{\alpha}_n\}$ 是 V 的一个基, σ 关于这个基的矩阵是 $\boldsymbol{A}$, 则

(i) $\operatorname{Im}\sigma = \mathscr{L}(\sigma(\boldsymbol{\alpha}_1),\sigma(\boldsymbol{\alpha}_2),\cdots,\sigma(\boldsymbol{\alpha}_n))$;

(ii) 秩 $\sigma =$ 秩 $\boldsymbol{A}$.

定理 1.2.53 设 σ 是 n 维向量空间 V 的一个线性变换, 则

$$\text{秩}\ \sigma + \sigma\ \text{的零度} = n.$$

定理 1.2.54 在一个欧氏空间 V 中, 对于任意两个向量 $\boldsymbol{\alpha},\boldsymbol{\beta}$, 有不等式

$$\langle\boldsymbol{\alpha},\boldsymbol{\beta}\rangle^2 \leqslant \langle\boldsymbol{\alpha},\boldsymbol{\alpha}\rangle\langle\boldsymbol{\beta},\boldsymbol{\beta}\rangle,$$

当且仅当 $\boldsymbol{\alpha}$ 与 $\boldsymbol{\beta}$ 线性相关时, 等号成立.

定理 1.2.55 设 V 是欧氏空间, $\boldsymbol{\alpha},\boldsymbol{\beta}\in V, k\in\mathbf{R}$, 则

(i) $|k\boldsymbol{\alpha}| = |k||\boldsymbol{\alpha}|$(齐次性);

(ii) $|\boldsymbol{\alpha}+\boldsymbol{\beta}| \leqslant |\boldsymbol{\alpha}|+|\boldsymbol{\beta}|$(三角不等式);

(iii) 当且仅当 $\boldsymbol{\alpha}$ 与 $\boldsymbol{\beta}$ 正交时, $|\boldsymbol{\alpha}+\boldsymbol{\beta}|^2 = |\boldsymbol{\alpha}|^2+|\boldsymbol{\beta}|^2$(勾股定理).

结论 (ii) 和 (iii) 可推广到多个向量的情形:

对于欧氏空间 V 的任意 s $(s\geqslant 2)$ 个向量 $\boldsymbol{\alpha}_1,\boldsymbol{\alpha}_2,\cdots,\boldsymbol{\alpha}_s$, 有

(iv) $|\boldsymbol{\alpha}_1+\boldsymbol{\alpha}_2+\cdots+\boldsymbol{\alpha}_s| \leqslant |\boldsymbol{\alpha}_1|+|\boldsymbol{\alpha}_2|+\cdots+|\boldsymbol{\alpha}_s|$;

(v) 若 $\boldsymbol{\alpha}_1,\boldsymbol{\alpha}_2,\cdots,\boldsymbol{\alpha}_s$ 两两正交, 则

$$|\boldsymbol{\alpha}_1+\boldsymbol{\alpha}_2+\cdots+\boldsymbol{\alpha}_s|^2 = |\boldsymbol{\alpha}_1|^2+|\boldsymbol{\alpha}_2|^2+\cdots+|\boldsymbol{\alpha}_s|^2.$$

定理 1.2.56 正交向量组 $\{\boldsymbol{\alpha}_1,\boldsymbol{\alpha}_2,\cdots,\boldsymbol{\alpha}_m\}$ 是线性无关的.

定理 1.2.57 n 维欧氏空间 V 中任一正交向量组都能扩充成一正交基.

n 维欧氏空间 V 的内积集合和 n 阶正定矩阵集合之间的对应关系:

取定 n 维欧氏空间 V 的一个基 $\{\boldsymbol{\alpha}_1,\boldsymbol{\alpha}_2,\cdots,\boldsymbol{\alpha}_n\}$. 对于 V 的每一个内积都有唯一确定的 n 阶正定矩阵 $\boldsymbol{A}=(\langle\boldsymbol{\alpha}_i,\boldsymbol{\alpha}_j\rangle)$ 与之对应.

反过来, 任意给定一个 n 阶正定矩阵 $\boldsymbol{A}=(a_{ij})$, 由 $\boldsymbol{A}$ 可以唯一地确定 V 的一个内积, 并且此内积关于给定的基 $\{\boldsymbol{\alpha}_1,\boldsymbol{\alpha}_2,\cdots,\boldsymbol{\alpha}_n\}$ 的度量矩阵恰好是 $\boldsymbol{A}$.

事实上, 对任意 $\boldsymbol{\alpha}=\sum\limits_{i=1}^{n} x_i\boldsymbol{\alpha}_i$, $\boldsymbol{\beta}=\sum\limits_{j=1}^{n} y_j\boldsymbol{\alpha}_j\in V$, 规定

$$\langle\boldsymbol{\alpha},\boldsymbol{\beta}\rangle=(x_1,x_2,\cdots,x_n)\ \boldsymbol{A}\ (y_1,y_2,\cdots,y_n)^{\mathrm{T}}=\sum_{i=1}^{n}\sum_{j=1}^{n}a_{ij}x_iy_j.$$

易证 V 关于这个内积作成欧氏空间, 且 $\{\boldsymbol{\alpha}_1,\boldsymbol{\alpha}_2,\cdots,\boldsymbol{\alpha}_n\}$ 的度量矩阵是 $\boldsymbol{A}$.

因此 n 维欧氏空间 V 的内积集合和 n 阶正定矩阵集合的元素是一一对应的, 它类似于 $L(V)$ 与 $M_n(F)$ 之间的一一对应关系.

规范正交基的求法.

方法一　施密特 (Schmidt) 正交化法.

因为 n $(n>0)$ 维欧氏空间 V 首先是一个 n 维向量空间, 而 n 维向量空间 V 的任意 n 个线性无关的向量都可作为 V 的基, 所以在求 n 维欧氏空间 V 的规范正交基时, 往往是从 V 的任意一个基 $\{\boldsymbol{\alpha}_1,\boldsymbol{\alpha}_2,\cdots,\boldsymbol{\alpha}_n\}$ 出发, 利用施密特正交化法, 得出 V 的一个规范正交基. 具体步骤如下:

第一步　将基 $\boldsymbol{\alpha}_1,\boldsymbol{\alpha}_2,\cdots,\boldsymbol{\alpha}_n$ 正交化, 得

$$\boldsymbol{\beta}_1=\boldsymbol{\alpha}_1,$$

$$\boldsymbol{\beta}_i=\boldsymbol{\alpha}_i-\sum_{j=1}^{i-1}\frac{\langle\boldsymbol{\alpha}_i,\boldsymbol{\beta}_j\rangle}{\langle\boldsymbol{\beta}_j,\boldsymbol{\beta}_j\rangle}\boldsymbol{\beta}_j,\quad i=2,3,\cdots,n;$$

第二步　将 $\boldsymbol{\beta}_1,\boldsymbol{\beta}_2,\cdots,\boldsymbol{\beta}_n$ 单位化, 得

$$\boldsymbol{\gamma}_i=\frac{1}{|\ \boldsymbol{\beta}_i\ |}\boldsymbol{\beta}_i,\quad i=1,2,\cdots,n.$$

那么 $\{\boldsymbol{\gamma}_1,\boldsymbol{\gamma}_2,\cdots,\boldsymbol{\gamma}_n\}$ 就是 V 的一个规范正交基.

由此可得, n $(n>0)$ 维欧氏空间 V 的规范正交基一定存在, 并且不唯一. 需要注意以下几点:

(1) 也可在正交化过程的每一步将所得向量 $\boldsymbol{\beta}_i$ 单位化得 $\boldsymbol{\gamma}_i$, 从而得 V 的一个规范正交基 $\{\boldsymbol{\gamma}_1,\boldsymbol{\gamma}_2,\cdots,\boldsymbol{\gamma}_n\}$;

(2) 若先将某个基单位化, 然后再正交化, 则所得的向量组不一定是规范正交基;

(3) 由正交化的过程知, $\mathscr{L}(\boldsymbol{\beta}_1,\boldsymbol{\beta}_2,\cdots,\boldsymbol{\beta}_k)=\mathscr{L}(\boldsymbol{\alpha}_1,\boldsymbol{\alpha}_2,\cdots,\boldsymbol{\alpha}_k)$ $(k=1,2,\cdots,n)$, 且由基 $\{\boldsymbol{\alpha}_1,\boldsymbol{\alpha}_2,\cdots,\boldsymbol{\alpha}_n\}$ 到正交基 $\{\boldsymbol{\beta}_1,\boldsymbol{\beta}_2,\cdots,\boldsymbol{\beta}_n\}$ 的过渡矩阵为

$$\boldsymbol{P}=\begin{pmatrix}1&*&\cdots&*\\0&1&\cdots&*\\\vdots&\vdots&\ddots&\vdots\\0&0&\cdots&1\end{pmatrix},$$

即 $\boldsymbol{P}$ 是一个主对角线上元素全为 1 的上三角矩阵.

方法二　合同变换法.

任取 n 维欧氏空间 V 的一个基 $\{\boldsymbol{\alpha}_1,\boldsymbol{\alpha}_2,\cdots,\boldsymbol{\alpha}_n\}$. 先求出这个基的度量矩阵 $\boldsymbol{A}$, 再利用合同变换求出 n 阶可逆实矩阵 $\boldsymbol{P}$, 使得 $\boldsymbol{P}^{\mathrm{T}}\boldsymbol{AP}=\boldsymbol{I}_n$. 令

$$(\boldsymbol{\gamma}_1,\boldsymbol{\gamma}_2,\cdots,\boldsymbol{\gamma}_n)=(\boldsymbol{\alpha}_1,\boldsymbol{\alpha}_2,\cdots,\boldsymbol{\alpha}_n)\boldsymbol{P},$$

则 $\{\boldsymbol{\gamma}_1,\boldsymbol{\gamma}_2,\cdots,\boldsymbol{\gamma}_n\}$ 的度量矩阵是 $\boldsymbol{P}^{\mathrm{T}}\boldsymbol{AP}=\boldsymbol{I}_n$. 因此 $\{\boldsymbol{\gamma}_1,\boldsymbol{\gamma}_2,\cdots,\boldsymbol{\gamma}_n\}$ 就是 V 的一个规范正交基.

关于内射影.

(1) 内射影的应用.

欧氏空间 V 的向量 $\boldsymbol{\alpha}$ 在子空间 W 上的内射影也称为 W 到 $\boldsymbol{\alpha}$ 的最佳逼近. 利用内射影可以解决一些实际问题, 其中的一个应用就是解决最小二乘法问题 (见文献 [3] 中的 8.6 节).

(2) 内射影的求法.

设 W 是 n 维欧氏空间 V 的子空间, $\{\boldsymbol{\alpha}_1,\boldsymbol{\alpha}_2,\cdots,\boldsymbol{\alpha}_r\}$ $(0<r<n)$ 是 W 的基. V 的向量 $\boldsymbol{\alpha}$ 在 W 上的内射影的求法有两种.

方法一　先求出 W 的正交补 $W^{\perp}=\mathscr{L}(\boldsymbol{\alpha}_{r+1},\cdots,\boldsymbol{\alpha}_n)$, 从而得 V 的一个基 $\{\boldsymbol{\alpha}_1,\cdots,\boldsymbol{\alpha}_r,\boldsymbol{\alpha}_{r+1},\cdots,\boldsymbol{\alpha}_n\}$, 再求出向量 $\boldsymbol{\alpha}$ 在基 $\{\boldsymbol{\alpha}_1,\cdots,\boldsymbol{\alpha}_r,\boldsymbol{\alpha}_{r+1},\cdots,\boldsymbol{\alpha}_n\}$ 下的坐标 $(a_1,\cdots,a_r,a_{r+1},\cdots,a_n)$, 则 $\boldsymbol{\alpha}$ 在 W 上的内射影为

$$a_1\boldsymbol{\alpha}_1+a_2\boldsymbol{\alpha}_2+\cdots+a_r\boldsymbol{\alpha}_r.$$

方法二　利用施密特正交化法, 由 W 的基 $\{\boldsymbol{\alpha}_1,\boldsymbol{\alpha}_2,\cdots,\boldsymbol{\alpha}_r\}$ 得 W 的规范正交基 $\{\boldsymbol{\gamma}_1,\boldsymbol{\gamma}_2,\cdots,\boldsymbol{\gamma}_r\}$, 则 $\boldsymbol{\alpha}$ 在 W 上的内射影为

$$\langle\boldsymbol{\alpha},\boldsymbol{\gamma}_1\rangle\boldsymbol{\gamma}_1+\langle\boldsymbol{\alpha},\boldsymbol{\gamma}_2\rangle\boldsymbol{\gamma}_2+\cdots+\langle\boldsymbol{\alpha},\boldsymbol{\gamma}_r\rangle\boldsymbol{\gamma}_r.$$

关于欧氏空间 V 到 V' 的同构映射.

欧氏空间 V 到 V' 的同构映射 σ 首先是实数域上向量空间 V 到 V' 的同构映射, 其次 σ 还保持向量的内积不变, 因此 σ 既具有向量空间的同构映射的性质, 又具有与内积有关的性质. 例如, σ 把 V 的一个规范正交基 $\{\boldsymbol{\varepsilon}_1,\boldsymbol{\varepsilon}_2,\cdots,\boldsymbol{\varepsilon}_n\}$ 映成 V' 的一个规范正交基 $\{\sigma(\boldsymbol{\varepsilon}_1),\sigma(\boldsymbol{\varepsilon}_2),\cdots,\sigma(\boldsymbol{\varepsilon}_n)\}$.

定理 1.2.58　设 σ 是 n 维欧氏空间 V 的对称变换, 则存在 V 的一个规范正交基, 使得 σ 在这个规范正交基下的矩阵为对角形矩阵.

推论 1.2.59 (实对称矩阵的正交相似标准形)　对于任意一个 n 阶实对称矩阵 $\boldsymbol{A}$, 都存在一个 n 阶正交矩阵 $\boldsymbol{T}$, 使得

$$\boldsymbol{T}^{\mathrm{T}}\boldsymbol{AT}=\boldsymbol{T}^{-1}\boldsymbol{AT}$$

成对角形矩阵.

(3) 实对称矩阵 $\boldsymbol{A}$ 的正交相似标准形的求法.

第一步 求出 n 阶实对称矩阵 $\boldsymbol{A}$ 的所有互不相同的特征根 $\lambda_1,\lambda_2,\cdots,\lambda_r$ 及 λ_i 的重数 $s_i\ (i=1,2,\cdots,r)$, 其中 $s_1+s_2+\cdots+s_r=n$.

第二步 对每个 $\lambda_i\ (i=1,2,\cdots,r)$, 在实数域 $\mathbf{R}$ 上解齐次线性方程组 $(\lambda_i\boldsymbol{I}-\boldsymbol{A})\boldsymbol{X}=\boldsymbol{0}$ 得一基础解系 $\boldsymbol{\alpha}_{i1},\boldsymbol{\alpha}_{i2},\cdots,\boldsymbol{\alpha}_{is_i}$, 再用施密特正交化法, 将其化为规范正交组 $\boldsymbol{\gamma}_{i1},\boldsymbol{\gamma}_{i2},\cdots,\boldsymbol{\gamma}_{is_i}$.

第三步 以 $\boldsymbol{\gamma}_{11},\cdots,\boldsymbol{\gamma}_{1s_1},\boldsymbol{\gamma}_{21},\cdots,\boldsymbol{\gamma}_{2s_2},\cdots,\boldsymbol{\gamma}_{r1},\cdots,\boldsymbol{\gamma}_{rs_r}$ 为列做矩阵

$$\boldsymbol{T}=(\boldsymbol{\gamma}_{11},\cdots,\boldsymbol{\gamma}_{1s_1},\boldsymbol{\gamma}_{21},\cdots,\boldsymbol{\gamma}_{2s_2},\cdots,\boldsymbol{\gamma}_{r1},\cdots,\boldsymbol{\gamma}_{rs_r}),$$

则 $\boldsymbol{T}$ 是正交矩阵, 并且

$$\boldsymbol{T}^{\mathrm{T}}\boldsymbol{A}\boldsymbol{T}=\boldsymbol{T}^{-1}\boldsymbol{A}\boldsymbol{T}=\begin{pmatrix}\lambda_1 & & & & & \\ & \ddots & & & & \\ & & \lambda_1 & & & \\ & & & \ddots & & \\ & & & & \lambda_r & & \\ & & & & & \ddots & \\ & & & & & & \lambda_r\end{pmatrix},$$

其中主对角线上元素 λ_i 有 s_i 个 $(i=1,2,\cdots,r)$.

关于二次型的主轴问题.

(1) 主轴问题.

将一个 n 元实二次型经过变量的正交变换化为标准形的问题称为二次型的主轴问题 (这里所说的变量的正交变换指的是线性替换的矩阵是正交矩阵), 它是解析几何中将有心二次曲线或二次曲面的方程化为标准形式的自然推广. 用二次型的语言, 定理 1.2.58 的推论可叙述为

任意一个实二次型

$$f(x_1,x_2,\cdots,x_n)=\sum_{i=1}^{n}\sum_{j=1}^{n}a_{ij}x_ix_j$$

都可经过变量的正交变换 $\boldsymbol{X}=\boldsymbol{T}\boldsymbol{Y}$ 化为标准形

$$\lambda_1y_1^2+\lambda_2y_2^2+\cdots+\lambda_ny_n^2,$$

这里 $\boldsymbol{T}$ 是正交矩阵, $\lambda_1,\lambda_2,\cdots,\lambda_n$ 是二次型的矩阵 $\boldsymbol{A}=(a_{ij})$ 的全部特征根.

(2) 用变量的正交变换化实二次型 $f(x_1,x_2,\cdots,x_n)$ 为标准形的方法.

先求实二次型 $f(x_1,x_2,\cdots,x_n)$ 的矩阵 $\boldsymbol{A}$, 再求 $\boldsymbol{A}$ 的正交相似标准形, 得正交矩阵 $\boldsymbol{T}$, 使得 $\boldsymbol{T}^{\mathrm{T}}\boldsymbol{A}\boldsymbol{T}=\mathrm{diag}\,(\lambda_1,\lambda_2,\cdots,\lambda_n)$, 最后作变量的正交变换 $\boldsymbol{X}=\boldsymbol{T}\boldsymbol{Y}$, 可将二次型 $f(x_1,x_2,\cdots,x_n)$ 化为标准形 $\lambda_1y_1^2+\lambda_2y_2^2+\cdots+\lambda_ny_n^2$.

关于矩阵 $\boldsymbol{A}$ 在合同、相似和等价之下的标准形.

对称矩阵 $\boldsymbol{A}$ 在合同之下的标准形是对角形矩阵, 但主对角线上的元素未必就是 $\boldsymbol{A}$ 的特征根; 矩阵 $\boldsymbol{A}$ 在相似之下的标准形如果是对角形矩阵, 那么主对角线上的元素都是矩阵 $\boldsymbol{A}$ 的特征根; 矩阵 $\boldsymbol{A}$ 在等价之下的标准形是对角形矩阵, 但主对角线上的元素 1 或 0 与矩阵的 $\boldsymbol{A}$ 的特征根没有关系.

最小二乘解满足的条件.

定理 1.2.60 设 W 是 (有限维) 欧氏空间 V 的一个子空间, $\boldsymbol{\alpha}$ 是 V 中一个向量, $\boldsymbol{\beta}$ 是 W 中一个向量, 使 $\boldsymbol{\alpha}-\boldsymbol{\beta}$ 正交于 W, 则对 W 中任一向量 $\boldsymbol{\gamma}$, 都有

$$|\boldsymbol{\alpha}-\boldsymbol{\beta}| \leqslant |\boldsymbol{\alpha}-\boldsymbol{\gamma}|.$$

定理 1.2.61 设 $\boldsymbol{A} \in M_{n\times s}(\mathbf{R})$, $\boldsymbol{B} \in \mathbf{R}^n$. 如果 $\boldsymbol{AX}=\boldsymbol{B}$ 无解, 那么 $\boldsymbol{AX}=\boldsymbol{B}$ 的最小二乘解存在, 并且最小二乘解的集合等于 $\boldsymbol{A}^{\mathrm{T}}\boldsymbol{AX}=\boldsymbol{A}^{\mathrm{T}}\boldsymbol{B}$ 的解集合.

第 2 章　特殊与一般

2.1　特殊与一般关系阐述

数学思想中的归纳推理是由特殊到一般的推理. 由特殊具体的事例推导出一般原理、原则的解释方法. 数学结论中的一般, 都存在于个别、特殊之中, 并通过个别而存在. 因此, 往往通过认识个别, 可以很好地认识一般.

求解高等代数的问题, 从个别、特殊的情形总结、概括出带有一般性的原理或原则, 然后才可能从这些原理、原则出发, 再得出关于个别事物的结论. 这种认识秩序贯穿于人们的研究中, 即从对个别事物的认识上升到对事物的一般规律性的认识.

在得出一般结论的时候, 研究者有时不单纯运用归纳推理, 同时也运用演绎法. 在人们的思维中, 归纳和演绎是互相联系、互相补充、不可分割的.

演绎推理是由一般到特殊的推理方法, 所谓特殊化, 是将一般问题的研究转化为其特殊情形, 通过特殊情形的解决而发现一般规律, 然后根据问题研究的需要, 再将特殊情况与一般问题联系起来. 这是解决数学问题的一个重要思想方法. 在数学研究中, 给出一个新的概念、结论, 例子往往对阐释概念或者结论的意义具有重要作用, 这也可以理解为特殊化的一个方面. 在有些问题的条件中往往含有“任意”“每一个”“任一”等关键词, 而这些关键词所指的对象又无穷多的时候, 往往特殊情形问题的解决会起到很好的效果, 从而使得原问题迎刃而解. 下面的定理 2.1.1 就是一个典型的特殊化的例子 (参见文献 [3]).

定理 2.1.1 (行列式按行展开定理)　n 阶行列式 D 等于它的任一行元素与该行元素的对应代数余子式乘积之和. 即

$$D = a_{i1}A_{i1} + a_{i2}A_{i2} + \cdots + a_{in}A_{in} = \sum_{j=1}^{n} a_{ij}A_{ij} \quad (i = 1, 2, \cdots, n). \tag{2.1}$$

证明　先证**特殊**情形, 再证一般情形.

(i) 先看 $i = 1$, 且 $a_{12} = a_{13} = \cdots = a_{1n} = 0$ 的情形, 即

$$D = \begin{vmatrix} a_{11} & 0 & \cdots & 0 \\ a_{21} & a_{22} & \cdots & 0 \\ \vdots & \vdots & & \vdots \\ a_{n1} & a_{n2} & \cdots & a_{nn} \end{vmatrix}.$$

这时, 要证明的 (2.1) 式变为

$$D = a_{11}A_{11} = a_{11}(-1)^{1+1}M_{11} = a_{11}M_{11}$$

$$= a_{11}\begin{vmatrix} a_{22} & 0 & \cdots & 0 \\ a_{32} & a_{33} & \cdots & 0 \\ \vdots & \vdots & & \vdots \\ a_{n2} & a_{n3} & \cdots & a_{nn} \end{vmatrix}.$$

余子式 M_{11} 的每一项 (不考虑前面所带的符号时) 都可以写作

$$a_{2j_2}a_{3j_3}\cdots a_{nj_n}. \tag{2.2}$$

此处 $j_2j_3\cdots j_n$ 是 $2,3,\cdots,n$ 这 $n-1$ 个数码的一个排列. 我们看项 (2.2) 与 a_{11} 的乘积

$$a_{11}a_{2j_2}a_{3j_3}\cdots a_{nj_n}. \tag{2.3}$$

这一项的元素位于 D 的不同行与不同列上, 因此它是 D 的一项. 反过来, 由于行列式 D 的每一项都含有第一行的一个元素, 而第一行元素除 a_{11} 外都是零, 因此 D 的可能不为零的每一项 (即 D 的一定以 a_{11} 为因子的项) 都可以写成 (2.3) 的形式, 这就是说, D 的可能不为零的每一项都是 a_{11} 与它的余子式 M_{11} (也是 a_{11} 的代数余子式) 的某一项的乘积. 因此 D 与 $a_{11}M_{11}$ 有相同的项 (不考虑 D 的以 $a_{12},a_{13},\cdots$, 或 a_{1n} 为因子的项).

乘积 (2.3) 在 D 中的符号是

$$(-1)^{\pi(1j_2j_3\cdots j_n)} = (-1)^{\pi(j_2j_3\cdots j_n)}.$$

另一方面, 乘积 (2.3) 在 $a_{11}M_{11}$ 中的符号, 就是 (2.2) 在 M_{11} 中的符号, 乘积 (2.2) 的元素既然位于 D 的第 $2,3,\cdots,n$ 行, 第 $j_2,j_3,\cdots,j_n$ 列, 那么它位于 M_{11} 的第 $1,2,\cdots,n-1$ 行与 $j_2-1,j_3-1,\cdots,j_n-1$ 列, 所以 (2.2) 在 M_{11} 中的符号应该是

$$(-1)^{\pi((j_2-1)(j_3-1)\cdots(j_n-1))} = (-1)^{\pi(j_2j_3\cdots j_n)}.$$

这样, 乘积 (2.3) 在 $a_{11}M_{11}$ 中的符号与在 D 中的符号一样, 所以

$$D = a_{11}M_{11}.$$

(ii) 第 $i(i>1)$ 行元素中除 a_{ij} 外, 其他元素全为零的情形, 即

$$D=\begin{vmatrix} a_{11} & \cdots & a_{1,j-1} & a_{1j} & a_{1,j+1} & \cdots & a_{1n} \\ \vdots & & \vdots & \vdots & \vdots & & \vdots \\ a_{i-1,1} & \cdots & a_{i-1,j-1} & a_{i-1,j} & a_{i-1,j+1} & \cdots & a_{i-1,n} \\ 0 & & 0 & a_{ij} & 0 & & 0 \\ a_{i+1,1} & \cdots & a_{i+1,j-1} & a_{i+1,j} & a_{i+1,j+1} & \cdots & a_{i+1,n} \\ \vdots & & \vdots & \vdots & \vdots & & \vdots \\ a_{n1} & \cdots & a_{n,j-1} & a_{nj} & a_{n,j+1} & \cdots & a_{nn} \end{vmatrix}.$$

这时, 要证的 (2.1) 式变为 $D=a_{ij}A_{ij}$.

我们把 D 的第 i 行依次与第 $i-1,i-2,\cdots,2,1$ 行交换, 这样, 共做 $i-1$ 次两行的交换后, 就把 D 的第 i 行换到了第 1 行. 然后, 再将第 j 列依次向左与第 $j-1,j-2,\cdots,2,1$ 列交换, 做 $j-1$ 次的两列交换后, 第 j 列就到了第 1 列. 这时 a_{ij} 就被换到了第 1 行、第 1 列的位置上, D 就变成了下面的行列式:

$$D_1=\begin{vmatrix} a_{ij} & 0 & \cdots & 0 & 0 & \cdots & 0 \\ a_{1j} & a_{11} & \cdots & a_{1,j-1} & a_{1,j+1} & \cdots & a_{1,n} \\ \vdots & \vdots & & \vdots & \vdots & & \vdots \\ a_{i-1,j} & a_{i-1,1} & \cdots & a_{i-1,j-1} & a_{i-1,j+1} & \cdots & a_{i-1,n} \\ a_{i+1,j} & a_{i+1,1} & \cdots & a_{i+1,j-1} & a_{i+1,j+1} & \cdots & a_{i+1,n} \\ \vdots & \vdots & & \vdots & \vdots & & \vdots \\ a_{nj} & a_{n1} & \cdots & a_{n,j-1} & a_{n,j+1} & \cdots & a_{nn} \end{vmatrix}.$$

由于 D_1 是 D 经过 $(i-1)+(j-1)$ 次交换行与交换列后得到的, 所以

$$D=(-1)^{(i-1)+(j-1)}D_1=(-1)^{i+j}D_1.$$

根据情形 (i),

$$D_1=a_{ij}M_{ij},$$

所以

$$D=(-1)^{i+j}a_{ij}M_{ij}=a_{ij}A_{ij}.$$

(iii) 一般情形. 把 D 的第 i 行每个元素写成 n 项之和, 再进一步把 D 写

成 n 个行列式之和, 然后根据情形 (ii) 即可证得

$$D=\begin{vmatrix} a_{11} & a_{12} & \cdots & a_{1n} \\ \vdots & \vdots & & \vdots \\ a_{i1}+0+\cdots+0 & 0+a_{i2}+\cdots+0 & & 0+0+\cdots+a_{in} \\ \vdots & \vdots & & \vdots \\ a_{n1} & a_{n2} & \cdots & a_{nn} \end{vmatrix}$$

$$=\begin{vmatrix} a_{11} & a_{12} & \cdots & a_{1n} \\ \vdots & \vdots & & \vdots \\ a_{i1} & 0 & \cdots & 0 \\ \vdots & \vdots & & \vdots \\ a_{n1} & a_{n2} & \cdots & a_{nn} \end{vmatrix}+\begin{vmatrix} a_{11} & a_{12} & \cdots & a_{1n} \\ \vdots & \vdots & & \vdots \\ 0 & a_{i2} & \cdots & 0 \\ \vdots & \vdots & & \vdots \\ a_{n1} & a_{n2} & \cdots & a_{nn} \end{vmatrix}+\cdots$$

$$+\begin{vmatrix} a_{11} & a_{12} & \cdots & a_{1n} \\ \vdots & \vdots & & \vdots \\ 0 & 0 & \cdots & a_{in} \\ \vdots & \vdots & & \vdots \\ a_{n1} & a_{n2} & \cdots & a_{nn} \end{vmatrix}$$

$$=a_{i1}A_{i1}+a_{i2}A_{i2}+\cdots+a_{in}A_{in}.$$

2.2 典型的例子

本节的例子, 每一个都围绕特殊或一般的角度进行分析.

例 2.2.1 证明: 对任意 n 阶方阵 $\boldsymbol{A}$, $\boldsymbol{B}$, 都有 $\boldsymbol{AB}-\boldsymbol{BA}\neq\boldsymbol{I}$.

分析 首先, 题目中的矩阵是任意的, 仅有的条件是两个矩阵乘积. 验证所有矩阵显然是不现实的, 联想到特征多项式的性质, 矩阵 $\boldsymbol{AB}$ 与 $\boldsymbol{BA}$ 的特征根相等, 迹也相等, 故考虑到使用“主对角元素”的特殊性.

证明 设

$$\boldsymbol{A}=\begin{pmatrix} a_{11} & a_{12} & \cdots & a_{1n} \\ a_{21} & a_{22} & \cdots & a_{2n} \\ \vdots & \vdots & & \vdots \\ a_{n1} & a_{n2} & \cdots & a_{nn} \end{pmatrix},\quad \boldsymbol{B}=\begin{pmatrix} b_{11} & b_{12} & \cdots & b_{1n} \\ b_{21} & b_{22} & \cdots & b_{2n} \\ \vdots & \vdots & & \vdots \\ b_{n1} & b_{n2} & \cdots & b_{nn} \end{pmatrix}$$

为任意两个 n 阶方阵. 则 $\boldsymbol{AB}$ 的主对角线上元素的和为

$$\sum_{i=1}^{n} a_{1i}b_{i1}+\sum_{i=1}^{n} a_{2i}b_{i2}+\cdots+\sum_{i=1}^{n} a_{ni}b_{in}=\sum_{i=1}^{n}\sum_{j=1}^{n} a_{ji}b_{ij},$$

$\boldsymbol{BA}$ 的主对角线上元素的和为

$$\sum_{j=1}^{n} b_{1j}a_{j1}+\sum_{j=1}^{n} b_{2j}a_{j2}+\cdots+\sum_{j=1}^{n} b_{nj}a_{jn}=\sum_{i=1}^{n}\sum_{j=1}^{n} b_{ij}a_{ji},$$

从而 $\boldsymbol{AB}$ 与 $\boldsymbol{BA}$ 的主对角线上元素的和相等. 于是 $\boldsymbol{AB}-\boldsymbol{BA}$ 的主对角线上元素的和为零. 但是单位矩阵 $\boldsymbol{I}$ 的主对角线上元素的和为 $n\neq 0$, 因此 $\boldsymbol{AB}-\boldsymbol{BA}\neq\boldsymbol{I}$.

例 2.2.2 设 $\boldsymbol{A}$, $\boldsymbol{B}$ 是实对称方阵, $\boldsymbol{C}$ 为实斜对称方阵. 如果 $\boldsymbol{A}^2+\boldsymbol{B}^2=\boldsymbol{C}^2$, 那么 $\boldsymbol{A}=\boldsymbol{B}=\boldsymbol{C}=\boldsymbol{0}$.

分析 同例 2.2.1, 验证所有矩阵显然是不现实的, 联想到斜对称矩阵的性质, 矩阵由 $\boldsymbol{A}^2+\boldsymbol{B}^2=\boldsymbol{C}^2$ 可以得到 $\boldsymbol{AA}^{\mathrm{T}}+\boldsymbol{BB}^{\mathrm{T}}+\boldsymbol{CC}^{\mathrm{T}}=\boldsymbol{0}$. 同样考虑到使用"主对角元素"的特殊性. 最后注意到 $\boldsymbol{A}$, $\boldsymbol{B}$, $\boldsymbol{C}$ 均为实方阵.

证明 通过计算 $\boldsymbol{AA}^{\mathrm{T}}$, $\boldsymbol{BB}^{\mathrm{T}}$ 与 $\boldsymbol{CC}^{\mathrm{T}}$ 的主对角线元素, 发现均为完全平方数的和, 利用实数的性质显然可以证明.

注记 2.2.3 注意到例 2.2.1 和例 2.2.2 均用到了矩阵的"特殊"元素, 即对角线元素.

例 2.2.4 证明: 设 $\boldsymbol{A}$ 是 n 阶方阵, 若对任意的 n 维列向量 $\boldsymbol{\beta}$, 都有 $\boldsymbol{A\beta}=\boldsymbol{0}$, 那么 $\boldsymbol{A}=\boldsymbol{0}$.

分析 验证任意列向量显然是不现实的, 联想到肯定有一些"特殊"列向量会起到作用. 比如, 单位矩阵的列向量, 或者可逆矩阵的列向量.

证明 分别取 $\boldsymbol{\beta}=\boldsymbol{e}_1,\boldsymbol{e}_2,\cdots,\boldsymbol{e}_n$, 其中 $\boldsymbol{e}_1,\boldsymbol{e}_2,\cdots,\boldsymbol{e}_n$ 分别是单位矩阵的列向量. 由于 $\boldsymbol{Ae}_i=\boldsymbol{0}(i=1,2,\cdots,n)$, 所以 $\boldsymbol{A}(\boldsymbol{e}_1,\boldsymbol{e}_2,\cdots,\boldsymbol{e}_n)=0$, 即 $\boldsymbol{A}$ 乘以单位矩阵为 $\boldsymbol{0}$ 矩阵, 可得 $\boldsymbol{A}=\boldsymbol{0}$. 事实上不难看出, 因为如果取某个可逆矩阵的 n 个列, 因为可逆矩阵的 n 个列线性无关, 可以看作齐次线性方程组 $\boldsymbol{AX}=\boldsymbol{0}$ 的基础解系, 故系数矩阵秩为 0, 就是 $\boldsymbol{0}$ 矩阵. 当然, 如果理解为 $\boldsymbol{A}$ 和一个可逆矩阵乘积为 $\boldsymbol{0}$, 也很容易推出 $\boldsymbol{A}=\boldsymbol{0}$.

例 2.2.5 证明：对任意 n 阶方阵 $\boldsymbol{A}$, $\boldsymbol{B}$, 都有 $\det(\boldsymbol{AB})=\det\boldsymbol{A}\cdot\det\boldsymbol{B}$.

分析 任意矩阵乘积之后求行列式, 与原矩阵行列式很难建立直接联系. 但假如其中一个矩阵为特殊的对角阵, 那么根据矩阵乘积, 结论是显然的, 由此作为问题的切入点.

证明 先看一种特殊情形, 即 $\boldsymbol{A}$ 是一个对角矩阵的情形. 设

$$\boldsymbol{A}=\begin{pmatrix} d_1 & 0 & \cdots & 0 \\ 0 & d_2 & \cdots & 0 \\ \vdots & \vdots & & \vdots \\ 0 & 0 & \cdots & d_n \end{pmatrix},$$

则 $\det(\boldsymbol{A})=d_1d_2\cdots d_n$. 再设 $\boldsymbol{B}=(b_{ij})$, 直接计算

$$\boldsymbol{AB}=\begin{pmatrix} d_1b_{11} & d_1b_{12} & \cdots & d_1b_{1n} \\ d_2b_{21} & d_2b_{22} & \cdots & d_2b_{2n} \\ \vdots & \vdots & & \vdots \\ d_nb_{n1} & d_nb_{n2} & \cdots & d_nb_{nn} \end{pmatrix}.$$

根据行列式的性质即可得出

$$\det(\boldsymbol{AB})=d_1d_2\cdots d_n\det\boldsymbol{B}=\det\boldsymbol{A}\cdot\det\boldsymbol{B}.$$

现在看一般情形. 由于任意一个矩阵 $\boldsymbol{A}$ 可以通过第三种初等变换化为一个对角矩阵 $\overline{\boldsymbol{A}}$, 并且 $\det\boldsymbol{A}=\det\overline{\boldsymbol{A}}$, 矩阵 $\boldsymbol{A}$ 也可以反过来通过对 $\overline{\boldsymbol{A}}$ 施行第三种初等变换而得出, 这就是说, 存在第三类初等矩阵 $\boldsymbol{T}_1,\boldsymbol{T}_2,\cdots,\boldsymbol{T}_p,\boldsymbol{T}_{p+1},\cdots,\boldsymbol{T}_q$, 使得

$$\boldsymbol{A}=\boldsymbol{T}_1\cdots\boldsymbol{T}_p\overline{\boldsymbol{A}}\boldsymbol{T}_{p+1}\cdots\boldsymbol{T}_q.$$

于是 $\boldsymbol{AB}=\boldsymbol{T}_1\cdots\boldsymbol{T}_p\overline{\boldsymbol{A}}\boldsymbol{T}_{p+1}\cdots\boldsymbol{T}_q\boldsymbol{B}=(\boldsymbol{T}_1\cdots\boldsymbol{T}_p)(\overline{\boldsymbol{A}}\boldsymbol{T}_{p+1}\cdots\boldsymbol{T}_q\boldsymbol{B})$. 由行列式的性质知道, 任意一个 n 阶矩阵的行列式不因对它施行第三种初等变换而有所改变, 换句话说, 用一些第三类初等矩阵乘一个 n 阶矩阵不改变矩阵的行列式. 因此,

$$\det(\boldsymbol{T}_1\cdots\boldsymbol{T}_p\overline{\boldsymbol{A}}\boldsymbol{T}_{p+1}\cdots\boldsymbol{T}_q\boldsymbol{B})=\det(\overline{\boldsymbol{A}}\boldsymbol{T}_{p+1}\cdots\boldsymbol{T}_q\boldsymbol{B}),$$

$$\det(\boldsymbol{T}_{p+1}\cdots\boldsymbol{T}_q\boldsymbol{B})=\det\boldsymbol{B}.$$

所以, 注意到 $\overline{\boldsymbol{A}}$ 是一个对角矩阵, 由已证的结果我们有

$$\begin{aligned}\det(\boldsymbol{AB})&=\det((\boldsymbol{T}_1\cdots\boldsymbol{T}_p)(\overline{\boldsymbol{A}}\boldsymbol{T}_{p+1}\cdots\boldsymbol{T}_q\boldsymbol{B}))\\&=\det(\overline{\boldsymbol{A}}\boldsymbol{T}_{p+1}\cdots\boldsymbol{T}_q\boldsymbol{B})\\&=\det\overline{\boldsymbol{A}}\cdot\det(\boldsymbol{T}_{p+1}\cdots\boldsymbol{T}_q\boldsymbol{B})\\&=\det\overline{\boldsymbol{A}}\cdot\det\boldsymbol{B}\\&=\det\boldsymbol{A}\cdot\det\boldsymbol{B}.\end{aligned}$$

例 2.2.6 设 $\boldsymbol{A}, \boldsymbol{B} \in M_{n\times n}(F)$, $n \geqslant 2$. 若 $\boldsymbol{A}$ 与 $\boldsymbol{B}$ 相似, 则 $\boldsymbol{A}^*$ 与 $\boldsymbol{B}^*$ 相似.

分析 该问题如果 $\boldsymbol{A}$ 与 $\boldsymbol{B}$ 均为特殊的可逆矩阵, 利用伴随矩阵与可逆矩阵的关系, 结论是容易证明的, 然后把不可逆的情形与可逆的情形联系起来. 注意到下文的证明方法中, 先考虑了无穷多个数 k, 最后特殊化取成 0.

证明 因 $\boldsymbol{A}$ 与 $\boldsymbol{B}$ 相似, 存在 F 上 n 阶可逆阵 $\boldsymbol{P}$, 使 $\boldsymbol{P}^{-1}\boldsymbol{A}\boldsymbol{P} = \boldsymbol{B}$, 且有 $\det\boldsymbol{A} = \det\boldsymbol{B}$.

(1) $\det\boldsymbol{A} = \det\boldsymbol{B} \neq 0$, 则

$$\boldsymbol{A}^* = (\det\boldsymbol{A})\boldsymbol{A}^{-1}, \quad \boldsymbol{B}^* = (\det\boldsymbol{B})\boldsymbol{B}^{-1},$$

对等式 $\boldsymbol{P}^{-1}\boldsymbol{A}\boldsymbol{P} = \boldsymbol{B}$ 两端取逆, 有 $\boldsymbol{P}^{-1}\boldsymbol{A}^{-1}\boldsymbol{P} = \boldsymbol{B}^{-1}$, 因而

$$\boldsymbol{P}^{-1}\boldsymbol{A}^*\boldsymbol{P} = \boldsymbol{P}^{-1}(\det\boldsymbol{A})\boldsymbol{A}^{-1}\boldsymbol{P} = (\det\boldsymbol{B})\boldsymbol{P}^{-1}\boldsymbol{A}^{-1}\boldsymbol{P} = (\det\boldsymbol{B})\boldsymbol{B}^{-1} = \boldsymbol{B}^*.$$

故 $\boldsymbol{A}^*$ 与 $\boldsymbol{B}^*$ 相似.

(2) $\det\boldsymbol{A} = 0 = \det\boldsymbol{B}$.

对既不是 $-\boldsymbol{A}$ 的特征根也不是 $-\boldsymbol{B}$ 的特征根的任一数 k, 有 $k\boldsymbol{I}+\boldsymbol{A}$ 与 $k\boldsymbol{I}+\boldsymbol{B}$ 均可逆, 且

$$\boldsymbol{P}^{-1}(k\boldsymbol{I}+\boldsymbol{A})\boldsymbol{P} = \boldsymbol{P}^{-1}k\boldsymbol{I}\boldsymbol{P} + \boldsymbol{P}^{-1}\boldsymbol{A}\boldsymbol{P} = k\boldsymbol{I}+\boldsymbol{B}.$$

由 (1) 知

$$\boldsymbol{P}^{-1}(k\boldsymbol{I}+\boldsymbol{A})^*\boldsymbol{P} = \boldsymbol{P}^{-1}k\boldsymbol{I}\boldsymbol{P} + \boldsymbol{P}^{-1}\boldsymbol{A}\boldsymbol{P} = (k\boldsymbol{I}+\boldsymbol{B})^*.$$

这说明 $\boldsymbol{P}^{-1}(x\boldsymbol{I}+\boldsymbol{A})^*\boldsymbol{P} - (x\boldsymbol{I}+\boldsymbol{B})^*$ 的每个位置处的元素作为多项式有无穷多个根, 因而它的每个元素均是零多项式. 所以有

$$\boldsymbol{P}^{-1}(x\boldsymbol{I}+\boldsymbol{A})^*\boldsymbol{P} = (x\boldsymbol{I}+\boldsymbol{B})^*.$$

最后令 $x = 0$ 即可得 $\boldsymbol{P}^{-1}\boldsymbol{A}^*\boldsymbol{P} = \boldsymbol{B}^*$.

例 2.2.7 设 $\dim_F V = n(>0)$, $\sigma \in L(V)$, W 是 V 的子空间. 证明

$$\dim W = \dim\sigma(W) + \dim(\mathrm{Ker}\sigma \cap W).$$

分析 维数问题常常用到基的扩充, 而基是由非零向量构成的, 所以先得考虑零空间的特殊情形. 在此基础上考虑 $\mathrm{Ker}\,\sigma \cap W = \{\mathbf{0}\}$ 的情形.

证明 当 W 是 V 的零子空间时, 结论显然成立.

下设 $W \neq \{\mathbf{0}\}$, 且 $\dim W = s > 0$.

(1) $\mathrm{Ker}\,\sigma \cap W = \{\mathbf{0}\}$.

令 $f = \sigma|_W\ W \to \sigma(W)$, 则 f 为 F 上向量空间 W 到 $\sigma(W)$ 的线性映射, 且

$$\mathrm{Ker}\,f = \{\boldsymbol{\xi} \in W \mid f(\boldsymbol{\xi}) = \mathbf{0}\} = \{\boldsymbol{\xi} \in W \mid \sigma(\boldsymbol{\xi}) = \mathbf{0}\} = W \cap \mathrm{Ker}\,\sigma = \{\mathbf{0}\}.$$

所以, f 为单射. 显然 f 为满射. 故 f 为 W 到 $\sigma(W)$ 的同构映射, $\dim W = \dim\sigma(W)$. 结论为真.

(2) $\mathrm{Ker}\,\sigma \cap W \neq \{\mathbf{0}\}$.

令 $\dim(\mathrm{Ker}\,\sigma \cap W) = r$, $r > 0$.

(i) 如果 $\mathrm{Ker}\,\sigma \cap W = W$, 即 $W \subseteq \mathrm{Ker}\,\sigma$, 此时 $\sigma(W) = \{\mathbf{0}\}$, 显然有

$$\dim W=\dim(\sigma(W))+\dim(\mathrm{Ker}\ \sigma\cap W).$$

(ii) 下设 $\mathrm{Ker}\ \sigma\cap W\subsetneqq W$, 即 $r<s$. 设 $\boldsymbol{\alpha}_1$, $\boldsymbol{\alpha}_2$, $\cdots$, $\boldsymbol{\alpha}_r$ 为 $\mathrm{Ker}\ \sigma\cap W$ 的一个基, 扩充为 W 的一个基 $\boldsymbol{\alpha}_1$, $\boldsymbol{\alpha}_2$, $\cdots$, $\boldsymbol{\alpha}_r$, $\boldsymbol{\alpha}_{r+1}$, $\cdots$, $\boldsymbol{\alpha}_s$. 显然

$$\begin{aligned}\sigma(W)&=\mathscr{L}(\sigma(\boldsymbol{\alpha}_1),\ \cdots,\ \sigma(\boldsymbol{\alpha}_r),\ \sigma(\boldsymbol{\alpha}_{r+1}),\ \cdots,\ \sigma(\boldsymbol{\alpha}_s))\\&=\mathscr{L}(\sigma(\boldsymbol{\alpha}_{r+1}),\ \cdots,\ \sigma(\boldsymbol{\alpha}_s)).\end{aligned}$$

设 $b_{r+1}\sigma(\boldsymbol{\alpha}_{r+1})+\cdots+b_s\sigma(\boldsymbol{\alpha}_s)=\mathbf{0}$, 即 $\sigma(b_{r+1}\boldsymbol{\alpha}_{r+1}+\cdots+b_s\boldsymbol{\alpha}_s)=\mathbf{0}$. 因此 $b_{r+1}\boldsymbol{\alpha}_{r+1}+\cdots+b_s\boldsymbol{\alpha}_s\in\mathrm{Ker}\ \sigma\cap W$. 故存在 b_1, $\cdots$, $b_r\in F$, 使得

$$b_{r+1}\boldsymbol{\alpha}_{r+1}+\cdots+b_s\boldsymbol{\alpha}_s=b_1\boldsymbol{\alpha}_1+\cdots+b_r\boldsymbol{\alpha}_r,$$

$$b_1\boldsymbol{\alpha}_1+\cdots+b_r\boldsymbol{\alpha}_r-b_{r+1}\boldsymbol{\alpha}_{r+1}-\cdots-b_s\boldsymbol{\alpha}_s=\mathbf{0}.$$

由于 $\boldsymbol{\alpha}_1,\cdots,\boldsymbol{\alpha}_r,\boldsymbol{\alpha}_{r+1},\cdots,\boldsymbol{\alpha}_s$ 线性无关, 因此

$$b_1=\cdots=b_r=b_{r+1}=\cdots=b_s=0,$$

所以 $\sigma(\boldsymbol{\alpha}_{r+1})$, $\cdots$, $\sigma(\boldsymbol{\alpha}_s)$ 线性无关, 是 $\sigma(W)$ 的一个基, 故

$$\dim W=s=s-r+r=\dim\sigma(W)+\dim(\mathrm{Ker}\ \sigma\cap W).$$

例 2.2.8 设 $\dim_F V=n>0$, $\sigma\in L(V)$, σ 可逆, W 是 σ 的一个不变子空间. 证明: W 也是 σ^{-1} 的不变子空间.

分析 先考虑特殊的零空间, 应该成为这类问题的基本习惯.

证明 当 $W=\{\mathbf{0}\}$ 时, 结论显然成立.

下设 $\dim W=s\geqslant 1$, 令 $\boldsymbol{\alpha}_1$, $\boldsymbol{\alpha}_2$, $\cdots$, $\boldsymbol{\alpha}_s$ 为 W 的一个基.

$$k_1\sigma(\boldsymbol{\alpha}_1)+k_2\sigma(\boldsymbol{\alpha}_2)+\cdots+k_s\sigma(\boldsymbol{\alpha}_s)=\mathbf{0},\quad k_i\in F,\ i=1,\ 2,\ \cdots,\ s.$$

用 σ^{-1} 作用上式两端, 得

$$k_1\boldsymbol{\alpha}_1+k_2\boldsymbol{\alpha}_2+\cdots+k_s\boldsymbol{\alpha}_s=\mathbf{0}.$$

又 $\boldsymbol{\alpha}_1$, $\boldsymbol{\alpha}_2$, $\cdots$, $\boldsymbol{\alpha}_s$ 线性无关, 故

$$k_1=k_2=\cdots=k_s=0.$$

因此 $\sigma(\boldsymbol{\alpha}_1)$, $\sigma(\boldsymbol{\alpha}_2)$, $\cdots$, $\sigma(\boldsymbol{\alpha}_s)$ 线性无关. 又 W 是 σ 的不变子空间,

$$\sigma(\boldsymbol{\alpha}_i)\in W,\quad i=1,\ 2,\ \cdots,\ s,$$

而 W 是 s 维的, 故 $\{\sigma(\boldsymbol{\alpha}_1),\ \sigma(\boldsymbol{\alpha}_2),\ \cdots,\ \sigma(\boldsymbol{\alpha}_s)\}$ 构成 W 的一个基.

下证 W 在 σ^{-1} 之下不变. 对任意的 $\xi\in W$, 存在 l_1, l_2, $\cdots$, $l_s\in F$, 使得

$$\boldsymbol{\xi}=\sum_{i=1}^{s}l_i\sigma(\boldsymbol{\alpha}_i).$$

因而

$$\sigma^{-1}(\boldsymbol{\xi})=\sigma^{-1}\left(\sum_{i=1}^{s}l_i\sigma(\boldsymbol{\alpha}_i)\right)=\sum_{i=1}^{s}l_i\sigma^{-1}\sigma(\boldsymbol{\alpha}_i)=\sum_{i=1}^{s}l_i\boldsymbol{\alpha}_i\in W,$$

所以 W 在 σ^{-1} 之下不变.

例 2.2.9 设 $f(x)=(x-a_1)^2(x-a_2)^2\cdots(x-a_n)^2+1$, 其中 $a_1,\ a_2,\ \cdots,\ a_n$ 是互异的整数. 证明: $f(x)$ 在有理数域上不可约.

分析 利用多项式的特殊表达形式, 以及利用代入整数得到的结果还是整数的特殊性质.

证明 用反证法. 假如 $f(x)$ 在有理数域 $\mathbf{Q}$ 上可约, 则存在两个整系数多项式 $g(x),\ h(x)$, 使得 $f(x)=g(x)\ h(x)$, 其中 $\deg g(x)\geqslant 1,\ \deg h(x)\geqslant 1$. 由

$$(x-a_1)^2(x-a_2)^2\cdots(x-a_n)^2+1=g(x)\ h(x) \tag{2.4}$$

知, $g(a_i)\ h(a_i)=1,\ i=1,\ 2,\ \cdots,\ n$. 而 $g(a_i)$ 与 $h(a_i)$ 均为整数, 因此 $g(a_i)=h(a_i)=1$ 或 $-1,\ i=1,\ 2,\ \cdots,\ n$.

由 (2.4) 式知, $g(x)$ 与 $h(x)$ 均无实根. 因此由根的存在性定理可知, $g(a_1)=g(a_2)=\cdots=g(a_n)$ 且 $h(a_1)=h(a_2)=\cdots=h(a_n)$. 设 $g(a_i)=h(a_i)=1,\ i=1,\ 2,\ \cdots,\ n$. 这说明 $g(x)-1$ 与 $h(x)-1$ 都至少有 n 个根 $a_1,\ a_2,\ \cdots,\ a_n$. 但由 (2.4) 式知, $\deg g(x)+\deg h(x)=2n$. 因此 $g(x)-1$ 与 $h(x)-1$ 都是 n 次多项式. 令

$$\begin{aligned}g(x)-1&=b\ (x-a_1)\ (x-a_2)\ \cdots\ (x-a_n),\\ h(x)-1&=c\ (x-a_1)\ (x-a_2)\ \cdots\ (x-a_n),\end{aligned}$$

其中 b 与 c 均为正整数. 上式代入 (2.4) 式, 得

$$\begin{aligned}&(x-a_1)^2(x-a_2)^2\cdots(x-a_n)^2+1\\ =&[b\ (x-a_1)\ (x-a_2)\ \cdots\ (x-a_n)+1]\ [c(x-a_1)\ (x-a_2)\ \cdots\ (x-a_n)+1]\\ =&bc\ (x-a_1)^2(x-a_2)^2\cdots(x-a_n)^2+(b+c)\ (x-a_1)\ (x-a_2)\ \cdots\ (x-a_n)+1.\end{aligned}$$

比较上式两端最高次项系数, 得 $bc=1$, 进而可推出 $b+c=0$, 矛盾.

若 $g(a_i)=h(a_i)=-1,\ i=1,\ 2,\ \cdots,\ n$, 类似可得出矛盾.

例 2.2.10 若 $\boldsymbol{A}, \boldsymbol{B}, \boldsymbol{C}, \boldsymbol{D}$ 都是 n 阶方阵, 且 $\boldsymbol{AC}=\boldsymbol{CA}$. 证明

$$\det\begin{pmatrix}\boldsymbol{A}&\boldsymbol{B}\\ \boldsymbol{C}&\boldsymbol{D}\end{pmatrix}=\det(\boldsymbol{AD}-\boldsymbol{CB}).$$

分析 考虑矩阵式可逆矩阵的特殊情形, 再把一般情形与特殊情形联系起来.

证明 (i) 若 $\det\boldsymbol{A}\neq 0$, 即 $\boldsymbol{A}$ 可逆. 则

$$\begin{pmatrix}\boldsymbol{I}_n&\boldsymbol{0}\\ -\boldsymbol{CA}^{-1}&\boldsymbol{I}_n\end{pmatrix}\begin{pmatrix}\boldsymbol{A}&\boldsymbol{B}\\ \boldsymbol{C}&\boldsymbol{D}\end{pmatrix}=\begin{pmatrix}\boldsymbol{A}&\boldsymbol{B}\\ \boldsymbol{0}&\boldsymbol{D}-\boldsymbol{CA}^{-1}\boldsymbol{B}\end{pmatrix}.$$

上式两边取行列式, 得

$$\det\begin{pmatrix} \boldsymbol{I}_n & \boldsymbol{0} \\ -\boldsymbol{C}\boldsymbol{A}^{-1} & \boldsymbol{I}_n \end{pmatrix}\det\begin{pmatrix} \boldsymbol{A} & \boldsymbol{B} \\ \boldsymbol{C} & \boldsymbol{D} \end{pmatrix}=\det\begin{pmatrix} \boldsymbol{A} & \boldsymbol{B} \\ \boldsymbol{0} & \boldsymbol{D}-\boldsymbol{C}\boldsymbol{A}^{-1}\boldsymbol{B} \end{pmatrix}.$$

所以

$$\begin{aligned}\det\begin{pmatrix} \boldsymbol{A} & \boldsymbol{B} \\ \boldsymbol{C} & \boldsymbol{D} \end{pmatrix}&=\det\boldsymbol{A}\det(\boldsymbol{D}-\boldsymbol{C}\boldsymbol{A}^{-1}\boldsymbol{B})\\&=\det[\boldsymbol{A}(\boldsymbol{D}-\boldsymbol{C}\boldsymbol{A}^{-1}\boldsymbol{B})]=\det(\boldsymbol{A}\boldsymbol{D}-\boldsymbol{A}\boldsymbol{C}\boldsymbol{A}^{-1}\boldsymbol{B})\\&=\det(\boldsymbol{A}\boldsymbol{D}-\boldsymbol{C}\boldsymbol{A}\boldsymbol{A}^{-1}\boldsymbol{B})=\det(\boldsymbol{A}\boldsymbol{D}-\boldsymbol{C}\boldsymbol{B}).\end{aligned}$$

(ii) $\det\boldsymbol{A}=0$, 即 $\boldsymbol{A}$ 不可逆.

考察 $f_{-\boldsymbol{A}}(x)=\det(x\boldsymbol{I}_n+\boldsymbol{A})$, 这是数域 F 上的一个 n 次多项式, 它在 F 中最多有 n 个根. 对于 F 中的每个不是 $f_{-\boldsymbol{A}}(x)$ 的根的数 k 来说, $\det(k\boldsymbol{I}_n+\boldsymbol{A})\neq 0$, 即 $k\boldsymbol{I}_n+\boldsymbol{A}$ 可逆, 并且 $(k\boldsymbol{I}_n+\boldsymbol{A})\boldsymbol{C}=k\boldsymbol{I}_n\boldsymbol{C}+\boldsymbol{A}\boldsymbol{C}=\boldsymbol{C}k\boldsymbol{I}_n+\boldsymbol{C}\boldsymbol{A}=\boldsymbol{C}(k\boldsymbol{I}_n+\boldsymbol{A})$. 故由 (i) 中证明的结论可知

$$\det\begin{pmatrix} k\boldsymbol{I}_n+\boldsymbol{A} & \boldsymbol{B} \\ \boldsymbol{C} & \boldsymbol{D} \end{pmatrix}=\det[(k\boldsymbol{I}_n+\boldsymbol{A})\boldsymbol{D}-\boldsymbol{C}\boldsymbol{B}].$$

注意有无穷多个数 k 使得上式成立, 可见多项式

$$\det\begin{pmatrix} x\boldsymbol{I}_n+\boldsymbol{A} & \boldsymbol{B} \\ \boldsymbol{C} & \boldsymbol{D} \end{pmatrix}-\det[(x\boldsymbol{I}_n+\boldsymbol{A})\boldsymbol{D}-\boldsymbol{C}\boldsymbol{B}]$$

有无穷多个根, 因此该多项式是零多项式. 即

$$\det\begin{pmatrix} x\boldsymbol{I}_n+\boldsymbol{A} & \boldsymbol{B} \\ \boldsymbol{C} & \boldsymbol{D} \end{pmatrix}=\det[(x\boldsymbol{I}_n+\boldsymbol{A})\boldsymbol{D}-\boldsymbol{C}\boldsymbol{B}].$$

令 $x=0$, 就得 $\det\begin{pmatrix} \boldsymbol{A} & \boldsymbol{B} \\ \boldsymbol{C} & \boldsymbol{D} \end{pmatrix}=\det(\boldsymbol{A}\boldsymbol{D}-\boldsymbol{C}\boldsymbol{B})$.

例 2.2.11 设 $\boldsymbol{A}$ 是 $m\times n$ 矩阵, $\boldsymbol{B}$ 为 $n\times m$ 矩阵. 证明

$$\det(\boldsymbol{I}_m+\boldsymbol{A}\boldsymbol{B})=\det(\boldsymbol{I}_n+\boldsymbol{B}\boldsymbol{A}).$$

分析 先考虑矩阵是方阵的特殊情形, 再把一般情形与特殊情形联系起来.

证明 (i) 当 $m=n$ 时,

$$\begin{pmatrix} \boldsymbol{0} & \boldsymbol{I}_n \\ \boldsymbol{I}_n & \boldsymbol{0} \end{pmatrix}\begin{pmatrix} \boldsymbol{I}_n & -\boldsymbol{B} \\ \boldsymbol{A} & \boldsymbol{I}_n \end{pmatrix}\begin{pmatrix} \boldsymbol{0} & \boldsymbol{I}_n \\ \boldsymbol{I}_n & \boldsymbol{0} \end{pmatrix}=\begin{pmatrix} \boldsymbol{I}_n & \boldsymbol{A} \\ -\boldsymbol{B} & \boldsymbol{I}_n \end{pmatrix}.$$

$$\det\begin{pmatrix} \boldsymbol{0} & \boldsymbol{I}_n \\ \boldsymbol{I}_n & \boldsymbol{0} \end{pmatrix}=(-1)^n,$$

$$\det\begin{pmatrix} \boldsymbol{I}_n & -\boldsymbol{B} \\ \boldsymbol{A} & \boldsymbol{I}_n \end{pmatrix} = \det\begin{pmatrix} \boldsymbol{I}_n & \boldsymbol{A} \\ -\boldsymbol{B} & \boldsymbol{I}_n \end{pmatrix},$$

由特征多项式降阶定理可知, $\det(\boldsymbol{I}_n + \boldsymbol{AB}) = \det(\boldsymbol{I}_n + \boldsymbol{BA})$.

(ii) 当 $m \neq n$ 时, 不妨设 $m < n$. 令

$$\boldsymbol{A}_1 = \begin{pmatrix} \boldsymbol{A}_{m\times n} \\ \boldsymbol{0}_{(n-m)\times n} \end{pmatrix}, \quad \boldsymbol{B}_1 = \begin{pmatrix} \boldsymbol{B}_{n\times m}, & \boldsymbol{0}_{n\times(n-m)} \end{pmatrix}.$$

由 (i) 得

$$\det(\boldsymbol{I}_n + \boldsymbol{A}_1\boldsymbol{B}_1) = \det(\boldsymbol{I}_n + \boldsymbol{B}_1\boldsymbol{A}_1),$$

$$\det\left[\begin{pmatrix} \boldsymbol{I}_m & \boldsymbol{0} \\ \boldsymbol{0} & \boldsymbol{I}_{n-m} \end{pmatrix} + \begin{pmatrix} \boldsymbol{AB} & \boldsymbol{0} \\ \boldsymbol{0} & \boldsymbol{0} \end{pmatrix}\right] = \det(\boldsymbol{I}_n + \boldsymbol{BA}),$$

即

$$\det\begin{pmatrix} \boldsymbol{I}_m + \boldsymbol{AB} & \boldsymbol{0} \\ \boldsymbol{0} & \boldsymbol{I}_{n-m} \end{pmatrix} = \det(\boldsymbol{I}_n + \boldsymbol{BA}).$$

所以 $\det(\boldsymbol{I}_m + \boldsymbol{AB}) = \det(\boldsymbol{I}_n + \boldsymbol{BA})$.

例 2.2.12 设 $\boldsymbol{A}, \boldsymbol{B}, \boldsymbol{C}$ 分别是数域 F 上的 $m \times n, m \times q, p \times q$ 矩阵, 则

$$\text{秩}\begin{pmatrix} \boldsymbol{A} & \boldsymbol{B} \\ \boldsymbol{0} & \boldsymbol{C} \end{pmatrix} \geqslant \text{秩}\,\boldsymbol{A} + \text{秩}\,\boldsymbol{C}. \tag{2.5}$$

当 $\boldsymbol{A}$ 为可逆矩阵或 $\boldsymbol{C}$ 为可逆矩阵或 $\boldsymbol{B} = \boldsymbol{0}$ 时, 上式取等号.

分析 先考虑秩为 0 的特殊情形, 这是根据秩的定义取非零子式首先需要考虑的问题.

解 设秩 $\boldsymbol{A} = r$, 秩 $\boldsymbol{C} = s$. 当 $r = 0$ 或 $s = 0$ 时, (2.5) 式成立.

下面考虑 $r \geqslant 1$, $s \geqslant 1$ 的情况.

取定 $\boldsymbol{A}$ 的一个非零 r 阶子式 D_1, 取定 $\boldsymbol{C}$ 的一个非零 s 阶子式 D_2, 在 $\begin{pmatrix} \boldsymbol{A} & \boldsymbol{B} \\ \boldsymbol{0} & \boldsymbol{C} \end{pmatrix}$ 中, 由 D_1 所在的 r 个行, D_2 所在的 s 个行, 以及 D_1 所在的 r 个列, D_2 所在的 s 个列所构成的 $r+s$ 阶子式 D, 按前 r 列利用拉普拉斯 (Laplace) 定理展开, 算得 $D = D_1D_2 \neq 0$. 故秩 $\begin{pmatrix} \boldsymbol{A} & \boldsymbol{B} \\ \boldsymbol{0} & \boldsymbol{C} \end{pmatrix} \geqslant r + s$.

当 $\boldsymbol{B} = \boldsymbol{0}$ 时, 任取 $\begin{pmatrix} \boldsymbol{A} & \boldsymbol{0} \\ \boldsymbol{0} & \boldsymbol{C} \end{pmatrix}$ 的一个 $r+s+1$ 阶子式 D (如果存在的话),

则 D 包含 $\begin{pmatrix} \boldsymbol{A} & \boldsymbol{0} \\ \boldsymbol{0} & \boldsymbol{C} \end{pmatrix}$ 的前 m 行中的至少 $r+1$ 行或后 p 行中的至少 $s+1$ 行. 若前者成立, 将 D 按前 $r+1$ 行展开; 若后者成立, 将 D 按后 $s+1$ 行展开. 无论何种情况, 都有 $D=0$, 因而 (2.5) 式取等号.

当 $\boldsymbol{A}$ 为可逆矩阵时,

$$\begin{pmatrix} \boldsymbol{A} & \boldsymbol{B} \\ \boldsymbol{0} & \boldsymbol{C} \end{pmatrix}\begin{pmatrix} \boldsymbol{I}_m & -\boldsymbol{A}^{-1}\boldsymbol{B} \\ \boldsymbol{0} & \boldsymbol{I}_q \end{pmatrix}=\begin{pmatrix} \boldsymbol{A} & \boldsymbol{0} \\ \boldsymbol{0} & \boldsymbol{C} \end{pmatrix}.$$

因此

$$\text{秩}\begin{pmatrix} \boldsymbol{A} & \boldsymbol{B} \\ \boldsymbol{0} & \boldsymbol{C} \end{pmatrix}=\text{秩}\begin{pmatrix} \boldsymbol{A} & \boldsymbol{0} \\ \boldsymbol{0} & \boldsymbol{C} \end{pmatrix}=\text{秩}\,\boldsymbol{A}+\text{秩}\,\boldsymbol{C}.$$

当 $\boldsymbol{C}$ 为可逆方阵时,

$$\begin{pmatrix} \boldsymbol{I}_m & -\boldsymbol{B}\boldsymbol{C}^{-1} \\ \boldsymbol{0} & \boldsymbol{I}_p \end{pmatrix}\begin{pmatrix} \boldsymbol{A} & \boldsymbol{B} \\ \boldsymbol{0} & \boldsymbol{C} \end{pmatrix}=\begin{pmatrix} \boldsymbol{A} & \boldsymbol{0} \\ \boldsymbol{0} & \boldsymbol{C} \end{pmatrix}.$$

$$\text{秩}\begin{pmatrix} \boldsymbol{A} & \boldsymbol{B} \\ \boldsymbol{0} & \boldsymbol{C} \end{pmatrix}=\text{秩}\begin{pmatrix} \boldsymbol{A} & \boldsymbol{0} \\ \boldsymbol{0} & \boldsymbol{C} \end{pmatrix}=\text{秩}\,\boldsymbol{A}+\text{秩}\,\boldsymbol{C}.$$

例 2.2.13 设 $\boldsymbol{A}$ 与 $\boldsymbol{B}$ 分别是 $m\times n$ 矩阵与 $l\times n$ 矩阵, 则

$$\max\{\text{秩}\,\boldsymbol{A},\text{秩}\,\boldsymbol{B}\}\leqslant\text{秩}\begin{pmatrix} \boldsymbol{A} \\ \boldsymbol{B} \end{pmatrix}\leqslant\text{秩}\,\boldsymbol{A}+\text{秩}\,\boldsymbol{B}.$$

分析 先考虑秩为 0 的特殊情形, 这是根据秩的定义取非零子式首先需要考虑的问题.

证明 左边不等式显然, 下证右边不等式.

令秩 $\boldsymbol{A}=r$, 秩 $\boldsymbol{B}=s$.

当 $r=0$ 或 $s=0$ 时, 显然有秩 $\begin{pmatrix} \boldsymbol{A} \\ \boldsymbol{B} \end{pmatrix}=$ 秩 $\boldsymbol{A}+$ 秩 $\boldsymbol{B}$.

下设 $r\geqslant 1$, $s\geqslant 1$. 任取 $\begin{pmatrix} \boldsymbol{A} \\ \boldsymbol{B} \end{pmatrix}$ 的一个 $r+s+1$ 阶子式 D (如果存在的话), 则 D 要么包含 $\begin{pmatrix} \boldsymbol{A} \\ \boldsymbol{B} \end{pmatrix}$ 的前 m 行中的至少 $r+1$ 行, 要么包含 $\begin{pmatrix} \boldsymbol{A} \\ \boldsymbol{B} \end{pmatrix}$ 的后 l 行中的至少 $s+1$ 行. 若前者成立, 将 D 按前 $r+1$ 行展开, D 的前 $r+1$ 行的一切 $r+1$ 阶子式均为 $\boldsymbol{A}$ 的 $r+1$ 阶子式, 但它们均为 0, 故 $D=0$. 若后者成立, 将 D 按后 $s+1$ 行展开, D 的后 $s+1$ 行的所有 $s+1$ 阶子式全是 $\boldsymbol{B}$ 的 $s+1$

阶子式, 它们也全是 0, 因而 $D=0$. 所以秩 $\begin{pmatrix} \boldsymbol{A} \\ \boldsymbol{B} \end{pmatrix} \leqslant r+s$.

例 2.2.14 设 $\boldsymbol{A}$ 为 n 阶方阵 $(n \geqslant 2)$, 则

(i)

$$\text{秩}\boldsymbol{A}^* = \begin{cases} n, & \text{秩}\ \boldsymbol{A}=n, \\ 1, & \text{秩}\ \boldsymbol{A}=n-1, \\ 0, & \text{秩}\ \boldsymbol{A} \leqslant n-2. \end{cases}$$

(ii)

$$(\boldsymbol{A}^*)^* = \begin{cases} \boldsymbol{A}, & n=2, \\ (\det\boldsymbol{A})^{n-2}\boldsymbol{A}, & n \geqslant 3. \end{cases}$$

分析 先考虑可逆矩阵的特殊情形, 再按照定义分不同特殊情形讨论.

证明 (i) 当秩 $\boldsymbol{A}=n$ 时, $\det\boldsymbol{A} \neq 0$. 由 $\boldsymbol{A}\boldsymbol{A}^* = \boldsymbol{A}^*\boldsymbol{A} = (\det\boldsymbol{A})\boldsymbol{I}_n$ 知

$$\left(\frac{1}{\det\boldsymbol{A}}\boldsymbol{A}\right)\boldsymbol{A}^* = \boldsymbol{A}^*\left(\frac{1}{\det\boldsymbol{A}}\boldsymbol{A}\right) = \boldsymbol{I}_n,$$

因此 $\boldsymbol{A}^*$ 是可逆矩阵, 且 $(\boldsymbol{A}^*)^{-1} = \dfrac{1}{\det\boldsymbol{A}}\boldsymbol{A}$, 故秩 $\boldsymbol{A}^*=n$. 此时 $\boldsymbol{A}^* = (\det\boldsymbol{A})\boldsymbol{A}^{-1}$.

当秩 $\boldsymbol{A} \leqslant n-2$ 时, $\det\boldsymbol{A}$ 的每个元素的代数余子式都为 0, 故 $\boldsymbol{A}^*=\boldsymbol{0}$, 所以秩 $\boldsymbol{A}^*=0$.

当秩 $\boldsymbol{A}=n-1$ 时, 存在 $\boldsymbol{A}$ 的一个元素 a_{st}, 使 a_{st} 的代数余子式不等于 0, 因此 $\boldsymbol{A}^*$ 不是零矩阵, 从而秩 $\boldsymbol{A}^* \geqslant 1$. 另一方面, 由 $\boldsymbol{A}\boldsymbol{A}^* = (\det\boldsymbol{A})\boldsymbol{I}_n = \boldsymbol{0}$ 知, $\boldsymbol{A}^*$ 的列向量是 $\boldsymbol{A}\boldsymbol{X}=\boldsymbol{0}$ 的解向量, $\boldsymbol{A}^*$ 的列空间是 $\boldsymbol{A}\boldsymbol{X}=\boldsymbol{0}$ 的解空间的子空间, 因此秩 $\boldsymbol{A}^* \leqslant n-$秩$\boldsymbol{A}=1$. 所以秩 $\boldsymbol{A}^*=1$.

(ii) 当 $n=2$ 时,

$$\begin{pmatrix} a & b \\ c & d \end{pmatrix}^* = \begin{pmatrix} d & -b \\ -c & a \end{pmatrix},$$

$$\left[\begin{pmatrix} a & b \\ c & d \end{pmatrix}^*\right]^* = \begin{pmatrix} d & -b \\ -c & a \end{pmatrix}^* = \begin{pmatrix} a & b \\ c & d \end{pmatrix}.$$

当 $n>2$ 时, 分以下两种情况考虑:

(1) $\boldsymbol{A}$ 可逆.

$$(\boldsymbol{A}^*)^* = (\det\boldsymbol{A}^*)(\boldsymbol{A}^*)^{-1} = (\det\boldsymbol{A})^{n-1} \cdot \frac{1}{\det\boldsymbol{A}} \cdot \boldsymbol{A} = (\det\boldsymbol{A})^{n-2}\boldsymbol{A}.$$

(2) $\boldsymbol{A}$ 不可逆, 即 $\det\boldsymbol{A} = 0$. 此时由 (i) 知, 秩 $\boldsymbol{A}^* \leqslant 1$, 故

$$(\boldsymbol{A}^*)^* = 0 = (\det\boldsymbol{A})^{n-2}\boldsymbol{A}.$$

例 2.2.15 F^n 的任一子空间 W 都是某一含 n 个未知量的齐次线性方程组的解空间.

分析 先考虑 $W = \{\boldsymbol{0}\}$ 与 $W = F^n$ 的特殊情形.

证明 若 $W = \{\boldsymbol{0}\}$, 则 W 是

$$\boldsymbol{I}_n \begin{pmatrix} x_1 \\ x_2 \\ \vdots \\ x_n \end{pmatrix} = \boldsymbol{0}$$

的解空间.

若 $W = F^n$, 则 W 是

$$\boldsymbol{0}_{m\times n} \begin{pmatrix} x_1 \\ x_2 \\ \vdots \\ x_n \end{pmatrix} = \boldsymbol{0}$$

的解空间.

下设 $\dim W = s$, 且 $0 < s < n$. 令 $\{\boldsymbol{\beta}_1, \boldsymbol{\beta}_2, \cdots, \boldsymbol{\beta}_s\}$ 为 W 的一个基. 作一个 $n \times s$ 阵 $\boldsymbol{C} = (\boldsymbol{\beta}_1, \boldsymbol{\beta}_2, \cdots, \boldsymbol{\beta}_s)$, 则秩 $\boldsymbol{C} = s$. 因而 $\boldsymbol{C}$ 的行向量组的极大无关组含 s 个向量, 设为 $\boldsymbol{\alpha}_{i_1}, \cdots, \boldsymbol{\alpha}_{i_s}$, 其中 $1 \leqslant i_1 < i_2 < \cdots < i_s \leqslant n$. 而

$$\boldsymbol{C} = \begin{pmatrix} \boldsymbol{\alpha}_1 \\ \boldsymbol{\alpha}_2 \\ \vdots \\ \boldsymbol{\alpha}_n \end{pmatrix},$$

每个 $\boldsymbol{\alpha}_i$ 为 $1 \times s$ 阵, 令 $\boldsymbol{\alpha}_j = \sum\limits_{k=1}^{s} a_{jk}\boldsymbol{\alpha}_{i_k}$, $j = 1, 2, \cdots, n$, $j \notin \{i_1, i_2, \cdots, i_s\}$.

设 $t_1 < t_2 < \cdots < t_{n-s}$, 且 $\{i_1, i_2, \cdots, i_s\} \cup \{t_1, t_2, \cdots, t_{n-s}\} = \{1, 2, \cdots, n\}$. 构作一个 $(n-s) \times n$ 阵 $\boldsymbol{A}$, 使 $\boldsymbol{A}$ 的第 l $(l = 1, 2, \cdots, n-s)$ 行为如下的 n 维行向量, 其第 $i_1, i_2, \cdots, i_s$ 个分量依次为 $a_{t_l 1}, a_{t_l 2}, \cdots, a_{t_l s}$, 其第 t_l 个分量为 -1, 其余分量全为 0. 则秩 $\boldsymbol{A} = n - s$, 且 $\boldsymbol{AC} = \boldsymbol{0}$.

齐次线性方程组

$$\boldsymbol{A}\begin{pmatrix} x_1 \\ x_2 \\ \vdots \\ x_n \end{pmatrix}=\boldsymbol{0}$$

的解空间 U 的维数为 $n-$ 秩 $\boldsymbol{A}=s$. 而 $\boldsymbol{\beta}_i \in U$, $i=1, 2, \cdots, s$, 又 $\boldsymbol{\beta}_1, \cdots, \boldsymbol{\beta}_s$ 线性无关, 故 $\{\boldsymbol{\beta}_1, \cdots, \boldsymbol{\beta}_s\}$ 为 U 的一个基, 所以 $U=W$. 故 W 是

$$\boldsymbol{A}\begin{pmatrix} x_1 \\ x_2 \\ \vdots \\ x_n \end{pmatrix}=\boldsymbol{0}$$

的解空间.

例 2.2.16　设 $V=\{f(x)\in F[x] \mid \deg f(x)<n$ 或 $f(x)=0\}$. 作 V 的变换 σ 如下：对任意的 $f(x)\in V$, 令 $\sigma(f(x))=xf'(x)-f(x)$.

(i) 证明: σ 是 V 的线性变换;

(ii) 求 $\operatorname{Ker}\sigma$ 及 $\operatorname{Im}\sigma$;

(iii) 求证 $V=\operatorname{Ker}\sigma\oplus\operatorname{Im}\sigma$.

分析　取特殊的一组基去作用, 这组基也简单.

解　(i) 显然.

(ii) 很显然, $\{1, x, x^2, \cdots, x^{n-1}\}$ 是 V 的一个基. 故

$$\begin{aligned}\operatorname{Im}\sigma &= \mathscr{L}(\sigma(1),\sigma(x),\sigma(x^2),\cdots,\sigma(x^{n-1})) \\ &= \mathscr{L}(-1,0,x^2,2x^3,3x^4,\cdots,(n-2)x^{n-1}) \\ &= \mathscr{L}(1,x^2,x^3,\cdots,x^{n-1}) \\ &= \{a_0+a_2x^2+a_3x^3+\cdots+a_{n-1}x^{n-1} \mid a_0, a_2, a_3, \cdots, a_{n-1}\in F\}.\end{aligned}$$

$\{1, x^2, x^3, \cdots, x^{n-1}\}$ 是 $\operatorname{Im}\sigma$ 的基, 因而 $\dim\operatorname{Im}\sigma=n-1$. 任取 $g(x)\in \operatorname{Ker}\sigma$, 设

$$g(x)=b_0+b_1x+\cdots+b_{n-1}x^{n-1}.$$

$$\begin{aligned}0=\sigma(g(x)) &= b_0\sigma(1)+b_1\sigma(x)+b_2\sigma(x^2)+\cdots+b_{n-1}\sigma(x^{n-1}) \\ &= -b_0+b_2x^2+2b_3x^3+\cdots+(n-2)b_{n-1}x^{n-1},\end{aligned}$$

即有 $b_0=b_2=b_3=\cdots=b_{n-1}=0$, 即 $g(x)=b_1x$. 反之, 形如 $kx(k\in F)$ 的多项式显然在 $\operatorname{Ker}\sigma$ 里, 故 $\operatorname{Ker}\sigma=\{kx \mid k\in F\}$, $\dim(\operatorname{Ker}\sigma)=1$.

(iii) ① 对任意的

$$h(x) = c_0 + c_1x + c_2x^2 + \cdots + c_{n-1}x^{n-1} \in \text{Ker } \sigma \cap \text{Im } \sigma,$$

由 $h(x) \in \text{Ker } \sigma$ 知，$c_0 = c_2 = c_3 = \cdots = c_{n-1} = 0$; 由 $h(x) \in \text{Im } \sigma$ 知，$c_1 = 0$. 因此 $h(x) = 0$, 即 $\text{Ker } \sigma \cap \text{Im } \sigma = \{0\}$, 所以和 $\text{Ker } \sigma + \text{Im } \sigma$ 是直和.

② $\dim(\text{Ker } \sigma + \text{Im } \sigma) = \dim(\text{Ker } \sigma) + \dim(\text{Im } \sigma) = 1 + (n-1) = \dim V$. 所以 $V = \text{Ker } \sigma + \text{Im } \sigma$.

综合 ① 与 ②，结论得证.

例 2.2.17 设 $V = \{f(x) \in \mathbf{R}[x] \mid \deg(f(x)) < n \text{ 或 } f(x) = 0\}$，定义 V 的变换 σ 如下：$\sigma(f(x)) = f'(x)$, 对任意的 $f(x) \in V$. 设 ι 是 V 的恒等变换. 证明: $\iota - \sigma$ 是可逆线性变换. 求出 σ 的全部不变子空间.

分析 考虑线性变换对一组特殊的基的作用结果.

解

$$(\iota - \sigma)(1) = 1,$$

$$(\iota - \sigma)(x) = x - 1,$$

$$(\iota - \sigma)(x^2) = x^2 - 2x,$$

$$(\iota - \sigma)(x^3) = x^3 - 3x^2,$$

$$\cdots\cdots$$

$$(\iota - \sigma)(x^{n-1}) = x^{n-1} - (n-1)x^{n-2}.$$

$\iota - \sigma$ 关于基 $\{1,\ x,\ x^2,\ \cdots,\ x^{n-1}\}$ 的矩阵是

$$\boldsymbol{A} = \begin{pmatrix} 1 & -1 & 0 & 0 & \cdots & 0 & 0 \\ 0 & 1 & -2 & 0 & \cdots & 0 & 0 \\ 0 & 0 & 1 & -3 & \cdots & 0 & 0 \\ \vdots & \vdots & \vdots & \vdots & & \vdots & \vdots \\ 0 & 0 & 0 & 0 & \cdots & 1 & -(n-1) \\ 0 & 0 & 0 & 0 & \cdots & 0 & 1 \end{pmatrix}.$$

由于 $\boldsymbol{A}$ 是可逆的，因此 $\iota - \sigma$ 是可逆线性变换.

易知, 对任意 $l \in \{1,\ 2,\ \cdots,\ n\}$,

$$\{f(x) \in \mathbf{R}[x] \mid f(x) = 0 \text{ 或 } \deg(f(x)) < l\} = \mathscr{L}(1, x, x^2, \cdots, x^{l-1})$$

是 V 的子空间，且在 σ 之下不变. V 的零子空间也在 σ 之下不变.

反之，设 W 是 σ 的非零不变子空间，选择 W 中次数最高的非零多项式，记其中之一为 $g(x)$. 令

$$g(x) = b_kx^k + b_{k-1}x^{k-1} + \cdots + b_1x + b_0 \quad (b_k \neq 0,\ 0 \leqslant k < n).$$

由于 W 在 σ 之下不变, 因此

$$\sigma^k(g(x)) = k!b_k \in W,$$

从而 $1 \in W$;

$$\sigma^{k-1}(g(x)) = k(k-1)\cdots 3\cdot 2b_k x + (k-1)!b_{k-1} \in W,$$

从而 $x \in W$;

$\sigma^{k-2}(g(x)) = k(k-1)\cdots 4\cdot 3b_k x^2 + (k-1)(k-2)\cdots 3\cdot 2b_{k-1}x + (k-2)!b_{k-2} \in W$, 可得 $x^2 \in W$.

以此类推, 有 $x^3,\ x^4,\ \cdots,\ x^k \in W$, 所以 $W = \mathscr{L}(1,\ x,\ x^2,\ x^3,\ \cdots,\ x^k)$, 这说明 σ 的全体不变子空间有

$$\{0\},\ \mathscr{L}(1) = \mathbf{R}, \mathscr{L}(1,\ x),\ \mathscr{L}(1,\ x,\ x^2),\ \cdots,\ \mathscr{L}(1,\ x,\ x^2,\ \cdots,\ x^{n-1}).$$

例 2.2.18 设 $\boldsymbol{\alpha}_1, \boldsymbol{\alpha}_2, \cdots, \boldsymbol{\alpha}_s$ 是欧氏空间 V 中的向量, 则

(i) $\det G(\boldsymbol{\alpha}_1,\ \boldsymbol{\alpha}_2,\ \cdots,\ \boldsymbol{\alpha}_s) = 0$ 当且仅当 $\boldsymbol{\alpha}_1,\ \boldsymbol{\alpha}_2,\ \cdots,\ \boldsymbol{\alpha}_s$ 线性相关;

(ii) $\det G(\boldsymbol{\alpha}_1,\ \boldsymbol{\alpha}_2,\ \cdots,\ \boldsymbol{\alpha}_s) \neq 0$ 当且仅当 $\boldsymbol{\alpha}_1,\ \boldsymbol{\alpha}_2,\ \cdots,\ \boldsymbol{\alpha}_s$ 线性无关.

分析 转化特殊的线性组合与每一个向量的内积.

证明 只证 (i), 而 (ii) 可由 (i) 直接得出.

$\det G(\boldsymbol{\alpha}_1,\ \boldsymbol{\alpha}_2,\ \cdots,\ \boldsymbol{\alpha}_s) = 0$ 当且仅当 $G(\boldsymbol{\alpha}_1,\ \boldsymbol{\alpha}_2,\ \cdots,\ \boldsymbol{\alpha}_s)$ 的行向量组线性相关,

当且仅当存在不全为零的实数 $k_1,\ k_2,\ \cdots,\ k_s$, 使 $\sum\limits_{i=1}^{s} k_i\langle\boldsymbol{\alpha}_i,\ \boldsymbol{\alpha}_j\rangle = 0,\ j = 1,\ 2,\ \cdots,\ s$,

当且仅当存在不全为零的实数 $k_1,\ k_2,\ \cdots,\ k_s$, 使 $\left\langle\sum\limits_{i=1}^{s} k_i\boldsymbol{\alpha}_i,\ \boldsymbol{\alpha}_j\right\rangle = 0,\ j = 1,\ 2,\ \cdots,\ s$,

当且仅当存在不全为零的实数 $k_1,\ k_2,\ \cdots,\ k_s$, 使 $\sum\limits_{i=1}^{s} k_i\boldsymbol{\alpha}_i = \mathbf{0}$,

当且仅当 $\boldsymbol{\alpha}_1,\ \boldsymbol{\alpha}_2,\ \cdots,\ \boldsymbol{\alpha}_s$ 线性相关.

例 2.2.19 设 $\boldsymbol{\alpha}_1, \boldsymbol{\alpha}_2, \cdots, \boldsymbol{\alpha}_m$ 是欧氏空间 V 的一个规范正交组. 证明: 对于 V 中的任意向量 $\boldsymbol{\xi}$, 有 $\sum\limits_{i=1}^{m} \langle\boldsymbol{\xi}, \boldsymbol{\alpha}_i\rangle^2 \leqslant |\boldsymbol{\xi}|^2$.

分析 先考虑特殊空间的情形, 比如平面情形, 再把这种启示一般化到任意的有限维欧氏空间.

证明 令 $W = \mathscr{L}(\boldsymbol{\alpha}_1,\ \boldsymbol{\alpha}_2,\ \cdots,\ \boldsymbol{\alpha}_m)$, 则 $\dim W = m$, $\{\boldsymbol{\alpha}_1,\ \boldsymbol{\alpha}_2,\ \cdots,\ \boldsymbol{\alpha}_m\}$ 为 W 的规范正交基. 对任意的 $\boldsymbol{\xi} \in V$, 令 $\boldsymbol{\eta} = \langle\boldsymbol{\xi}, \boldsymbol{\alpha}_1\rangle\boldsymbol{\alpha}_1 + \cdots + \langle\boldsymbol{\xi}, \boldsymbol{\alpha}_m\rangle\boldsymbol{\alpha}_m$, 则 $\boldsymbol{\eta} \in W$, 且

$$\langle\boldsymbol{\xi} - \boldsymbol{\eta}, \boldsymbol{\alpha}_i\rangle = \langle\boldsymbol{\xi}, \boldsymbol{\alpha}_i\rangle - \langle\boldsymbol{\eta}, \boldsymbol{\alpha}_i\rangle = \langle\boldsymbol{\xi}, \boldsymbol{\alpha}_i\rangle - \langle\boldsymbol{\xi}, \boldsymbol{\alpha}_i\rangle = 0, \quad i = 1, 2, \cdots, m.$$

从而 $\boldsymbol{\xi} - \boldsymbol{\eta} \in W^{\perp}$, 令 $\boldsymbol{\zeta} = \boldsymbol{\xi} - \boldsymbol{\eta}$, 则 $\boldsymbol{\xi} = \boldsymbol{\eta} + \boldsymbol{\zeta}$, $\langle\boldsymbol{\eta}, \boldsymbol{\zeta}\rangle = 0$, 故

$$|\boldsymbol{\xi}|^2 = \langle \boldsymbol{\xi}, \boldsymbol{\xi} \rangle = \langle \boldsymbol{\eta}+\boldsymbol{\zeta}, \boldsymbol{\eta}+\boldsymbol{\zeta} \rangle = \langle \boldsymbol{\eta}, \boldsymbol{\eta} \rangle + \langle \boldsymbol{\zeta}, \boldsymbol{\zeta} \rangle \geqslant \langle \boldsymbol{\eta}, \boldsymbol{\eta} \rangle = \sum_{i=1}^{m} \langle \boldsymbol{\xi}, \boldsymbol{\alpha}_i \rangle^2.$$

例 2.2.20　证明: $\mathbf{R}^3$ 中向量 (x_0, y_0, z_0) 到平面 $W = \{(x, y, z) \in \mathbf{R}^3 | ax + by + cz = 0\}$ 的距离等于

$$\frac{|ax_0 + by_0 + cz_0|}{\sqrt{a^2+b^2+c^2}}.$$

分析　先考虑三维空间的几何意义, 再利用这个思路过渡到一般.

证明　设

$$\boldsymbol{\xi} = (x_0, y_0, z_0), \quad \boldsymbol{\gamma} = \frac{1}{\sqrt{a^2+b^2+c^2}}(a, b, c),$$

则 $\boldsymbol{\gamma}$ 为平面 W 的单位法向量. $\boldsymbol{\xi}$ 在 $\mathscr{L}(\boldsymbol{\gamma})$ 的正射影的长度即为 $\boldsymbol{\xi}$ 到 W 的距离:

$$|\langle \boldsymbol{\xi}, \boldsymbol{\gamma} \rangle| = \left| \frac{ax_0 + by_0 + cz_0}{\sqrt{a^2+b^2+c^2}} \right| = \frac{|ax_0 + by_0 + cz_0|}{\sqrt{a^2+b^2+c^2}}.$$

例 2.2.21　设 $\boldsymbol{A}$ 是非零的半正定矩阵. 证明: $\boldsymbol{A}$ 的主对角线的元素不全为零.

分析　考虑特殊情形主子式推出矛盾.

证明　令 $\boldsymbol{A} = (a_{ij})_{n\times n}$, $\boldsymbol{A}^{\mathrm{T}} = \boldsymbol{A}$, $\boldsymbol{A}$ 是实矩阵, 且半正定. 假如 $\boldsymbol{A}$ 的主对角线元全为零, 由于 $\boldsymbol{A} \neq \boldsymbol{0}$, 存在 $a_{ji} = a_{ij} \neq 0$, $i < j$, $\boldsymbol{A}$ 的 2 阶主子式

$$\begin{vmatrix} 0 & a_{ij} \\ a_{ji} & 0 \end{vmatrix} = -a_{ij}^2 < 0,$$

这与 $\boldsymbol{A}$ 是半正定相矛盾.

例 2.2.22　设 $\begin{pmatrix} \boldsymbol{B} & \boldsymbol{C} \\ \boldsymbol{C}^{\mathrm{T}} & \boldsymbol{D} \end{pmatrix}$ 是 n 阶实对称正定阵, 其最大特征根为 λ_0, $\boldsymbol{B}$ 与 $\boldsymbol{D}$ 分别为 r 阶、s 阶实对称阵 (当然正定), $r + s = n$, $\boldsymbol{B}$, $\boldsymbol{D}$ 的最大特征根分别为 λ_1, λ_2. 试证: $\lambda_0 < \lambda_1 + \lambda_2$.

分析　取特殊的特征向量, 并且讨论向量部分为零向量的特殊情形.

证明　设 $\boldsymbol{\xi}$ 是 $\begin{pmatrix} \boldsymbol{B} & \boldsymbol{C} \\ \boldsymbol{C}^{\mathrm{T}} & \boldsymbol{D} \end{pmatrix}$ 的属于特征根 λ_0 的实特征向量, 且 $|\boldsymbol{\xi}| = 1$,

令 $\boldsymbol{\xi}=\begin{pmatrix}\boldsymbol{\xi}_1\\ \boldsymbol{\xi}_2\end{pmatrix}$ ($\boldsymbol{\xi}_1$ 与 $\boldsymbol{\xi}_2$ 分别为 r 维、s 维列向量), 则

$$\begin{pmatrix}\boldsymbol{B} & \boldsymbol{C}\\ \boldsymbol{C}^{\mathrm{T}} & \boldsymbol{D}\end{pmatrix}\begin{pmatrix}\boldsymbol{\xi}_1\\ \boldsymbol{\xi}_2\end{pmatrix}=\lambda_0\begin{pmatrix}\boldsymbol{\xi}_1\\ \boldsymbol{\xi}_2\end{pmatrix}.$$

(1) 当 $\boldsymbol{\xi}_1=\boldsymbol{0}$ 时, 由上式知, $\boldsymbol{D}\boldsymbol{\xi}_2=\lambda_0\boldsymbol{\xi}_2$, $\boldsymbol{\xi}_2\neq\boldsymbol{0}$, 故 λ_0 是 $\boldsymbol{D}$ 的特征根, 所以 $\lambda_0\leqslant\lambda_2$. 又 $\boldsymbol{B}$ 正定, $\lambda_1>0$, 因此 $\lambda_0<\lambda_1+\lambda_2$.

(2) 当 $\boldsymbol{\xi}_2=\boldsymbol{0}$ 时, 可类似证明 $\lambda_0\leqslant\lambda_1$, 而 $\lambda_2>0$, 因此 $\lambda_0<\lambda_1+\lambda_2$.

(3) 当 $\boldsymbol{\xi}_1\neq\boldsymbol{0}$, $\boldsymbol{\xi}_2\neq\boldsymbol{0}$ 时, 令 $|\boldsymbol{\xi}_1|^2=\rho>0$, 则 $|\boldsymbol{\xi}_2|^2=1-\rho>0$. 我们有

$$\begin{aligned}\lambda_0&=\boldsymbol{\xi}^{\mathrm{T}}\begin{pmatrix}\boldsymbol{B} & \boldsymbol{C}\\ \boldsymbol{C}^{\mathrm{T}} & \boldsymbol{D}\end{pmatrix}\boldsymbol{\xi}=(\boldsymbol{\xi}_1^{\mathrm{T}},\ \boldsymbol{\xi}_2^{\mathrm{T}})\begin{pmatrix}\boldsymbol{B} & \boldsymbol{C}\\ \boldsymbol{C}^{\mathrm{T}} & \boldsymbol{D}\end{pmatrix}\begin{pmatrix}\boldsymbol{\xi}_1\\ \boldsymbol{\xi}_2\end{pmatrix}\\ &=(\boldsymbol{\xi}_1^{\mathrm{T}},\ \boldsymbol{\xi}_2^{\mathrm{T}})\begin{pmatrix}\boldsymbol{B}\boldsymbol{\xi}_1+\boldsymbol{C}\boldsymbol{\xi}_2\\ \boldsymbol{C}^{\mathrm{T}}\boldsymbol{\xi}_1+\boldsymbol{D}\boldsymbol{\xi}_2\end{pmatrix}\\ &=\boldsymbol{\xi}_1^{\mathrm{T}}\boldsymbol{B}\boldsymbol{\xi}_1+\boldsymbol{\xi}_1^{\mathrm{T}}\boldsymbol{C}\boldsymbol{\xi}_2+\boldsymbol{\xi}_2^{\mathrm{T}}\boldsymbol{C}^{\mathrm{T}}\boldsymbol{\xi}_1+\boldsymbol{\xi}_2^{\mathrm{T}}\boldsymbol{D}\boldsymbol{\xi}_2\\ &\leqslant\lambda_1\rho+\lambda_2(1-\rho)+2\boldsymbol{\xi}_1^{\mathrm{T}}\boldsymbol{C}\boldsymbol{\xi}_2.\end{aligned}$$

下证

$$2\boldsymbol{\xi}_1^{\mathrm{T}}\boldsymbol{C}\boldsymbol{\xi}_2\leqslant\lambda_2\rho+\lambda_1(1-\rho).$$

因 $\begin{pmatrix}\boldsymbol{B} & \boldsymbol{C}\\ \boldsymbol{C}^{\mathrm{T}} & \boldsymbol{D}\end{pmatrix}$ 正定, 故对任意不全为 0 的实数 a 和 b, 有

$$(a\boldsymbol{\xi}_1^{\mathrm{T}},-b\boldsymbol{\xi}_2^{\mathrm{T}})\begin{pmatrix}\boldsymbol{B} & \boldsymbol{C}\\ \boldsymbol{C}^{\mathrm{T}} & \boldsymbol{D}\end{pmatrix}\begin{pmatrix}a\boldsymbol{\xi}_1\\ -b\boldsymbol{\xi}_2\end{pmatrix}>0,$$

即

$$a^2\boldsymbol{\xi}_1^{\mathrm{T}}\boldsymbol{B}\boldsymbol{\xi}_1-ab\boldsymbol{\xi}_1^{\mathrm{T}}\boldsymbol{C}\boldsymbol{\xi}_2-ab\boldsymbol{\xi}_2^{\mathrm{T}}\boldsymbol{C}^{\mathrm{T}}\boldsymbol{\xi}_1+b^2\boldsymbol{\xi}_2^{\mathrm{T}}\boldsymbol{D}\boldsymbol{\xi}_2>0,$$

$$2ab\boldsymbol{\xi}_1^{\mathrm{T}}\boldsymbol{C}\boldsymbol{\xi}_2<a^2\boldsymbol{\xi}_1^{\mathrm{T}}\boldsymbol{B}\boldsymbol{\xi}_1+b^2\boldsymbol{\xi}_2^{\mathrm{T}}\boldsymbol{D}\boldsymbol{\xi}_2\leqslant a^2\lambda_1\rho+b^2\lambda_2(1-\rho).$$

再让 $a=\sqrt{\dfrac{1-\rho}{\rho}}$, $b=\sqrt{\dfrac{\rho}{1-\rho}}$, 就得 $\lambda_0<\lambda_1+\lambda_2$.

例 2.2.23 设 $\boldsymbol{A}$ 是 n 阶实对称矩阵. 证明: 若 $\boldsymbol{A}^2=\boldsymbol{0}$, 则 $\boldsymbol{A}=\boldsymbol{0}$.

分析 考虑乘积的主对角线元素的特殊情形.

证明 设 n 阶实对称矩阵 $\boldsymbol{A}=(a_{ij})$, 这里 $a_{ij}=a_{ji}$, 则

$$\mathbf{0}=\boldsymbol{A}^2=\begin{pmatrix}\sum\limits_{i=1}^n a_{1i}^2 & & & * \\ & \sum\limits_{i=1}^n a_{2i}^2 & & \\ & & \ddots & \\ * & & & \sum\limits_{i=1}^n a_{ni}^2\end{pmatrix}.$$

故 $\sum\limits_{i=1}^n a_{ji}^2=0$, $j=1, 2, \cdots, n$, 即对任意的 i, j, $a_{ji}=0$. 因此 $\boldsymbol{A}=\mathbf{0}$.

例 2.2.24 设 $a_1, a_2, \cdots, a_n$ 是互异的整数, 则

$$f(x)=(x-a_1)(x-a_2)\cdots(x-a_n)-1$$

在有理数域上不可约.

分析 考虑代入整数, 利用整数的特殊性.

证明 假设 $f(x)$ 在有理数域上可约, 则存在次数大于零的整系数多项式 $g(x)$ 和 $h(x)$, 使得 $f(x)=g(x)h(x)$. 设 $\deg g(x)=s$, $\deg h(x)=t$, 则 $0<s, t<n$. 因为对任意 i $(1\leqslant i\leqslant n)$, 有

$$-1=f(a_i)=g(a_i)h(a_i),$$

所以 $g(a_i)$ 与 $h(a_i)$ 都是整数 ±1 且反号. 于是 $g(a_i)+h(a_i)=0$, $i=1, 2, \cdots, n$. 由 $\deg(g(x)+h(x))<n$ 知, $g(x)+h(x)=0$. 因此 $f(x)=-g(x)^2$. 这与 $f(x)$ 的首项系数为 1 矛盾, 所以 $f(x)$ 在有理数域上不可约.

例 2.2.25 设 V 是数域 F 上的一个向量空间, W_1, W_2 是 V 的两个子空间, 且 $V=W_1\oplus W_2$. 任取 $\boldsymbol{\alpha}\in V$, 设 $\boldsymbol{\alpha}=\boldsymbol{\alpha}_1+\boldsymbol{\alpha}_2$, 其中 $\boldsymbol{\alpha}_1\in W_1$, $\boldsymbol{\alpha}_2\in W_2$. 令

$$\sigma_{W_1}: V\longrightarrow V,\quad \boldsymbol{\alpha}=\boldsymbol{\alpha}_1+\boldsymbol{\alpha}_2\mapsto\boldsymbol{\alpha}_1,$$

则 σ_{W_1} 是 V 的一个线性变换 (称 σ_{W_1} 是平行于 W_2 在 W_1 上的投影), 它满足

$$\sigma_{W_1}(\boldsymbol{\alpha})=\begin{cases}\boldsymbol{\alpha}, & \boldsymbol{\alpha}\in W_1,\\ \mathbf{0}, & \boldsymbol{\alpha}\in W_2,\end{cases}$$

并且这样的线性变换 σ_{W_1} 是唯一的.

分析 先考虑中学的特殊实数平面是怎样的情形, 再把思路与一般的欧氏空间联系起来.

证明 因为 $V=W_1\oplus W_2$, 所以 $\boldsymbol{\alpha}$ 表示成 W_1 的一个向量与 W_2 的一个向量之和的形式唯一. 于是 σ_{W_1} 是 V 的一个变换. 任取 $\boldsymbol{\alpha}, \boldsymbol{\beta}\in V$, $k\in F$, 设 $\boldsymbol{\alpha}=\boldsymbol{\alpha}_1+\boldsymbol{\alpha}_2$, $\boldsymbol{\beta}=\boldsymbol{\beta}_1+\boldsymbol{\beta}_2$, 其中 $\boldsymbol{\alpha}_1, \boldsymbol{\beta}_1\in W_1$, $\boldsymbol{\alpha}_2, \boldsymbol{\beta}_2\in W_2$, 则

$$\sigma_{W_1}(\boldsymbol{\alpha}+\boldsymbol{\beta})=\boldsymbol{\alpha}_1+\boldsymbol{\beta}_1=\sigma_{W_1}(\boldsymbol{\alpha})+\sigma_{W_1}(\boldsymbol{\beta});$$

$$\sigma_{W_1}(k\boldsymbol{\alpha})=k\boldsymbol{\alpha}_1=k\sigma_{W_1}(\boldsymbol{\alpha}).$$

因此 σ_{W_1} 是 V 的线性变换.

如果 $\boldsymbol{\alpha}\in W_1$, 那么 $\boldsymbol{\alpha}=\boldsymbol{\alpha}+\mathbf{0}$. 从而 $\sigma_{W_1}(\boldsymbol{\alpha})=\boldsymbol{\alpha}$. 如果 $\boldsymbol{\alpha}\in W_2$, 那么 $\boldsymbol{\alpha}=\mathbf{0}+\boldsymbol{\alpha}$. 于是 $\sigma_{W_1}(\boldsymbol{\alpha})=\mathbf{0}$.

设 τ 是 V 的线性变换, 且 τ 也满足

$$\tau(\boldsymbol{\alpha})=\begin{cases}\boldsymbol{\alpha}, & \boldsymbol{\alpha}\in W_1,\\ \mathbf{0}, & \boldsymbol{\alpha}\in W_2,\end{cases}$$

则对任意 $\boldsymbol{\alpha}=\boldsymbol{\alpha}_1+\boldsymbol{\alpha}_2\in V$, 其中 $\boldsymbol{\alpha}_1\in W_1, \boldsymbol{\alpha}_2\in W_2$, 有

$$\tau(\boldsymbol{\alpha})=\tau(\boldsymbol{\alpha}_1+\boldsymbol{\alpha}_2)=\tau(\boldsymbol{\alpha}_1)+\tau(\boldsymbol{\alpha}_2)=\boldsymbol{\alpha}_1+\mathbf{0}=\boldsymbol{\alpha}_1=\sigma_{W_1}(\boldsymbol{\alpha}).$$

因此 $\tau=\sigma_{W_1}$.

例 2.2.26　设 σ 是数域 F 上 n $(n>0)$ 维向量空间 V 的一个线性变换. 若 V 中每个非零向量都是 σ 的本征向量, 则 σ 是位似变换.

分析　要证明 σ 作用所有基向量后等于一个固定的数乘以基向量, 那么转化成 σ 作用特殊的向量, 即一组基向量的和.

证明　方法一　设 $\{\boldsymbol{\alpha}_1, \boldsymbol{\alpha}_2, \cdots, \boldsymbol{\alpha}_n\}$ 为 V 的一个基, 则 $\boldsymbol{\alpha}_1+\boldsymbol{\alpha}_2+\cdots+\boldsymbol{\alpha}_n\neq\mathbf{0}$. 因此 $\boldsymbol{\alpha}_i, i=1, 2, \cdots, n, \boldsymbol{\alpha}_1+\boldsymbol{\alpha}_2+\cdots+\boldsymbol{\alpha}_n$ 都是 σ 的本征向量. 假设

$$\sigma(\boldsymbol{\alpha}_i)=\lambda_i\boldsymbol{\alpha}_i,\quad i=1, 2, \cdots, n,$$
$$\sigma(\boldsymbol{\alpha}_1+\boldsymbol{\alpha}_2+\cdots+\boldsymbol{\alpha}_n)=\lambda(\boldsymbol{\alpha}_1+\boldsymbol{\alpha}_2+\cdots+\boldsymbol{\alpha}_n),$$

那么由 $\sigma(\boldsymbol{\alpha}_1+\boldsymbol{\alpha}_2+\cdots+\boldsymbol{\alpha}_n)=\lambda_1\boldsymbol{\alpha}_1+\lambda_2\boldsymbol{\alpha}_2+\cdots+\lambda_n\boldsymbol{\alpha}_n$ 知, $\lambda_i=\lambda, i=1, 2, \cdots, n$. 故对 V 中任意非零向量 $\boldsymbol{\alpha}$, 都有 $\sigma(\boldsymbol{\alpha})=\lambda\boldsymbol{\alpha}$, 即 σ 是位似变换.

方法二　任取 σ 的两个本征值 λ_1, λ_2. 设 $\boldsymbol{\xi}_1, \boldsymbol{\xi}_2$ 分别是 σ 的属于本征值 λ_1, λ_2 的本征向量, 且 $\boldsymbol{\xi}_1+\boldsymbol{\xi}_2\neq\mathbf{0}$, 则 $\boldsymbol{\xi}_1+\boldsymbol{\xi}_2$ 也是 σ 的本征向量. 令

$$\sigma(\boldsymbol{\xi}_1+\boldsymbol{\xi}_2)=\lambda(\boldsymbol{\xi}_1+\boldsymbol{\xi}_2),$$

则由 $\sigma(\boldsymbol{\xi}_1+\boldsymbol{\xi}_2)=\lambda_1\boldsymbol{\xi}_1+\lambda_2\boldsymbol{\xi}_2$, 得

$$(\lambda_1-\lambda)\boldsymbol{\xi}_1+(\lambda_2-\lambda)\boldsymbol{\xi}_2=\mathbf{0}.$$

若 $\lambda_1-\lambda=0$, 则 $\lambda_2-\lambda=0$. 从而 $\lambda_1=\lambda_2$.

若 $\lambda_1-\lambda\neq0$, 则 $\lambda_2-\lambda\neq0$. 于是 $\boldsymbol{\xi}_1=k\boldsymbol{\xi}_2$, 其中 $k=\dfrac{\lambda-\lambda_2}{\lambda_1-\lambda}\neq0$. 从而

$$k\lambda_1\boldsymbol{\xi}_2=\lambda_1\boldsymbol{\xi}_1=\sigma(\boldsymbol{\xi}_1)=\sigma(k\boldsymbol{\xi}_2)=k\lambda_2\boldsymbol{\xi}_2.$$

因此 $k(\lambda_1-\lambda_2)\boldsymbol{\xi}_2=\mathbf{0}$. 故 $\lambda_1=\lambda_2$.

这表明 σ 只有一个本征值 λ. 于是对 V 中任意非零向量 $\boldsymbol{\alpha}$, 都有 $\sigma(\boldsymbol{\alpha})=\lambda\boldsymbol{\alpha}$, 即 σ 是位似变换.

例 2.2.27　向量空间 $F_n[x]$ 的线性变换 σ 的定义如下:

$$\sigma(f(x))=f'(x),\quad f(x)\in F_n[x].$$

求 σ 的本征值和相应的本征向量, 并证明 σ 不能对角化.

分析　作用一组特殊的基, 作用结果最简单.

解　取 $F_n[x]$ 的一个基 $\{1, x, x^2, \cdots, x^n\}$, 则 σ 在这个基下的矩阵为

$$\boldsymbol{A} = \begin{pmatrix} 0 & 1 & 0 & \cdots & 0 \\ 0 & 0 & 2 & \cdots & 0 \\ \vdots & \vdots & \vdots & & \vdots \\ 0 & 0 & 0 & \cdots & n \\ 0 & 0 & 0 & \cdots & 0 \end{pmatrix}.$$

于是 $\boldsymbol{A}$ 的特征多项式 $f_{\boldsymbol{A}}(x) = x^{n+1}$. 因此 $\boldsymbol{A}$ 的特征根只有 0 ($n+1$ 重). 从而 σ 的本征值只有 0 ($n+1$ 重). 解方程组 $(0\boldsymbol{I} - \boldsymbol{A})\boldsymbol{X} = \boldsymbol{0}$ 得一基础解系 $\boldsymbol{\eta} = (1, 0, \cdots, 0)^{\mathrm{T}}$. 令 $s(x) = (1, x, x^2, \cdots, x^n)\boldsymbol{\eta}$, 则 $s(x) = 1$. 于是 σ 的属于本征值 0 的所有的本征向量为 $ks(x) = k$, 其中 k 为数域 F 中的任意非零数.

因为 σ 的线性无关的本征向量只有 1 个, 所以 σ 不能对角化.

例 2.2.28　已知向量空间 $\mathbf{R}^3$ 的线性变换 σ 为

$$\sigma(x_1, x_2, x_3) = (x_1 + x_2 + x_3, x_2 + x_3, -x_3).$$

证明 σ 是可逆变换, 并求 σ^{-1}.

分析　作用特殊的标准基.

解　取 $\mathbf{R}^3$ 的标准基 $\{\boldsymbol{\varepsilon}_1, \boldsymbol{\varepsilon}_2, \boldsymbol{\varepsilon}_3\}$. 因为

$$\sigma(\boldsymbol{\varepsilon}_1) = (1, 0, 0), \quad \sigma(\boldsymbol{\varepsilon}_2) = (1, 1, 0), \quad \sigma(\boldsymbol{\varepsilon}_3) = (1, 1, -1),$$

所以 σ 关于 $\mathbf{R}^3$ 的标准基 $\{\boldsymbol{\varepsilon}_1, \boldsymbol{\varepsilon}_2, \boldsymbol{\varepsilon}_3\}$ 的矩阵为

$$\boldsymbol{A} = \begin{pmatrix} 1 & 1 & 1 \\ 0 & 1 & 1 \\ 0 & 0 & -1 \end{pmatrix}.$$

由于 $\boldsymbol{A}$ 可逆, 因此 σ 是可逆变换, 且 σ^{-1} 关于标准基 $\{\boldsymbol{\varepsilon}_1, \boldsymbol{\varepsilon}_2, \boldsymbol{\varepsilon}_3\}$ 的矩阵为

$$\boldsymbol{A}^{-1} = \begin{pmatrix} 1 & -1 & 0 \\ 0 & 1 & 1 \\ 0 & 0 & -1 \end{pmatrix}.$$

从而对任意 $\boldsymbol{\alpha} = (x_1, x_2, x_3) \in \mathbf{R}^3$, $\sigma^{-1}(\boldsymbol{\alpha})$ 的坐标为

$$\boldsymbol{A}^{-1}\begin{pmatrix} x_1 \\ x_2 \\ x_3 \end{pmatrix} = \begin{pmatrix} x_1 - x_2 \\ x_2 + x_3 \\ -x_3 \end{pmatrix},$$

即 $\sigma^{-1}(x_1, x_2, x_3) = (x_1 - x_2, x_2 + x_3, -x_3)$.

例 2.2.29　对任意 $\boldsymbol{\alpha} \in \mathbf{R}^4$, 令 $\sigma(\boldsymbol{\alpha}) = \boldsymbol{A}\boldsymbol{\alpha}$, 其中

$$A=\begin{pmatrix}1&0&2&1\\-1&2&1&3\\1&2&5&5\\2&-2&1&-2\end{pmatrix}.$$

求线性变换 σ 的核与像.

分析 利用特殊的标准基.

解 先求 $\mathrm{Ker}\,\sigma$.

方法一 取 $\mathbf{R}^4$ 的标准基 $\{\varepsilon_1, \varepsilon_2, \varepsilon_3, \varepsilon_4\}$, 则

$$\sigma(\varepsilon_1, \varepsilon_2, \varepsilon_3, \varepsilon_4)=(\varepsilon_1, \varepsilon_2, \varepsilon_3, \varepsilon_4)\boldsymbol{A}.$$

解齐次线性方程组 $\boldsymbol{AX}=\mathbf{0}$ 得一基础解系

$$\boldsymbol{\eta}_1=\left(-2,\ -\frac{3}{2}, 1, 0\right)^{\mathrm{T}},\quad \boldsymbol{\eta}_2=(-1,\ -2, 0, 1)^{\mathrm{T}}.$$

因在标准基 $\{\varepsilon_1, \varepsilon_2, \varepsilon_3, \varepsilon_4\}$ 下以 $\boldsymbol{\eta}_1, \boldsymbol{\eta}_2$ 为坐标的向量仍然是 $\boldsymbol{\eta}_1, \boldsymbol{\eta}_2$, 故 $\mathrm{Ker}\,\sigma=\mathscr{L}(\boldsymbol{\eta}_1, \boldsymbol{\eta}_2)$.

方法二 对任意 $\boldsymbol{\alpha}\in\mathrm{Ker}\,\sigma$, 有 $\mathbf{0}=\sigma(\boldsymbol{\alpha})=\boldsymbol{A\alpha}$. 故 $\boldsymbol{\alpha}$ 是方程组 $\boldsymbol{AX}=\mathbf{0}$ 的解. 解 $\boldsymbol{AX}=\mathbf{0}$ 得一基础解系 $\boldsymbol{\eta}_1, \boldsymbol{\eta}_2$(见方法一). 因此 $\mathrm{Ker}\,\sigma=\mathscr{L}(\boldsymbol{\eta}_1, \boldsymbol{\eta}_2)$.

再求 $\mathrm{Im}\,\sigma$.

由于 $\dim\mathrm{Im}\,\sigma=2$, 且

$$\sigma(\varepsilon_1)=(1,\ -1, 1, 2)^{\mathrm{T}},\quad \sigma(\varepsilon_2)=(0, 2, 2,\ -2)^{\mathrm{T}}$$

线性无关, 因此 $\mathrm{Im}\,\sigma=\mathscr{L}(\sigma(\varepsilon_1), \sigma(\varepsilon_2))$.

例 2.2.30 在向量空间 $F_n[x]$ 中, 定义线性变换 τ 为: 对任意 $f(x)\in F_n[x]$, $\tau(f(x))=xf'(x)-f(x)$, 这里 $f'(x)$ 表示 $f(x)$ 的导数.

(1) 求 $\mathrm{Ker}\,\tau$ 及 $\mathrm{Im}\,\tau$;

(2) 证明: $V=\mathrm{Ker}\,\tau\oplus\mathrm{Im}\,\tau$.

分析 利用特殊的标准基.

解 (1) 方法一 取 $F_n[x]$ 的基 $\{1, x, x^2, \cdots, x^n\}$, 则

$$\tau(1, x, x^2, \cdots, x^n)=(1, x, x^2, \cdots, x^n)\ \boldsymbol{A},$$

其中

$$A=\begin{pmatrix} -1 & 0 & 0 & 0 & \cdots & 0 & 0 \\ 0 & 0 & 0 & 0 & \cdots & 0 & 0 \\ 0 & 0 & 1 & 0 & \cdots & 0 & 0 \\ 0 & 0 & 0 & 2 & \cdots & 0 & 0 \\ \vdots & \vdots & \vdots & \vdots & & \vdots & \vdots \\ 0 & 0 & 0 & 0 & \cdots & n-2 & 0 \\ 0 & 0 & 0 & 0 & \cdots & 0 & n-1 \end{pmatrix}.$$

解齐次线性方程组 $\boldsymbol{AX}=\boldsymbol{0}$ 得一基础解系

$$\boldsymbol{\eta}=(0,\,1,\,0,\,\cdots,\,0)^{\mathrm{T}}.$$

令 $g(x)=(1,\,x,\,x^2,\,\cdots,\,x^n)\boldsymbol{\eta}$, 则 $g(x)=x$. 所以

$$\operatorname{Ker}\tau=\mathscr{L}(x),\quad \operatorname{Im}\tau=\mathscr{L}(1,\,x^2,\,\cdots,\,x^n).$$

方法二　设 $f(x)=a_0+a_1x+\cdots+a_nx^n\in\operatorname{Ker}\tau$, 则 $\tau(f(x))=0$. 于是

$$-a_0+(a_1-a_1)x+(2a_2-a_2)x^2+\cdots+(na_n-a_n)x^n=0.$$

因此 $a_0=a_2=\cdots=a_n=0$. 从而 $f(x)=a_1x$. 故

$$\operatorname{Ker}\tau=\mathscr{L}(x),\quad \operatorname{Im}\tau=\mathscr{L}(1,\,x^2,\,\cdots,\,x^n).$$

(2) 由 (1) 即得.

例 2.2.31　设 $\{\boldsymbol{\alpha}_1,\,\boldsymbol{\alpha}_2,\,\cdots,\,\boldsymbol{\alpha}_n\}$ 为 n 维欧氏空间 V 的一个基. 证明:

(1) 若 $\boldsymbol{\beta}\in V$ 使得 $\langle\boldsymbol{\beta},\,\boldsymbol{\alpha}_i\rangle=0,\,i=1,\,2,\,\cdots,\,n$, 则 $\boldsymbol{\beta}=\boldsymbol{0}$;

(2) 若 $\boldsymbol{\xi},\,\boldsymbol{\eta}\in V$ 使得对任意 $\boldsymbol{\alpha}\in V$, 都有 $\langle\boldsymbol{\xi},\,\boldsymbol{\alpha}\rangle=\langle\boldsymbol{\eta},\,\boldsymbol{\alpha}\rangle$, 则 $\boldsymbol{\xi}=\boldsymbol{\eta}$.

分析　取特殊向量.

证明　(1) 设 $\boldsymbol{\beta}=a_1\boldsymbol{\alpha}_1+a_2\boldsymbol{\alpha}_2+\cdots+a_n\boldsymbol{\alpha}_n$, 则

$$\langle\boldsymbol{\beta},\,\boldsymbol{\beta}\rangle=\langle\boldsymbol{\beta},\,a_1\boldsymbol{\alpha}_1+a_2\boldsymbol{\alpha}_2+\cdots+a_n\boldsymbol{\alpha}_n\rangle=\sum_{i=1}^{n}a_i\langle\boldsymbol{\beta},\,\boldsymbol{\alpha}_i\rangle=0.$$

于是 $\boldsymbol{\beta}=\boldsymbol{0}$.

(2) 由题设知, 对任意 $\boldsymbol{\alpha}\in V$, 有 $\langle\boldsymbol{\xi}-\boldsymbol{\eta},\,\boldsymbol{\alpha}\rangle=0$. 特别地, 取 $\boldsymbol{\alpha}=\boldsymbol{\xi}-\boldsymbol{\eta}$, 有 $\langle\boldsymbol{\xi}-\boldsymbol{\eta},\,\boldsymbol{\xi}-\boldsymbol{\eta}\rangle=0$. 因此 $\boldsymbol{\xi}=\boldsymbol{\eta}$.

例 2.2.32　设 V 是 n 维欧氏空间. 证明: 对任意一个 n 阶正定矩阵 $\boldsymbol{A}$, 恒有 V 的一个基 $\{\boldsymbol{\alpha}_1,\,\boldsymbol{\alpha}_2,\,\cdots,\,\boldsymbol{\alpha}_n\}$, 使得 $\boldsymbol{A}$ 为这个基的度量矩阵.

分析　利用特殊的规范正交基, 以及不同过渡矩阵之间的关系.

证明　设 $\{\boldsymbol{\varepsilon}_1,\,\boldsymbol{\varepsilon}_2,\,\cdots,\,\boldsymbol{\varepsilon}_n\}$ 是 V 的一个规范正交基, 则基 $\{\boldsymbol{\varepsilon}_1,\,\boldsymbol{\varepsilon}_2,\,\cdots,\,\boldsymbol{\varepsilon}_n\}$ 的度量矩阵是 $\boldsymbol{I}_n$. 因为 $\boldsymbol{A}$ 是正定矩阵, 所以存在 n 阶可逆实矩阵 $\boldsymbol{P}$, 使得 $\boldsymbol{A}=\boldsymbol{P}^{\mathrm{T}}\boldsymbol{I}_n\boldsymbol{P}$. 令

$$(\boldsymbol{\alpha}_1,\,\boldsymbol{\alpha}_2,\,\cdots,\,\boldsymbol{\alpha}_n)=(\boldsymbol{\varepsilon}_1,\,\boldsymbol{\varepsilon}_2,\,\cdots,\,\boldsymbol{\varepsilon}_n)\,\boldsymbol{P},$$

则 $\{\boldsymbol{\alpha}_1,\,\boldsymbol{\alpha}_2,\,\cdots,\,\boldsymbol{\alpha}_n\}$ 是 V 的一个基, 且基 $\{\boldsymbol{\alpha}_1,\,\boldsymbol{\alpha}_2,\,\cdots,\,\boldsymbol{\alpha}_n\}$ 的度量矩阵为 $\boldsymbol{A}$.

注记 2.2.33　这样的基 $\{\boldsymbol{\alpha}_1, \boldsymbol{\alpha}_2, \cdots, \boldsymbol{\alpha}_n\}$ 并不是唯一的. 事实上, 规范正交基 $\{\boldsymbol{\varepsilon}_1, \boldsymbol{\varepsilon}_2, \cdots, \boldsymbol{\varepsilon}_n\}$ 的选取不同, 由 $(\boldsymbol{\alpha}_1, \boldsymbol{\alpha}_2, \cdots, \boldsymbol{\alpha}_n) = (\boldsymbol{\varepsilon}_1, \boldsymbol{\varepsilon}_2, \cdots, \boldsymbol{\varepsilon}_n)\boldsymbol{P}$ 得到的基 $\{\boldsymbol{\alpha}_1, \boldsymbol{\alpha}_2, \cdots, \boldsymbol{\alpha}_n\}$ 也不同, 但它们的度量矩阵都是 $\boldsymbol{P}^{\mathrm{T}}\boldsymbol{I}_n\boldsymbol{P} = \boldsymbol{A}$.

例 2.2.34　在 $\mathbf{R}_2[x]$ 中定义的内积为

$$\langle f(x), g(x)\rangle = \int_{-1}^{1} f(x)g(x)\mathrm{d}x.$$

求 $\mathbf{R}_2[x]$ 的一个规范正交基.

分析　从特殊的一组基开始正交化.

解　方法一　施密特正交化法.

取 $\mathbf{R}_2[x]$ 的一个基 $\boldsymbol{\alpha}_1 = 1, \boldsymbol{\alpha}_2 = x, \boldsymbol{\alpha}_3 = x^2$.

先将 $\boldsymbol{\alpha}_1, \boldsymbol{\alpha}_2, \boldsymbol{\alpha}_3$ 正交化, 得

$$\begin{aligned}
\boldsymbol{\beta}_1 &= \boldsymbol{\alpha}_1 = 1,\\
\boldsymbol{\beta}_2 &= \boldsymbol{\alpha}_2 - \frac{\langle \boldsymbol{\alpha}_2, \boldsymbol{\beta}_1\rangle}{\langle \boldsymbol{\beta}_1, \boldsymbol{\beta}_1\rangle}\boldsymbol{\beta}_1 = x,\\
\boldsymbol{\beta}_3 &= \boldsymbol{\alpha}_3 - \frac{\langle \boldsymbol{\alpha}_3, \boldsymbol{\beta}_1\rangle}{\langle \boldsymbol{\beta}_1, \boldsymbol{\beta}_1\rangle}\boldsymbol{\beta}_1 - \frac{\langle \boldsymbol{\alpha}_3, \boldsymbol{\beta}_2\rangle}{\langle \boldsymbol{\beta}_2, \boldsymbol{\beta}_2\rangle}\boldsymbol{\beta}_2 = x^2 - \frac{1}{3}.
\end{aligned}$$

再将 $\boldsymbol{\beta}_1, \boldsymbol{\beta}_2, \boldsymbol{\beta}_3$ 单位化, 得

$$\begin{aligned}
\gamma_1 &= \frac{\boldsymbol{\beta}_1}{|\boldsymbol{\beta}_1|} = 1,\\
\gamma_2 &= \frac{\boldsymbol{\beta}_2}{|\boldsymbol{\beta}_2|} = \frac{\sqrt{6}}{2}x,\\
\gamma_3 &= \frac{\boldsymbol{\beta}_3}{|\boldsymbol{\beta}_3|} = \frac{\sqrt{10}}{4}(3x^2 - 1).
\end{aligned}$$

于是 $\{\gamma_1, \gamma_2, \gamma_3\}$ 就是 $\mathbf{R}_2[x]$ 的一个规范正交基.

或在正交化过程的每一步将所得向量 $\boldsymbol{\beta}_i$ 单位化, 得 γ_i, 即

先取 $\boldsymbol{\beta}_1 = \boldsymbol{\alpha}_1 = 1$, 将 $\boldsymbol{\beta}_1$ 单位化, 得 $\gamma_1 = \dfrac{\boldsymbol{\beta}_1}{|\boldsymbol{\beta}_1|} = \dfrac{\sqrt{2}}{2}$.

再取 $\boldsymbol{\beta}_2 = \boldsymbol{\alpha}_2 - \dfrac{\langle \boldsymbol{\alpha}_2, \gamma_1\rangle}{\langle \gamma_1, \gamma_1\rangle}\gamma_1 = x$, 将 $\boldsymbol{\beta}_2$ 单位化, 得 $\gamma_2 = \dfrac{\boldsymbol{\beta}_2}{|\boldsymbol{\beta}_2|} = \dfrac{\sqrt{6}}{2}x$.

最后取 $\boldsymbol{\beta}_3 = \boldsymbol{\alpha}_3 - \dfrac{\langle \boldsymbol{\alpha}_3, \gamma_1\rangle}{\langle \gamma_1, \gamma_1\rangle}\gamma_1 - \dfrac{\langle \boldsymbol{\alpha}_3, \gamma_2\rangle}{\langle \gamma_2, \gamma_2\rangle}\gamma_2 = x^2 - \dfrac{1}{3}$, 将 $\boldsymbol{\beta}_3$ 单位化, 得 $\gamma_3 = \dfrac{\boldsymbol{\beta}_3}{|\boldsymbol{\beta}_3|} = \dfrac{\sqrt{10}}{4}(3x^2 - 1)$.

注记 2.2.35 若先将基 $\boldsymbol{\alpha}_1 = 1$, $\boldsymbol{\alpha}_2 = x$, $\boldsymbol{\alpha}_3 = x^2$ 单位化, 得

$$\boldsymbol{\beta}_1 = \frac{\boldsymbol{\alpha}_1}{|\boldsymbol{\alpha}_1|} = \frac{\sqrt{2}}{2}, \quad \boldsymbol{\beta}_2 = \frac{\boldsymbol{\alpha}_2}{|\boldsymbol{\alpha}_2|} = \frac{\sqrt{6}}{2}x, \quad \boldsymbol{\beta}_3 = \frac{\boldsymbol{\alpha}_3}{|\boldsymbol{\alpha}_3|} = \frac{\sqrt{10}}{2}x^2.$$

然后再正交化, 得

$$\boldsymbol{\gamma}_1 = \frac{\sqrt{2}}{2}, \quad \boldsymbol{\gamma}_2 = \boldsymbol{\beta}_2 - \langle \boldsymbol{\beta}_2, \boldsymbol{\gamma}_1 \rangle \boldsymbol{\gamma}_1 = \frac{\sqrt{6}}{2}x,$$

$$\boldsymbol{\gamma}_3 = \boldsymbol{\beta}_3 - \langle \boldsymbol{\beta}_3, \boldsymbol{\gamma}_1 \rangle \boldsymbol{\gamma}_1 - \langle \boldsymbol{\beta}_3, \boldsymbol{\gamma}_2 \rangle \boldsymbol{\gamma}_2 = \frac{\sqrt{10}}{2}x^2 - \frac{\sqrt{10}}{6}.$$

则由 $|\boldsymbol{\gamma}_3| \neq 1$ 知, $\{\boldsymbol{\gamma}_1, \boldsymbol{\gamma}_2, \boldsymbol{\gamma}_3\}$ 不是 $\mathbf{R}_2[x]$ 的规范正交基.

方法二 合同变换法.

取 $\mathbf{R}_2[x]$ 的一个基 $\boldsymbol{\alpha}_1 = 1$, $\boldsymbol{\alpha}_2 = x$, $\boldsymbol{\alpha}_3 = x^2$, 则该基的度量矩阵为

$$\boldsymbol{A} = \Big(\langle \boldsymbol{\alpha}_i, \boldsymbol{\alpha}_j \rangle \Big) = \begin{pmatrix} 2 & 0 & \frac{2}{3} \\ 0 & \frac{2}{3} & 0 \\ \frac{2}{3} & 0 & \frac{2}{5} \end{pmatrix}.$$

因为

$$\begin{pmatrix} \boldsymbol{A} \\ \boldsymbol{I}_3 \end{pmatrix} = \begin{pmatrix} 2 & 0 & \frac{2}{3} \\ 0 & \frac{2}{3} & 0 \\ \frac{2}{3} & 0 & \frac{2}{5} \\ 1 & 0 & 0 \\ 0 & 1 & 0 \\ 0 & 0 & 1 \end{pmatrix} \longrightarrow \begin{pmatrix} 2 & 0 & 0 \\ 0 & \frac{2}{3} & 0 \\ 0 & 0 & \frac{8}{45} \\ 1 & 0 & -\frac{1}{3} \\ 0 & 1 & 0 \\ 0 & 0 & 1 \end{pmatrix} \longrightarrow \begin{pmatrix} 1 & 0 & 0 \\ 0 & 1 & 0 \\ 0 & 0 & 1 \\ \frac{\sqrt{2}}{2} & 0 & -\frac{\sqrt{10}}{4} \\ 0 & \frac{\sqrt{6}}{2} & 0 \\ 0 & 0 & \frac{3\sqrt{10}}{4} \end{pmatrix},$$

所以

$$\boldsymbol{P} = \begin{pmatrix} \frac{\sqrt{2}}{2} & 0 & -\frac{\sqrt{10}}{4} \\ 0 & \frac{\sqrt{6}}{2} & 0 \\ 0 & 0 & \frac{3\sqrt{10}}{4} \end{pmatrix}.$$

令 $(\boldsymbol{\gamma}_1, \boldsymbol{\gamma}_2, \boldsymbol{\gamma}_3) = (\boldsymbol{\alpha}_1, \boldsymbol{\alpha}_2, \boldsymbol{\alpha}_3)\,\boldsymbol{P}$, 则

$$\gamma_1 = \frac{\sqrt{2}}{2}, \quad \gamma_2 = \frac{\sqrt{6}}{2}x, \quad \gamma_3 = -\frac{\sqrt{10}}{4} + \frac{3\sqrt{10}}{4}x^2$$

就是 $\mathbf{R}_2[x]$ 的一个规范正交基.

例 2.2.36 (1) 在 V_2 中, 把每个向量旋转一个角 θ 的线性变换是 V_2 的一个正交变换;

(2) 设 H 是空间 V_3 中过原点的一个平面. 对任意 $\boldsymbol{\alpha} \in V_3$, 令 $\boldsymbol{\alpha}$ 对于 H 的镜面反射 $\boldsymbol{\alpha}'$ 与它对应 (见图 2.1), 则 $\sigma: \boldsymbol{\alpha} \mapsto \boldsymbol{\alpha}'$ 是 V_3 的一个正交变换.

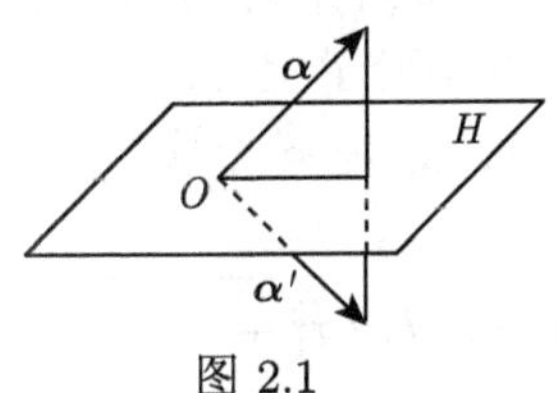

图 2.1

例 2.2.37 设 σ 是欧氏空间 V 的变换, $\sigma(\mathbf{0}) = \mathbf{0}$, 并对任意 $\boldsymbol{\alpha}, \boldsymbol{\beta} \in V$, 都有

$$|\sigma(\boldsymbol{\alpha}) - \sigma(\boldsymbol{\beta})| = |\boldsymbol{\alpha} - \boldsymbol{\beta}|.$$

证明: σ 是正交变换.

分析 利用特殊的向量 $\mathbf{0}$.

证明 只需证 σ 保持内积不变即可.

因为 $\sigma(\mathbf{0}) = \mathbf{0}$, 所以对任意 $\boldsymbol{\alpha} \in V$, 都有

$$|\sigma(\boldsymbol{\alpha})| = |\sigma(\boldsymbol{\alpha}) - \sigma(\mathbf{0})| = |\boldsymbol{\alpha} - \mathbf{0}| = |\boldsymbol{\alpha}|.$$

于是 $\langle \sigma(\boldsymbol{\alpha}), \sigma(\boldsymbol{\alpha}) \rangle = \langle \boldsymbol{\alpha}, \boldsymbol{\alpha} \rangle$. 对任意 $\boldsymbol{\alpha}, \boldsymbol{\beta} \in V$, 由题设条件知

$$\langle \sigma(\boldsymbol{\alpha}) - \sigma(\boldsymbol{\beta}), \sigma(\boldsymbol{\alpha}) - \sigma(\boldsymbol{\beta}) \rangle = \langle \boldsymbol{\alpha} - \boldsymbol{\beta}, \boldsymbol{\alpha} - \boldsymbol{\beta} \rangle.$$

而

$$\begin{aligned} \langle \sigma(\boldsymbol{\alpha}) - \sigma(\boldsymbol{\beta}), \sigma(\boldsymbol{\alpha}) - \sigma(\boldsymbol{\beta}) \rangle &= \langle \sigma(\boldsymbol{\alpha}), \sigma(\boldsymbol{\alpha}) \rangle - 2\langle \sigma(\boldsymbol{\alpha}), \ \sigma(\boldsymbol{\beta}) \rangle + \langle \sigma(\boldsymbol{\beta}), \sigma(\boldsymbol{\beta}) \rangle \\ &= \langle \boldsymbol{\alpha}, \boldsymbol{\alpha} \rangle - 2\langle \sigma(\boldsymbol{\alpha}), \sigma(\boldsymbol{\beta}) \rangle + \langle \boldsymbol{\beta}, \boldsymbol{\beta} \rangle, \end{aligned}$$

$$\langle \boldsymbol{\alpha} - \boldsymbol{\beta}, \boldsymbol{\alpha} - \boldsymbol{\beta} \rangle = \langle \boldsymbol{\alpha}, \ \boldsymbol{\alpha} \rangle - 2\langle \boldsymbol{\alpha}, \boldsymbol{\beta} \rangle + \langle \boldsymbol{\beta}, \boldsymbol{\beta} \rangle,$$

因此 $\langle \sigma(\boldsymbol{\alpha}), \sigma(\boldsymbol{\beta}) \rangle = \langle \boldsymbol{\alpha}, \boldsymbol{\beta} \rangle$, 即 σ 是保持内积不变的变换.

例 2.2.38 设 σ 是 n 维欧氏空间 V 的正交变换. 若 W 是 σ 的不变子空间, 则 $W^{\perp}$ 也是 σ 的不变子空间.

分析 利用规范正交基的性质以及不变子空间的条件.

证明 方法一 当 W 是 V 的平凡子空间时, 结论显然. 当 W 是 V 的非平凡子空间时, 分别取 W 和 $W^{\perp}$ 的规范正交基 $\{\boldsymbol{\varepsilon}_1, \boldsymbol{\varepsilon}_2, \cdots, \boldsymbol{\varepsilon}_r\}$ 和 $\{\boldsymbol{\varepsilon}_{r+1}, \boldsymbol{\varepsilon}_{r+2}, \cdots, \boldsymbol{\varepsilon}_n\}$, 则 $\{\boldsymbol{\varepsilon}_1, \cdots, \boldsymbol{\varepsilon}_r, \boldsymbol{\varepsilon}_{r+1}, \cdots, \boldsymbol{\varepsilon}_n\}$ 是 V 的一个规范正交基. 因为 σ 是正交

变换, 所以 $\{\sigma(\boldsymbol{\varepsilon}_1), \cdots, \sigma(\boldsymbol{\varepsilon}_r), \sigma(\boldsymbol{\varepsilon}_{r+1}), \cdots, \sigma(\boldsymbol{\varepsilon}_n)\}$ 也是 V 的规范正交基. 由于 W 是 σ 的不变子空间, 因此 $\sigma(\boldsymbol{\varepsilon}_1), \cdots, \sigma(\boldsymbol{\varepsilon}_r) \in W$, 且 $\{\sigma(\boldsymbol{\varepsilon}_1), \cdots, \sigma(\boldsymbol{\varepsilon}_r)\}$ 也是 W 的基. 从而 $\sigma(\boldsymbol{\varepsilon}_{r+1}), \cdots, \sigma(\boldsymbol{\varepsilon}_n) \in W^{\perp}$. 故对任意 $\boldsymbol{\alpha} = k_{r+1}\boldsymbol{\varepsilon}_{r+1}+\cdots+k_n\boldsymbol{\varepsilon}_n \in W^{\perp}$, 都有 $\sigma(\boldsymbol{\alpha}) = k_{r+1}\sigma(\boldsymbol{\varepsilon}_{r+1})+\cdots+k_n\sigma(\boldsymbol{\varepsilon}_n) \in W^{\perp}$, 即 $W^{\perp}$ 是 σ 的不变子空间.

方法二 因为 W 是正交变换 σ 的不变子空间, 所以 $\sigma|_W$ 是 W 的正交变换. 由于 W 是有限维的, 因此 $\sigma|_W$ 可逆. 从而对任意 $\boldsymbol{\alpha} \in W$, 存在 $\boldsymbol{\beta} \in W$, 使得 $\sigma(\boldsymbol{\beta}) = \boldsymbol{\alpha}$. 于是对任意 $\boldsymbol{\gamma} \in W^{\perp}$, 都有

$$\langle \sigma(\boldsymbol{\gamma}), \boldsymbol{\alpha} \rangle = \langle \sigma(\boldsymbol{\gamma}), \sigma(\boldsymbol{\beta}) \rangle = \langle \boldsymbol{\gamma}, \boldsymbol{\beta} \rangle = 0,$$

即 $\sigma(\boldsymbol{\gamma}) \in W^{\perp}$. 故 $W^{\perp}$ 是 σ 的不变子空间.

例 2.2.39 设 $a_1, a_2, \cdots, a_n$ 是 n 个实数. 证明:

$$\sum_{i=1}^{n} |a_i| \leqslant \sqrt{n(a_1^2 + a_2^2 + \cdots + a_n^2)}.$$

分析 利用已知条件, 构造特殊向量, 再利用基本不等式性质.

证明 在欧氏空间 $\mathbf{R}^n$ 中, 令

$$\boldsymbol{\alpha} = (1, 1, \cdots, 1), \quad \boldsymbol{\beta} = (|a_1|, |a_2|, \cdots, |a_n|),$$

则

$$\sum_{i=1}^{n} |a_i| = \langle \boldsymbol{\alpha}, \boldsymbol{\beta} \rangle \leqslant |\boldsymbol{\alpha}||\boldsymbol{\beta}| = \sqrt{n(a_1^2 + a_2^2 + \cdots + a_n^2)}\ .$$

例 2.2.40 证明: 幂等矩阵可对角化, 且 n 阶幂等矩阵 $\boldsymbol{A}$ 与其等价标准形

$$\begin{pmatrix} \boldsymbol{I}_r & \boldsymbol{0} \\ \boldsymbol{0} & \boldsymbol{0} \end{pmatrix}$$

相似.

分析 先考虑矩阵的秩最大最小的特殊情形.

证明 设秩 $\boldsymbol{A} = r$.

若 $r = 0$, 则 $\boldsymbol{A} = \boldsymbol{0}$. 因此 $\boldsymbol{A}$ 的特征根只有 0, 结论成立.

若 $r = n$, 则 $\boldsymbol{A} = \boldsymbol{I}_n$. 从而 $\boldsymbol{A}$ 的特征根只有 1, 结论成立.

若 $0 < r < n$, 则 $\det(0\boldsymbol{I}_n - \boldsymbol{A}) = 0$, 即 0 是 $\boldsymbol{A}$ 的一个特征根. 由 $\boldsymbol{A}^2 = \boldsymbol{A}$ 知, 秩 $(\boldsymbol{I}_n - \boldsymbol{A}) = n - r < n$. 从而 $\det(\boldsymbol{I}_n - \boldsymbol{A}) = 0$, 即 1 也是 $\boldsymbol{A}$ 的一个特征根.

对特征根 0, 设齐次线性方程组 $(0\boldsymbol{I}_n - \boldsymbol{A})\boldsymbol{X} = \boldsymbol{0}$ 的解空间为 W_1, 则

$$\dim W_1 = n - \text{秩}\ \boldsymbol{A} = n - r.$$

对特征根 1, 设齐次线性方程组 $(\boldsymbol{I}_n - \boldsymbol{A})\boldsymbol{X} = \boldsymbol{0}$ 的解空间为 W_2, 则

$$\dim W_2 = n - \text{秩}(\boldsymbol{I}_n - \boldsymbol{A}) = n - (n - r) = r.$$

因此 $\dim W_1 + \dim W_2 = n$. 于是在 F^n 中 $\boldsymbol{A}$ 有 n 个线性无关的特征向量. 从而 $\boldsymbol{A}$ 在 F 上可对角化, 并且与 $\boldsymbol{A}$ 相似的对角阵的主对角线上有 r 个 1 和 $n-r$ 个 0, 即 $\boldsymbol{A}$ 与它的等价标准形 $\begin{pmatrix} \boldsymbol{I}_r & \boldsymbol{0} \\ \boldsymbol{0} & \boldsymbol{0} \end{pmatrix}$ 相似.

例 2.2.41 设 $\boldsymbol{A}$ 是数域 F 上的 n 阶方阵, 且满足 $\boldsymbol{A}^2-3\boldsymbol{A}+2\boldsymbol{I}=\boldsymbol{0}$. 求 F 上的 n 阶可逆矩阵 $\boldsymbol{P}$, 使得 $\boldsymbol{P}^{-1}\boldsymbol{A}\boldsymbol{P}$ 为对角形.

分析 分解之后, 讨论秩为 0 的特殊情形.

解 因为 $\boldsymbol{A}^2-3\boldsymbol{A}+2\boldsymbol{I}=\boldsymbol{0}$, 所以 $(\boldsymbol{I}-\boldsymbol{A})(2\boldsymbol{I}-\boldsymbol{A})=(2\boldsymbol{I}-\boldsymbol{A})(\boldsymbol{I}-\boldsymbol{A})=\boldsymbol{0}$. 于是

$$n = \text{秩}\left[(\boldsymbol{I}-\boldsymbol{A})-(2\boldsymbol{I}-\boldsymbol{A})\right] \leqslant \text{秩}(\boldsymbol{I}-\boldsymbol{A}) + \text{秩}(2\boldsymbol{I}-\boldsymbol{A}) \leqslant n.$$

因此秩 $(\boldsymbol{I}-\boldsymbol{A})$ + 秩 $(2\boldsymbol{I}-\boldsymbol{A})=n$. 设秩 $(\boldsymbol{I}-\boldsymbol{A})=r$, 秩 $(2\boldsymbol{I}-\boldsymbol{A})=s$, 则 $r+s=n$.

若 $rs=0$, 则 $\boldsymbol{A}=\boldsymbol{I}$ 或 $\boldsymbol{A}=2\boldsymbol{I}$, 此时取 $\boldsymbol{P}=\boldsymbol{I}$ 即可.

若 $rs\neq 0$, 设 $\boldsymbol{\alpha}_1, \boldsymbol{\alpha}_2, \cdots, \boldsymbol{\alpha}_r$ 是 $\boldsymbol{I}-\boldsymbol{A}$ 的列极大无关组, $\boldsymbol{\beta}_1, \boldsymbol{\beta}_2, \cdots, \boldsymbol{\beta}_s$ 是 $2\boldsymbol{I}-\boldsymbol{A}$ 的列极大无关组, 则由 $(\boldsymbol{I}-\boldsymbol{A})(2\boldsymbol{I}-\boldsymbol{A})=\boldsymbol{0}$ 知, $\boldsymbol{\beta}_1, \boldsymbol{\beta}_2, \cdots, \boldsymbol{\beta}_s$ 是 $\boldsymbol{A}$ 的属于特征根 1 的线性无关的特征向量, 由 $(2\boldsymbol{I}-\boldsymbol{A})(\boldsymbol{I}-\boldsymbol{A})=\boldsymbol{0}$ 知, $\boldsymbol{\alpha}_1, \boldsymbol{\alpha}_2, \cdots, \boldsymbol{\alpha}_r$ 是 $\boldsymbol{A}$ 的属于特征根 2 的线性无关的特征向量. 从而 $\boldsymbol{\alpha}_1, \cdots, \boldsymbol{\alpha}_r, \boldsymbol{\beta}_1, \cdots, \boldsymbol{\beta}_s$ 线性无关. 令 $\boldsymbol{P}=(\boldsymbol{\alpha}_1, \cdots, \boldsymbol{\alpha}_r, \boldsymbol{\beta}_1, \cdots, \boldsymbol{\beta}_s)$, 则 $\boldsymbol{P}$ 是 F 上的 n 阶可逆矩阵, 并且

$$\boldsymbol{P}^{-1}\boldsymbol{A}\boldsymbol{P} = \begin{pmatrix} 2 & & & & & \\ & \ddots & & & & \\ & & 2 & & & \\ & & & 1 & & \\ & & & & \ddots & \\ & & & & & 1 \end{pmatrix}.$$

例 2.2.42 设矩阵 $\boldsymbol{A}=(a_{ij})_{n\times n}$, $\boldsymbol{B}=(b_{ij})_{n\times n}$, 秩 $\boldsymbol{B}\leqslant 1$. 则

(1) $|\boldsymbol{A}+\boldsymbol{B}|=|\boldsymbol{A}|+\sum\limits_{i,j=1}^{n} b_{ij}A_{ij}$, A_{ij} 是 a_{ij} 的代数余子式;

(2) $|\boldsymbol{A}+\boldsymbol{X}\boldsymbol{Y}^{\mathrm{T}}|=|\boldsymbol{A}|+\sum\limits_{i,j=1}^{n} x_iy_jA_{ij}=|\boldsymbol{A}|+\boldsymbol{Y}^{\mathrm{T}}\boldsymbol{A}^*\boldsymbol{X}$, 这里 $\boldsymbol{X}=(x_1, x_2, \cdots, x_n)^{\mathrm{T}}$, $\boldsymbol{Y}=(y_1, y_2, \cdots, y_n)^{\mathrm{T}}$.

分析 先考虑特殊情形, 再根据条件进行讨论.

证明 (1) 若秩 $\boldsymbol{B}=\boldsymbol{0}$, 结论显然成立.

若秩 $\boldsymbol{B}=1$, 则 $\boldsymbol{B}$ 的 $k(k\geqslant 2)$ 阶子式全为零, 所以 $|\boldsymbol{A}+\boldsymbol{B}|=|\boldsymbol{A}|+\sum\limits_{i,j=1}^{n} b_{ij}A_{ij}$, 结论成立.

(2) $\boldsymbol{X}\boldsymbol{Y}^{\mathrm{T}} = (x_i y_j)_{n\times n}, \boldsymbol{X}\boldsymbol{Y}^{\mathrm{T}} \leqslant 1$, 由 (1) 得

$$|\boldsymbol{A}+\boldsymbol{X}\boldsymbol{Y}^{\mathrm{T}}| = |\boldsymbol{A}| + \sum_{i,j=1}^{n} x_i y_j A_{ij},$$

即

$$|\boldsymbol{A}+\boldsymbol{X}\boldsymbol{Y}^{\mathrm{T}}| = |\boldsymbol{A}| + \boldsymbol{Y}^{\mathrm{T}}\boldsymbol{A}^*\boldsymbol{X}.$$

例 2.2.43 设 σ 为 n 维复向量空间 $\mathbf{C}^n$ 的一个线性变换. $\mathbf{1}$ 表示恒等变换. 证明以下两条等价:

(i) $\sigma = k\mathbf{1}$, $k \in \mathbf{C}$;

(ii) 存在 σ 的 $n+1$ 个特征向量: $\boldsymbol{v}_1, \boldsymbol{v}_2, \cdots, \boldsymbol{v}_{n+1}$, 这 $n+1$ 个向量中任何 n 个向量均线性无关.

分析 选取特殊的一组基, 再根据条件进行讨论.

证明 (i)$\Longrightarrow$(ii). 取 $\boldsymbol{v}_1 = \boldsymbol{e}_1 = \begin{pmatrix}1\\0\\\vdots\\0\end{pmatrix}, \cdots, \boldsymbol{v}_n = \boldsymbol{e}_n = \begin{pmatrix}0\\0\\\vdots\\1\end{pmatrix}, \boldsymbol{v}_{n+1} = \boldsymbol{e}_1 + \cdots + \boldsymbol{e}_n = \begin{pmatrix}1\\1\\\vdots\\1\end{pmatrix}$. 则易知, $\boldsymbol{v}_1, \cdots, \boldsymbol{v}_{n+1}$ 均是 σ 的特征向量. 进一步, 该组向量中任何 n 个向量必线性无关. 事实上, 不妨设这 n 个向量为 $\boldsymbol{v}_1, \cdots, \boldsymbol{v}_{i-1}, \boldsymbol{v}_{i+1}, \cdots, \boldsymbol{v}_{n+1}$. 于是

$$\begin{aligned}
&a_1\boldsymbol{v}_1 + \cdots + a_{i-1}\boldsymbol{v}_{i-1} + a_{i+1}\boldsymbol{v}_{i+1} + \cdots + a_{n+1}v_{n+1} = \mathbf{0}\\
\Leftrightarrow&(a_1 + a_{n+1})\boldsymbol{e}_1 + \cdots + (a_{i-1} + a_{n+1})\boldsymbol{e}_{i-1} + a_{n+1}\boldsymbol{e}_i\\
&+ (a_{i+1} + a_{n+1})\boldsymbol{e}_{i+1} + \cdots + (a_n + a_{n+1})\boldsymbol{e}_n = \mathbf{0}.
\end{aligned}$$

结果, $a_{n+1} = 0$, 进而 $a_1 = \cdots = a_{n+1} = 0$. 如所需.

(ii)$\Longrightarrow$(i). 记 $\lambda_1, \cdots, \lambda_{n+1}$ 分别为相应于 $\boldsymbol{v}_1, \cdots, \boldsymbol{v}_{n+1}$ 的 σ 的特征值, 其和为 s, 即 $s = \lambda_1 + \cdots + \lambda_{n+1}$. 由条件知 $\boldsymbol{v}_1, \cdots, \boldsymbol{v}_{i-1}, \boldsymbol{v}_{i+1}, \cdots, \boldsymbol{v}_{n+1}$ 线性无关, 因此它可充当 $\mathbf{C}^n$ 的基. σ 在此组基下的表示阵为 $\boldsymbol{A}$:

$$\sigma(\boldsymbol{v}_1, \cdots, \boldsymbol{v}_{i-1}, \boldsymbol{v}_{i+1}, \cdots, \boldsymbol{v}_{n+1}) = (\boldsymbol{v}_1, \cdots, \boldsymbol{v}_{i-1}, \boldsymbol{v}_{i+1}, \cdots, \boldsymbol{v}_{n+1})\boldsymbol{A},$$

结果 $\mathrm{tr}(\boldsymbol{A}) = s - \lambda_i$.

又取 $\boldsymbol{v}_1, \cdots, \boldsymbol{v}_{j-1}, \boldsymbol{v}_{j+1}, \cdots, \boldsymbol{v}_{n+1}$, σ 在此组基下的表示阵为 $\boldsymbol{B}$:

$$\sigma(\boldsymbol{v}_1, \cdots, \boldsymbol{v}_{j-1}, \boldsymbol{v}_{j+1}, \cdots, \boldsymbol{v}_{n+1}) = (\boldsymbol{v}_1, \cdots, \boldsymbol{v}_{j-1}, \boldsymbol{v}_{j+1}, \cdots, \boldsymbol{v}_{n+1})\boldsymbol{B},$$

结果 $\mathrm{tr}(\boldsymbol{B}) = s - \lambda_j$. 注意到 $\boldsymbol{A}$ 与 $\boldsymbol{B}$ 相似, 因为它们是同一线性变换在不同基下的表示阵. 故 $s - \lambda_i = s - \lambda_j$, $\lambda_i = \lambda_j$. 即 $\sigma = k\mathbf{1}$, $k = \lambda_1$.

第 3 章　五个重要结论

3.1　五个重要结论的内容

这里讲的五个重要结论, 分别指的是矩阵等价标准形、若尔当 (Jordan) 标准形、实对称矩阵的对角化、特征多项式降阶定理, 以及范德蒙德 (Vandermonde) 行列式. 这五个重要结论是体现高等代数思想方法的重要内容, 在解题中出现的频率之高, 不得不引起重视. 下面先对这五个结论作一回顾. 其中关于若尔当标准形是初步涉及, 内容是最基本的, 解常见考研题基本够用.

设 $\boldsymbol{A}, \boldsymbol{B}$ 是数域 F 上的 $m \times n$ 矩阵, 若 $\boldsymbol{A}$ 可以通过若干次初等变换化为矩阵 $\boldsymbol{B}$, 则称 $\boldsymbol{A}$ 与 $\boldsymbol{B}$ 等价.

定理 3.1.1　设 $\boldsymbol{A}$ 是数域 F 上的 $m \times n$ 矩阵, 秩 $\boldsymbol{A} = r$, 那么 $\boldsymbol{A}$ 可以通过初等变换化为

$$\boldsymbol{D} = \begin{pmatrix} \boldsymbol{I}_r & \boldsymbol{0} \\ \boldsymbol{0} & \boldsymbol{0} \end{pmatrix}_{m \times n}$$

的形式. 这里 $\boldsymbol{D}$ 称为矩阵 $\boldsymbol{A}$ 的等价标准形, $\boldsymbol{A}$ 的等价标准形唯一.

定理 3.1.2　设 $\boldsymbol{A}$ 是数域 F 上的 $m \times n$ 矩阵, 秩 $\boldsymbol{A} = r$, 那么存在 F 上的 m 阶可逆矩阵 $\boldsymbol{P}$ 及 n 阶可逆矩阵 $\boldsymbol{Q}$, 使

$$\boldsymbol{PAQ} = \begin{pmatrix} \boldsymbol{I}_r & \boldsymbol{0} \\ \boldsymbol{0} & \boldsymbol{0} \end{pmatrix}_{m \times n}.$$

定理 3.1.3　设 $\boldsymbol{A}, \boldsymbol{B}$ 是数域 F 上的 $m \times n$ 矩阵, 则 $\boldsymbol{A}$ 与 $\boldsymbol{B}$ 等价的充要条件是秩 $\boldsymbol{A} =$ 秩 $\boldsymbol{B}$.

定理 3.1.4　对于任意一个 n 阶实对称矩阵 $\boldsymbol{A}$, 都存在一个 n 阶正交矩阵 $\boldsymbol{T}$, 使得 $\boldsymbol{T}^{\mathrm{T}}\boldsymbol{AT} = \boldsymbol{T}^{-1}\boldsymbol{AT}$ 是对角形矩阵.

定理 3.1.5　如下是范德蒙德行列式的结果

$$D_n = \begin{vmatrix} 1 & 1 & 1 & \cdots & 1 \\ x_1 & x_2 & x_3 & \cdots & x_n \\ x_1^2 & x_2^2 & x_3^2 & \cdots & x_n^2 \\ \vdots & \vdots & \vdots & & \vdots \\ x_1^{n-2} & x_2^{n-2} & x_3^{n-2} & \cdots & x_n^{n-2} \\ x_1^{n-1} & x_2^{n-1} & x_3^{n-1} & \cdots & x_n^{n-1} \end{vmatrix}$$

$$= (x_2 - x_1)(x_3 - x_1)\cdots(x_n - x_1)\cdot(x_3 - x_2)(x_4 - x_2)\cdots(x_n - x_2)\cdots(x_n - x_{n-1}).$$

定理 3.1.6 (若尔当标准形) 设 $\boldsymbol{A}$ 是复数域上的 n 阶矩阵, 那么存在复数域上的 n 阶可逆复矩阵 $\boldsymbol{T}$, 使得

$$\boldsymbol{T}^{-1}\boldsymbol{A}\boldsymbol{T} = \begin{pmatrix} \boldsymbol{J}_1 & & & \\ & \boldsymbol{J}_2 & & \\ & & \ddots & \\ & & & \boldsymbol{J}_s \end{pmatrix},$$

其中

$$\boldsymbol{J}_k = \begin{pmatrix} \lambda_k & 1 & & \\ & \lambda_k & \ddots & \\ & & \ddots & 1 \\ & & & \lambda_k \end{pmatrix} \quad \text{或者} \quad \boldsymbol{J}_k = \begin{pmatrix} \lambda_k & & & \\ 1 & \lambda_k & & \\ & \ddots & \ddots & \\ & & 1 & \lambda_k \end{pmatrix}.$$

特征多项式降阶定理内容重要, 证明方法也很有代表性, 把证明方法也一并列出.

定理 3.1.7 (特征多项式降阶定理) 设 $\boldsymbol{A} \in M_{m\times n}(F)$, $\boldsymbol{B} \in M_{n\times m}(F)$, $m \geqslant n$, 则 $\det(x\boldsymbol{I}_m - \boldsymbol{AB}) = x^{m-n}\det(x\boldsymbol{I}_n - \boldsymbol{BA})$.

分析 运用分块矩阵并考虑特殊情形.

证明 证法一 当秩 $\boldsymbol{A} = 0$, 即 $\boldsymbol{A} = \boldsymbol{0}$ 时, 结论显然成立.

设秩 $\boldsymbol{A} = r > 0$, 则存在 m 阶可逆矩阵 $\boldsymbol{P}$ 与 n 阶可逆矩阵 $\boldsymbol{Q}$, 使

$$\boldsymbol{PAQ} = \begin{pmatrix} \boldsymbol{I}_r & \boldsymbol{0} \\ \boldsymbol{0} & \boldsymbol{0} \end{pmatrix}_{m\times n}.$$

令 $\boldsymbol{Q}^{-1}\boldsymbol{B}\boldsymbol{P}^{-1}=\begin{pmatrix}\boldsymbol{B}_1 & \boldsymbol{B}_2\\ \boldsymbol{B}_3 & \boldsymbol{B}_4\end{pmatrix}$，$\boldsymbol{B}_1$ 为 r 阶子方阵, 则

$$\boldsymbol{P}\boldsymbol{A}\boldsymbol{B}\boldsymbol{P}^{-1}=\begin{pmatrix}\boldsymbol{I}_r & \boldsymbol{0}\\ \boldsymbol{0} & \boldsymbol{0}\end{pmatrix}\begin{pmatrix}\boldsymbol{B}_1 & \boldsymbol{B}_2\\ \boldsymbol{B}_3 & \boldsymbol{B}_4\end{pmatrix}=\begin{pmatrix}\boldsymbol{B}_1 & \boldsymbol{B}_2\\ \boldsymbol{0} & \boldsymbol{0}\end{pmatrix}_{m\times m}.$$

$$\boldsymbol{Q}^{-1}\boldsymbol{B}\boldsymbol{A}\boldsymbol{Q}=\begin{pmatrix}\boldsymbol{B}_1 & \boldsymbol{B}_2\\ \boldsymbol{B}_3 & \boldsymbol{B}_4\end{pmatrix}\begin{pmatrix}\boldsymbol{I}_r & \boldsymbol{0}\\ \boldsymbol{0} & \boldsymbol{0}\end{pmatrix}=\begin{pmatrix}\boldsymbol{B}_1 & \boldsymbol{0}\\ \boldsymbol{B}_3 & \boldsymbol{0}\end{pmatrix}_{n\times n}.$$

由于相似矩阵有相同的特征多项式, 因此

$$\begin{aligned}f_{\boldsymbol{AB}}(x)&=\det\left[x\boldsymbol{I}_m-\begin{pmatrix}\boldsymbol{B}_1 & \boldsymbol{B}_2\\ \boldsymbol{0} & \boldsymbol{0}\end{pmatrix}\right]=\det\begin{pmatrix}x\boldsymbol{I}_r-\boldsymbol{B}_1 & -\boldsymbol{B}_2\\ \boldsymbol{0} & x\boldsymbol{I}_{m-r}\end{pmatrix}\\ &=x^{m-r}\det(x\boldsymbol{I}_r-\boldsymbol{B}_1).\end{aligned}$$

$$\begin{aligned}f_{\boldsymbol{BA}}(x)&=\det\left[x\boldsymbol{I}_n-\begin{pmatrix}\boldsymbol{B}_1 & \boldsymbol{0}\\ \boldsymbol{B}_3 & \boldsymbol{0}\end{pmatrix}\right]=\det\begin{pmatrix}x\boldsymbol{I}_r-\boldsymbol{B}_1 & \boldsymbol{0}\\ -\boldsymbol{B}_3 & x\boldsymbol{I}_{n-r}\end{pmatrix}\\ &=x^{n-r}\det(x\boldsymbol{I}_r-\boldsymbol{B}_1).\end{aligned}$$

所以 $f_{\boldsymbol{AB}}(x)=x^{m-n}\,x^{n-r}\,\det(x\boldsymbol{I}_r-\boldsymbol{B}_1)=x^{m-n}\,f_{\boldsymbol{BA}}(x)$.

证法二　下述式子是显然的.

$$\begin{aligned}&\begin{pmatrix}\boldsymbol{I}_m & \boldsymbol{A}\\ \boldsymbol{0} & \boldsymbol{I}_n\end{pmatrix}^{-1}\begin{pmatrix}\boldsymbol{AB} & \boldsymbol{0}\\ \boldsymbol{B} & \boldsymbol{0}\end{pmatrix}\begin{pmatrix}\boldsymbol{I}_m & \boldsymbol{A}\\ \boldsymbol{0} & \boldsymbol{I}_n\end{pmatrix}\\ =&\begin{pmatrix}\boldsymbol{I}_m & -\boldsymbol{A}\\ \boldsymbol{0} & \boldsymbol{I}_n\end{pmatrix}\begin{pmatrix}\boldsymbol{AB} & \boldsymbol{ABA}\\ \boldsymbol{B} & \boldsymbol{BA}\end{pmatrix}\\ =&\begin{pmatrix}\boldsymbol{0} & \boldsymbol{0}\\ \boldsymbol{B} & \boldsymbol{BA}\end{pmatrix}.\end{aligned}$$

可见 $\begin{pmatrix}\boldsymbol{AB} & \boldsymbol{0}\\ \boldsymbol{B} & \boldsymbol{0}\end{pmatrix}$ 与 $\begin{pmatrix}\boldsymbol{0} & \boldsymbol{0}\\ \boldsymbol{B} & \boldsymbol{BA}\end{pmatrix}$ 相似, 故二者的特征多项式相同, 所以

$$\det\begin{pmatrix}x\boldsymbol{I}_m-\boldsymbol{AB} & \boldsymbol{0}\\ -\boldsymbol{B} & x\boldsymbol{I}_n\end{pmatrix}=\det\begin{pmatrix}x\boldsymbol{I}_m & \boldsymbol{0}\\ -\boldsymbol{B} & x\boldsymbol{I}_n-\boldsymbol{BA}\end{pmatrix}.$$

即有 $x^n\det(x\boldsymbol{I}_m-\boldsymbol{AB})=x^m\det(x\boldsymbol{I}_n-\boldsymbol{BA})$，两端消去因式 x^n, 结论得证.

3.2 典型的例子

例 3.2.1 计算 n 阶行列式

$$\Delta=\begin{vmatrix}1 & 1 & 1 & \cdots & 1\\ x_1 & x_2 & x_3 & \cdots & x_n\\ x_1^2 & x_2^2 & x_3^2 & \cdots & x_n^2\\ \vdots & \vdots & \vdots & & \vdots\\ x_1^{n-2} & x_2^{n-2} & x_3^{n-2} & \cdots & x_n^{n-2}\\ x_1^n & x_2^n & x_3^n & \cdots & x_n^n\end{vmatrix}.$$

分析 利用原行列式构造 $n+1$ 阶范德蒙德行列式 D_{n+1}，使得 Δ 是 D_{n+1} 中元素 y^{n-1} 的余子式.

解

$$D_{n+1}=\begin{vmatrix}1 & 1 & 1 & \cdots & 1 & 1\\ x_1 & x_2 & x_3 & \cdots & x_n & y\\ x_1^2 & x_2^2 & x_3^2 & \cdots & x_n^2 & y^2\\ \vdots & \vdots & \vdots & & \vdots & \vdots\\ x_1^{n-2} & x_2^{n-2} & x_3^{n-2} & \cdots & x_n^{n-2} & y^{n-2}\\ x_1^{n-1} & x_2^{n-1} & x_3^{n-1} & \cdots & x_n^{n-1} & y^{n-1}\\ x_1^n & x_2^n & x_3^n & \cdots & x_n^n & y^n\end{vmatrix}_{(n+1)}$$

$$=\left[\prod_{1\leqslant i<j\leqslant n}(x_j-x_i)\right](y-x_1)(y-x_2)\cdots(y-x_n)$$

$$=\left[\prod_{1\leqslant i<j\leqslant n}(x_j-x_i)\right][y^n-(x_1+x_2+\cdots+x_n)y^{n-1}$$

$$+(x_1x_2+x_1x_3+\cdots+x_{n-1}x_n)y^{n-2}+\cdots+(-1)^n x_1x_2\cdots x_n].$$

比较上式左右两端 y^{n-1} 项的系数知

$$(-1)^{n+(n+1)}\Delta=\left[\prod_{1\leqslant i<j\leqslant n}(x_j-x_i)\right][-(x_1+x_2+\cdots+x_n)].$$

所以

$$\Delta=(x_1+x_2+\cdots+x_n)\left[\prod_{1\leqslant i<j\leqslant n}(x_j-x_i)\right].$$

同理可得

$$\begin{vmatrix} 1 & 1 & \cdots & 1 \\ x_1 & x_2 & \cdots & x_n \\ x_1^2 & x_2^2 & \cdots & x_n^2 \\ \vdots & \vdots & & \vdots \\ x_1^{n-3} & x_2^{n-3} & \cdots & x_n^{n-3} \\ x_1^{n-1} & x_2^{n-1} & \cdots & x_n^{n-1} \\ x_1^n & x_2^n & \cdots & x_n^n \end{vmatrix} = \left(\sum_{1\leqslant i<j\leqslant n} x_i x_j\right)\left[\prod_{1\leqslant i<j\leqslant n}(x_j - x_i)\right].$$

例 3.2.2　$C[a,b]=\{f(x)\mid f(x)$ 是定义在 $[a,b]$ 上的连续实函数$\}$, 则 $C[a,b]$ 是 $\mathbf{R}$ 上的无限维向量空间.

分析　套用范德蒙德行列式的结果.

证明　只需证对任意的正整数 n, 都有 $1,\ x,\ x^2,\ \cdots,\ x^n$ 线性无关.

设 $k_0,\ k_1,\ \cdots,\ k_n\in\mathbf{R}$, 使

$$k_0+k_1x+\cdots+k_nx^n=0. \tag{3.1}$$

取 $n+1$ 个实数 $c_1,\ c_2,\ \cdots,\ c_{n+1}$, 使 $a\leqslant c_1<c_2<\cdots<c_{n+1}\leqslant b$. 由 (3.1) 式知

$$\begin{cases} k_0+k_1c_1+k_2c_1^2+\cdots+k_nc_1^n=0, \\ \cdots\cdots \\ k_0+k_1c_{n+1}+k_2c_{n+1}^2+\cdots+k_nc_{n+1}^n=0, \end{cases}$$

即

$$\boldsymbol{A}\begin{pmatrix} k_0 \\ k_1 \\ \vdots \\ k_n \end{pmatrix}=\begin{pmatrix} 0 \\ 0 \\ \vdots \\ 0 \end{pmatrix}, \tag{3.2}$$

其中

$$\boldsymbol{A}=\begin{pmatrix} 1 & c_1 & c_1^2 & \cdots & c_1^n \\ 1 & c_2 & c_2^2 & \cdots & c_2^n \\ \vdots & \vdots & \vdots & & \vdots \\ 1 & c_{n+1} & c_{n+1}^2 & \cdots & c_{n+1}^n \end{pmatrix}.$$

而 $\det\boldsymbol{A}=\prod\limits_{1\leqslant i<j\leqslant n+1}(c_j-c_i)\neq 0$. 用 $\boldsymbol{A}^{-1}$ 左乘 (3.2) 式两端得

$$k_0=k_1=k_2=\cdots=k_n=0.$$

这说明 $1,\ x,\ x^2,\ \cdots,\ x^n$ 线性无关. 故 $C[a,b]$ 是 $\mathbf{R}$ 上的无限维向量空间.

例 3.2.3 设 V 是数域 F 上的向量空间, $\dim V = n > 0$, 则存在集合 $S \subseteq V$, 使 S 含无穷多个向量, 且 S 中任意 n 个不同的向量都是 V 的一个基.

分析 构造特殊集合, 套用范德蒙德行列式的结果.

证明 设 $\boldsymbol{\alpha}_1, \boldsymbol{\alpha}_2, \cdots, \boldsymbol{\alpha}_n$ 是 V 的一个基. 令 $S = \{\boldsymbol{\alpha}_1 + k\boldsymbol{\alpha}_2 + \cdots + k^{n-1}\boldsymbol{\alpha}_n \mid k \in F\}$. 再令 $\boldsymbol{\beta}_k = \boldsymbol{\alpha}_1 + k\boldsymbol{\alpha}_2 + \cdots + k^{n-1}\boldsymbol{\alpha}_n$, 让 $k_1, k_2, \cdots, k_n \in F$ 互不相同. 则

$$(\boldsymbol{\beta}_{k_1}, \boldsymbol{\beta}_{k_2}, \cdots, \boldsymbol{\beta}_{k_n}) = (\boldsymbol{\alpha}_1, \boldsymbol{\alpha}_2, \cdots, \boldsymbol{\alpha}_n) \begin{pmatrix} 1 & 1 & \cdots & 1 \\ k_1 & k_2 & \cdots & k_n \\ k_1^2 & k_2^2 & \cdots & k_n^2 \\ \vdots & \vdots & & \vdots \\ k_1^{n-1} & k_2^{n-1} & \cdots & k_n^{n-1} \end{pmatrix}.$$

由于

$$\boldsymbol{T} = \begin{pmatrix} 1 & 1 & \cdots & 1 \\ k_1 & k_2 & \cdots & k_n \\ k_1^2 & k_2^2 & \cdots & k_n^2 \\ \vdots & \vdots & & \vdots \\ k_1^{n-1} & k_2^{n-1} & \cdots & k_n^{n-1} \end{pmatrix}$$

的行列式是范德蒙德行列式, 即 $\det\boldsymbol{T} = \prod\limits_{1 \leqslant i < j \leqslant n} (k_j - k_i) \neq 0$. 故 $\{\boldsymbol{\beta}_{k_1}, \boldsymbol{\beta}_{k_2}, \cdots, \boldsymbol{\beta}_{k_n}\}$ 线性无关, 是 V 的一个基, S 中含无穷多个向量.

例 3.2.4 设 $\boldsymbol{A}, \boldsymbol{B}, \boldsymbol{C}$ 分别是数域 F 上的 $m \times n, s \times t, m \times t$ 矩阵, 证明:

(i) 秩 $\begin{pmatrix} \boldsymbol{A} & \boldsymbol{0} \\ \boldsymbol{0} & \boldsymbol{B} \end{pmatrix} =$ 秩 $\boldsymbol{A} +$ 秩 $\boldsymbol{B}$;

(ii) 秩 $\begin{pmatrix} \boldsymbol{A} & \boldsymbol{C} \\ \boldsymbol{0} & \boldsymbol{B} \end{pmatrix} \geqslant$ 秩 $\boldsymbol{A} +$ 秩 $\boldsymbol{B}$;

(iii) 若 $\boldsymbol{A}$ 是可逆矩阵 (此时 $m = n$), 或者 $\boldsymbol{B}$ 是可逆矩阵 (此时 $s = t$), 则

$$\text{秩} \begin{pmatrix} \boldsymbol{A} & \boldsymbol{C} \\ \boldsymbol{0} & \boldsymbol{B} \end{pmatrix} = \text{秩}\ \boldsymbol{A} + \text{秩}\ \boldsymbol{B}.$$

分析 利用等价标准形, 先让秩体现出来.

证明 设秩 $\boldsymbol{A} = r$, 秩 $\boldsymbol{B} = l$, 则存在 F 上 m 可逆阵 $\boldsymbol{P}_1$, n 阶可逆阵 $\boldsymbol{Q}_1$ 及 s 阶可逆阵 $\boldsymbol{P}_2$, t 阶可逆阵 $\boldsymbol{Q}_2$, 使

$$P_1AQ_1 = \begin{pmatrix} I_r & 0 \\ 0 & 0 \end{pmatrix}, \quad P_2BQ_2 = \begin{pmatrix} I_l & 0 \\ 0 & 0 \end{pmatrix}.$$

令

$$P = \begin{pmatrix} P_1 & 0 \\ 0 & P_2 \end{pmatrix}, \quad Q = \begin{pmatrix} Q_l & 0 \\ 0 & Q_2 \end{pmatrix}.$$

那么 P, Q 分别是 F 上的 $m \times s, n \times t$ 可逆矩阵, 使

$$\text{(i) } P\begin{pmatrix} A & 0 \\ 0 & B \end{pmatrix}Q = \begin{pmatrix} P_1AQ_1 & 0 \\ 0 & P_2BQ_2 \end{pmatrix} = \begin{pmatrix} I_r & & & \\ & 0 & & \\ & & I_l & \\ & & & 0 \end{pmatrix}.$$

因此, 秩 $\begin{pmatrix} A & 0 \\ 0 & B \end{pmatrix} = r + l =$ 秩 $A+$ 秩 B.

(ii)

$$P\begin{pmatrix} A & C \\ 0 & B \end{pmatrix}Q = \begin{pmatrix} P_1 & 0 \\ 0 & P_2 \end{pmatrix}\begin{pmatrix} A & C \\ 0 & B \end{pmatrix}\begin{pmatrix} Q_1 & 0 \\ 0 & Q_2 \end{pmatrix}$$

$$= \begin{pmatrix} P_1AQ_1 & P_1CQ_2 \\ 0 & P_2BQ_2 \end{pmatrix} = \begin{pmatrix} I_r & & & * \\ & 0 & & \\ & & I_l & \\ & & & 0 \end{pmatrix}. \tag{3.3}$$

在 (3.3) 式右端矩阵中至少有一个 $r + l$ 阶子式 $\begin{vmatrix} I_r & * \\ 0 & I_l \end{vmatrix} = 1$, 所以

$$秩\begin{pmatrix} A & C \\ 0 & B \end{pmatrix} \geqslant r + l = 秩 A + 秩 B.$$

(iii) 只证当 A 是可逆矩阵的情形. 沿袭 (ii) 的证明, 当 A 是可逆矩阵时, $m = n = r$. 这时, (3.3) 式右端矩阵中有一个 $m + l$ 阶子式不等于零, 但是 (3.3) 式右端矩阵从第 $m + l + 1$ 行开始以后的行全为零行. 因此

$$秩\begin{pmatrix} A & C \\ 0 & B \end{pmatrix} = m + l = 秩 A + 秩 B.$$

例 3.2.5 设 A 是一个 n 阶方阵, 且秩 $A = r$. 证明: 存在一个 n 阶可逆方阵 P, 使 PAP^{-1} 的后 $n - r$ 行全为零.

分析 利用等价标准形先变形, 再讨论.

证明 当 $r=0$ 时, 任取一个 n 阶可逆阵 $\boldsymbol{P}$ 即可满足要求.

当 $r\geqslant 1$ 时, 存在 n 阶可逆阵 $\boldsymbol{P}$ 和 $\boldsymbol{Q}$, 使 $\boldsymbol{PAQ}=\begin{pmatrix}\boldsymbol{I}_r & \boldsymbol{0}\\ \boldsymbol{0} & \boldsymbol{0}\end{pmatrix}$. 则

$$\boldsymbol{PAP}^{-1}=\begin{pmatrix}\boldsymbol{I}_r & \boldsymbol{0}\\ \boldsymbol{0} & \boldsymbol{0}\end{pmatrix}\boldsymbol{Q}^{-1}\boldsymbol{P}^{-1}.$$

令 $\boldsymbol{Q}^{-1}\boldsymbol{P}^{-1}=\begin{pmatrix}\boldsymbol{D}_1\\ \boldsymbol{D}_2\end{pmatrix}$, 这里 $\boldsymbol{D}_1$ 为 $r\times n$ 阵, $\boldsymbol{D}_2$ 为 $(n-r)\times n$ 阵. 则

$$\boldsymbol{PAP}^{-1}=\begin{pmatrix}\boldsymbol{I}_r & \boldsymbol{0}\\ \boldsymbol{0} & \boldsymbol{0}\end{pmatrix}\begin{pmatrix}\boldsymbol{D}_1\\ \boldsymbol{D}_2\end{pmatrix}=\begin{pmatrix}\boldsymbol{D}_1\\ \boldsymbol{0}\end{pmatrix}.$$

可见 $\boldsymbol{PAP}^{-1}$ 的后 $n-r$ 行元素全为 0.

例 3.2.6 设 $\boldsymbol{A}$ 是 F 上 $m\times n$ 矩阵, $\boldsymbol{B}$ 是 F 上 $n\times p$ 矩阵, 且秩 $\boldsymbol{A}+$ 秩 $\boldsymbol{B}\leqslant n$. 证明: 存在 n 阶可逆阵 $\boldsymbol{M}$, 使得

$$\boldsymbol{AMB}=\boldsymbol{0}.$$

分析 根据问题需要, 利用等价标准形的变形讨论.

证明 当 $\boldsymbol{A},\boldsymbol{B}$ 中有一个为零矩阵, 则结论显然成立. 以下假设 $\boldsymbol{A},\boldsymbol{B}$ 都不是零矩阵.

令秩 $\boldsymbol{A}=r$, 秩 $\boldsymbol{B}=s$, 则 $0<r<n$, $0<s<n$ 且 $r+s\leqslant n$. 存在 F 上 m 阶可逆阵 $\boldsymbol{P}_1$, n 阶可逆阵 $\boldsymbol{Q}_1$ 及 n 阶可逆阵 $\boldsymbol{P}_2$, p 阶可逆阵 $\boldsymbol{Q}_2$, 使得

$$\boldsymbol{P}_1\boldsymbol{AQ}_1=\begin{pmatrix}\boldsymbol{I}_r & \boldsymbol{0}\\ \boldsymbol{0} & \boldsymbol{0}\end{pmatrix},\quad \boldsymbol{P}_2\boldsymbol{BQ}_2=\begin{pmatrix}\boldsymbol{0} & \boldsymbol{0}\\ \boldsymbol{0} & \boldsymbol{I}_s\end{pmatrix}.$$

注意 $\boldsymbol{B}$ 的等价标准形为 $n\times p$ 矩阵 $\begin{pmatrix}\boldsymbol{I}_s & \boldsymbol{0}\\ \boldsymbol{0} & \boldsymbol{0}\end{pmatrix}$, 它等价于 $n\times p$ 矩阵 $\begin{pmatrix}\boldsymbol{0} & \boldsymbol{0}\\ \boldsymbol{0} & \boldsymbol{I}_s\end{pmatrix}$.

我们有

$$\boldsymbol{P}_1\boldsymbol{AQ}_1\boldsymbol{P}_2\boldsymbol{BQ}_2=\begin{pmatrix}\boldsymbol{I}_r & \boldsymbol{0}\\ \boldsymbol{0} & \boldsymbol{0}\end{pmatrix}\begin{pmatrix}\boldsymbol{0} & \boldsymbol{0}\\ \boldsymbol{0} & \boldsymbol{I}_s\end{pmatrix}=\boldsymbol{0}.$$

因此, 只要取 $\boldsymbol{M}=\boldsymbol{Q}_1\boldsymbol{P}_2$, 就有 $\boldsymbol{AMB}=\boldsymbol{0}$.

例 3.2.7 F 上的一个秩为 $r(>0)$ 的 $m\times n$ 矩阵总可以表为 r 个秩为 1 的矩阵之和.

分析 先得到等价标准形, 再根据问题需要分解成矩阵之和.

证明 存在 m 阶的可逆阵 $\boldsymbol{P}$, n 阶的可逆阵 $\boldsymbol{Q}$, 使得

$$\boldsymbol{PAQ}=\begin{pmatrix}\boldsymbol{I}_r & \boldsymbol{0}\\ \boldsymbol{0} & \boldsymbol{0}\end{pmatrix}_{m\times n}.$$

令 $\boldsymbol{E}_{ii}$ 是第 i 行第 i 列交点处的元素是 1、其余元素全是 0 的 $m\times n$ 矩阵, 则

$$\boldsymbol{A}=\boldsymbol{P}^{-1}\begin{pmatrix}\boldsymbol{I}_r & \boldsymbol{0}\\ \boldsymbol{0} & \boldsymbol{0}\end{pmatrix}\boldsymbol{Q}^{-1}=\boldsymbol{P}^{-1}\left(\sum_{i=1}^{r}\boldsymbol{E}_{ii}\right)\boldsymbol{Q}^{-1}=\sum_{i=1}^{r}\boldsymbol{P}^{-1}\boldsymbol{E}_{ii}\boldsymbol{Q}^{-1}.$$

而

$$\text{秩}(\boldsymbol{P}^{-1}\boldsymbol{E}_{ii}\boldsymbol{Q}^{-1})=\text{秩}\,\boldsymbol{E}_{ii}=1.$$

故结论成立.

例 3.2.8 设 $\boldsymbol{A}$ 为 n 阶方阵, 则秩 $\boldsymbol{A}\leqslant 1$ 当且仅当 $\boldsymbol{A}$ 可以表为一个 $n\times 1$ 矩阵和一个 $1\times n$ 矩阵的乘积.

分析 根据问题需要, 利用等价标准形的分解形式, 变等价标准形是第一步.

证明 充分性. 设 $\boldsymbol{A}=\begin{pmatrix}b_1\\ b_2\\ \vdots\\ b_n\end{pmatrix}(c_1,\ c_2,\ \cdots,\ c_n)$, 则

$$\text{秩}\,\boldsymbol{A}\leqslant\text{秩}\,(c_1,\ c_2,\ \cdots,c_n)\leqslant 1.$$

必要性. 当秩 $\boldsymbol{A}=0$ 时, $\boldsymbol{A}=\boldsymbol{0}=\begin{pmatrix}0\\ 0\\ \vdots\\ 0\end{pmatrix}_{n\times 1}(0,\ 0,\ \cdots,\ 0)_{1\times n}$.

当秩 $\boldsymbol{A}=1$ 时, 存在 n 阶可逆阵 $\boldsymbol{P}$, $\boldsymbol{Q}$, 使得 $\boldsymbol{PAQ}=\begin{pmatrix}\boldsymbol{I}_1 & \boldsymbol{0}\\ \boldsymbol{0} & \boldsymbol{0}\end{pmatrix}$,

$$\boldsymbol{A}=\boldsymbol{P}^{-1}\begin{pmatrix}1 & 0 & \cdots & 0\\ 0 & 0 & \cdots & 0\\ \vdots & \vdots & & \vdots\\ 0 & 0 & \cdots & 0\end{pmatrix}\boldsymbol{Q}^{-1}=\left[\boldsymbol{P}^{-1}\begin{pmatrix}1\\ 0\\ \vdots\\ 0\end{pmatrix}\right][(1,0,\cdots,0)\boldsymbol{Q}^{-1}].$$

例 3.2.9 设数域 F 上的 n 阶方阵 $\boldsymbol{A}$ 是幂等阵, 即满足 $\boldsymbol{A}^2=\boldsymbol{A}$. 证明:

(i) 存在 F 上 n 阶可逆矩阵 $\boldsymbol{P}$, 使

$$\boldsymbol{P}^{-1}\boldsymbol{AP}=\begin{pmatrix}\boldsymbol{I}_r & \boldsymbol{0}\\ \boldsymbol{0} & \boldsymbol{0}\end{pmatrix},$$

这里 $r=$ 秩 $\boldsymbol{A}$.

(ii) $\mathrm{tr}(\boldsymbol{A})=r$.

(iii) 对 n 阶幂等阵 $\boldsymbol{A}$, 有秩 $\boldsymbol{A}+$ 秩 $(\boldsymbol{I}_n-\boldsymbol{A})=n$.

(iv) 任一 n 阶幂等阵 $\boldsymbol{A}$ 必可分解为两个 n 阶对称方阵的乘积.

分析 由需要证明的形式, 先变成等价标准形.

证明 (i) 由 $r=$ 秩 $\boldsymbol{A}$ 知, 存在 F 上 n 阶可逆阵 $\boldsymbol{P}_1,\boldsymbol{Q}_1$, 使

$$\boldsymbol{A}=\boldsymbol{P}_1\begin{pmatrix}\boldsymbol{I}_r & \boldsymbol{0}\\ \boldsymbol{0} & \boldsymbol{0}\end{pmatrix}\boldsymbol{Q}_1,$$

由 $\boldsymbol{A}^2=\boldsymbol{A}$, 得

$$\boldsymbol{P}_1\begin{pmatrix}\boldsymbol{I}_r & \boldsymbol{0}\\ \boldsymbol{0} & \boldsymbol{0}\end{pmatrix}\boldsymbol{Q}_1\boldsymbol{P}_1\begin{pmatrix}\boldsymbol{I}_r & \boldsymbol{0}\\ \boldsymbol{0} & \boldsymbol{0}\end{pmatrix}\boldsymbol{Q}_1=\boldsymbol{P}_1\begin{pmatrix}\boldsymbol{I}_r & \boldsymbol{0}\\ \boldsymbol{0} & \boldsymbol{0}\end{pmatrix}\boldsymbol{Q}_1,$$

即

$$\begin{pmatrix}\boldsymbol{I}_r & \boldsymbol{0}\\ \boldsymbol{0} & \boldsymbol{0}\end{pmatrix}\boldsymbol{Q}_1\boldsymbol{P}_1\begin{pmatrix}\boldsymbol{I}_r & \boldsymbol{0}\\ \boldsymbol{0} & \boldsymbol{0}\end{pmatrix}=\begin{pmatrix}\boldsymbol{I}_r & \boldsymbol{0}\\ \boldsymbol{0} & \boldsymbol{0}\end{pmatrix}.$$

将 $\boldsymbol{Q}_1\boldsymbol{P}_1$ 分块为 $\begin{pmatrix}\boldsymbol{T}_1 & \boldsymbol{T}_2\\ \boldsymbol{T}_3 & \boldsymbol{T}_4\end{pmatrix}$, 其中 $\boldsymbol{T}_1$ 是 r 阶方阵. 代入上式得 $\boldsymbol{T}_1=\boldsymbol{I}_r$. 因此

$$\boldsymbol{Q}_1\boldsymbol{P}_1=\begin{pmatrix}\boldsymbol{I}_r & \boldsymbol{T}_2\\ \boldsymbol{T}_3 & \boldsymbol{T}_4\end{pmatrix},\quad \boldsymbol{Q}_1=\begin{pmatrix}\boldsymbol{I}_r & \boldsymbol{T}_2\\ \boldsymbol{T}_3 & \boldsymbol{T}_4\end{pmatrix}\boldsymbol{P}_1^{-1}.$$

$$\begin{aligned}\boldsymbol{A}=\boldsymbol{P}_1\begin{pmatrix}\boldsymbol{I}_r & \boldsymbol{0}\\ \boldsymbol{0} & \boldsymbol{0}\end{pmatrix}\boldsymbol{Q}_1&=\boldsymbol{P}_1\begin{pmatrix}\boldsymbol{I}_r & \boldsymbol{0}\\ \boldsymbol{0} & \boldsymbol{0}\end{pmatrix}\begin{pmatrix}\boldsymbol{I}_r & \boldsymbol{T}_2\\ \boldsymbol{T}_3 & \boldsymbol{T}_4\end{pmatrix}\boldsymbol{P}_1^{-1}\\ &=\boldsymbol{P}_1\begin{pmatrix}\boldsymbol{I}_r & \boldsymbol{T}_2\\ \boldsymbol{0} & \boldsymbol{0}\end{pmatrix}\boldsymbol{P}_1^{-1},\end{aligned}$$

即 $\boldsymbol{P}_1^{-1}\boldsymbol{A}\boldsymbol{P}_1=\begin{pmatrix}\boldsymbol{I}_r & \boldsymbol{T}_2\\ \boldsymbol{0} & \boldsymbol{0}\end{pmatrix}$. 又

$$\begin{pmatrix}\boldsymbol{I}_r & \boldsymbol{T}_2\\ \boldsymbol{0} & \boldsymbol{I}_{n-r}\end{pmatrix}\begin{pmatrix}\boldsymbol{I}_r & \boldsymbol{T}_2\\ \boldsymbol{0} & \boldsymbol{0}\end{pmatrix}\begin{pmatrix}\boldsymbol{I}_r & -\boldsymbol{T}_2\\ \boldsymbol{0} & \boldsymbol{I}_{n-r}\end{pmatrix}=\begin{pmatrix}\boldsymbol{I}_r & \boldsymbol{0}\\ \boldsymbol{0} & \boldsymbol{0}\end{pmatrix}.$$

令 $\boldsymbol{P}=\boldsymbol{P}_1\begin{pmatrix}\boldsymbol{I}_r & -\boldsymbol{T}_2\\ \boldsymbol{0} & \boldsymbol{I}_{n-r}\end{pmatrix}$, 则有

$$\boldsymbol{P}^{-1}\boldsymbol{A}\boldsymbol{P}=\begin{pmatrix}\boldsymbol{I}_r & \boldsymbol{0}\\ \boldsymbol{0} & \boldsymbol{0}\end{pmatrix}.$$

(ii) 由 (i), $\boldsymbol{A}$ 相似于 $\begin{pmatrix} \boldsymbol{I}_r & \boldsymbol{0} \\ \boldsymbol{0} & \boldsymbol{0} \end{pmatrix}$, 所以 (ii) 成立.

(iii) 由 (i) 知, 存在可逆阵 $\boldsymbol{P}$, 使 $\boldsymbol{P}^{-1}\boldsymbol{A}\boldsymbol{P} = \begin{pmatrix} \boldsymbol{I}_r & \boldsymbol{0} \\ \boldsymbol{0} & \boldsymbol{0} \end{pmatrix}$, 则

$$\begin{aligned} \boldsymbol{I}_n - \boldsymbol{A} &= \boldsymbol{I}_n - \boldsymbol{P}\begin{pmatrix} \boldsymbol{I}_r & \boldsymbol{0} \\ \boldsymbol{0} & \boldsymbol{0} \end{pmatrix}\boldsymbol{P}^{-1} = \boldsymbol{P}\boldsymbol{I}_n\boldsymbol{P}^{-1} - \boldsymbol{P}\begin{pmatrix} \boldsymbol{I}_r & \boldsymbol{0} \\ \boldsymbol{0} & \boldsymbol{0} \end{pmatrix}\boldsymbol{P}^{-1} \\ &= \boldsymbol{P}\begin{pmatrix} \boldsymbol{0} & \boldsymbol{0} \\ \boldsymbol{0} & \boldsymbol{I}_{n-r} \end{pmatrix}\boldsymbol{P}^{-1}. \end{aligned}$$

因此, 秩 $(\boldsymbol{I}_n - \boldsymbol{A}) = n - r$, 而 $r =$ 秩 $\boldsymbol{A}$.

(iv) 存在可逆阵 $\boldsymbol{P}$, 使 $\boldsymbol{P}^{-1}\boldsymbol{A}\boldsymbol{P} = \begin{pmatrix} \boldsymbol{I}_r & \boldsymbol{0} \\ \boldsymbol{0} & \boldsymbol{0} \end{pmatrix}$, 其中 $r =$ 秩 $\boldsymbol{A}$, 则

$$\boldsymbol{A} = \boldsymbol{P}\begin{pmatrix} \boldsymbol{I}_r & \boldsymbol{0} \\ \boldsymbol{0} & \boldsymbol{0} \end{pmatrix}\boldsymbol{P}^{-1} = \boldsymbol{P}\begin{pmatrix} \boldsymbol{I}_r & \boldsymbol{0} \\ \boldsymbol{0} & \boldsymbol{0} \end{pmatrix}\boldsymbol{P}^{\mathrm{T}}(\boldsymbol{P}^{\mathrm{T}})^{-1}\boldsymbol{P}^{-1}.$$

令 $\boldsymbol{S}_1 = \boldsymbol{P}\begin{pmatrix} \boldsymbol{I}_r & \boldsymbol{0} \\ \boldsymbol{0} & \boldsymbol{0} \end{pmatrix}\boldsymbol{P}^{\mathrm{T}}$, $\boldsymbol{S}_2 = (\boldsymbol{P}^{\mathrm{T}})^{-1}\boldsymbol{P}^{-1}$, 则 $\boldsymbol{S}_1$ 与 $\boldsymbol{S}_2$ 都是对称矩阵, 且 $\boldsymbol{A} = \boldsymbol{S}_1\boldsymbol{S}_2$.

例 3.2.10　设 $\boldsymbol{A} \in M_{m\times n}(F)$, 秩 $\boldsymbol{A} = r > 0$, 试证:

(i) 存在秩为 r 的 $m \times r$ 阵 $\boldsymbol{H}$ 与秩为 r 的 $r \times n$ 阵 $\boldsymbol{L}$, 使 $\boldsymbol{A} = \boldsymbol{H}\boldsymbol{L}$;

(ii) 如果 $\boldsymbol{A} = \boldsymbol{H}\boldsymbol{L} = \boldsymbol{H}_1\boldsymbol{L}_1$, 其中 $\boldsymbol{H}$, $\boldsymbol{H}_1$ 都是秩为 r 的 $m \times r$ 阵, $\boldsymbol{L}$, $\boldsymbol{L}_1$ 都是秩为 r 的 $r \times n$ 阵, 那么必存在 r 阶可逆阵 $\boldsymbol{P}$, 使 $\boldsymbol{H} = \boldsymbol{H}_1\boldsymbol{P}$, $\boldsymbol{L} = \boldsymbol{P}^{-1}\boldsymbol{L}_1$.

分析　先变成等价标准形, 再进行分解.

证明　(i) 存在 m 阶可逆阵 $\boldsymbol{P}$ 与 n 阶可逆阵 $\boldsymbol{Q}$, 使得

$$\boldsymbol{P}\boldsymbol{A}\boldsymbol{Q} = \begin{pmatrix} \boldsymbol{I}_r & \boldsymbol{0} \\ \boldsymbol{0} & \boldsymbol{0} \end{pmatrix},$$

即有

$$\boldsymbol{A} = \boldsymbol{P}^{-1}\begin{pmatrix} \boldsymbol{I}_r & \boldsymbol{0} \\ \boldsymbol{0} & \boldsymbol{0} \end{pmatrix}\boldsymbol{Q}^{-1},$$

亦即

$$\boldsymbol{A} = \boldsymbol{P}^{-1}\begin{pmatrix} \boldsymbol{I}_r \\ \boldsymbol{0} \end{pmatrix}(\boldsymbol{I}_r, \boldsymbol{0})\,\boldsymbol{Q}^{-1}.$$

只需令 $\boldsymbol{H}=\boldsymbol{P}^{-1}\begin{pmatrix}\boldsymbol{I}_r\\ \boldsymbol{0}\end{pmatrix}$, $\boldsymbol{L}=(\boldsymbol{I}_r,\boldsymbol{0})\,\boldsymbol{Q}^{-1}$ 即可.

(实际上, $\boldsymbol{H}$ 是 $\boldsymbol{P}^{-1}$ 的前 r 列构成的, $\boldsymbol{L}$ 是 $\boldsymbol{Q}^{-1}$ 的前 r 行构成的.)

(ii) 设 $\boldsymbol{A}=\boldsymbol{H}\boldsymbol{L}=\boldsymbol{H}_1\boldsymbol{L}_1$, 其中秩 $(\boldsymbol{H}_{m\times r})=$ 秩 $(\boldsymbol{H}_1)_{m\times r}=r$, 秩 $\boldsymbol{L}=$ 秩 $\boldsymbol{L}_1=r$. 由于秩 $(\boldsymbol{H}_{m\times r})=r$, $\boldsymbol{H}$ 的列向量组线性无关, 则存在 $r\times m$ 阵 $\boldsymbol{B}$, 使 $\boldsymbol{B}\boldsymbol{H}=\boldsymbol{I}_r$. 这时, 有 $\boldsymbol{L}=\boldsymbol{I}_r\boldsymbol{L}=(\boldsymbol{B}\boldsymbol{H})\boldsymbol{L}=\boldsymbol{B}(\boldsymbol{H}\boldsymbol{L})=\boldsymbol{B}(\boldsymbol{H}_1\boldsymbol{L}_1)=(\boldsymbol{B}\boldsymbol{H}_1)\boldsymbol{L}_1$.

如果 r 阶方阵 $\boldsymbol{B}\boldsymbol{H}_1$ 不可逆, 则秩 $\boldsymbol{L}\leqslant$ 秩 $(\boldsymbol{B}\boldsymbol{H}_1)<r$, 矛盾. 因此 $\boldsymbol{B}\boldsymbol{H}_1$ 可逆, 令 $(\boldsymbol{B}\boldsymbol{H}_1)^{-1}=\boldsymbol{P}$, 则 $\boldsymbol{P}$ 可逆, 且 $\boldsymbol{L}=\boldsymbol{P}^{-1}\boldsymbol{L}_1$. 而由 $\boldsymbol{H}\boldsymbol{L}=\boldsymbol{H}_1\boldsymbol{L}_1$ 知, $\boldsymbol{H}\boldsymbol{P}^{-1}\boldsymbol{L}_1=\boldsymbol{H}_1\boldsymbol{L}_1$, 故 $\boldsymbol{H}\boldsymbol{P}^{-1}=\boldsymbol{H}_1$, 即 $\boldsymbol{H}=\boldsymbol{H}_1\boldsymbol{P}$.

例 3.2.11 设 $\boldsymbol{A}$ 是秩为 r 的 n 阶对称阵, 用 $\boldsymbol{A}\begin{pmatrix}i_1 & i_2 & \cdots & i_r\\ j_1 & j_2 & \cdots & j_r\end{pmatrix}$ 表示位于 $\boldsymbol{A}$ 的第 $i_1, i_2, \cdots, i_r$ 行与第 $j_1, j_2, \cdots, j_r$ 列相交处的元素按照原来的相对位置构成的子方阵, 其中 $1\leqslant i_1<i_2<\cdots<i_r\leqslant n$, $1\leqslant j_1<j_2<\cdots<j_r\leqslant n$. 证明:

(i) 存在秩是 r 的 $n\times r$ 阵 $\boldsymbol{H}$, r 阶可逆阵 $\boldsymbol{S}$, 使 $\boldsymbol{A}=\boldsymbol{H}\boldsymbol{S}\boldsymbol{H}^{\mathrm{T}}$;

(ii) 对任何 $1\leqslant i_1<i_2<\cdots<i_r\leqslant n$, $1\leqslant j_1<j_2<\cdots<j_r\leqslant n$, 恒有

$$\left\{\det\left[\boldsymbol{A}\begin{pmatrix}i_1 & i_2 & \cdots & i_r\\ j_1 & j_2 & \cdots & j_r\end{pmatrix}\right]\right\}^2$$
$$=\det\left[\boldsymbol{A}\begin{pmatrix}i_1 & i_2 & \cdots & i_r\\ i_1 & i_2 & \cdots & i_r\end{pmatrix}\right]\cdot\det\left[\boldsymbol{A}\begin{pmatrix}j_1 & j_2 & \cdots & j_r\\ j_1 & j_2 & \cdots & j_r\end{pmatrix}\right].$$

分析 先利用等价标准形的等式, 再变形.

证明 (i) 因为秩 $\boldsymbol{A}=r$, 故存在 n 阶可逆阵 $\boldsymbol{P}$ 和 $\boldsymbol{Q}$, 使 $\boldsymbol{P}\boldsymbol{A}\boldsymbol{Q}=\begin{pmatrix}\boldsymbol{I}_r & \boldsymbol{0}\\ \boldsymbol{0} & \boldsymbol{0}\end{pmatrix}$.

令

$$\boldsymbol{Q}^{-1}\boldsymbol{P}^{\mathrm{T}}=\begin{pmatrix}\boldsymbol{S} & \boldsymbol{T}\\ \boldsymbol{U} & \boldsymbol{V}\end{pmatrix}_{n\times n},$$

其中 $\boldsymbol{S}$ 为 r 阶方阵, 则

$$\boldsymbol{P}\boldsymbol{A}\boldsymbol{P}^{\mathrm{T}}=\boldsymbol{P}\boldsymbol{A}\boldsymbol{Q}\boldsymbol{Q}^{-1}\boldsymbol{P}^{\mathrm{T}}=\begin{pmatrix}\boldsymbol{I}_r & \boldsymbol{0}\\ \boldsymbol{0} & \boldsymbol{0}\end{pmatrix}\begin{pmatrix}\boldsymbol{S} & \boldsymbol{T}\\ \boldsymbol{U} & \boldsymbol{V}\end{pmatrix}=\begin{pmatrix}\boldsymbol{S} & \boldsymbol{T}\\ \boldsymbol{0} & \boldsymbol{0}\end{pmatrix}.$$

由 $\boldsymbol{A}^{\mathrm{T}}=\boldsymbol{A}$ 知, $\boldsymbol{P}\boldsymbol{A}\boldsymbol{P}^{\mathrm{T}}$ 是对称阵, 即 $\begin{pmatrix}\boldsymbol{S} & \boldsymbol{T}\\ \boldsymbol{0} & \boldsymbol{0}\end{pmatrix}$ 是对称阵, 因此 $\boldsymbol{S}^{\mathrm{T}}=\boldsymbol{S}$, 且 $\boldsymbol{T}=\boldsymbol{0}$.

又由秩 $\boldsymbol{A}=$ 秩 $(\boldsymbol{PAP}^{\mathrm{T}})=$ 秩 $\begin{pmatrix}\boldsymbol{S} & \boldsymbol{0}\\ \boldsymbol{0} & \boldsymbol{0}\end{pmatrix}=r$ 知, $\boldsymbol{S}$ 是 r 阶可逆方阵.

$$\boldsymbol{A}=\boldsymbol{P}^{-1}\begin{pmatrix}\boldsymbol{S} & \boldsymbol{0}\\ \boldsymbol{0} & \boldsymbol{0}\end{pmatrix}(\boldsymbol{P}^{\mathrm{T}})^{-1}=\boldsymbol{P}^{-1}\begin{pmatrix}\boldsymbol{I}_r\\ \boldsymbol{0}\end{pmatrix}\boldsymbol{S}(\boldsymbol{I}_r,\boldsymbol{0})(\boldsymbol{P}^{\mathrm{T}})^{-1}.$$

令 $\boldsymbol{H}=\boldsymbol{P}^{-1}\begin{pmatrix}\boldsymbol{I}_r\\ \boldsymbol{0}\end{pmatrix}$, 则秩 $\boldsymbol{H}_{n\times r}=r$, 且 $\boldsymbol{A}=\boldsymbol{HSH}^{\mathrm{T}}$.

(ii) 用 $\boldsymbol{e}_i$ 表示 n 维列向量 (即 $n\times 1$ 矩阵), 其第 i 分量为 1, 其余分量为 0, $i=1,\ 2,\ \cdots,\ n$.

$$\boldsymbol{A}\begin{pmatrix}i_1 & i_2 & \cdots & i_r\\ j_1 & j_2 & \cdots & j_r\end{pmatrix}=\begin{pmatrix}\boldsymbol{e}_{i_1}^{\mathrm{T}}\\ \boldsymbol{e}_{i_2}^{\mathrm{T}}\\ \vdots\\ \boldsymbol{e}_{i_r}^{\mathrm{T}}\end{pmatrix}\boldsymbol{A}(\boldsymbol{e}_{j_1},\boldsymbol{e}_{j_2},\cdots,\boldsymbol{e}_{j_r})$$

$$=\begin{pmatrix}\boldsymbol{e}_{i_1}^{\mathrm{T}}\\ \boldsymbol{e}_{i_2}^{\mathrm{T}}\\ \vdots\\ \boldsymbol{e}_{i_r}^{\mathrm{T}}\end{pmatrix}\boldsymbol{HSH}^{\mathrm{T}}(\boldsymbol{e}_{j_1},\boldsymbol{e}_{j_2},\cdots,\boldsymbol{e}_{j_r})$$

$$=\boldsymbol{H}\begin{pmatrix}i_1 & i_2 & \cdots & i_r\\ 1 & 2 & \cdots & r\end{pmatrix}\boldsymbol{SH}^{\mathrm{T}}\begin{pmatrix}1 & 2 & \cdots & r\\ j_1 & j_2 & \cdots & j_r\end{pmatrix}$$

$$=\boldsymbol{H}\begin{pmatrix}i_1 & i_2 & \cdots & i_r\\ 1 & 2 & \cdots & r\end{pmatrix}\boldsymbol{S}\left[\boldsymbol{H}\begin{pmatrix}j_1 & j_2 & \cdots & j_r\\ 1 & 2 & \cdots & r\end{pmatrix}\right]^{\mathrm{T}}.$$

$$\det\left[\boldsymbol{A}\begin{pmatrix}i_1 & i_2 & \cdots & i_r\\ j_1 & j_2 & \cdots & j_r\end{pmatrix}\right]$$

$$=\det\left[\boldsymbol{H}\begin{pmatrix}i_1 & i_2 & \cdots & i_r\\ 1 & 2 & \cdots & r\end{pmatrix}\right]\det\boldsymbol{S}\det\left[\boldsymbol{H}\begin{pmatrix}j_1 & j_2 & \cdots & j_r\\ 1 & 2 & \cdots & r\end{pmatrix}\right].$$

特别地, 有

$$\det\left[\boldsymbol{A}\begin{pmatrix}i_1 & i_2 & \cdots & i_r\\ i_1 & i_2 & \cdots & i_r\end{pmatrix}\right]=\left\{\det\left[\boldsymbol{H}\begin{pmatrix}i_1 & i_2 & \cdots & i_r\\ 1 & 2 & \cdots & r\end{pmatrix}\right]\right\}^2\det\boldsymbol{S};$$

$$\det\left[\boldsymbol{A}\begin{pmatrix}j_1 & j_2 & \cdots & j_r\\ j_1 & j_2 & \cdots & j_r\end{pmatrix}\right]=\left\{\det\left[\boldsymbol{H}\begin{pmatrix}j_1 & j_2 & \cdots & j_r\\ 1 & 2 & \cdots & r\end{pmatrix}\right]\right\}^2\det\boldsymbol{S}.$$

故

$$\left\{\det\left[\boldsymbol{A}\begin{pmatrix} i_1 & i_2 & \cdots & i_r \\ j_1 & j_2 & \cdots & j_r \end{pmatrix}\right]\right\}^2$$

$$= \det\left[\boldsymbol{A}\begin{pmatrix} i_1 & i_2 & \cdots & i_r \\ i_1 & i_2 & \cdots & i_r \end{pmatrix}\right]\det\left[\boldsymbol{A}\begin{pmatrix} j_1 & j_2 & \cdots & j_r \\ j_1 & j_2 & \cdots & j_r \end{pmatrix}\right].$$

例 3.2.12 设 n 阶方阵 $\boldsymbol{A}, \boldsymbol{B}, \boldsymbol{C}, \boldsymbol{D}$ 满足 $\boldsymbol{A} = \boldsymbol{BC}$, $\boldsymbol{B} = \boldsymbol{AD}$. 试证存在 n 阶可逆方阵 $\boldsymbol{T}$, 使 $\boldsymbol{A} = \boldsymbol{BT}$.

分析 先考虑矩阵的秩为 0 的特殊情形, 再利用等价标准形.

证明 秩 $\boldsymbol{A} =$ 秩 $(\boldsymbol{BC}) \leqslant$ 秩 $\boldsymbol{B} =$ 秩 $(\boldsymbol{AD}) \leqslant$ 秩 $\boldsymbol{A}$. 故秩 $\boldsymbol{A} =$ 秩 $\boldsymbol{B} = r$.

(1) $r = 0$, 秩 $\boldsymbol{A} = 0 =$ 秩 $\boldsymbol{B}$, 即 $\boldsymbol{A} = \boldsymbol{B} = \boldsymbol{0}$. 结论显然成立.

(2) $r = n$, 秩 $\boldsymbol{A} =$ 秩 $\boldsymbol{B} = n$, 即 $\boldsymbol{A}$ 与 $\boldsymbol{B}$ 均可逆. 只需取 $\boldsymbol{T} = \boldsymbol{B}^{-1}\boldsymbol{A}$ 即可.

(3) $0 < r < n$, 秩 $\boldsymbol{A} =$ 秩 $\boldsymbol{B} = r$, 存在 n 阶可逆方阵 $\boldsymbol{P}, \boldsymbol{Q}$, 使得

$$\boldsymbol{PAQ} = \begin{pmatrix} \boldsymbol{I}_r & \boldsymbol{0} \\ \boldsymbol{0} & \boldsymbol{0} \end{pmatrix}_{n\times n}, \quad \boldsymbol{AQ} = \boldsymbol{P}^{-1}\begin{pmatrix} \boldsymbol{I}_r & \boldsymbol{0} \\ \boldsymbol{0} & \boldsymbol{0} \end{pmatrix}_{n\times n} = (\boldsymbol{A}_1, \boldsymbol{0}),$$

其中 $\boldsymbol{A}_1$ 就是 $\boldsymbol{P}^{-1}$ 的前 r 列所构成的矩阵. 同理有 n 阶可逆方阵 $\boldsymbol{R}$, 使得

$$\boldsymbol{BR} = (\boldsymbol{B}_1, \boldsymbol{0}).$$

令 $\boldsymbol{Q} = (\boldsymbol{Q}_1, \boldsymbol{Q}_2)$, $\boldsymbol{R}^{-1} = \begin{pmatrix} \boldsymbol{R}_1 \\ \boldsymbol{R}_2 \end{pmatrix}$, 那么

$$\boldsymbol{A}_1 = \boldsymbol{AQ}_1 = \boldsymbol{BCQ}_1 = (\boldsymbol{B}_1, \boldsymbol{0})\boldsymbol{R}^{-1}\boldsymbol{CQ}_1 = \boldsymbol{B}_1\boldsymbol{R}_1\boldsymbol{CQ}_1.$$

令 $\boldsymbol{S} = \boldsymbol{R}_1\boldsymbol{CQ}_1$, 则 $\boldsymbol{S}$ 为 r 阶方阵.

$$秩\ \boldsymbol{S} = 秩(\boldsymbol{R}_1\boldsymbol{CQ}_1) \geqslant 秩(\boldsymbol{B}_1\boldsymbol{R}_1\boldsymbol{CQ}_1) = 秩\ \boldsymbol{A}_1 = 秩(\boldsymbol{AQ}) = 秩\ \boldsymbol{A}.$$

故秩 $\boldsymbol{S} = r$, 即 $\boldsymbol{S}$ 为可逆方阵.

$$\boldsymbol{AQ} = (\boldsymbol{A}_1, \boldsymbol{0}) = (\boldsymbol{B}_1\boldsymbol{S}, \boldsymbol{0}) = (\boldsymbol{B}_1, \boldsymbol{0})\begin{pmatrix} \boldsymbol{S} & \boldsymbol{0} \\ \boldsymbol{0} & \boldsymbol{I}_{n-r} \end{pmatrix} = \boldsymbol{BR}\begin{pmatrix} \boldsymbol{S} & \boldsymbol{0} \\ \boldsymbol{0} & \boldsymbol{I}_{n-r} \end{pmatrix}.$$

$$\boldsymbol{A} = \boldsymbol{BR}\begin{pmatrix} \boldsymbol{S} & \boldsymbol{0} \\ \boldsymbol{0} & \boldsymbol{I}_{n-r} \end{pmatrix}\boldsymbol{Q}^{-1}.$$

令 $\boldsymbol{T} = \boldsymbol{R}\begin{pmatrix} \boldsymbol{S} & \boldsymbol{0} \\ \boldsymbol{0} & \boldsymbol{I}_{n-r} \end{pmatrix}\boldsymbol{Q}^{-1}$, 则 $\boldsymbol{T}$ 可逆, 且 $\boldsymbol{A} = \boldsymbol{BT}$.

例 3.2.13　利用矩阵的等价标准形证明, 线性方程组 $\boldsymbol{AX}=\boldsymbol{\beta}$ 有解的充要条件是秩 $\boldsymbol{A}=$ 秩 $\overline{\boldsymbol{A}}$, 这里 $\boldsymbol{A}$ 是 $m\times n$ 矩阵, $\overline{\boldsymbol{A}}=(\boldsymbol{A},\boldsymbol{\beta})$ 是线性方程组 $\boldsymbol{AX}=\boldsymbol{\beta}$ 的增广矩阵.

分析　利用等价标准形的具体形式, 结合问题适当分解.

证明　设秩 $\boldsymbol{A}=r$, 那么存在 m 阶可逆阵 $\boldsymbol{P}$, n 阶可逆阵 $\boldsymbol{Q}$, 使得

$$\boldsymbol{A}=\boldsymbol{P}\begin{pmatrix}\boldsymbol{I}_r & \boldsymbol{0}\\ \boldsymbol{0} & \boldsymbol{0}\end{pmatrix}\boldsymbol{Q},$$

令

$$\boldsymbol{P}^{-1}\boldsymbol{\beta}=\begin{pmatrix}\gamma_1\\ \gamma_2\end{pmatrix},$$

其中 γ_1, γ_2 分别是 r 维, $m-r$ 维列向量.

必要性. 方程组 $\boldsymbol{AX}=\boldsymbol{\beta}$ 有解, 设 n 列向量 $\boldsymbol{\alpha}$ 为其解向量. 由 $\boldsymbol{A\alpha}=\boldsymbol{\beta}$ 可知

$$\boldsymbol{P}\begin{pmatrix}\boldsymbol{I}_r & \boldsymbol{0}\\ \boldsymbol{0} & \boldsymbol{0}\end{pmatrix}\boldsymbol{Q\alpha}=\boldsymbol{\beta},$$

即

$$\begin{pmatrix}\boldsymbol{I}_r & \boldsymbol{0}\\ \boldsymbol{0} & \boldsymbol{0}\end{pmatrix}\boldsymbol{Q\alpha}=\boldsymbol{P}^{-1}\boldsymbol{\beta}. \tag{3.4}$$

将 $\boldsymbol{Q\alpha}$ 分块,

$$\boldsymbol{Q\alpha}=\begin{pmatrix}\boldsymbol{\alpha}_1\\ \boldsymbol{\alpha}_2\end{pmatrix},$$

其中 $\boldsymbol{\alpha}_1$, $\boldsymbol{\alpha}_2$ 分别是 r 维, $n-r$ 维列向量. 代入 (3.4) 式, 得

$$\begin{pmatrix}\boldsymbol{\alpha}_1\\ \boldsymbol{0}\end{pmatrix}=\begin{pmatrix}\gamma_1\\ \gamma_2\end{pmatrix}.$$

因此 $\gamma_1=\boldsymbol{\alpha}_1$, $\gamma_2=\boldsymbol{0}$. 注意到 $\boldsymbol{\beta}=\boldsymbol{P}\begin{pmatrix}\gamma_1\\ \boldsymbol{0}\end{pmatrix}$, 我们有

$$\boldsymbol{P}^{-1}\overline{\boldsymbol{A}}=\boldsymbol{P}^{-1}(\boldsymbol{A},\boldsymbol{\beta})=\left[\begin{pmatrix}\boldsymbol{I}_r & \boldsymbol{0}\\ \boldsymbol{0} & \boldsymbol{0}\end{pmatrix}\boldsymbol{Q},\begin{pmatrix}\gamma_1\\ \boldsymbol{0}\end{pmatrix}\right]=\left[\begin{pmatrix}\boldsymbol{I}_r & \boldsymbol{0}\\ \boldsymbol{0} & \boldsymbol{0}\end{pmatrix}\boldsymbol{Q},\begin{pmatrix}\gamma_1\\ \boldsymbol{0}\end{pmatrix}\right].$$

可见 $\boldsymbol{P}^{-1}\overline{\boldsymbol{A}}$ 的最后 $m-r$ 行元素全为零, 所以秩 $\overline{\boldsymbol{A}}=r=$ 秩 $\boldsymbol{A}$.

充分性. 设秩 $\overline{A}=$ 秩 $A=r$. 令 $Q_1=\begin{pmatrix} Q & 0 \\ 0 & 1 \end{pmatrix}$, 则 Q_1 是 $n+1$ 阶可逆阵. 由

$$
\begin{aligned}
P^{-1}\overline{A}Q_1^{-1} &= (P^{-1}A, P^{-1}\beta)\begin{pmatrix} Q & 0 \\ 0 & 1 \end{pmatrix}^{-1} \\
&= (P^{-1}AQ^{-1}, P^{-1}\beta) = \begin{pmatrix} I_r & 0 & \gamma_1 \\ 0 & 0 & \gamma_2 \end{pmatrix},
\end{aligned}
$$

再结合秩 $\overline{A}=r$ 得 $\gamma_2=0$. 从而 $Q^{-1}\begin{pmatrix} \gamma_1 \\ 0 \end{pmatrix}$ 为方程组 $AX=\beta$ 的一个解, 因为

$$
P^{-1}AQ^{-1}\begin{pmatrix} \gamma_1 \\ 0 \end{pmatrix} = \begin{pmatrix} I_r & 0 \\ 0 & 0 \end{pmatrix}\begin{pmatrix} \gamma_1 \\ 0 \end{pmatrix} = \begin{pmatrix} \gamma_1 \\ 0 \end{pmatrix} = P^{-1}\beta.
$$

例 3.2.14 设 A 是秩为 $r(<n)$ 的 $m\times n$ 矩阵, 则对任意正整数 $k, r\leqslant k\leqslant n$, 必存在 n 阶矩阵 B, 使得 $AB=0$ 且秩 $A+$ 秩 $B=k$.

分析 利用矩阵的等价标准形.

证明 由秩 $A=r$ 知, 存在 m 阶可逆阵 P, n 阶可逆阵 Q, 使得

$$
A = P\begin{pmatrix} I_r & 0 \\ 0 & 0 \end{pmatrix}Q.
$$

取

$$
B = Q^{-1}\begin{pmatrix} 0 & & \\ & I_{k-r} & \\ & & 0 \end{pmatrix}.
$$

则有

$$
AB = P\begin{pmatrix} I_r & 0 \\ 0 & 0 \end{pmatrix}QQ^{-1}\begin{pmatrix} 0 & & \\ & I_{k-r} & \\ & & 0 \end{pmatrix} = P0 = 0.
$$

且秩 $A+$ 秩 $B=r+(k-r)=k$.

由上例的证明可得到如下结论.

设 A 是数域 F 上的 $m\times n$ 矩阵且秩 $A<n$, 则存在 F 上 n 阶非零矩阵 C, 使得 $AC=0$.

例 3.2.15 设向量组 $\{\alpha_1, \alpha_2, \cdots, \alpha_s\}$ 线性无关, A 是 $s\times t$ 矩阵. 令

$$(\boldsymbol{\beta}_1,\ \boldsymbol{\beta}_2,\ \cdots,\ \boldsymbol{\beta}_t) = (\boldsymbol{\alpha}_1,\ \boldsymbol{\alpha}_2,\ \cdots,\ \boldsymbol{\alpha}_s)\boldsymbol{A},$$

则向量组 $\{\boldsymbol{\beta}_1,\ \boldsymbol{\beta}_2,\ \cdots,\ \boldsymbol{\beta}_t\}$ 的秩等于秩 $\boldsymbol{A}$.

分析 利用等价标准形, 并且让秩出现.

证明 设秩 $\boldsymbol{A} = r$, 由定理 3.1.2 知, 存在 s 阶可逆矩阵 $\boldsymbol{P}$ 和 t 阶可逆矩阵 $\boldsymbol{Q}$, 使

$$\boldsymbol{A} = \boldsymbol{P}\begin{pmatrix} \boldsymbol{I}_r & \boldsymbol{0} \\ \boldsymbol{0} & \boldsymbol{0} \end{pmatrix}\boldsymbol{Q}.$$

因此

$$(\boldsymbol{\beta}_1,\ \boldsymbol{\beta}_2,\ \cdots,\ \boldsymbol{\beta}_t) = (\boldsymbol{\alpha}_1,\ \boldsymbol{\alpha}_2,\ \cdots,\ \boldsymbol{\alpha}_s)\boldsymbol{P}\begin{pmatrix} \boldsymbol{I}_r & \boldsymbol{0} \\ \boldsymbol{0} & \boldsymbol{0} \end{pmatrix}\boldsymbol{Q}.$$

令

$$(\boldsymbol{\alpha}_1,\ \boldsymbol{\alpha}_2,\ \cdots,\ \boldsymbol{\alpha}_s)\boldsymbol{P} = (\gamma_1,\ \gamma_2,\ \cdots,\ \gamma_s),$$

由于 $\boldsymbol{\alpha}_1,\ \boldsymbol{\alpha}_2,\ \cdots,\ \boldsymbol{\alpha}_s$ 线性无关, $\boldsymbol{P}$ 可逆, 因此 $\gamma_1,\ \gamma_2,\ \cdots,\ \gamma_s$ 线性无关. 又由

$$\begin{aligned}(\boldsymbol{\beta}_1,\ \boldsymbol{\beta}_2,\ \cdots,\ \boldsymbol{\beta}_t) &= \left[(\gamma_1,\ \gamma_2,\ \cdots,\ \gamma_s)\begin{pmatrix} \boldsymbol{I}_r & \boldsymbol{0} \\ \boldsymbol{0} & \boldsymbol{0} \end{pmatrix}\right]\boldsymbol{Q} \\ &= (\gamma_1, \gamma_2, \cdots, \gamma_r, 0, \cdots, 0)\boldsymbol{Q},\end{aligned}$$

而 $\boldsymbol{Q}$ 是可逆的, 可知 $\{\boldsymbol{\beta}_1, \boldsymbol{\beta}_2, \cdots, \boldsymbol{\beta}_t\}$ 与 $\{\gamma_1, \gamma_2, \cdots, \gamma_r, 0, \cdots, 0\}$ 等价. 注意, 作为线性无关向量组 $\gamma_1,\ \gamma_2,\ \cdots,\ \gamma_s$ 的部分组, $\gamma_1,\ \gamma_2,\ \cdots,\ \gamma_r$ 是线性无关的. 我们有

$$秩(\boldsymbol{\beta}_1, \boldsymbol{\beta}_2, \cdots, \boldsymbol{\beta}_t) = 秩(\gamma_1, \gamma_2, \cdots, \gamma_r, 0, \cdots, 0) = r = 秩\ \boldsymbol{A}.$$

例 3.2.16 $\boldsymbol{A}, \boldsymbol{B}$ 分别是阶为 m 与 n 的方阵, $\boldsymbol{C}$ 是秩为 r 的 $m \times n$ 阵, $m > n$, 且 $\boldsymbol{AC} = \boldsymbol{CB}$, 证明:

(i) 当 $r > 0$ 时, $\boldsymbol{A}$ 与 $\boldsymbol{B}$ 至少有 r 个公共的特征根;

(ii) 当 $\boldsymbol{A}$ 与 $\boldsymbol{B}$ 的特征多项式互素时, $\boldsymbol{C} = \boldsymbol{0}$;

(iii) 当 $\boldsymbol{C}$ 为列满秩阵时, $\boldsymbol{B}$ 的特征根全是 $\boldsymbol{A}$ 的特征根.

分析 利用矩阵的等价标准形.

证明 (i) 设秩 $\boldsymbol{C} = r > 0$, 存在 m 阶可逆矩阵 $\boldsymbol{P}$ 与 n 阶可逆矩阵 $\boldsymbol{Q}$, 使

$$\boldsymbol{PCQ} = \begin{pmatrix} \boldsymbol{I}_r & \boldsymbol{0} \\ \boldsymbol{0} & \boldsymbol{0} \end{pmatrix}_{m\times n}.$$

令 $\boldsymbol{PAP}^{-1} = \begin{pmatrix} \boldsymbol{A}_1 & \boldsymbol{A}_2 \\ \boldsymbol{A}_3 & \boldsymbol{A}_4 \end{pmatrix}_{m\times m}$, $\boldsymbol{Q}^{-1}\boldsymbol{BQ} = \begin{pmatrix} \boldsymbol{B}_1 & \boldsymbol{B}_2 \\ \boldsymbol{B}_3 & \boldsymbol{B}_4 \end{pmatrix}_{n\times n}$, 其中 $\boldsymbol{A}_1$

及 $\boldsymbol{B}_1$ 均为 r 阶子方阵.

则 $\boldsymbol{PACQ}=\begin{pmatrix}\boldsymbol{A}_1 & \boldsymbol{0}\\ \boldsymbol{A}_3 & \boldsymbol{0}\end{pmatrix}$, $\boldsymbol{PCBQ}=\begin{pmatrix}\boldsymbol{B}_1 & \boldsymbol{B}_2\\ \boldsymbol{0} & \boldsymbol{0}\end{pmatrix}$.

由于 $\boldsymbol{AC}=\boldsymbol{CB}$, 因此 $\boldsymbol{A}_1=\boldsymbol{B}_1$, $\boldsymbol{B}_2=\boldsymbol{0}$, $\boldsymbol{A}_3=\boldsymbol{0}$.

$$
\begin{aligned}
f_{\boldsymbol{A}}(x)=\det(x\boldsymbol{I}_m-\boldsymbol{A})&=\det\left[x\boldsymbol{I}_m-\begin{pmatrix}\boldsymbol{A}_1 & \boldsymbol{A}_2\\ \boldsymbol{A}_3 & \boldsymbol{A}_4\end{pmatrix}\right]\\
&=\det\begin{pmatrix}x\boldsymbol{I}_r-\boldsymbol{A}_1 & -\boldsymbol{A}_2\\ \boldsymbol{0} & x\boldsymbol{I}_{m-r}-\boldsymbol{A}_4\end{pmatrix}\\
&=\det(x\boldsymbol{I}_r-\boldsymbol{A}_1)\det(x\boldsymbol{I}_{m-r}-\boldsymbol{A}_4).
\end{aligned}
$$

$$
\begin{aligned}
f_{\boldsymbol{B}}(x)=\det(x\boldsymbol{I}_n-\boldsymbol{B})&=\det\left[x\boldsymbol{I}_n-\begin{pmatrix}\boldsymbol{B}_1 & \boldsymbol{B}_2\\ \boldsymbol{B}_3 & \boldsymbol{B}_4\end{pmatrix}\right]\\
&=\det\begin{pmatrix}x\boldsymbol{I}_r-\boldsymbol{B}_1 & \boldsymbol{0}\\ -\boldsymbol{B}_3 & x\boldsymbol{I}_{n-r}-\boldsymbol{B}_4\end{pmatrix}\\
&=\det(x\boldsymbol{I}_r-\boldsymbol{A}_1)\det(x\boldsymbol{I}_{n-r}-\boldsymbol{B}_4).
\end{aligned}
$$

因此 $\det(x\boldsymbol{I}_r-\boldsymbol{A}_1)=0$ 的 r 个根是 $\boldsymbol{A}$ 与 $\boldsymbol{B}$ 共同的 r 个特征根.

(ii) 用反证法, 假如 $\boldsymbol{C}\neq\boldsymbol{0}$, 则秩 $\boldsymbol{C}=r\geqslant 1$, 由 (i) 知 $\boldsymbol{A}$ 与 $\boldsymbol{B}$ 的特征多项式有 r 个公共的根, 这说明 $f_{\boldsymbol{A}}(x)$ 与 $f_{\boldsymbol{B}}(x)$ 有共同的一次因式, 因而 $f_{\boldsymbol{A}}(x)$ 与 $f_{\boldsymbol{B}}(x)$ 在 $\mathbb{C}$ 上不互素, 当然 $f_{\boldsymbol{A}}(x)$ 与 $f_{\boldsymbol{B}}(x)$ 在 F 上不互素, 矛盾.

(iii) 由 (i), 这是显然的.

例 3.2.17 计算 4 阶行列式

$$
D_4=\begin{vmatrix}1 & 1 & 1 & 1\\ a & b & c & d\\ a^2 & b^2 & c^2 & d^2\\ a^4 & b^4 & c^4 & d^4\end{vmatrix}.
$$

分析 利用范德蒙德行列式.

解 首先构造 5 阶范德蒙德行列式

$$D_5=\begin{vmatrix}1&1&1&1&1\\a&b&c&d&x\\a^2&b^2&c^2&d^2&x^2\\a^3&b^3&c^3&d^3&x^3\\a^4&b^4&c^4&d^4&x^4\end{vmatrix}.$$

则 D_4 是 D_5 的元素 x^3 的余子式, 并且

$$\begin{aligned}D_5&=(b-a)(c-a)(d-a)(x-a)(c-b)(d-b)(x-b)(d-c)(x-c)(x-d)\\&=(b-a)(c-a)(d-a)(c-b)(d-b)(d-c)[x^4-(a+b+c+d)x^3+\cdots].\end{aligned}$$

再将 D_5 按第 5 列展开, 得

$$D_5=A_{15}+xA_{25}+x^2A_{35}+x^3A_{45}+x^4A_{55}.$$

比较上面两式中 x^3 的系数, 得

$$D_4=-A_{45}=(b-a)(c-a)(d-a)(c-b)(d-b)(d-c)(a+b+c+d).$$

例 3.2.18　设 $a_1, a_2, \cdots, a_n$ 是实数域 $\mathbf{R}$ 中互不相同的数, $b_1, b_2, \cdots, b_n$ 是 $\mathbf{R}$ 中任一组给定的不全为零的实数. 证明: 存在唯一的实数域 $\mathbf{R}$ 上次数小于 n 的多项式 $f(x)$, 使得 $f(a_i)=b_i, i=1, 2, \cdots, n$.

分析　代入值, 并利用范德蒙德行列式.

证明　考虑方程组

$$\begin{cases}x_1+a_1x_2+\cdots+a_1^{n-1}x_n=b_1,\\x_1+a_2x_2+\cdots+a_2^{n-1}x_n=b_2,\\\qquad\cdots\cdots\\x_1+a_nx_2+\cdots+a_n^{n-1}x_n=b_n.\end{cases}$$

由于它的系数行列式

$$D=\begin{vmatrix}1&a_1&\cdots&a_1^{n-1}\\1&a_2&\cdots&a_2^{n-1}\\\vdots&\vdots&&\vdots\\1&a_n&\cdots&a_n^{n-1}\end{vmatrix}=\prod_{1\leqslant j<i\leqslant n}(a_i-a_j)\neq 0,$$

因此由克拉默法则知, 方程组有唯一解. 设其唯一的解为

$$x_1=c_0, x_2=c_1, \cdots, x_n=c_{n-1}.$$

则多项式 $f(x)=c_0+c_1x+\cdots+c_{n-1}x^{n-1}$ 是实数域 $\mathbf{R}$ 上次数小于 n 的多项式, 并且 $f(a_i)=b_i, i=1, 2, \cdots, n$. 又由此方程组解的唯一性知, 这种多项式也是唯一的.

例 3.2.19　已知秩 $\boldsymbol{A}_{m\times n}=r\ (r>0)$. 证明: 存在列满秩矩阵 $\boldsymbol{B}_{m\times r}$ 和行

满秩矩阵 $\boldsymbol{C}_{r\times n}$, 使得 $\boldsymbol{A}=\boldsymbol{BC}$.

分析 先得到等价标准形, 再根据问题需要分解成积的形式.

证明 因为秩 $\boldsymbol{A}_{m\times n}=r$, 所以存在 m 阶可逆矩阵 $\boldsymbol{S}$ 和 n 阶可逆矩阵 $\boldsymbol{T}$, 使得

$$\boldsymbol{A}=\boldsymbol{S}\begin{pmatrix}\boldsymbol{I}_r & \boldsymbol{0}\\ \boldsymbol{0} & \boldsymbol{0}\end{pmatrix}\boldsymbol{T}=\boldsymbol{S}\begin{pmatrix}\boldsymbol{I}_r\\ \boldsymbol{0}\end{pmatrix}(\boldsymbol{I}_r,\boldsymbol{0})\boldsymbol{T}.$$

令

$$\boldsymbol{B}=\boldsymbol{S}\begin{pmatrix}\boldsymbol{I}_r\\ \boldsymbol{0}\end{pmatrix},\quad \boldsymbol{C}=(\boldsymbol{I}_r,\boldsymbol{0})\boldsymbol{T},$$

则 $\boldsymbol{A}=\boldsymbol{BC}$, 其中 $\boldsymbol{B}$ 是 $m\times r$ 的列满秩矩阵, $\boldsymbol{C}$ 是 $r\times n$ 的行满秩矩阵.

例 3.2.20 设 $\boldsymbol{A}$ 是秩为 r 的 n 阶实对称矩阵. 证明: $\boldsymbol{A}$ 是半正定矩阵的充要条件是存在 r 行 n 列的行满秩实矩阵 $\boldsymbol{B}$, 使得 $\boldsymbol{A}=\boldsymbol{B}^{\mathrm{T}}\boldsymbol{B}$.

分析 不完全是等价标准形, 但特殊情形下有类似的作用与性质.

证明 必要性. 设 $\boldsymbol{A}$ 半正定, 则存在可逆矩阵 $\boldsymbol{P}\in M_n(\mathbf{R})$, 使 $\boldsymbol{P}^{\mathrm{T}}\boldsymbol{AP}=\begin{pmatrix}\boldsymbol{I}_r & \boldsymbol{0}\\ \boldsymbol{0} & \boldsymbol{0}\end{pmatrix}$, 其中 r 为 $\boldsymbol{A}$ 的秩. 于是

$$\boldsymbol{A}=\left(\boldsymbol{P}^{-1}\right)^{\mathrm{T}}\begin{pmatrix}\boldsymbol{I}_r & \boldsymbol{0}\\ \boldsymbol{0} & \boldsymbol{0}\end{pmatrix}\boldsymbol{P}^{-1}=\left(\boldsymbol{P}^{-1}\right)^{\mathrm{T}}\begin{pmatrix}\boldsymbol{I}_r\\ \boldsymbol{0}\end{pmatrix}(\boldsymbol{I}_r,\boldsymbol{0})\boldsymbol{P}^{-1}=\boldsymbol{B}^{\mathrm{T}}\boldsymbol{B},$$

这里 $\boldsymbol{B}=(\boldsymbol{I}_r,\boldsymbol{0})\boldsymbol{P}^{-1}$, 且 $\boldsymbol{B}$ 是 r 行 n 列的行满秩实矩阵.

充分性. 设 $\boldsymbol{A}=\boldsymbol{B}^{\mathrm{T}}\boldsymbol{B}$, 其中 $\boldsymbol{B}\in M_{r\times n}(\mathbf{R})$, 且 秩 $\boldsymbol{B}=r$, 则对任一非零的 $\boldsymbol{X}=(x_1, x_2, \cdots, x_n)^{\mathrm{T}}\in\mathbf{R}^n$, 都有

$$\boldsymbol{X}^{\mathrm{T}}\boldsymbol{AX}=\boldsymbol{X}^{\mathrm{T}}\boldsymbol{B}^{\mathrm{T}}\boldsymbol{BX}=(\boldsymbol{BX})^{\mathrm{T}}\boldsymbol{BX}\geqslant 0.$$

因此 $\boldsymbol{A}$ 是半正定的.

例 3.2.21 证明: 对于 m 行 n 列的列满秩矩阵 $\boldsymbol{B}$, 必存在 n 行 m 列的行满秩矩阵 $\boldsymbol{A}$, 使 $\boldsymbol{AB}=\boldsymbol{I}_n$; 对于 m 行 n 列的行满秩矩阵 $\boldsymbol{C}$, 必存在 n 行 m 列的列满秩矩阵 $\boldsymbol{D}$, 使 $\boldsymbol{CD}=\boldsymbol{I}_m$.

分析 利用等价标准形在特殊情形下有特殊的呈现方法.

证明 因为 $\boldsymbol{B}_{m\times n}$ 是列满秩的, 所以由初等变换与矩阵的秩的性质可知, 存在 m 阶可逆矩阵 $\boldsymbol{P}$, 使得 $\boldsymbol{PB}=\begin{pmatrix}\boldsymbol{I}_n\\ \boldsymbol{0}\end{pmatrix}$. 在 $\boldsymbol{P}$ 的第 n 行和第 $n+1$ 行之间画线将 $\boldsymbol{P}$ 分块为 $\boldsymbol{P}=\begin{pmatrix}\boldsymbol{A}\\ \boldsymbol{G}\end{pmatrix}$, 其中 $\boldsymbol{A}$ 是 $n\times m$ 矩阵, $\boldsymbol{G}$ 是 $(m-n)\times m$ 矩阵

$(m \geqslant n)$. 则

$$\begin{pmatrix} \boldsymbol{A} \\ \boldsymbol{G} \end{pmatrix} \boldsymbol{B} = \begin{pmatrix} \boldsymbol{AB} \\ \boldsymbol{GB} \end{pmatrix} = \begin{pmatrix} \boldsymbol{I}_n \\ \boldsymbol{0} \end{pmatrix}.$$

于是 $\boldsymbol{AB} = \boldsymbol{I}_n$, 且 $\boldsymbol{A}$ 是行满秩矩阵.

同理可证, 对于行满秩矩阵 $\boldsymbol{C}_{m\times n}$, 必存在列满秩矩阵 $\boldsymbol{D}_{n\times m}$, 使得 $\boldsymbol{CD}=\boldsymbol{I}_m$.

例 3.2.22 设 $\boldsymbol{A}$ 是秩为 r 的 $m \times n$ 矩阵. 证明:

(1) 存在 m 行 r 列的列满秩矩阵 $\boldsymbol{H}$ 和 r 行 n 列的行满秩矩阵 $\boldsymbol{L}$, 使得 $\boldsymbol{A}=\boldsymbol{HL}$.

(2) 若 $\boldsymbol{A} = \boldsymbol{HL} = \boldsymbol{H}_1\boldsymbol{L}_1$, 其中 $\boldsymbol{H}$ 与 $\boldsymbol{H}_1$ 是 m 行 r 列的列满秩矩阵, $\boldsymbol{L}$ 与 $\boldsymbol{L}_1$ 是 r 行 n 列的行满秩矩阵, 则必存在 r 阶的非奇异矩阵 $\boldsymbol{P}$, 使 $\boldsymbol{H} = \boldsymbol{H}_1\boldsymbol{P}$, $\boldsymbol{L} = \boldsymbol{P}^{-1}\boldsymbol{L}_1$.

分析 利用等价标准形的特殊分解.

证明 (1) 因为秩 $\boldsymbol{A} = r$, 所以存在 m 阶可逆矩阵 $\boldsymbol{P}$ 和 n 阶可逆矩阵 $\boldsymbol{Q}$, 使得

$$\boldsymbol{A} = \boldsymbol{P}\begin{pmatrix} \boldsymbol{I}_r & \boldsymbol{0} \\ \boldsymbol{0} & \boldsymbol{0} \end{pmatrix}\boldsymbol{Q} = \boldsymbol{P}\begin{pmatrix} \boldsymbol{I}_r \\ \boldsymbol{0} \end{pmatrix}(\boldsymbol{I}_r, \boldsymbol{0})\boldsymbol{Q}.$$

令 $\boldsymbol{H} = \boldsymbol{P}\begin{pmatrix} \boldsymbol{I}_r \\ \boldsymbol{0} \end{pmatrix}$, $\boldsymbol{L} = (\boldsymbol{I}_r, \boldsymbol{0})\boldsymbol{Q}$, 则 $\boldsymbol{H}$ 是 m 行 r 列的列满秩矩阵, $\boldsymbol{L}$ 是 r 行 n 列的行满秩矩阵, 且 $\boldsymbol{A} = \boldsymbol{HL}$.

(2) 因为 $\boldsymbol{L}$ 是 r 行 n 列的行满秩矩阵, 所以由例 3.2.21 知, 存在 n 行 r 列的列满秩矩阵 $\boldsymbol{D}$, 使得 $\boldsymbol{LD} = \boldsymbol{I}_r$. 由 $\boldsymbol{HLD} = \boldsymbol{H}_1\boldsymbol{L}_1\boldsymbol{D}$, 得 $\boldsymbol{H} = \boldsymbol{H}_1\boldsymbol{L}_1\boldsymbol{D}$. 令 $\boldsymbol{P} = \boldsymbol{L}_1\boldsymbol{D}$, 则 $\boldsymbol{H} = \boldsymbol{H}_1\boldsymbol{P}$. 易知 $\boldsymbol{P}$ 是 r 阶方阵. 下证 $\boldsymbol{P}$ 可逆.

由于 $\boldsymbol{H}$ 是 m 行 r 列的列满秩矩阵, 因此存在 r 行 m 列的行满秩矩阵 $\boldsymbol{B}$, 使得 $\boldsymbol{BH} = \boldsymbol{I}_r$. 从而 $\boldsymbol{I}_r = \boldsymbol{BH} = (\boldsymbol{BH}_1)\boldsymbol{P}$. 于是 $\boldsymbol{P}$ 是 r 阶可逆矩阵.

因为 $\boldsymbol{HL} = \boldsymbol{H}_1\boldsymbol{L}_1$, $\boldsymbol{H}_1 = \boldsymbol{HP}^{-1}$, 所以 $\boldsymbol{HL} = \boldsymbol{HP}^{-1}\boldsymbol{L}_1$. 由此可得 $\boldsymbol{L} = \boldsymbol{P}^{-1}\boldsymbol{L}_1$.

例 3.2.23 设 $\boldsymbol{A}, \boldsymbol{B}$ 为 F 上两个 n 阶矩阵, 且 $\boldsymbol{A}$ 的 n 个特征根两两互异. 试证: $\boldsymbol{A}$ 的特征向量恒为 $\boldsymbol{B}$ 的特征向量的充要条件是 $\boldsymbol{AB} = \boldsymbol{BA}$.

分析 利用矩阵可对角化的性质.

证明 设 $\boldsymbol{\alpha}_1, \boldsymbol{\alpha}_2, \cdots, \boldsymbol{\alpha}_n$ 是 $\boldsymbol{A}$ 的分别属于特征根 $\lambda_1, \lambda_2, \cdots, \lambda_n$ 的特征向量, 则 $\boldsymbol{\alpha}_1, \boldsymbol{\alpha}_2, \cdots, \boldsymbol{\alpha}_n$ 线性无关. 令 $\boldsymbol{P} = (\boldsymbol{\alpha}_1, \boldsymbol{\alpha}_2, \cdots, \boldsymbol{\alpha}_n)$, 则 $\boldsymbol{P}$ 可逆.

必要性. 因为 $\boldsymbol{A}$ 的特征向量也是 $\boldsymbol{B}$ 的特征向量, 所以 $\boldsymbol{A}, \boldsymbol{B}$ 有 n 个线性无关的特征向量. 故 $\boldsymbol{A}, \boldsymbol{B}$ 可以对角化. 于是

$$PAP^{-1}=\begin{pmatrix}\lambda_1&0&\cdots&0\\0&\lambda_2&\cdots&0\\\vdots&\vdots&&\vdots\\0&0&\cdots&\lambda_n\end{pmatrix}=\boldsymbol{\Lambda},\quad PBP^{-1}=\begin{pmatrix}\mu_1&0&\cdots&0\\0&\mu_2&\cdots&0\\\vdots&\vdots&&\vdots\\0&0&\cdots&\mu_n\end{pmatrix}=\boldsymbol{M},$$

这里 $\mu_1, \mu_2, \cdots, \mu_n$ 是 $\boldsymbol{B}$ 的 n 个特征根. 因此

$$\boldsymbol{P}^{-1}\boldsymbol{ABP}=\boldsymbol{P}^{-1}\boldsymbol{AP}\cdot\boldsymbol{P}^{-1}\boldsymbol{BP}=\boldsymbol{\Lambda M}=\boldsymbol{M\Lambda}=\boldsymbol{P}^{-1}\boldsymbol{BP}\cdot\boldsymbol{P}^{-1}\boldsymbol{AP}=\boldsymbol{P}^{-1}\boldsymbol{BAP}.$$

从而 $\boldsymbol{AB}=\boldsymbol{BA}$.

充分性. 令 V_{λ_i} 是 $\boldsymbol{A}$ 的属于特征根 λ_i $(i=1, 2, \cdots, n)$ 的特征子空间, 则由 $\lambda_1, \lambda_2, \cdots, \lambda_n$ 两两互异知, $\dim V_{\lambda_i}=1$. 由于 $\boldsymbol{AB}=\boldsymbol{BA}$, 因此

$$\boldsymbol{AB\alpha}_i=\boldsymbol{BA\alpha}_i=\lambda_i\boldsymbol{B\alpha}_i,$$

即 $\boldsymbol{B\alpha}_i\in V_{\lambda_i}$. 故 $\boldsymbol{B\alpha}_i$ 可由 V_{λ_i} 的基 $\boldsymbol{\alpha}_i$ 线性表示, 即

$$\boldsymbol{B\alpha}_i=a_i\boldsymbol{\alpha}_i,\quad i=1, 2, \cdots, n.$$

于是 $\boldsymbol{A}$ 的特征向量 $\boldsymbol{\alpha}_i$ 也是 $\boldsymbol{B}$ 的 (属于特征根 a_i 的) 特征向量, $i=1, 2, \cdots, n$.

例 3.2.24 证明: n 阶实对称矩阵 $\boldsymbol{A}$ 是正定矩阵的充要条件是存在一个正定矩阵 $\boldsymbol{S}$, 使得 $\boldsymbol{A}=\boldsymbol{S}^2$.

分析 利用实对称矩阵一定可以对角化.

证明 充分性. 设 $\boldsymbol{S}$ 是一个正定矩阵, 并且 $\boldsymbol{A}=\boldsymbol{S}^2$, 则 $\boldsymbol{A}=\boldsymbol{S}^{\mathrm{T}}\boldsymbol{IS}$, 即 $\boldsymbol{A}$ 与单位矩阵 $\boldsymbol{I}$ 合同. 因此 $\boldsymbol{A}$ 是正定矩阵.

必要性. 设 $\boldsymbol{A}$ 是正定矩阵, 则存在正交矩阵 $\boldsymbol{T}$, 使得

$$\boldsymbol{T}^{\mathrm{T}}\boldsymbol{AT}=\boldsymbol{T}^{-1}\boldsymbol{AT}=\begin{pmatrix}\lambda_1&&&\\&\lambda_2&&\\&&\ddots&\\&&&\lambda_n\end{pmatrix},$$

其中 $\lambda_i>0$ $(i=1, 2, \cdots, n)$. 令

$$\boldsymbol{S}=\boldsymbol{T}\begin{pmatrix}\sqrt{\lambda_1}&&&\\&\sqrt{\lambda_2}&&\\&&\ddots&\\&&&\sqrt{\lambda_n}\end{pmatrix}\boldsymbol{T}^{\mathrm{T}},$$

则 $\boldsymbol{S}$ 是正定矩阵, 并且

$$\boldsymbol{A}=\boldsymbol{T}\begin{pmatrix}\lambda_1 & & & \\ & \lambda_2 & & \\ & & \ddots & \\ & & & \lambda_n\end{pmatrix}\boldsymbol{T}^{\mathrm{T}}=\boldsymbol{S}^2.$$

例 3.2.25　设 $\boldsymbol{A}, \boldsymbol{B}$ 是两个 n 阶实对称矩阵, 且 $\boldsymbol{B}$ 是正定矩阵. 证明: 存在 n 阶实可逆矩阵 $\boldsymbol{T}$, 使 $\boldsymbol{T}^{\mathrm{T}}\boldsymbol{A}\boldsymbol{T}$ 和 $\boldsymbol{T}^{\mathrm{T}}\boldsymbol{B}\boldsymbol{T}$ 都为对角形矩阵.

分析　利用正定矩阵一定可以对角化, 而且具有特殊形式.

证明　因为 $\boldsymbol{B}$ 是正定矩阵, 所以存在 n 阶实可逆矩阵 $\boldsymbol{P}$, 使得 $\boldsymbol{P}^{\mathrm{T}}\boldsymbol{B}\boldsymbol{P}=\boldsymbol{I}_n$. 由于 $\boldsymbol{P}^{\mathrm{T}}\boldsymbol{A}\boldsymbol{P}$ 是实对称矩阵, 因此存在 n 阶正交矩阵 $\boldsymbol{U}$, 使得

$$\boldsymbol{U}^{\mathrm{T}}(\boldsymbol{P}^{\mathrm{T}}\boldsymbol{A}\boldsymbol{P})\boldsymbol{U}=\begin{pmatrix}\lambda_1 & & & \\ & \lambda_2 & & \\ & & \ddots & \\ & & & \lambda_n\end{pmatrix}.$$

从而 $\boldsymbol{U}^{\mathrm{T}}(\boldsymbol{P}^{\mathrm{T}}\boldsymbol{B}\boldsymbol{P})\boldsymbol{U}=\boldsymbol{I}_n$. 令 $\boldsymbol{T}=\boldsymbol{P}\boldsymbol{U}$, 则 $\boldsymbol{T}$ 是 n 阶实可逆矩阵, 使得 $\boldsymbol{T}^{\mathrm{T}}\boldsymbol{A}\boldsymbol{T}$ 和 $\boldsymbol{T}^{\mathrm{T}}\boldsymbol{B}\boldsymbol{T}$ 都为对角形矩阵.

例 3.2.26　设 $\boldsymbol{A}, \boldsymbol{B}$ 是两个 n 阶实对称矩阵, 且 $\boldsymbol{A}$ 是正定矩阵. 证明: 存在 n 阶实可逆矩阵 $\boldsymbol{P}$, 使得

$$\boldsymbol{P}^{\mathrm{T}}\boldsymbol{A}\boldsymbol{P}=\boldsymbol{I}_n,\quad \boldsymbol{P}^{\mathrm{T}}\boldsymbol{B}\boldsymbol{P}=\begin{pmatrix}\mu_1 & & & \\ & \mu_2 & & \\ & & \ddots & \\ & & & \mu_n\end{pmatrix},$$

其中 $\mu_1, \mu_2, \cdots, \mu_n$ 是 $\det(x\boldsymbol{A}-\boldsymbol{B})=0$ 的 n 个实根.

分析　利用正定矩阵一定可以对角化成特殊形式, 以及例 3.2.25.

证明　由上一题可知, 存在 n 阶实可逆矩阵 $\boldsymbol{P}$, 使得

$$\boldsymbol{P}^{\mathrm{T}}\boldsymbol{A}\boldsymbol{P}=\boldsymbol{I}_n,\quad \boldsymbol{P}^{\mathrm{T}}\boldsymbol{B}\boldsymbol{P}=\begin{pmatrix}\mu_1 & & & \\ & \mu_2 & & \\ & & \ddots & \\ & & & \mu_n\end{pmatrix}.$$

于是

$$\boldsymbol{P}^{\mathrm{T}}(x\boldsymbol{A}-\boldsymbol{B})\boldsymbol{P}=\begin{pmatrix} x-\mu_1 & & & \\ & x-\mu_2 & & \\ & & \ddots & \\ & & & x-\mu_n \end{pmatrix}.$$

因此

$$\det(x\boldsymbol{A}-\boldsymbol{B})=\frac{1}{(\det\ \boldsymbol{P})^2}(x-\mu_1)(x-\mu_2)\cdots(x-\mu_n).$$

从而 $\mu_1, \mu_2, \cdots, \mu_n$ 是 $\det(x\boldsymbol{A}-\boldsymbol{B})=0$ 的 n 个实根.

例 3.2.27 设 $\boldsymbol{A}$ 是 n 阶正定矩阵, $\boldsymbol{B}$ 是 n 阶矩阵, 且 $\boldsymbol{AB}$ 是 n 阶实对称矩阵. 证明: $\boldsymbol{AB}$ 正定的充要条件是 $\boldsymbol{B}$ 的特征根全大于零.

分析 本质上利用实对称矩阵一定可以对角化.

证明 由题设知, 存在 n 阶实可逆矩阵 $\boldsymbol{P}$, 使得

$$\boldsymbol{P}^{\mathrm{T}}\boldsymbol{AP}=\boldsymbol{I}_n,\quad (\boldsymbol{P}^{\mathrm{T}}\boldsymbol{AP})(\boldsymbol{P}^{-1}\boldsymbol{BP})=\boldsymbol{P}^{\mathrm{T}}\boldsymbol{ABP}=\begin{pmatrix} \mu_1 & & & \\ & \mu_2 & & \\ & & \ddots & \\ & & & \mu_n \end{pmatrix}.$$

从而

$$\boldsymbol{P}^{-1}\boldsymbol{BP}=\begin{pmatrix} \mu_1 & & & \\ & \mu_2 & & \\ & & \ddots & \\ & & & \mu_n \end{pmatrix}.$$

因此 $\mu_1, \mu_2, \cdots, \mu_n$ 是 $\boldsymbol{B}$ 的全部特征值.

故 $\boldsymbol{AB}$ 正定的充要条件是 $\boldsymbol{B}$ 的特征根全大于零.

例 3.2.28 设 $\boldsymbol{A}$ 是 n 阶实对称矩阵. 证明: 存在一正实数 c, 使对于任意的 n 维实列向量 $\boldsymbol{X}$, 有 $|\boldsymbol{X}^{\mathrm{T}}\boldsymbol{AX}|\leqslant c\boldsymbol{X}^{\mathrm{T}}\boldsymbol{X}$.

分析 本质上利用实对称矩阵一定可以对角化, 再根据问题需要适当放缩不等式.

证明 因为 $\boldsymbol{A}$ 是 n 阶实对称矩阵, 所以存在 n 阶正交矩阵 $\boldsymbol{U}$, 使得

$$\boldsymbol{U}^{\mathrm{T}}\boldsymbol{AU}=\begin{pmatrix} \lambda_1 & & & \\ & \lambda_2 & & \\ & & \ddots & \\ & & & \lambda_n \end{pmatrix}.$$

取 $c=\max\{|\lambda_1|, |\lambda_2|, \cdots, |\lambda_n|\}$. 对于任意的 n 维实列向量 $\boldsymbol{X}$, 令 $\boldsymbol{Y}=\boldsymbol{U}^{-1}\boldsymbol{X}$, 则

$$\begin{aligned}|\boldsymbol{X}^{\mathrm{T}}\boldsymbol{A}\boldsymbol{X}| &= |\boldsymbol{Y}^{\mathrm{T}}\boldsymbol{U}^{\mathrm{T}}\boldsymbol{A}\boldsymbol{U}\boldsymbol{Y}|=|\lambda_1 y_1^2+\cdots+\lambda_n y_n^2| \\ &\leqslant c\boldsymbol{Y}^{\mathrm{T}}\boldsymbol{Y}=c\boldsymbol{X}^{\mathrm{T}}\boldsymbol{U}\boldsymbol{U}^{\mathrm{T}}\boldsymbol{X}=c\boldsymbol{X}^{\mathrm{T}}\boldsymbol{X}.\end{aligned}$$

例 3.2.29 设 $\boldsymbol{A}$ 是 n 阶实对称矩阵, $\lambda_1, \lambda_2, \cdots, \lambda_n$ 是 $\boldsymbol{A}$ 的特征多项式的根, 且 $\lambda_1 \leqslant \lambda_2 \leqslant \cdots \leqslant \lambda_n$. 证明: 对任意的 $\boldsymbol{X}\in\mathbf{R}^n$, 有

$$\lambda_1\boldsymbol{X}^{\mathrm{T}}\boldsymbol{X} \leqslant \boldsymbol{X}^{\mathrm{T}}\boldsymbol{A}\boldsymbol{X} \leqslant \lambda_n\boldsymbol{X}^{\mathrm{T}}\boldsymbol{X}.$$

分析 本质上利用实对称矩阵一定可以对角化, 再根据问题需要适当放缩不等式.

证明 由题设知, 存在正交矩阵 $\boldsymbol{U}$, 使得

$$\boldsymbol{U}^{\mathrm{T}}\boldsymbol{A}\boldsymbol{U}=\begin{pmatrix}\lambda_1 & & & \\ & \lambda_2 & & \\ & & \ddots & \\ & & & \lambda_n\end{pmatrix}.$$

对任意的 $\boldsymbol{X}\in\mathbf{R}^n$, 令 $\boldsymbol{Y}=\boldsymbol{U}^{-1}\boldsymbol{X}$, 则 $\boldsymbol{X}^{\mathrm{T}}\boldsymbol{X}=\boldsymbol{Y}^{\mathrm{T}}\boldsymbol{Y}$, 并且

$$\boldsymbol{X}^{\mathrm{T}}\boldsymbol{A}\boldsymbol{X}=\boldsymbol{Y}^{\mathrm{T}}\boldsymbol{U}^{\mathrm{T}}\boldsymbol{A}\boldsymbol{U}\boldsymbol{Y}=\lambda_1 y_1^2+\lambda_2 y_2^2+\cdots+\lambda_n y_n^2.$$

于是

$$\lambda_1\boldsymbol{X}^{\mathrm{T}}\boldsymbol{X}=\lambda_1\boldsymbol{Y}^{\mathrm{T}}\boldsymbol{Y}\leqslant\boldsymbol{X}^{\mathrm{T}}\boldsymbol{A}\boldsymbol{X}\leqslant\lambda_n\boldsymbol{Y}^{\mathrm{T}}\boldsymbol{Y}=\lambda_n\boldsymbol{X}^{\mathrm{T}}\boldsymbol{X}.$$

例 3.2.30 设 $\boldsymbol{A}$ 为 n 阶实可逆矩阵. 证明:

(1) $\boldsymbol{A}=\boldsymbol{S}\boldsymbol{Q}$, 其中 $\boldsymbol{S}$ 是正定矩阵, $\boldsymbol{Q}$ 是正交矩阵;

(2) 存在正交矩阵 $\boldsymbol{P}_1$, $\boldsymbol{P}_2$, 使

$$\boldsymbol{P}_1^{-1}\boldsymbol{A}\boldsymbol{P}_2=\begin{pmatrix}\lambda_1 & & & \\ & \lambda_2 & & \\ & & \ddots & \\ & & & \lambda_n\end{pmatrix},$$

其中 $\lambda_i>0$, $i=1, 2, \cdots, n$.

分析 先构造正定矩阵, 再本质上利用实对称矩阵一定可以对角化.

证明 (1) 因为 $\boldsymbol{A}\boldsymbol{A}^{\mathrm{T}}=(\boldsymbol{A}^{\mathrm{T}})^{\mathrm{T}}\boldsymbol{I}\boldsymbol{A}^{\mathrm{T}}$, 所以 $\boldsymbol{A}\boldsymbol{A}^{\mathrm{T}}$ 正定. 因此存在正交矩阵 $\boldsymbol{U}$, 使得

$$\boldsymbol{U}^{\mathrm{T}}\boldsymbol{A}\boldsymbol{A}^{\mathrm{T}}\boldsymbol{U}=\begin{pmatrix}\mu_1 & & & \\ & \mu_2 & & \\ & & \ddots & \\ & & & \mu_n\end{pmatrix},$$

其中 $\mu_i > 0, i = 1, 2, \cdots, n$. 令

$$\boldsymbol{B} = \begin{pmatrix} \sqrt{\mu_1} & & & \\ & \sqrt{\mu_2} & & \\ & & \ddots & \\ & & & \sqrt{\mu_n} \end{pmatrix},$$

则 $\boldsymbol{B}$ 是正定矩阵, 且 $\boldsymbol{U}^{\mathrm{T}}\boldsymbol{A}\boldsymbol{A}^{\mathrm{T}}\boldsymbol{U} = \boldsymbol{B}^2$. 于是

$$\boldsymbol{A}\boldsymbol{A}^{\mathrm{T}} = \boldsymbol{U}\boldsymbol{B}^2\boldsymbol{U}^{\mathrm{T}} = (\boldsymbol{U}\boldsymbol{B}\boldsymbol{U}^{\mathrm{T}})^2.$$

令 $\boldsymbol{S} = \boldsymbol{U}\boldsymbol{B}\boldsymbol{U}^{\mathrm{T}}$, 则 $\boldsymbol{S}$ 正定, 且 $\boldsymbol{A}\boldsymbol{A}^{\mathrm{T}} = \boldsymbol{S}^2$. 故 $\boldsymbol{A} = \boldsymbol{S}\boldsymbol{S}(\boldsymbol{A}^{\mathrm{T}})^{-1}$. 令 $\boldsymbol{Q} = \boldsymbol{S}(\boldsymbol{A}^{\mathrm{T}})^{-1}$, 则

$$\boldsymbol{Q}^{\mathrm{T}}\boldsymbol{Q} = \boldsymbol{A}^{-1}\boldsymbol{S}^2(\boldsymbol{A}^{\mathrm{T}})^{-1} = \boldsymbol{I}.$$

因此 $\boldsymbol{Q}$ 是正交矩阵, 并且 $\boldsymbol{A} = \boldsymbol{S}\boldsymbol{Q}$.

(2) 由 (1) 知, $\boldsymbol{A} = \boldsymbol{S}\boldsymbol{Q}$. 因为 $\boldsymbol{S}$ 是正定矩阵, 所以存在正交矩阵 $\boldsymbol{P}_1$, 使得

$$\boldsymbol{P}_1^{-1}\boldsymbol{S}\boldsymbol{P}_1 = \begin{pmatrix} \lambda_1 & & & \\ & \lambda_2 & & \\ & & \ddots & \\ & & & \lambda_n \end{pmatrix},$$

这里 $\lambda_i > 0, i = 1, 2, \cdots, n$. 令 $\boldsymbol{P}_2 = \boldsymbol{Q}^{-1}\boldsymbol{P}_1$, 则 $\boldsymbol{P}_2$ 是正交矩阵, 且

$$\boldsymbol{P}_1^{-1}\boldsymbol{A}\boldsymbol{P}_2 = \boldsymbol{P}_1^{-1}\boldsymbol{S}\boldsymbol{Q}\boldsymbol{Q}^{-1}\boldsymbol{P}_1 = \boldsymbol{P}_1^{-1}\boldsymbol{S}\boldsymbol{P}_1 = \begin{pmatrix} \lambda_1 & & & \\ & \lambda_2 & & \\ & & \ddots & \\ & & & \lambda_n \end{pmatrix}.$$

例 3.2.31 对任一 n 阶正定阵 $\boldsymbol{A}$ 及任一正整数 m, 必有唯一的正定阵 $\boldsymbol{B}$, 使 $\boldsymbol{A} = \boldsymbol{B}^m$.

分析 利用实对称矩阵一定可以对角化.

证明 因 $\boldsymbol{A}$ 实对称, 故有 n 阶正交阵 $\boldsymbol{U}$, 使

$$A = U^{\mathrm{T}} \begin{pmatrix} \lambda_1 & & & 0 \\ & \lambda_2 & & \\ & & \ddots & \\ 0 & & & \lambda_n \end{pmatrix} U,$$

这里 $\lambda_1, \lambda_2, \cdots, \lambda_n$ 为 A 的全体特征根, 皆为正实数. 令

$$B = U^{\mathrm{T}} \begin{pmatrix} (\lambda_1)^{\frac{1}{m}} & & & 0 \\ & (\lambda_2)^{\frac{1}{m}} & & \\ & & \ddots & \\ 0 & & & (\lambda_n)^{\frac{1}{m}} \end{pmatrix} U,$$

则 B 为对称正定矩阵, 且 $A = B^m$. 设 B 与 C 均为 n 阶正定阵, 且使 $A = B^m = C^m$.

下证 $B = C$. 可设 $m \geqslant 2$. 任取 B 的一个特征根 μ, 设 α 为 B 的属于特征根 μ 的任一特征向量.

$$B\alpha = \mu\alpha, \quad B^m\alpha = \mu^m\alpha, \quad A\alpha = \mu^m\alpha.$$

因此

$$C^m\alpha = A\alpha = \mu^m\alpha = \mu^m I\alpha,$$

即有

$$(\mu^m I - C^m)\alpha = 0.$$

$$(\mu^{m-1}I + \mu^{m-2}C + \mu^{m-3}C^2 + \cdots + C^{m-1})(\mu I - C)\alpha = 0.$$

注意到 $(\mu^{m-1}I + \mu^{m-2}C + \mu^{m-3}C^2 + \cdots + C^{m-1})$ 是正定阵 (因为 $\mu > 0$, 且 $C, C^2, \cdots, C^{m-1}$ 均正定), 我们有 $(\mu I - C)\alpha = 0$, 即有 $C\alpha = \mu\alpha$.

这说明 B 的每个特征根都是 C 的特征根, 且 B 的属于其特征根 μ 的特征向量也必是 C 的属于 μ 的特征向量.

由于 B 在 $\mathbf{R}$ 上可以对角化, 因此 B 有 n 个实特征向量 $\alpha_1, \alpha_2, \cdots, \alpha_n$ 构成线性无关的向量组, 相应的 B 的特征根为 $\mu_1, \mu_2, \cdots, \mu_n$. 由上述推理知

$$C\alpha_i = \mu_i\alpha_i, \quad i = 1, 2, \cdots, n.$$

令 $P = (\alpha_1, \alpha_2, \cdots, \alpha_n)$, 则

$$P^{-1}BP = \begin{pmatrix} \mu_1 & & & 0 \\ & \mu_2 & & \\ & & \ddots & \\ 0 & & & \mu_n \end{pmatrix} = P^{-1}CP.$$

因而 $B = C$.

例 3.2.32 设 $\boldsymbol{A}$ 是 n 阶实对称阵, λ, μ 分别为 $\boldsymbol{A}$ 的最大、最小特征根, 则对于 $\mathbf{R}^n$ 中的任意非零列向量 $\boldsymbol{X}$, 有 $\mu \leqslant \dfrac{\boldsymbol{X}^{\mathrm{T}}\boldsymbol{A}\boldsymbol{X}}{\boldsymbol{X}^{\mathrm{T}}\boldsymbol{X}} \leqslant \lambda$.

分析 利用实对称矩阵一定可以对角化以及实数平方求和的性质.

证明 因为 $\boldsymbol{A}$ 是实对称阵, 所以存在 n 阶正交阵 $\boldsymbol{U}$, 使

$$\boldsymbol{U}^{\mathrm{T}}\boldsymbol{A}\boldsymbol{U} = \begin{pmatrix} \lambda_1 & & & 0 \\ & \lambda_2 & & \\ & & \ddots & \\ 0 & & & \lambda_n \end{pmatrix},$$

这里 $\lambda_1, \lambda_2, \cdots, \lambda_n$ 是 $\boldsymbol{A}$ 的所有特征根. 令 $\boldsymbol{U} = (\boldsymbol{\alpha}_1, \boldsymbol{\alpha}_2, \cdots, \boldsymbol{\alpha}_n)$, 则 $\{\boldsymbol{\alpha}_1, \boldsymbol{\alpha}_2, \cdots, \boldsymbol{\alpha}_n\}$ 是 $\mathbf{R}^{n\times 1}$ 的一个规范正交基, 且 $\boldsymbol{A}\boldsymbol{\alpha}_i = \lambda_i\boldsymbol{\alpha}_i$, $i = 1, 2, \cdots, n$. 于是对 $\mathbf{R}^{n\times 1}$ 中任意非零列向量 $\boldsymbol{X}$, 有

$$\boldsymbol{X} = k_1\boldsymbol{\alpha}_1 + \cdots + k_n\boldsymbol{\alpha}_n, \quad k_i \in \mathbf{R},\ i = 1, 2, \cdots, n.$$

则

$$\boldsymbol{X}^{\mathrm{T}}\boldsymbol{X} = k_1^2 + k_2^2 + \cdots + k_n^2 > 0,$$

$$\boldsymbol{A}\boldsymbol{X} = k_1\lambda_1\boldsymbol{\alpha}_1 + k_2\lambda_2\boldsymbol{\alpha}_2 + \cdots + k_n\lambda_n\boldsymbol{\alpha}_n,$$

$$\begin{aligned}\boldsymbol{X}^{\mathrm{T}}\boldsymbol{A}\boldsymbol{X} &= (k_1\boldsymbol{\alpha}_1^{\mathrm{T}} + k_2\boldsymbol{\alpha}_2^{\mathrm{T}} + \cdots + k_n\boldsymbol{\alpha}_n^{\mathrm{T}})(k_1\lambda_1\boldsymbol{\alpha}_1 + k_2\lambda_2\boldsymbol{\alpha}_2 + \cdots + k_n\lambda_n\boldsymbol{\alpha}_n) \\ &= k_1^2\lambda_1 + k_2^2\lambda_2 + \cdots + k_n^2\lambda_n,\end{aligned}$$

$$\mu\boldsymbol{X}^{\mathrm{T}}\boldsymbol{X} \leqslant \boldsymbol{X}^{\mathrm{T}}\boldsymbol{A}\boldsymbol{X} \leqslant \lambda\boldsymbol{X}^{\mathrm{T}}\boldsymbol{X},$$

所以

$$\mu \leqslant \frac{\boldsymbol{X}^{\mathrm{T}}\boldsymbol{A}\boldsymbol{X}}{\boldsymbol{X}^{\mathrm{T}}\boldsymbol{X}} \leqslant \lambda.$$

注记 3.2.33 利用例 3.2.32 的结论可证明, 实对称矩阵 $\boldsymbol{A}$ 的最小特征根不超过 $\boldsymbol{A}$ 的任一主子阵的最小特征根, $\boldsymbol{A}$ 的最大特征根不小于 $\boldsymbol{A}$ 的任一主子矩阵的最大特征根.

例 3.2.34 设有 n 阶方阵 $\begin{pmatrix} a & b & \cdots & b & b \\ b & a & \cdots & b & b \\ \vdots & \vdots & & \vdots & \vdots \\ b & b & \cdots & a & b \\ b & b & \cdots & b & a \end{pmatrix}_{n\times n}$. 试证明: $a + (n-1)b$ 是它的 1 重特征根, $a - b$ 是它的 $n - 1$ 重特征根.

分析　构造需要的矩阵, 再利用特征多项式降阶定理.

证明　设 $\boldsymbol{A}=\begin{pmatrix} b & b & \cdots & b \\ b & b & \cdots & b \\ \vdots & \vdots & & \vdots \\ b & b & \cdots & b \end{pmatrix}_{n\times n}=\begin{pmatrix} 1 \\ 1 \\ \vdots \\ 1 \end{pmatrix}(b,b,\cdots,b)$, 则

$$\det(y\boldsymbol{I}_n-\boldsymbol{A})=y^{n-1}(y-nb).$$

如果令 $y=x-a+b$, 那么

$$\det[(x-a+b)\boldsymbol{I}_n-\boldsymbol{A}]=(x-a+b)^{n-1}(x-a+b-nb),$$

故 $\boldsymbol{A}+(a-b)\boldsymbol{I}_n$ 的特征根为 $a+(n-1)b,\ a-b,\ a-b,\ \cdots,\ a-b$. 进而

$$\det(\boldsymbol{A}+(a-b)\boldsymbol{I}_n)=(a+(n-1)b)(a-b)^{n-1}.$$

例 3.2.35　设 n 阶方阵 $\boldsymbol{A}$ 的秩为 r, $r<n$, 则 0 是 $\boldsymbol{A}$ 的至少 $n-r$ 重特征根.

分析　运用特征多项式降阶定理.

证明　证法一　令 $\boldsymbol{A}=\boldsymbol{H}_{n\times r}\boldsymbol{L}_{r\times n}$,

$$f_{\boldsymbol{A}}(x)=\det(x\boldsymbol{I}_n-\boldsymbol{A})=\det(x\boldsymbol{I}_n-\boldsymbol{HL})=x^{n-r}\det(x\boldsymbol{I}_r-\boldsymbol{LH}),$$

故 0 是 $\boldsymbol{A}$ 的至少 $n-r$ 重特征根.

证法二　由特征多项式系数的意义知, $f_{\boldsymbol{A}}(x)=x^n+b_1x^{n-1}+b_2x^{n-2}+\cdots+b_{n-1}x+b_n$ 的系数

$$b_{r+1}=b_{r+2}=\cdots=b_n=0,$$

故 $f_{\boldsymbol{A}}(x)=x^n+b_1x^{n-1}+b_2x^{n-2}+\cdots+b_rx^{n-r}$, 因此 0 是 $\boldsymbol{A}$ 的至少 $n-r$ 重特征根.

若尔当标准形在本书配套的教材, 即文献 [3] 中没有涉及, 考研部分学校会考, 这里举例子说明它的应用, 需要进一步了解该结论的读者, 可参考其他文献.

例 3.2.36　设方阵 $\boldsymbol{A}$ 的特征多项式 $f_{\boldsymbol{A}}(x)=(x-1)^n$, 则对于任意正整数 k, $\boldsymbol{A}^k$ 与 $\boldsymbol{A}$ 相似.

分析　利用若尔当标准形讨论.

证明　设 $\boldsymbol{A}$ 的若尔当标准形为

$$\boldsymbol{J}=\begin{pmatrix} \boldsymbol{J}_1 & & & \\ & \boldsymbol{J}_2 & & \\ & & \ddots & \\ & & & \boldsymbol{J}_s \end{pmatrix},$$

其中 $\boldsymbol{J}_i = \begin{pmatrix} 1 & 1 & & \\ & 1 & \ddots & \\ & & \ddots & 1 \\ & & & 1 \end{pmatrix}$, 阶数为 r_i, $i=1, 2, \cdots, s$. 由于 $\boldsymbol{J}_i{}^k$ 与 $\boldsymbol{J}_i$ 相似, $i=1, 2, \cdots, s$, 因此 $\boldsymbol{J}^k$ 与 $\boldsymbol{J}$ 相似. 从而可知 $\boldsymbol{A}^k$ 与 $\boldsymbol{A}$ 相似.

例 3.2.37 设 $\boldsymbol{A}$ 是 n 阶正定阵, $\boldsymbol{B}$ 是 n 阶实对称阵, 则存在 n 阶可逆阵 $\boldsymbol{P}$, 使

$$\boldsymbol{P}^{\mathrm{T}}\boldsymbol{A}\boldsymbol{P} = \boldsymbol{I}_n, \quad \boldsymbol{P}^{\mathrm{T}}\boldsymbol{B}\boldsymbol{P} = \begin{pmatrix} \mu_1 & & & 0 \\ & \mu_2 & & \\ & & \ddots & \\ 0 & & & \mu_n \end{pmatrix},$$

其中 $\mu_1, \mu_2, \cdots, \mu_n$ 是 $\det(x\boldsymbol{A}-\boldsymbol{B})=0$ 的 n 个根.

分析 运用实对称矩阵一定可以对角化.

证明 因为 $\boldsymbol{A}$ 正定, 所以存在 n 阶实可逆阵 $\boldsymbol{Q}$, 使 $\boldsymbol{Q}^{\mathrm{T}}\boldsymbol{A}\boldsymbol{Q} = \boldsymbol{I}_n$. 又 $\boldsymbol{Q}^{\mathrm{T}}\boldsymbol{B}\boldsymbol{Q}$ 是 n 阶实对称阵, 故存在正交阵 $\boldsymbol{U}$, 使

$$\boldsymbol{U}^{\mathrm{T}}(\boldsymbol{Q}^{\mathrm{T}}\boldsymbol{B}\boldsymbol{Q})\boldsymbol{U} = \begin{pmatrix} \mu_1 & & & 0 \\ & \mu_2 & & \\ & & \ddots & \\ 0 & & & \mu_n \end{pmatrix}.$$

这里 $\mu_1, \mu_2, \cdots, \mu_n$ 是 $\boldsymbol{Q}^{\mathrm{T}}\boldsymbol{B}\boldsymbol{Q}$ 的全体特征根. 令 $\boldsymbol{P} = \boldsymbol{Q}\boldsymbol{U}$, 则 $\boldsymbol{P}$ 为 n 阶可逆阵, 且

$$\boldsymbol{P}^{\mathrm{T}}\boldsymbol{A}\boldsymbol{P} = \boldsymbol{U}^{\mathrm{T}}\boldsymbol{I}_n\boldsymbol{U} = \boldsymbol{I}_n, \quad \boldsymbol{P}^{\mathrm{T}}\boldsymbol{B}\boldsymbol{P} = \begin{pmatrix} \mu_1 & & & 0 \\ & \mu_2 & & \\ & & \ddots & \\ 0 & & & \mu_n \end{pmatrix},$$

因而

$$\boldsymbol{P}^{\mathrm{T}}(x\boldsymbol{A}-\boldsymbol{B})\boldsymbol{P} = x\boldsymbol{P}^{\mathrm{T}}\boldsymbol{A}\boldsymbol{P} - \boldsymbol{P}^{\mathrm{T}}\boldsymbol{B}\boldsymbol{P} = \begin{pmatrix} x-\mu_1 & & & 0 \\ & x-\mu_2 & & \\ & & \ddots & \\ 0 & & & x-\mu_n \end{pmatrix}.$$

于是

$$(\det \boldsymbol{P})^2\det(x\boldsymbol{A}-\boldsymbol{B})=(x-\mu_1)(x-\mu_2)\cdots(x-\mu_n).$$

这说明 μ_1，μ_2，$\cdots$，μ_n 是 $\det(x\boldsymbol{A}-\boldsymbol{B})=0$ 的 n 个根.

例 3.2.38 设 $\boldsymbol{A}$ 是 n 阶正定阵, $\boldsymbol{B}$ 是 n 阶实方阵, 且 $\boldsymbol{AB}$ 是对称阵. 试证: $\boldsymbol{AB}$ 是正定矩阵当且仅当 $\boldsymbol{B}$ 的特征根全大于零.

分析 本质是运用实对称矩阵可以对角化, 再结合正定矩阵的特殊性.

证明 必要性. 由 $\boldsymbol{AB}$ 是正定矩阵知, 存在 n 阶实可逆阵 $\boldsymbol{P}$, 使 $\boldsymbol{P}^{\mathrm{T}}(\boldsymbol{AB})\boldsymbol{P}=\boldsymbol{I}_n$. 因而由 $\boldsymbol{P}^{\mathrm{T}}\boldsymbol{A}\boldsymbol{P}\boldsymbol{P}^{-1}\boldsymbol{B}\boldsymbol{P}=\boldsymbol{I}_n$ 可得

$$\boldsymbol{P}^{-1}\boldsymbol{B}\boldsymbol{P}=\boldsymbol{P}^{-1}\boldsymbol{A}^{-1}(\boldsymbol{P}^{\mathrm{T}})^{-1}=\boldsymbol{P}^{-1}\boldsymbol{A}^{-1}(\boldsymbol{P}^{-1})^{\mathrm{T}}.$$

由于 $\boldsymbol{A}$ 正定, 故 $\boldsymbol{A}^{-1}$ 及 $\boldsymbol{P}^{-1}\boldsymbol{A}^{-1}(\boldsymbol{P}^{-1})^{\mathrm{T}}$ 是正定的, $\boldsymbol{P}^{-1}\boldsymbol{A}^{-1}(\boldsymbol{P}^{-1})^{\mathrm{T}}$ 的特征根全为正实数, $\boldsymbol{B}$ 与 $\boldsymbol{P}^{-1}\boldsymbol{A}^{-1}(\boldsymbol{P}^{-1})^{\mathrm{T}}$ 是相似的, 因而具有相同的特征根, 所以 $\boldsymbol{B}$ 的特征根亦全大于 0.

充分性. 由于 $\boldsymbol{A}$ 是 n 阶正定阵, 因此存在 n 阶实可逆阵 $\boldsymbol{P}$, 使 $\boldsymbol{P}^{\mathrm{T}}\boldsymbol{A}\boldsymbol{P}=\boldsymbol{I}_n$. 由

$$\boldsymbol{P}^{\mathrm{T}}(\boldsymbol{AB})\boldsymbol{P}=\boldsymbol{P}^{\mathrm{T}}\boldsymbol{A}\boldsymbol{P}\boldsymbol{P}^{-1}\boldsymbol{B}\boldsymbol{P}=\boldsymbol{I}_n\boldsymbol{P}^{-1}\boldsymbol{B}\boldsymbol{P}=\boldsymbol{P}^{-1}\boldsymbol{B}\boldsymbol{P}$$

知, $\boldsymbol{P}^{\mathrm{T}}(\boldsymbol{AB})\boldsymbol{P}$ 与 $\boldsymbol{B}$ 相似, 而 $\boldsymbol{B}$ 的特征根全大于 0, 因此 $\boldsymbol{P}^{\mathrm{T}}(\boldsymbol{AB})\boldsymbol{P}$ 的特征根全大于 0. 又由 $\boldsymbol{AB}$ 对称知, $\boldsymbol{P}^{\mathrm{T}}(\boldsymbol{AB})\boldsymbol{P}$ 是实对称阵, 因而 $\boldsymbol{P}^{\mathrm{T}}(\boldsymbol{AB})\boldsymbol{P}$ 是正定阵, 进而 $\boldsymbol{AB}$ 是正定阵.

例 3.2.39 设 n 阶实对称阵 $\boldsymbol{A}$ 的特征根全大于 a, n 阶实对称阵 $\boldsymbol{B}$ 的特征根全大于 b. 证明: $\boldsymbol{A}+\boldsymbol{B}$ 的特征根全大于 $a+b$.

分析 运用实对称矩阵一定可以对角化且正定矩阵有特殊性.

证明 因为 $\boldsymbol{A}$ 实对称, 所以存在 n 阶正交阵 $\boldsymbol{P}$, 使

$$\boldsymbol{P}^{-1}\boldsymbol{A}\boldsymbol{P}=\boldsymbol{P}^{\mathrm{T}}\boldsymbol{A}\boldsymbol{P}=\begin{pmatrix}\lambda_1 & & & 0\\ & \lambda_2 & & \\ & & \ddots & \\ 0 & & & \lambda_n\end{pmatrix},$$

其中 λ_1，λ_2，$\cdots$，λ_n 是 $\boldsymbol{A}$ 的全体特征根. 于是

$$\boldsymbol{P}^{-1}(\boldsymbol{A}-a\boldsymbol{I}_n)\boldsymbol{P}=\begin{pmatrix}\lambda_1-a & & & 0\\ & \lambda_2-a & & \\ & & \ddots & \\ 0 & & & \lambda_n-a\end{pmatrix}.$$

$\boldsymbol{A}-a\boldsymbol{I}_n$ 的全体特征根 λ_1-a，λ_2-a，$\cdots$，λ_n-a 都是正数, 故 $\boldsymbol{A}-a\boldsymbol{I}_n$ 是正定阵. 同理 $\boldsymbol{B}-b\boldsymbol{I}_n$ 也是正定阵. 因此 $(\boldsymbol{A}-a\boldsymbol{I}_n)+(\boldsymbol{B}-b\boldsymbol{I}_n)$ 是正定阵.

设 $\boldsymbol{A}+\boldsymbol{B}$ 的全体特征根为 $\mu_1, \mu_2, \cdots, \mu_n$, 则 $(\boldsymbol{A}+\boldsymbol{B})-(a+b)\boldsymbol{I}_n$ 的全体特征根为 $\mu_1-a-b, \mu_2-a-b, \cdots, \mu_n-a-b$. 由于 $(\boldsymbol{A}+\boldsymbol{B})-(a+b)\boldsymbol{I}_n$ 正定, 因此 $\mu_i-a-b>0, i=1, 2, \cdots, n$, 这说明 $\boldsymbol{A}+\boldsymbol{B}$ 的特征根全大于 $a+b$.

注记 3.2.40 如果将例 3.2.39 证明过程的正定改为半正定, 那么我们有如下结论: 设 $\boldsymbol{A},\boldsymbol{B}$ 都是 n 阶实对称阵, $\boldsymbol{A}$ 的每个特征根不小于 a, $\boldsymbol{B}$ 的每个特征根不小于 b, 则 $\boldsymbol{A}+\boldsymbol{B}$ 的每个特征根不小于 $a+b$.

例 3.2.41 证明:

(1) 秩 $\begin{pmatrix}\boldsymbol{A} & \boldsymbol{0}\\ \boldsymbol{0} & \boldsymbol{B}\end{pmatrix}=$ 秩 $\boldsymbol{A}+$ 秩 $\boldsymbol{B}$;

(2) 秩 $\begin{pmatrix}\boldsymbol{A} & \boldsymbol{0}\\ \boldsymbol{C} & \boldsymbol{B}\end{pmatrix}\geqslant$ 秩 $\boldsymbol{A}+$ 秩 $\boldsymbol{B}$.

分析 运用等价标准形.

证明 (1) 设 秩 $\boldsymbol{A}=r$, 秩 $\boldsymbol{B}=s$, 则存在可逆矩阵 $\boldsymbol{P}_1, \boldsymbol{Q}_1, \boldsymbol{P}_2, \boldsymbol{Q}_2$, 使得

$$\boldsymbol{P}_1\boldsymbol{A}\boldsymbol{Q}_1=\begin{pmatrix}\boldsymbol{I}_r & \boldsymbol{0}\\ \boldsymbol{0} & \boldsymbol{0}\end{pmatrix}, \quad \boldsymbol{P}_2\boldsymbol{B}\boldsymbol{Q}_2=\begin{pmatrix}\boldsymbol{I}_s & \boldsymbol{0}\\ \boldsymbol{0} & \boldsymbol{0}\end{pmatrix}.$$

令

$$\boldsymbol{P}=\begin{pmatrix}\boldsymbol{P}_1 & \boldsymbol{0}\\ \boldsymbol{0} & \boldsymbol{P}_2\end{pmatrix}, \quad \boldsymbol{Q}=\begin{pmatrix}\boldsymbol{Q}_1 & \boldsymbol{0}\\ \boldsymbol{0} & \boldsymbol{Q}_2\end{pmatrix},$$

则 $\boldsymbol{P}$ 和 $\boldsymbol{Q}$ 都可逆, 并且

$$\boldsymbol{P}\begin{pmatrix}\boldsymbol{A} & \boldsymbol{0}\\ \boldsymbol{0} & \boldsymbol{B}\end{pmatrix}\boldsymbol{Q}=\begin{pmatrix}\boldsymbol{P}_1\boldsymbol{A}\boldsymbol{Q}_1 & \boldsymbol{0}\\ \boldsymbol{0} & \boldsymbol{P}_2\boldsymbol{B}\boldsymbol{Q}_2\end{pmatrix}=\begin{pmatrix}\boldsymbol{I}_r & & & \\ & \boldsymbol{0} & & \\ & & \boldsymbol{I}_s & \\ & & & \boldsymbol{0}\end{pmatrix}.$$

因此

$$\text{秩}\begin{pmatrix}\boldsymbol{A} & \boldsymbol{0}\\ \boldsymbol{0} & \boldsymbol{B}\end{pmatrix}=r+s=\text{秩 }\boldsymbol{A}+\text{秩 }\boldsymbol{B}.$$

(2) 由 (1) 的证明知

$$\boldsymbol{P}\begin{pmatrix}\boldsymbol{A} & \boldsymbol{0}\\ \boldsymbol{C} & \boldsymbol{B}\end{pmatrix}\boldsymbol{Q}=\begin{pmatrix}\boldsymbol{I}_r & & & \\ & \boldsymbol{0} & & \\ * & * & \boldsymbol{I}_s & \\ * & * & & \boldsymbol{0}\end{pmatrix},$$

其中 $*$ 表示相应位置的子块可能非零. 因此

$$\text{秩}\begin{pmatrix} \boldsymbol{A} & \boldsymbol{0} \\ \boldsymbol{C} & \boldsymbol{B} \end{pmatrix} \geqslant r+s=\text{秩 }\boldsymbol{A}+\text{秩 }\boldsymbol{B}.$$

例 3.2.42　设 $\boldsymbol{A}$ 是 n 阶正定矩阵, $\boldsymbol{B}$ 是 n 阶非零半正定阵, $n \geqslant 2$. 证明

$$\det(\boldsymbol{A}+\boldsymbol{B}) > \det\boldsymbol{A}+\det\boldsymbol{B}.$$

分析　运用实对称矩阵一定可以对角化, 且正定矩阵有更特殊的性质.

证明　因 n 阶实对称阵 $\boldsymbol{A}$ 正定, 故 $\boldsymbol{A}$ 的正惯性指数为 n, 所以存在 n 阶实可逆阵 $\boldsymbol{P}$, 使 $\boldsymbol{P}^{\mathrm{T}}\boldsymbol{A}\boldsymbol{P}=\boldsymbol{I}_n$. 因为

$$\boldsymbol{P}^{\mathrm{T}}(\boldsymbol{A}+\boldsymbol{B})\boldsymbol{P}=\boldsymbol{P}^{\mathrm{T}}\boldsymbol{A}\boldsymbol{P}+\boldsymbol{P}^{\mathrm{T}}\boldsymbol{B}\boldsymbol{P}=\boldsymbol{I}_n+\boldsymbol{P}^{\mathrm{T}}\boldsymbol{B}\boldsymbol{P},$$

所以由定理 1.2.23 可知

$$\det[\boldsymbol{P}^{\mathrm{T}}(\boldsymbol{A}+\boldsymbol{B})\boldsymbol{P}]=\det(\boldsymbol{I}_n+\boldsymbol{P}^{\mathrm{T}}\boldsymbol{B}\boldsymbol{P})=1+c_1+c_2+\cdots+c_{n-1}+c_n,$$

其中 c_i 是 $\boldsymbol{P}^{\mathrm{T}}\boldsymbol{B}\boldsymbol{P}$ 的所有 i 阶主子式之和, $i=1,\ 2,\ \cdots,\ n$. 由 $\boldsymbol{B}$ 半正定, $\boldsymbol{B}\neq\boldsymbol{0}$ 可知, $\boldsymbol{P}^{\mathrm{T}}\boldsymbol{B}\boldsymbol{P}$ 亦为非零半正定, 故由例 2.2.21 知, $\boldsymbol{P}^{\mathrm{T}}\boldsymbol{B}\boldsymbol{P}$ 的主对角的元素不全为 0, $c_1=\mathrm{tr}(\boldsymbol{P}^{\mathrm{T}}\boldsymbol{B}\boldsymbol{P})>0$, 同时 $c_2,\ c_3,\ \cdots,\ c_{n-1},\ c_n \geqslant 0$. 所以有

$$\det\boldsymbol{P}^{\mathrm{T}}\det(\boldsymbol{A}+\boldsymbol{B})\det\boldsymbol{P}>1+c_n=1+\det(\boldsymbol{P}^{\mathrm{T}}\boldsymbol{B}\boldsymbol{P}),$$

即

$$\begin{aligned}(\det\boldsymbol{P})^2\det(\boldsymbol{A}+\boldsymbol{B}) &> \det(\boldsymbol{P}^{\mathrm{T}}\boldsymbol{A}\boldsymbol{P})+\det(\boldsymbol{P}^{\mathrm{T}}\boldsymbol{B}\boldsymbol{P}) \\ &= \det\boldsymbol{P}^{\mathrm{T}}(\det\boldsymbol{A}+\det\boldsymbol{B})\det\boldsymbol{P},\end{aligned}$$

两边消去正实数 $(\det\boldsymbol{P})^2$, 就得

$$\det(\boldsymbol{A}+\boldsymbol{B}) > \det\boldsymbol{A}+\det\boldsymbol{B}.$$

例 3.2.43　计算行列式:

$$D_n=\begin{vmatrix} \dfrac{1-a_1^n b_1^n}{1-a_1b_1} & \dfrac{1-a_1^n b_2^n}{1-a_1b_2} & \cdots & \dfrac{1-a_1^n b_n^n}{1-a_1b_n} \\ \dfrac{1-a_2^n b_1^n}{1-a_2b_1} & \dfrac{1-a_2^n b_2^n}{1-a_2b_2} & \cdots & \dfrac{1-a_2^n b_n^n}{1-a_2b_n} \\ \vdots & \vdots & & \vdots \\ \dfrac{1-a_n^n b_1^n}{1-a_nb_1} & \dfrac{1-a_n^n b_2^n}{1-a_nb_2} & \cdots & \dfrac{1-a_n^n b_n^n}{1-a_nb_n} \end{vmatrix},$$

其中 $a_1,a_2,\cdots,a_n,b_1,b_2,\cdots,b_n$, 满足 $a_ib_j\neq 1,i,j=1,2,\cdots,n$.

分析　先分解成两个行列式乘积, 再直接运用范德蒙德行列式结果.

解

$$
D_n=\begin{vmatrix}1+a_1b_1+a_1^2b_1^2+\cdots+a_1^{n-1}b_1^{n-1} & \cdots & 1+a_1b_n+a_1^2b_n^2+\cdots+a_1^{n-1}b_n^{n-1}\\ \vdots & & \vdots\\ 1+a_nb_1+a_n^2b_1^2+\cdots+a_n^{n-1}b_1^{n-1} & \cdots & 1+a_nb_n+a_n^2b_n^2+\cdots+a_n^{n-1}b_n^{n-1}\end{vmatrix}
$$

$$
=\begin{vmatrix}1 & a_1 & \cdots & a_1^{n-1}\\ 1 & a_2 & \cdots & a_2^{n-1}\\ \vdots & \vdots & & \vdots\\ 1 & a_n & \cdots & a_n^{n-1}\end{vmatrix}\begin{vmatrix}1 & 1 & \cdots & 1\\ b_1 & b_2 & \cdots & b_n^{n-1}\\ \vdots & \vdots & & \vdots\\ b_1^{n-1} & b_2^{n-1} & \cdots & b_n^{n-1}\end{vmatrix}
$$

$$
=\prod_{1\leqslant i<j\leqslant n}(a_j-a_i)\prod_{1\leqslant i<j\leqslant n}(b_j-b_i)
$$

$$
=\prod_{1\leqslant i<j\leqslant n}(a_j-a_i)(b_j-b_i).
$$

例 3.2.44 设 $\boldsymbol{A}$ 是 n 阶实可逆阵, 证明:

(i) $\boldsymbol{A}=\boldsymbol{S}\boldsymbol{Q}$, 其中 $\boldsymbol{S}$ 是正定矩阵, $\boldsymbol{Q}$ 是正交矩阵;

(ii) 存在 n 阶正交阵 $\boldsymbol{P}_1$, $\boldsymbol{P}_2$, 使得

$$
\boldsymbol{P}_1^{-1}\boldsymbol{A}\boldsymbol{P}_2=\begin{pmatrix}\lambda_1 & & & 0\\ & \lambda_2 & & \\ & & \ddots & \\ 0 & & & \lambda_n\end{pmatrix},
$$

其中 $\lambda_i>0$, $i=1, 2, \cdots, n$.

分析 运用实对称矩阵一定可以对角化且正定矩阵有特殊性.

证明 (i) 由于 $\boldsymbol{A}\boldsymbol{A}^{\mathrm{T}}$ 是正定 (实对称) 矩阵, 因此存在 n 阶正交阵 $\boldsymbol{U}$, 使

$$
\boldsymbol{U}^{\mathrm{T}}(\boldsymbol{A}\boldsymbol{A}^{\mathrm{T}})\boldsymbol{U}=\boldsymbol{U}^{-1}(\boldsymbol{A}\boldsymbol{A}^{\mathrm{T}})\boldsymbol{U}=\begin{pmatrix}\mu_1 & & & 0\\ & \mu_2 & & \\ & & \ddots & \\ 0 & & & \mu_n\end{pmatrix},
$$

其中 $\mu_i>0$, $i=1, 2, \cdots, n$. 令 $\boldsymbol{B}=\begin{pmatrix}\sqrt{\mu_1} & & & 0\\ & \sqrt{\mu_2} & & \\ & & \ddots & \\ 0 & & & \sqrt{\mu_n}\end{pmatrix}$, 则

$$
\boldsymbol{U}^{-1}(\boldsymbol{A}\boldsymbol{A}^{\mathrm{T}})\boldsymbol{U}=\boldsymbol{B}^2,
$$

即有

$$\boldsymbol{A}\boldsymbol{A}^{\mathrm{T}} = \boldsymbol{U}\boldsymbol{B}^2\boldsymbol{U}^{-1} = \boldsymbol{U}\boldsymbol{B}\boldsymbol{U}^{-1}\boldsymbol{U}\boldsymbol{B}\boldsymbol{U}^{-1} = (\boldsymbol{U}\boldsymbol{B}\boldsymbol{U}^{-1})^2.$$

由于 $\boldsymbol{B}$ 正定, 因此 $\boldsymbol{U}\boldsymbol{B}\boldsymbol{U}^{-1} = \boldsymbol{U}\boldsymbol{B}\boldsymbol{U}^{\mathrm{T}}$ 亦正定. 令 $\boldsymbol{S} = \boldsymbol{U}\boldsymbol{B}\boldsymbol{U}^{\mathrm{T}}$, 由 $\boldsymbol{A}\boldsymbol{A}^{\mathrm{T}} = \boldsymbol{S}^2$ 知

$$\boldsymbol{A} = \boldsymbol{S}\boldsymbol{S}(\boldsymbol{A}^{\mathrm{T}})^{-1}.$$

令 $\boldsymbol{Q} = \boldsymbol{S}(\boldsymbol{A}^{\mathrm{T}})^{-1}$, 下面只证 $\boldsymbol{Q}$ 是 n 阶正交阵即可.

$$\boldsymbol{Q}^{\mathrm{T}}\boldsymbol{Q} = \boldsymbol{A}^{-1}\boldsymbol{S}^{\mathrm{T}}\boldsymbol{S}(\boldsymbol{A}^{\mathrm{T}})^{-1} = \boldsymbol{A}^{-1}\boldsymbol{S}^2(\boldsymbol{A}^{\mathrm{T}})^{-1} = \boldsymbol{A}^{-1}(\boldsymbol{A}\boldsymbol{A}^{\mathrm{T}})(\boldsymbol{A}^{\mathrm{T}})^{-1} = \boldsymbol{I}_n,$$

于是 $\boldsymbol{Q}$ 为正交阵, 且 $\boldsymbol{A} = \boldsymbol{S}\boldsymbol{Q}$.

(ii) 由 (i), 有 n 阶正定阵 $\boldsymbol{S}$, n 阶正交阵 $\boldsymbol{Q}$, 使 $\boldsymbol{A} = \boldsymbol{S}\boldsymbol{Q}$, 则 $\boldsymbol{A}\boldsymbol{Q}^{-1} = \boldsymbol{S}$. 由于 $\boldsymbol{S}$ 正定, 因此存在 n 阶正交阵 $\boldsymbol{T}$, 使

$$\boldsymbol{T}^{-1}\boldsymbol{S}\boldsymbol{T} = \boldsymbol{T}^{\mathrm{T}}\boldsymbol{S}\boldsymbol{T} = \begin{pmatrix} \lambda_1 & & & 0 \\ & \lambda_2 & & \\ & & \ddots & \\ 0 & & & \lambda_n \end{pmatrix},$$

这里 $\lambda_1,\ \lambda_2,\ \cdots,\ \lambda_n > 0$. 令 $\boldsymbol{P}_1 = \boldsymbol{T}$, $\boldsymbol{P}_2 = \boldsymbol{Q}^{-1}\boldsymbol{T}$, 则 $\boldsymbol{P}_1$ 与 $\boldsymbol{P}_2$ 皆为正交阵, 且

$$\boldsymbol{P}_1^{-1}\boldsymbol{A}\boldsymbol{P}_2 = \boldsymbol{T}^{-1}\boldsymbol{A}\boldsymbol{Q}^{-1}\boldsymbol{T} = \boldsymbol{T}^{-1}\boldsymbol{S}\boldsymbol{T} = \begin{pmatrix} \lambda_1 & & & 0 \\ & \lambda_2 & & \\ & & \ddots & \\ 0 & & & \lambda_n \end{pmatrix}.$$

例 3.2.45 设 $\boldsymbol{A}$ 为 n 阶复方阵, $p(x)$ 为 $\boldsymbol{A}$ 的特征多项式. 又设 $g(x)$ 为 m 次复系数多项式, $m \geqslant 1$. 证明: $g(\boldsymbol{A})$ 可逆当且仅当 $p(x)$ 与 $g(x)$ 互素.

分析 运用若尔当标准形.

证明 取 $\boldsymbol{A}$ 的若尔当分解: $\boldsymbol{A} = \boldsymbol{P}\begin{pmatrix} \boldsymbol{J}_1 & & \\ & \ddots & \\ & & \boldsymbol{J}_s \end{pmatrix}\boldsymbol{P}^{-1}$, 其中

$$\boldsymbol{J}_i = \begin{pmatrix} \lambda_i & 1 & & \\ & & \ddots & \\ & \ddots & & 1 \\ & & & \lambda_i \end{pmatrix}$$

为若尔当块. 结果

$$g(\boldsymbol{A})=\boldsymbol{P}\begin{pmatrix}g(\boldsymbol{J}_1)&&\\&\ddots&\\&&g(\boldsymbol{J}_s)\end{pmatrix}\boldsymbol{P}^{-1}=\boldsymbol{P}\begin{pmatrix}g(\lambda_1)&*&*\\&\ddots&*\\&&g(\lambda_s)\end{pmatrix}\boldsymbol{P}^{-1}.$$

充分性. $p(x)$ 与 $g(x)$ 互素, 于是 $p(x)$ 与 $g(x)$ 没有公共根. 注意到 $\lambda_1,\cdots,\lambda_s$ 为 $\boldsymbol{A}$ 的所有互不相同的特征根. 故有 $g(\lambda_1),\cdots,g(\lambda_s)$ 均不为 0. 结果,

$$|g(\boldsymbol{A})|=g(\lambda_1)\cdots g(\lambda_s)\neq 0,$$

$g(\boldsymbol{A})$ 可逆, 得证.

必要性. $g(\boldsymbol{A})$ 可逆, 从而 $|g(\boldsymbol{A})|\neq 0$. 由 $|g(\boldsymbol{A})|=g(\lambda_1)\cdots g(\lambda_s)$ 知:$g(\lambda_1),\cdots,g(\lambda_s)$ 均不为 0, 故 $p(x)$ 与 $g(x)$ 没有公共根. 当然 $p(x)$ 与 $g(x)$ 互素, 否则导致 $p(x)$ 与 $g(x)$ 有公共根, 矛盾.

例 3.2.46 已知 f_1 为实 n 元正定二次型. 令

$$\begin{aligned}V=\{f|f\ &\text{为实 } n \text{ 元二次型, 满足: 对任何实数 } k\\&\text{有 } kf+f_1 \text{ 属于恒号二次型}\},\end{aligned}$$

这里恒号二次型为 0 二次型、正定二次型及负定二次型的总称. 证明: V 按照通常的二次型加法和数乘构成一个实向量空间, 并求这个向量空间的维数.

分析 实对称矩阵, 特别是正定矩阵一定可以对角化, 对角化之后才可能取特殊值推出矛盾.

证明 证法一 设 $f\in V$, f 与 f_1 所对应的二次型矩阵分别为 $\boldsymbol{A}$ 和 $\boldsymbol{B}$. 由 $\boldsymbol{B}$ 正定可推得存在 $\boldsymbol{P}$ 可逆, 使得

$$\boldsymbol{B}=\boldsymbol{P}\boldsymbol{P}^{\mathrm{T}},\quad \boldsymbol{A}=\boldsymbol{P}\begin{pmatrix}\lambda_1&&\\&\ddots&\\&&\lambda_n\end{pmatrix}\boldsymbol{P}^{\mathrm{T}},$$

由条件: 对任何实数 k 有 $kf+f_1$ 属于恒号二次型可推得 $\lambda_1=\cdots=\lambda_n$. 事实上, 若 $\lambda_1\neq\lambda_2$, 则由式子

$$kf+f_1=(z_1,\cdots,z_n)\boldsymbol{P}\begin{pmatrix}k\lambda_1+1&&\\&\ddots&\\&&k\lambda_n+1\end{pmatrix}\boldsymbol{P}^{\mathrm{T}}\begin{pmatrix}z_1\\\vdots\\z_n\end{pmatrix}$$

知, 总可取某实数 q, 使得 $(q\lambda_1+1)(q\lambda_2+1)<0$. 从而可取两点

$$(z_1,\cdots,z_n)\boldsymbol{P}=(0,1,0,\cdots,0),$$

$$(z_1,\cdots,z_n)\boldsymbol{P}=(1,0,0,\cdots,0),$$

$qf+f_1$ 在这两点取值异号, 矛盾.

到此, 我们实际上得到 $V=\{kf_1|k\in\mathbb{R}\}$.

直接可知, V 按照通常的二次型加法和数乘构成一个实向量空间, 并这个向量空间的维数是 1.

证法二　首先, $V\neq\varnothing$, 因为 $0\in V$, 且对任何实数 k 有 $kf_1\in V$; 其次, 对任意非零 $f\in V$, 若存在 $k\in\mathbb{R}$, 使得

$$kf+f_1\equiv 0,$$

则由 f_1 的正定性可知, $k\neq 0$, 从而 $f=-\dfrac{1}{k}f_1$; 若对任意的 $k\in\mathbb{R}$, $kf+f_1\not\equiv 0$, 则由条件知, $kf+f_1$ 要么为正定二次型, 要么为负定二次型. 断言: f 和 f_1 必线性相关.

用反证法. 若 f 和 f_1 线性无关, 则由 f_1 正定知, 存在点 P_1 使得 $f_1(P_1)>0$. 此时考察二次型

$$g=f_1(P_1)f-f(P_1)f_1,$$

由 f 和 f_1 线性无关知 $g\not\equiv 0$(因为 $\{f_1(P_1),-f(P_1)\}$ 是一组不全为零的数), 故存在 P_2 使得

$$0\neq g(P_2)=f_1(P_1)f(P_2)-f(P_1)f_1(P_2). \tag{3.5}$$

此时有

(i) $P_2\neq(0,\cdots,0), f_1(P_2)>0$;

(ii) $f(P_2), f(P_1)$ 不同时为零.

先考虑 $f(P_1)\neq 0$ 的情形, 由 (3.5) 式有

$$\frac{f_1(P_1)}{-f(P_1)}f(P_2)+f_1(P_2)=\frac{g(P_2)}{-f(P_1)}\neq 0.$$

令 $k=\dfrac{f_1(P_1)}{-f(P_1)}$, 由 $kf+f_1$ 恒号可知: 当 $\dfrac{g(P_2)}{-f(P_1)}>0$ 时,

$$\frac{f_1(P_1)}{-f(P_1)}f(P_1)+f_1(P_1)>0,$$

明显上述不等式左边为零, 矛盾.

当

$$\frac{g(P_2)}{-f(P_1)} < 0$$

时, 得

$$\frac{f_1(P_1)}{-f(P_1)} f(P_1) + f_1(P_1) < 0,$$

不等式左边为零, 矛盾.

接下来考虑 $f(P_2) \neq 0$ 的情形. 同样由 (3.5) 式有

$$-\frac{f_1(P_2)}{f(P_2)} f(P_1) + f_1(P_1) = \frac{g(P_2)}{f(P_2)} \neq 0.$$

令 $k = -\dfrac{f_1(P_2)}{f(P_2)}$, 类似地, 由 $kf + f_1$ 恒号可得矛盾. 断言获证.

现在, f 和 f_1 线性相关, 故存在一组不全为 0 的数 λ_1, μ, 使得 $\lambda_1 f_1 + \mu f = 0$. 若 $\lambda_1 = 0$, 则 $\mu \neq 0$, 因此利用 $f_1 \neq 0$ 条件讨论有 $f = -\dfrac{\lambda_1}{\mu} f_1$; 若 $\lambda_1 \neq 0$, 则由 $\lambda_1 f_1 \neq 0$ 知 $\mu \neq 0$, 因此仍然有 $f = -\dfrac{\lambda_1}{\mu} f_1$.

到此, 我们实际上得到 $V = \{kf_1 | k \in \mathbb{R}\}$.

最后直接可知, V 按照通常的二次型加法和数乘构成一个实向量空间, 并且这个向量空间的维数是 1.

例 3.2.47　设 σ 是 n 维欧氏空间 V 的一个线性变换. 证明: σ 是对称变换的充要条件是 σ 有 n 个两两正交的本征向量.

分析　问题的本质是实对称矩阵一定可以对角化, 并把线性变换问题转化为矩阵问题.

证明　必要性. 设 σ 是对称变换, 则存在 V 的规范正交基 $\{\varepsilon_1, \varepsilon_2, \cdots, \varepsilon_n\}$, 使得 σ 关于这个基的矩阵是对角形矩阵, 即

$$\sigma(\varepsilon_1, \varepsilon_2, \cdots, \varepsilon_n) = (\varepsilon_1, \varepsilon_2, \cdots, \varepsilon_n) \begin{pmatrix} \lambda_1 & & & \\ & \lambda_2 & & \\ & & \ddots & \\ & & & \lambda_n \end{pmatrix}.$$

从而 $\sigma(\varepsilon_i) = \lambda_i \varepsilon_i$, $i = 1, 2, \cdots, n$, 即 $\varepsilon_1, \varepsilon_2, \cdots, \varepsilon_n$ 都是 σ 的本征向量. 故 σ 有 n 个两两正交的本征向量.

充分性. 设 $\boldsymbol{\alpha}_1, \boldsymbol{\alpha}_2, \cdots, \boldsymbol{\alpha}_n$ 是 σ 的 n 个两两正交的本征向量, 且它们分别属于本征值 $\lambda_1, \lambda_2, \cdots, \lambda_n$, 于是 $\sigma(\boldsymbol{\alpha}_i) = \lambda_i \boldsymbol{\alpha}_i$, $i = 1, 2, \cdots, n$. 令

$$\boldsymbol{\varepsilon}_i = \frac{\boldsymbol{\alpha}_i}{|\boldsymbol{\alpha}_i|}, \quad i = 1, 2, \cdots, n,$$

则 $\{\boldsymbol{\varepsilon}_1, \boldsymbol{\varepsilon}_2, \cdots, \boldsymbol{\varepsilon}_n\}$ 是 V 的一个规范正交基. 因为

$$\sigma(\boldsymbol{\varepsilon}_i) = \frac{1}{|\boldsymbol{\alpha}_i|}\sigma(\boldsymbol{\alpha}_i) = \frac{\lambda_i}{|\boldsymbol{\alpha}_i|}\boldsymbol{\alpha}_i = \lambda_i \boldsymbol{\varepsilon}_i, \quad i = 1, 2, \cdots, n,$$

所以 σ 关于规范正交基 $\{\boldsymbol{\varepsilon}_1, \boldsymbol{\varepsilon}_2, \cdots, \boldsymbol{\varepsilon}_n\}$ 的矩阵是实对角形矩阵. 因此 σ 是对称变换.

第 4 章　扩充与限制

本章讲的扩充与限制, 扩充主要指线性无关向量组, 比如向量空间的基的扩充, 限制指的是对向量空间的限制. 此方法主要针对与线性映射、向量空间有关的问题的研究, 联系向量空间中线性无关组或者向量子空间的基的扩充、线性变换对于子空间的限制等. 下面的维数公式, 即定理 4.1.1 就是一个典型的特殊化的例子 (参见文献 [3] 中定理 5.4.5).

4.1　主要内容概述

定理4.1.1 (维数公式)　设 W_1, W_2 都是 F 上向量空间 V 的子空间. 若 $\dim W_1 < +\infty$, $\dim W_2 < +\infty$, 则 $\dim(W_1 + W_2) < +\infty$ 且

$$\dim(W_1 + W_2) = \dim W_1 + \dim W_2 - \dim(W_1 \cap W_2).$$

证明　(a) 设 $W_1 \cap W_2$ 不是零子空间. 在 $W_1 \cap W_2$ 中取一个基 $\boldsymbol{\alpha}_1, \boldsymbol{\alpha}_2, \cdots, \boldsymbol{\alpha}_r$, 把它扩充为 W_1 的一个基

$$\boldsymbol{\alpha}_1, \boldsymbol{\alpha}_2, \cdots, \boldsymbol{\alpha}_r, \boldsymbol{\beta}_1, \boldsymbol{\beta}_2, \cdots, \boldsymbol{\beta}_s,$$

也把 $W_1 \cap W_2$ 的基 $\boldsymbol{\alpha}_1, \boldsymbol{\alpha}_2, \cdots, \boldsymbol{\alpha}_r$, 扩充为 W_2 的一个基

$$\boldsymbol{\alpha}_1, \boldsymbol{\alpha}_2, \cdots, \boldsymbol{\alpha}_r, \boldsymbol{\gamma}_1, \boldsymbol{\gamma}_2, \cdots, \boldsymbol{\gamma}_t.$$

下面证明

$$\boldsymbol{\alpha}_1, \boldsymbol{\alpha}_2, \cdots, \boldsymbol{\alpha}_r, \boldsymbol{\beta}_1, \boldsymbol{\beta}_2, \cdots, \boldsymbol{\beta}_s, \boldsymbol{\gamma}_1, \boldsymbol{\gamma}_2, \cdots, \boldsymbol{\gamma}_t$$

是 $W_1 + W_2$ 的一个基.

很显然 $W_1 + W_2$ 中的任何一个向量都可以由

$$\boldsymbol{\alpha}_1, \boldsymbol{\alpha}_2, \cdots, \boldsymbol{\alpha}_r, \boldsymbol{\beta}_1, \boldsymbol{\beta}_2, \cdots, \boldsymbol{\beta}_s, \boldsymbol{\gamma}_1, \boldsymbol{\gamma}_2, \cdots, \boldsymbol{\gamma}_t$$

线性表示, 下面仅仅证明这一组向量线性无关.

设

$$a_1\boldsymbol{\alpha}_1 + a_2\boldsymbol{\alpha}_2 + \cdots + a_r\boldsymbol{\alpha}_r + b_1\boldsymbol{\beta}_1 + b_2\boldsymbol{\beta}_2 + \cdots + b_s\boldsymbol{\beta}_s + c_1\boldsymbol{\gamma}_1 + c_2\boldsymbol{\gamma}_2 + \cdots + c_t\boldsymbol{\gamma}_t = \mathbf{0},$$

移项, 得

$$a_1\boldsymbol{\alpha}_1+a_2\boldsymbol{\alpha}_2+\cdots+a_r\boldsymbol{\alpha}_r+b_1\boldsymbol{\beta}_1+b_2\boldsymbol{\beta}_2+\cdots+b_s\boldsymbol{\beta}_s=-c_1\boldsymbol{\gamma}_1-c_2\boldsymbol{\gamma}_2-\cdots-c_t\boldsymbol{\gamma}_t.$$

因为

$$a_1\boldsymbol{\alpha}_1+a_2\boldsymbol{\alpha}_2+\cdots+a_r\boldsymbol{\alpha}_r+b_1\boldsymbol{\beta}_1+b_2\boldsymbol{\beta}_2+\cdots+b_s\boldsymbol{\beta}_s\in W_1,$$

所以

$$-c_1\boldsymbol{\gamma}_1-c_2\boldsymbol{\gamma}_2-\cdots-c_t\boldsymbol{\gamma}_t\in W_1\cap W_2,$$

故可由 $\boldsymbol{\alpha}_1,\boldsymbol{\alpha}_2,\cdots,\boldsymbol{\alpha}_r$ 线性表示, 即

$$-c_1\boldsymbol{\gamma}_1-c_2\boldsymbol{\gamma}_2-\cdots-c_t\boldsymbol{\gamma}_t=l_1\boldsymbol{\alpha}_1+l_2\boldsymbol{\alpha}_2+\cdots+l_r\boldsymbol{\alpha}_r,$$

即

$$l_1\boldsymbol{\alpha}_1+l_2\boldsymbol{\alpha}_2+\cdots+l_r\boldsymbol{\alpha}_r+c_1\boldsymbol{\gamma}_1+c_2\boldsymbol{\gamma}_2+\cdots+c_t\boldsymbol{\gamma}_t=\mathbf{0}.$$

因为

$$\boldsymbol{\alpha}_1,\boldsymbol{\alpha}_2,\cdots,\boldsymbol{\alpha}_r,\boldsymbol{\gamma}_1,\boldsymbol{\gamma}_2,\cdots,\boldsymbol{\gamma}_t$$

线性无关, 故 $c_1=c_2=\cdots=c_t=0$, 从而

$$a_1\boldsymbol{\alpha}_1+a_2\boldsymbol{\alpha}_2+\cdots+a_r\boldsymbol{\alpha}_r+b_1\boldsymbol{\beta}_1+b_2\boldsymbol{\beta}_2+\cdots+b_s\boldsymbol{\beta}_s=\mathbf{0},$$

而

$$\boldsymbol{\alpha}_1,\boldsymbol{\alpha}_2,\cdots,\boldsymbol{\alpha}_r,\boldsymbol{\beta}_1,\boldsymbol{\beta}_2,\cdots,\boldsymbol{\beta}_s$$

也线性无关, 故

$$a_1=a_2=\cdots=a_r=b_1=b_2=\cdots=b_s=0,$$

说明

$$\boldsymbol{\alpha}_1,\boldsymbol{\alpha}_2,\cdots,\boldsymbol{\alpha}_r,\boldsymbol{\beta}_1,\boldsymbol{\beta}_2,\cdots,\boldsymbol{\beta}_s,\boldsymbol{\gamma}_1,\boldsymbol{\gamma}_2,\cdots,\boldsymbol{\gamma}_t$$

线性无关.

(b) 设 $W_1\cap W_2$ 是零子空间. 则 $\{\boldsymbol{\beta}_1,\boldsymbol{\beta}_2,\cdots,\boldsymbol{\beta}_s,\boldsymbol{\gamma}_1,\boldsymbol{\gamma}_2,\cdots,\boldsymbol{\gamma}_t\}$ 就是 W_1+W_2 的一组基.

4.2 典型的例子

例 4.2.1 若 W 是 V 的子空间, 且 $\{\mathbf{0}\}\neq W\neq V$, 则 W 在 V 中的余子空间有无穷多个.

分析 先进行基的扩充, 再做特殊构造.

证明 令 $\dim V=n$, $\dim W=r$, 且 $\{\boldsymbol{\alpha}_1, \boldsymbol{\alpha}_2, \cdots, \boldsymbol{\alpha}_r\}$ 为 W 的一个基, 扩充其成为 V 的一个基 $\{\boldsymbol{\alpha}_1, \boldsymbol{\alpha}_2, \cdots, \boldsymbol{\alpha}_r, \boldsymbol{\alpha}_{r+1}, \cdots, \boldsymbol{\alpha}_n\}$, 这里 $1\leqslant r\leqslant n-1$. 对任意的数 $k\in F$, $\{\boldsymbol{\alpha}_1, \boldsymbol{\alpha}_2, \cdots, \boldsymbol{\alpha}_r, \boldsymbol{\alpha}_{r+1}, \cdots, \boldsymbol{\alpha}_n+k\boldsymbol{\alpha}_1\}$ 为 V 的一个基. 令 $W_k=\mathscr{L}(\boldsymbol{\alpha}_{r+1}, \cdots, \boldsymbol{\alpha}_{n-1}, \boldsymbol{\alpha}_n+k\boldsymbol{\alpha}_1)$, 则 W_k 为 W 的余子空间. 下证对任意 $k, l\in F$, 一旦 $k\neq l$, 就有 $W_k\neq W_l$, 那么 W 就有无穷多个余子空间. 显然 $\boldsymbol{\alpha}_n+k\boldsymbol{\alpha}_1\in W_k$. 如果 $\boldsymbol{\alpha}_n+k\boldsymbol{\alpha}_1\in W_l$, 那么存在 F 中的数 $a_{r+1}, \cdots, a_n\in F$, 使

$$\boldsymbol{\alpha}_n+k\boldsymbol{\alpha}_1=a_{r+1}\boldsymbol{\alpha}_{r+1}+\cdots+a_{n-1}\boldsymbol{\alpha}_{n-1}+a_n(\boldsymbol{\alpha}_n+l\boldsymbol{\alpha}_1).$$

故

$$-k\boldsymbol{\alpha}_1+a_{r+1}\boldsymbol{\alpha}_{r+1}+\cdots+a_{n-1}\boldsymbol{\alpha}_{n-1}+a_n\boldsymbol{\alpha}_n+la_n\boldsymbol{\alpha}_1-\boldsymbol{\alpha}_n=\mathbf{0}.$$

由于 $\boldsymbol{\alpha}_1,\boldsymbol{\alpha}_2,\cdots,\boldsymbol{\alpha}_r,\boldsymbol{\alpha}_{r+1},\cdots,\boldsymbol{\alpha}_{n-1},\boldsymbol{\alpha}_n$ 线性无关, 因此有

$$\begin{cases} la_n=k, \\ a_{r+1}=0, \\ \quad\cdots\cdots \\ a_{n-1}=0, \\ a_n=1. \end{cases}$$

得出 $k=l$, 矛盾. 这说明一旦 $k,l\in F,k\neq l$, 就有 $W_k\neq W_l$.

例 4.2.2 F^n 的任意一个不等于 F^n 的子空间 W 都是若干个 F^n 的 $n-1$ 维子空间的交.

分析 先进行基的扩充, 再做处理.

证明 (1) $\dim W=0$. 这时选取 F^n 的一个基 $\boldsymbol{\beta}_1, \boldsymbol{\beta}_2, \cdots, \boldsymbol{\beta}_n$. 则

$$\dim\mathscr{L}(\{\boldsymbol{\beta}_1, \boldsymbol{\beta}_2, \cdots, \boldsymbol{\beta}_n\}\backslash\{\boldsymbol{\beta}_i\})=n-1, \quad i=1, 2, \cdots, n.$$

且 $\{0\}=\bigcap\limits_{i=1}^{n}\mathscr{L}(\{\boldsymbol{\beta}_1, \boldsymbol{\beta}_2, \cdots, \boldsymbol{\beta}_n\}\backslash\{\boldsymbol{\beta}_i\})$.

(2) $\dim W=s>0$. 当然 $s<n$. 将 W 的一个基 $\{\gamma_1, \gamma_2, \cdots, \gamma_s\}$ 扩充成为 F^n 的一个基 $\{\gamma_1, \gamma_2, \cdots, \gamma_s, \gamma_{s+1}, \cdots, \gamma_n\}$. 则

$$W=\bigcap_{j=s+1}^{n}\mathscr{L}(\{\gamma_1, \gamma_2, \cdots, \gamma_s,\gamma_{s+1}, \cdots, \gamma_n\}\backslash\{\gamma_j\}),$$

而 $\mathscr{L}(\{\gamma_1, \gamma_2, \cdots, \gamma_s, \gamma_{s+1}, \cdots, \gamma_n\}\setminus\{\gamma_j\})$ 是 F^n 的 $n-1$ 维子空间, $j=s+1, \cdots, n$.

例 4.2.3 设 $\dim_F V=n(>0)$, $\sigma\in L(V)$, W 是 V 的子空间. 证明:

$$\dim W=\dim\sigma(W)+\dim(\mathrm{Ker}\ \sigma\cap W).$$

分析 运用线性变换的限制与基的扩充.

证明　当 W 是 V 的零子空间时，结论显然成立.

下设 $W \neq \{\mathbf{0}\}$, 且 $\dim W = s > 0$.

(1) $\mathrm{Ker}\ \sigma \cap W = \{\mathbf{0}\}$.

令 $f = \sigma|_W\ W \to \sigma(W)$, 则 f 为 F 上向量空间 W 到 $\sigma(W)$ 的线性映射, 且

$$\mathrm{Ker}\ f = \{\boldsymbol{\xi} \in W \mid f(\boldsymbol{\xi}) = \mathbf{0}\} = \{\boldsymbol{\xi} \in W \mid \sigma(\boldsymbol{\xi}) = \mathbf{0}\} = W \cap \mathrm{Ker}\ \sigma = \{\mathbf{0}\}.$$

所以, f 为单射. 显然 f 为满射. 故 f 为 W 到 $\sigma(W)$ 的同构映射, $\dim W = \dim \sigma(W)$. 结论为真.

(2) $\mathrm{Ker}\ \sigma \cap W \neq \{\mathbf{0}\}$.

令 $\dim(\mathrm{Ker}\ \sigma \cap W) = r$, $r > 0$.

(i) 如果 $\mathrm{Ker}\ \sigma \cap W = W$, 即 $W \subseteq \mathrm{Ker}\ \sigma$, 此时 $\sigma(W) = \{\mathbf{0}\}$, 显然有

$$\dim W = \dim(\sigma(W)) + \dim(\mathrm{Ker}\ \sigma \cap W).$$

(ii) 下设 $\mathrm{Ker}\ \sigma \cap W \subsetneqq W$, 即 $r < s$. 设 $\boldsymbol{\alpha}_1, \boldsymbol{\alpha}_2, \cdots, \boldsymbol{\alpha}_r$ 为 $\mathrm{Ker}\ \sigma \cap W$ 的一个基, 扩充为 W 的一个基 $\boldsymbol{\alpha}_1, \boldsymbol{\alpha}_2, \cdots, \boldsymbol{\alpha}_r, \boldsymbol{\alpha}_{r+1}, \cdots, \boldsymbol{\alpha}_s$. 显然

$$\begin{aligned}\sigma(W) &= \mathscr{L}(\sigma(\boldsymbol{\alpha}_1), \cdots, \sigma(\boldsymbol{\alpha}_r), \sigma(\boldsymbol{\alpha}_{r+1}), \cdots, \sigma(\boldsymbol{\alpha}_s)) \\ &= \mathscr{L}(\sigma(\boldsymbol{\alpha}_{r+1}), \cdots, \sigma(\boldsymbol{\alpha}_s)).\end{aligned}$$

设 $b_{r+1}\sigma(\boldsymbol{\alpha}_{r+1}) + \cdots + b_s\sigma(\boldsymbol{\alpha}_s) = \mathbf{0}$, 即 $\sigma(b_{r+1}\boldsymbol{\alpha}_{r+1} + \cdots + b_s\boldsymbol{\alpha}_s) = \mathbf{0}$. 因此 $b_{r+1}\boldsymbol{\alpha}_{r+1} + \cdots + b_s\boldsymbol{\alpha}_s \in \mathrm{Ker}\ \sigma \cap W$. 存在 $b_1, \cdots, b_r \in F$, 使

$$b_{r+1}\boldsymbol{\alpha}_{r+1} + \cdots + b_s\boldsymbol{\alpha}_s = b_1\boldsymbol{\alpha}_1 + \cdots + b_r\boldsymbol{\alpha}_r,$$

$$b_1\boldsymbol{\alpha}_1 + \cdots + b_r\boldsymbol{\alpha}_r - b_{r+1}\boldsymbol{\alpha}_{r+1} - \cdots - b_s\boldsymbol{\alpha}_s = \mathbf{0}.$$

由于 $\boldsymbol{\alpha}_1, \cdots, \boldsymbol{\alpha}_r, \boldsymbol{\alpha}_{r+1}, \cdots, \boldsymbol{\alpha}_s$ 线性无关, 因此

$$b_1 = \cdots = b_r = b_{r+1} = \cdots = b_s = 0,$$

所以 $\sigma(\boldsymbol{\alpha}_{r+1}), \cdots, \sigma(\boldsymbol{\alpha}_s)$ 线性无关, 是 $\sigma(W)$ 的一个基, 故

$$\dim W = s = s - r + r = \dim \sigma(W) + \dim(\mathrm{Ker}\ \sigma \cap W).$$

例 4.2.4　设 V 是复数域 $\mathbf{C}$ 上的 n 维向量空间, $n \geqslant 1$, σ 与 τ 是 V 的线性变换. 试证: 如果 $\sigma\tau - \tau\sigma = \sigma$, 那么 σ 的本征值都是零, 且 σ 与 τ 有公共的本征向量.

分析　运用线性变换的限制.

证明　任取 σ 的一个本征值 λ_0, 令

$$\sigma(\boldsymbol{\eta}) = \lambda_0\boldsymbol{\eta}, \quad \boldsymbol{\eta} \in V, \quad \boldsymbol{\eta} \neq \mathbf{0}.$$

对于使 $\boldsymbol{\eta}, \tau(\boldsymbol{\eta}), \tau^2(\boldsymbol{\eta}), \cdots, \tau^{m-1}(\boldsymbol{\eta})$ 线性无关的最大的正整数 m, 令

$$W_m = \mathscr{L}(\boldsymbol{\eta}, \tau(\boldsymbol{\eta}), \tau^2(\boldsymbol{\eta}), \cdots, \tau^{m-1}(\boldsymbol{\eta})), \quad \dim W_m = m,$$

且 W_m 为在 τ 下不变的子空间 (因为 $\tau^m(\boldsymbol{\eta})$ 是 $\boldsymbol{\eta}, \tau(\boldsymbol{\eta}), \tau^2(\boldsymbol{\eta}), \cdots, \tau^{m-1}(\boldsymbol{\eta})$ 的线性组合). 设 τ 在 W_m 上的限制 τ_0 关于 W_m 的基 $\boldsymbol{\eta}, \tau(\boldsymbol{\eta}), \cdots, \tau^{m-1}(\boldsymbol{\eta})$ 的矩阵为 $\boldsymbol{B}$, 则 $\boldsymbol{B}$ 是 m 阶方阵. 由于 $\sigma(\boldsymbol{\eta}) = \lambda_0\boldsymbol{\eta}$, $\sigma\tau - \tau\sigma = \sigma$, 因此

$$\sigma\tau(\boldsymbol{\eta}) = (\sigma+\tau\sigma)(\boldsymbol{\eta}) = \lambda_0\boldsymbol{\eta}+\lambda_0\tau(\boldsymbol{\eta}),$$
$$\sigma\tau^2(\boldsymbol{\eta}) = (\tau\sigma+\sigma)\tau(\boldsymbol{\eta}) = \tau\sigma\tau(\boldsymbol{\eta})+\sigma\tau(\boldsymbol{\eta}) = \lambda_0\boldsymbol{\eta}+2\lambda_0\tau(\boldsymbol{\eta})+\lambda_0\tau^2(\boldsymbol{\eta}).$$

一般地, 对 $i \leqslant m-2$, 假如 $\sigma\tau^i(\boldsymbol{\eta})$ 可表示为 $\boldsymbol{\eta}$, $\tau(\boldsymbol{\eta})$, $\tau^2(\boldsymbol{\eta})$, $\cdots$, $\tau^i(\boldsymbol{\eta})$ 的线性组合, 且表示式中 $\tau^i(\boldsymbol{\eta})$ 的系数为 λ_0, 即

$$\sigma\tau^i(\boldsymbol{\eta}) = c_0\boldsymbol{\eta}+c_1\tau(\boldsymbol{\eta})+c_2\tau^2(\boldsymbol{\eta})+\cdots+c_{i-1}\tau^{i-1}(\boldsymbol{\eta})+\lambda_0\tau^i(\boldsymbol{\eta}).$$

则

$$\begin{aligned}\sigma\tau^{i+1}(\boldsymbol{\eta}) &= (\sigma+\tau\sigma)\tau^i(\boldsymbol{\eta})\\ &= c_0\boldsymbol{\eta}+c_1\tau(\boldsymbol{\eta})+c_2\tau^2(\boldsymbol{\eta})+\cdots+c_{i-1}\tau^{i-1}(\boldsymbol{\eta})+\lambda_0\tau^i(\boldsymbol{\eta})\\ &\quad +c_0\tau(\boldsymbol{\eta})+c_1\tau^2(\boldsymbol{\eta})+\cdots+c_{i-1}\tau^i(\boldsymbol{\eta})+\lambda_0\tau^{i+1}(\boldsymbol{\eta})\end{aligned}$$

是 $\boldsymbol{\eta}$, $\tau(\boldsymbol{\eta})$, $\tau^2(\boldsymbol{\eta})$, $\cdots$, $\tau^{i+1}(\boldsymbol{\eta})$ 的一个线性组合且表达式中 $\tau^{i+1}(\boldsymbol{\eta})$ 的系数为 λ_0. 这说明 W_m 是 σ 的不变子空间, 且 σ 在 W_m 上的限制 σ_0 关于基 $\boldsymbol{\eta}$, $\tau\boldsymbol{\eta}$, $\tau^2\boldsymbol{\eta}$, $\cdots$, $\tau^{m-1}\boldsymbol{\eta}$ 的矩阵 $\boldsymbol{A}$ 是上三角 m 阶方阵, 且其主对角线的元素全为 λ_0, 因此 W_m 在 σ,τ 下均不变. 又 $\sigma\tau-\tau\sigma=\sigma$, 故 $\sigma_0\tau_0-\tau_0\sigma_0=\sigma_0$. 进而

$$\boldsymbol{AB}-\boldsymbol{BA}=\boldsymbol{A},\quad \operatorname{tr}(\boldsymbol{AB}-\boldsymbol{BA})=\operatorname{tr}(\boldsymbol{A}),\quad 0=m\lambda_0.$$

所以 $\lambda_0=0$.

令 $W=\{\boldsymbol{\xi}\in V|\sigma(\boldsymbol{\xi})=\boldsymbol{0}\}$ 为 σ 的属于本征值 0 的本征子空间, $W\neq\{\boldsymbol{0}\}$. 对任意的 $\boldsymbol{\xi}\in W$, 有 $\sigma(\boldsymbol{\xi})=\boldsymbol{0}$, 且

$$\sigma(\tau(\boldsymbol{\xi}))=(\sigma+\tau\sigma)(\boldsymbol{\xi})=\sigma(\boldsymbol{\xi})+\tau\sigma(\boldsymbol{\xi})=\boldsymbol{0}+\tau(\boldsymbol{0})=\boldsymbol{0}.$$

所以 $\tau(\boldsymbol{\xi})\in W$, 故 W 在 τ 之下不变. 取 $\tau|_W$ 的一个本征向量 $\boldsymbol{\zeta}$, $\boldsymbol{\zeta}$ 是 σ 的一个本征向量, 即 σ 与 τ 有公共的本征向量.

例 4.2.5 设 $\boldsymbol{A}$, $\boldsymbol{B}$ 均为 n 阶实对称矩阵. 证明: 存在 n 阶正交矩阵 $\boldsymbol{T}$, 使 $\boldsymbol{T}^{\mathrm{T}}\boldsymbol{AT}$ 与 $\boldsymbol{T}^{\mathrm{T}}\boldsymbol{BT}$ 同时为对角形矩阵的充要条件是 $\boldsymbol{AB}=\boldsymbol{BA}$.

分析 运用线性变换的限制.

证明 必要性. 设 $\boldsymbol{T}$ 为正交矩阵且 $\boldsymbol{T}^{\mathrm{T}}\boldsymbol{AT}$ 与 $\boldsymbol{T}^{\mathrm{T}}\boldsymbol{BT}$ 同时为对角形矩阵, 则

$$(\boldsymbol{T}^{\mathrm{T}}\boldsymbol{AT})(\boldsymbol{T}^{\mathrm{T}}\boldsymbol{BT})=(\boldsymbol{T}^{\mathrm{T}}\boldsymbol{BT})(\boldsymbol{T}^{\mathrm{T}}\boldsymbol{AT}).$$

于是有 $\boldsymbol{AB}=\boldsymbol{BA}$.

充分性. 设 $\boldsymbol{AB}=\boldsymbol{BA}$. 令 $\boldsymbol{\alpha}_1,\cdots,\boldsymbol{\alpha}_n$ 为 n 维欧氏空间 V 的一个规范正交基, 并且 σ_1, σ_2 是 V 的两个对称变换, 它们关于基 $\boldsymbol{\alpha}_1$, $\boldsymbol{\alpha}_2$, $\cdots$, $\boldsymbol{\alpha}_n$ 的矩阵分别为 $\boldsymbol{A}$, $\boldsymbol{B}$. 由 $\boldsymbol{AB}=\boldsymbol{BA}$ 得, $\sigma_1\sigma_2=\sigma_2\sigma_1$. 因为 $\boldsymbol{A},\boldsymbol{B}$ 均为实对称矩阵, 所以 σ_1 与 σ_2 均为对称变换, 从而它们可以对角化.

令 λ_1, λ_2, $\cdots$, λ_t 是 σ_2 的互不相同的本征值, 且 V_{λ_i} 是 σ_2 的属于 λ_i 的本征子空间, $i=1, 2, \cdots, t$, 则

$$V=V_{\lambda_1}\oplus\cdots\oplus V_{\lambda_t}.$$

每一个 V_{λ_i} 自然在 σ_2 之下不变. 又因为 $\sigma_1\sigma_2=\sigma_2\sigma_1$, 所以 V_{λ_i} 也在 σ_1 之

下不变. 这样, σ_1 在 V_{λ_i} 上的限制 $\sigma_1|_{V_{\lambda_i}}$ 是 V_{λ_i} 的一个线性变换且是一个对称变换, 因而可以对角化. 因此可以选取 V_{λ_i} 的一个规范正交基, 使得 $\sigma_1|_{V_{\lambda_i}}$ 关于这个基的矩阵是对角形式, $i=1,\ 2,\ \cdots,\ t$. 从每一个 $V_{\lambda_i}(1\leqslant i\leqslant t)$ 中这样地选取一个规范正交基, 拼起来成为 V 的一个规范正交基 $\boldsymbol{\beta}_1,\ \cdots,\ \boldsymbol{\beta}_n$, 再注意到 $\sigma_2|_{V_{\lambda_i}}$ 是 V_{λ_i} 的数量变换 (即位似), 那么 σ_1 和 σ_2 关于这个基的矩阵都是对角形式. 令

$$(\boldsymbol{\beta}_1,\cdots,\boldsymbol{\beta}_n)=(\boldsymbol{\alpha}_1,\cdots,\boldsymbol{\alpha}_n)\boldsymbol{T},$$

则 $\boldsymbol{T}$ 为正交矩阵, 且 $\boldsymbol{T}^{\mathrm{T}}\boldsymbol{AT}$ 与 $\boldsymbol{T}^{\mathrm{T}}\boldsymbol{BT}$ 同时为对角形矩阵.

例 4.2.6　设 σ 是数域 F 上向量空间 V 的一个线性变换, $\mathbf{0}\neq\boldsymbol{\alpha}\in V$. 若 $\boldsymbol{\alpha},\ \sigma(\boldsymbol{\alpha}),\ \cdots,\ \sigma^{m-1}(\boldsymbol{\alpha})$ 线性无关, 而 $\boldsymbol{\alpha},\ \sigma(\boldsymbol{\alpha}),\ \cdots,\ \sigma^{m-1}(\boldsymbol{\alpha}),\ \sigma^m(\boldsymbol{\alpha})$ 线性相关, 证明 $W=\mathscr{L}(\boldsymbol{\alpha},\ \sigma(\boldsymbol{\alpha}),\ \cdots,\ \sigma^{m-1}(\boldsymbol{\alpha}))$ 是 σ 的不变子空间, 并求 σ 在 W 上的限制 $\sigma|_W$ 关于 W 的基 $\{\boldsymbol{\alpha},\ \sigma(\boldsymbol{\alpha}),\ \cdots,\ \sigma^{m-1}(\boldsymbol{\alpha})\}$ 的矩阵.

分析　运用线性变换的限制方法.

解　由题设条件知, $\sigma^m(\boldsymbol{\alpha})$ 可由 $\boldsymbol{\alpha},\ \sigma(\boldsymbol{\alpha}),\ \cdots,\ \sigma^{m-1}(\boldsymbol{\alpha})$ 线性表示. 因此 $\sigma^m(\boldsymbol{\alpha})\in W$. 从而对任意 $\boldsymbol{\beta}=a_0\boldsymbol{\alpha}+a_1\sigma(\boldsymbol{\alpha})+\cdots+a_{m-1}\sigma^{m-1}(\boldsymbol{\alpha})\in W$, 都有

$$\sigma(\boldsymbol{\beta})=a_0\sigma(\boldsymbol{\alpha})+a_1\sigma^2(\boldsymbol{\alpha})+\cdots+a_{m-1}\sigma^m(\boldsymbol{\alpha})\in W,$$

即 W 是 σ 的不变子空间.

由于

$$\sigma|_W\ (\boldsymbol{\alpha})=\sigma(\boldsymbol{\alpha}),$$
$$\sigma|_W\ (\sigma(\boldsymbol{\alpha}))=\sigma^2(\boldsymbol{\alpha}),$$
$$\cdots\cdots$$
$$\sigma|_W\ (\sigma^{m-1}(\boldsymbol{\alpha}))=\sigma^m(\boldsymbol{\alpha})=b_0\boldsymbol{\alpha}+b_1\sigma(\boldsymbol{\alpha})+b_2\sigma^2(\boldsymbol{\alpha})+\cdots+b_{m-1}\sigma^{m-1}(\boldsymbol{\alpha}),$$

因此 $\sigma|_W$ 关于 W 的基 $\{\boldsymbol{\alpha},\ \sigma(\boldsymbol{\alpha}),\ \sigma^2(\boldsymbol{\alpha}),\ \cdots,\ \sigma^{m-1}(\boldsymbol{\alpha})\}$ 的矩阵为

$$\begin{pmatrix} 0 & 0 & 0 & \cdots & 0 & b_0 \\ 1 & 0 & 0 & \cdots & 0 & b_1 \\ 0 & 1 & 0 & \cdots & 0 & b_2 \\ \vdots & \vdots & \vdots & & \vdots & \vdots \\ 0 & 0 & 0 & \cdots & 0 & b_{m-2} \\ 0 & 0 & 0 & \cdots & 1 & b_{m-1} \end{pmatrix}.$$

例 4.2.7　设 V 是数域 F 上的 $n\ (n>0)$ 维向量空间, W 是 V 的任一子空间. 证明:

(1) W 是某一线性变换 σ 的核;

(2) W 是某一线性变换 τ 的像.

分析　运用线性无关组扩充为基.

证明　(1) 若 $W=\{\mathbf{0}\}$, 则 W 是 V 的任一可逆线性变换的核. 若 $W\neq\{\mathbf{0}\}$, 则

在 W 中取基 $\{\boldsymbol{\alpha}_1, \cdots, \boldsymbol{\alpha}_r\}$, 并将它扩充为 V 的一个基 $\{\boldsymbol{\alpha}_1, \cdots, \boldsymbol{\alpha}_r, \boldsymbol{\alpha}_{r+1}, \cdots, \boldsymbol{\alpha}_n\}$. 令

$$\begin{aligned}\sigma(\boldsymbol{\alpha}_i) &= \mathbf{0}, \quad i = 1, 2, \cdots, r,\\ \sigma(\boldsymbol{\alpha}_j) &= \boldsymbol{\alpha}_j, \quad j = r+1, r+2, \cdots, n,\end{aligned}$$

则 σ 是 V 的线性变换, 且对任意 $\boldsymbol{\alpha} = \sum\limits_{i=1}^{n} a_i\boldsymbol{\alpha}_i \in V$, 都有

$$\sigma(\boldsymbol{\alpha}) = \sum_{i=1}^{n} a_i\sigma(\boldsymbol{\alpha}_i) = \sum_{i=r+1}^{n} a_i\boldsymbol{\alpha}_i.$$

因为 $\boldsymbol{\alpha}_{r+1}, \cdots, \boldsymbol{\alpha}_n$ 线性无关, 所以

$$\sigma(\boldsymbol{\alpha}) = \mathbf{0} \Leftrightarrow a_{r+1} = \cdots = a_n = 0 \Leftrightarrow \boldsymbol{\alpha} = \sum_{i=1}^{r} a_i\boldsymbol{\alpha}_i \in W,$$

即 $\operatorname{Ker}\sigma = W$.

(2) 若 $W = \{\mathbf{0}\}$, 则 W 是零变换的像. 若 $W \neq \{\mathbf{0}\}$, 则在 W 中取基 $\{\boldsymbol{\alpha}_1, \boldsymbol{\alpha}_2, \cdots, \boldsymbol{\alpha}_r\}$, 并将它扩充为 V 的一个基 $\{\boldsymbol{\alpha}_1, \cdots, \boldsymbol{\alpha}_r, \boldsymbol{\alpha}_{r+1}, \cdots, \boldsymbol{\alpha}_n\}$. 令

$$\begin{aligned}\tau(\boldsymbol{\alpha}_i) &= \boldsymbol{\alpha}_i, \quad i = 1, 2, \cdots, r,\\ \tau(\boldsymbol{\alpha}_j) &= \mathbf{0}, \quad j = r+1, r+2, \cdots, n,\end{aligned}$$

则 τ 是 V 的线性变换, 且

$$\operatorname{Im}\tau = \mathscr{L}(\tau(\boldsymbol{\alpha}_1), \tau(\boldsymbol{\alpha}_2), \cdots, \tau(\boldsymbol{\alpha}_n)) = \mathscr{L}(\boldsymbol{\alpha}_1, \boldsymbol{\alpha}_2, \cdots, \boldsymbol{\alpha}_r) = W.$$

例 4.2.8 设 $\boldsymbol{A}$ 是复数域 $\mathbf{C}$ 上的 n 阶方阵. 证明: 存在 $\mathbf{C}$ 上的 n 阶可逆矩阵 $\boldsymbol{P}$, 使得

$$\boldsymbol{P}^{-1}\boldsymbol{A}\boldsymbol{P} = \begin{pmatrix} \lambda_1 & b_{12} & \cdots & b_{1n} \\ 0 & b_{22} & \cdots & b_{2n} \\ \vdots & \vdots & & \vdots \\ 0 & b_{n2} & \cdots & b_{nn} \end{pmatrix}.$$

分析 运用线性无关组扩充为基.

证明 设 V 是 $\mathbf{C}$ 上的 n 维向量空间, $\{\boldsymbol{\alpha}_1, \boldsymbol{\alpha}_2, \cdots, \boldsymbol{\alpha}_n\}$ 为 V 的一个基. 由 $L(V) \cong M_n(\mathbf{C})$ 知, 存在 $\sigma \in L(V)$, 使得 σ 在基 $\{\boldsymbol{\alpha}_1, \boldsymbol{\alpha}_2, \cdots, \boldsymbol{\alpha}_n\}$ 下的矩阵是 $\boldsymbol{A}$. 假设 λ_1 是 $\boldsymbol{A}$ 的一个特征根, $\boldsymbol{\eta}_1$ 是 $\boldsymbol{A}$ 的属于特征根 λ_1 的一个特征向量, $\boldsymbol{\xi}_1$ 是在基 $\{\boldsymbol{\alpha}_1, \boldsymbol{\alpha}_2, \cdots, \boldsymbol{\alpha}_n\}$ 下以 $\boldsymbol{\eta}_1$ 为坐标的向量, 那么 $\boldsymbol{\xi}_1$ 是 σ 的属于本征值 λ_1 的本征向量. 于是 $\sigma(\boldsymbol{\xi}_1) = \lambda_1\boldsymbol{\xi}_1$. 将 $\boldsymbol{\xi}_1$ 扩充为 V 的一个基 $\{\boldsymbol{\xi}_1, \boldsymbol{\xi}_2, \cdots, \boldsymbol{\xi}_n\}$, 则 σ 在基 $\{\boldsymbol{\xi}_1, \boldsymbol{\xi}_2, \cdots, \boldsymbol{\xi}_n\}$ 下的矩阵为

$$B = \begin{pmatrix} \lambda_1 & b_{12} & \cdots & b_{1n} \\ 0 & b_{22} & \cdots & b_{2n} \\ \vdots & \vdots & & \vdots \\ 0 & b_{n2} & \cdots & b_{nn} \end{pmatrix}.$$

因为 σ 关于不同基的矩阵是相似的, 所以存在 $\mathbf{C}$ 上的 n 阶可逆矩阵 $\boldsymbol{P}$, 使得

$$\boldsymbol{P}^{-1}\boldsymbol{A}\boldsymbol{P} = \begin{pmatrix} \lambda_1 & b_{12} & \cdots & b_{1n} \\ 0 & b_{22} & \cdots & b_{2n} \\ \vdots & \vdots & & \vdots \\ 0 & b_{n2} & \cdots & b_{nn} \end{pmatrix}.$$

例 4.2.9　设 V 是一个 n 维欧氏空间. 证明: 如果 W_1, W_2 都是 V 的子空间, 且 $W_1 \subseteq W_2$, 那么 $W_2^{\perp} \subseteq W_1^{\perp}$;

分析　运用线性无关组扩充为基.

证明　令 $\{\boldsymbol{\alpha}_1, \cdots, \boldsymbol{\alpha}_r\}$ 是 W_1 的一个正交基. 将其扩充为 W_2 的一个正交基 $\{\boldsymbol{\alpha}_1, \cdots, \boldsymbol{\alpha}_r, \boldsymbol{\alpha}_{r+1}, \cdots, \boldsymbol{\alpha}_s\}$, 再将其扩充为 V 的一个正交基 $\{\boldsymbol{\alpha}_1, \cdots, \boldsymbol{\alpha}_r, \boldsymbol{\alpha}_{r+1}, \cdots, \boldsymbol{\alpha}_s, \boldsymbol{\alpha}_{s+1}, \cdots, \boldsymbol{\alpha}_n\}$, 则

$$W_1^{\perp} = \mathscr{L}(\boldsymbol{\alpha}_{r+1}, \cdots, \boldsymbol{\alpha}_s, \boldsymbol{\alpha}_{s+1}, \cdots, \boldsymbol{\alpha}_n), \quad W_2^{\perp} = \mathscr{L}(\boldsymbol{\alpha}_{s+1}, \cdots, \boldsymbol{\alpha}_n).$$

故 $W_2^{\perp} \subseteq W_1^{\perp}$.

例 4.2.10　设 W_i 是 F 上 $n(>0)$ 维向量空间 V 的子空间, 且 $W_i \neq V$, $i = 1, 2, \cdots, s$. 则存在 V 的一个基, 使得该基中每一个向量都不在 $\bigcup\limits_{i=1}^{s} W_i$ 中.

分析　运用线性无关组扩充为基.

证明　对 s 作归纳.

当 $s=1$ 时, 取 W_1 的一个基 $\{\boldsymbol{\alpha}_1, \boldsymbol{\alpha}_2, \cdots, \boldsymbol{\alpha}_r\}$, $r<n$, 将基扩充为 V 的一个基 $\{\boldsymbol{\alpha}_1, \boldsymbol{\alpha}_2, \cdots, \boldsymbol{\alpha}_r, \boldsymbol{\alpha}_{r+1}, \cdots, \boldsymbol{\alpha}_n\}$. 可证明出 $\{\boldsymbol{\alpha}_1+\boldsymbol{\alpha}_n, \boldsymbol{\alpha}_2+\boldsymbol{\alpha}_n, \cdots, \boldsymbol{\alpha}_r+\boldsymbol{\alpha}_n, \boldsymbol{\alpha}_{r+1}, \cdots, \boldsymbol{\alpha}_n\}$ 线性无关, 是 V 的基, 且 $\boldsymbol{\alpha}_i+\boldsymbol{\alpha}_n \notin W_1$, $i = 1, 2, \cdots, r$, $\boldsymbol{\alpha}_{r+1}, \cdots, \boldsymbol{\alpha}_n \notin W_1$.

设 $s>1$, 且对 $s-1$ 个 V 的真子空间结论成立. 现考虑 V 的 s 个子空间 $W_1, W_2, \cdots, W_s$, $W_i \neq V$, $i=1, 2, \cdots, s$. 由归纳假设知, 存在 V 的一个基 $\{\boldsymbol{\beta}_1, \boldsymbol{\beta}_2, \cdots, \boldsymbol{\beta}_n\}$, 使

$$\{\boldsymbol{\beta}_1, \boldsymbol{\beta}_2, \cdots, \boldsymbol{\beta}_n\} \cap \left(\bigcup_{i=1}^{s-1} W_i\right) = \varnothing.$$

(1) 如果 $\{\boldsymbol{\beta}_1, \boldsymbol{\beta}_2, \cdots, \boldsymbol{\beta}_n\} \cap W_s = \varnothing$, 那么 $\boldsymbol{\beta}_1, \boldsymbol{\beta}_2, \cdots, \boldsymbol{\beta}_n$ 即满足要求;

(2) 如果 $\{\boldsymbol{\beta}_1, \boldsymbol{\beta}_2, \cdots, \boldsymbol{\beta}_n\} \cap W_s \neq \varnothing$, 不妨设 $\boldsymbol{\beta}_1, \boldsymbol{\beta}_2, \cdots, \boldsymbol{\beta}_r \in W_s$,

$\boldsymbol{\beta}_{r+1},\cdots,\ \boldsymbol{\beta}_n\notin W_s$, $r\geqslant 1$, 由 $W_s\neq V\Rightarrow r<n$, 最多有一个 F 中的数 k_j, 使 $\boldsymbol{\beta}_1+k_j\boldsymbol{\beta}_n\in W_j$, $1\leqslant j\leqslant s-1$. (否则, 如有两个不同的数 k_j, k_j', 使 $\boldsymbol{\beta}_1+k_j\boldsymbol{\beta}_n\in W_j$, $\boldsymbol{\beta}_1+k_j'\boldsymbol{\beta}_n\in W_j$, 则 $(k_j-k_j')\boldsymbol{\beta}_n\in W_j$, 故 $\boldsymbol{\beta}_n\in W_j$, 矛盾). 所以除可能的 k_1, k_2, $\cdots$, k_{s-1} 之外, F 中有非零数 m_1, 使

$$\boldsymbol{\beta}_1+m_1\boldsymbol{\beta}_n\notin\bigcup_{j=1}^{s-1}W_j.$$

同理有 F 中的非零数 m_2, m_3, $\cdots$, m_r, 使

$$\boldsymbol{\beta}_2+m_2\boldsymbol{\beta}_n,\ \boldsymbol{\beta}_3+m_3\boldsymbol{\beta}_n,\ \cdots,\ \boldsymbol{\beta}_r+m_r\boldsymbol{\beta}_n\notin\bigcup_{j=1}^{s-1}W_j.$$

显然 $\boldsymbol{\beta}_1+m_1\boldsymbol{\beta}_n,\ \boldsymbol{\beta}_2+m_2\boldsymbol{\beta}_n,\ \cdots,\ \boldsymbol{\beta}_r+m_r\boldsymbol{\beta}_n\notin W_s$, 易证

$$\{\boldsymbol{\beta}_1+m_1\boldsymbol{\beta}_n,\ \boldsymbol{\beta}_2+m_2\boldsymbol{\beta}_n,\ \cdots,\ \boldsymbol{\beta}_r+m_r\boldsymbol{\beta}_n,\ \boldsymbol{\beta}_{r+1},\ \cdots,\ \boldsymbol{\beta}_n\}$$

线性无关, 从而它们是 V 的基, 且满足要求.

定理 4.2.11 (关于实方阵的舒尔 (Schur) 定理) 设 $\boldsymbol{A}$ 是 n 阶实方阵且其特征根均为实数. 证明: 存在正交矩阵 $\boldsymbol{Q}$, 使 $\boldsymbol{Q}^{\mathrm{T}}\boldsymbol{A}\boldsymbol{Q}=\boldsymbol{R}$, 其中 $\boldsymbol{R}$ 为上三角矩阵.

分析 结合数学归纳, 运用单位向量扩充为规范正交基.

证明 对 $\boldsymbol{A}$ 的阶数 n 利用归纳法.

当 $n=1$ 时, 结论显然成立.

设 $n\geqslant 2$, 且对 $n-1$ 阶特征根全为实数的实方阵结论成立. 考虑特征根全为实数的 n 阶实方阵 $\boldsymbol{A}$. 设 λ_1 为 $\boldsymbol{A}$ 的一个特征根 (实数). 设 $\boldsymbol{\beta}_1$ 为 $\boldsymbol{A}$ 的属于特征根 λ_1 的单位实特征向量. 把 β_1 扩充为 $\mathbf{R}^{n\times 1}$ 的一个规范正交基: $\boldsymbol{\beta}_1$, $\boldsymbol{\beta}_2$, $\cdots$, $\boldsymbol{\beta}_n$. 令 $\boldsymbol{U}=(\boldsymbol{\beta}_1,\boldsymbol{\beta}_2,\ \cdots,\ \boldsymbol{\beta}_n)$, 则 $\boldsymbol{U}$ 为正交矩阵. 且有

$$\boldsymbol{U}^{-1}\boldsymbol{A}\boldsymbol{U}=\boldsymbol{U}^{\mathrm{T}}\boldsymbol{A}\boldsymbol{U}=\begin{pmatrix}\lambda_1 & b_{12} & \cdots & b_{1n}\\ 0 & b_{22} & \cdots & b_{2n}\\ \vdots & \vdots & & \vdots\\ 0 & b_{n2} & \cdots & b_{nn}\end{pmatrix}.$$

记

$$\boldsymbol{C}=\begin{pmatrix}b_{22} & \cdots & b_{2n}\\ \vdots & & \vdots\\ b_{n2} & \cdots & b_{nn}\end{pmatrix},$$

则 $\boldsymbol{C}$ 显然是 $n-1$ 阶实矩阵, 且 $\boldsymbol{C}$ 的特征根全是 $\boldsymbol{A}$ 的特征根, 因而为实数. 于

是由归纳假设, 存在 $n-1$ 阶正交矩阵 $\boldsymbol{P}$, 使得 $\boldsymbol{P}^{\mathrm{T}}\boldsymbol{C}\boldsymbol{P}$ 为上三角矩阵, 即

$$\boldsymbol{P}^{\mathrm{T}}\boldsymbol{C}\boldsymbol{P}=\begin{pmatrix}\lambda_2 & & * \\ & \ddots & \\ 0 & & \lambda_n\end{pmatrix}.$$

令 $\boldsymbol{Q}=\boldsymbol{U}\begin{pmatrix}\boldsymbol{1} & \boldsymbol{0} \\ \boldsymbol{0} & \boldsymbol{P}\end{pmatrix}$, 则易知 $\boldsymbol{Q}$ 是正交矩阵, 且

$$\boldsymbol{Q}^{\mathrm{T}}\boldsymbol{A}\boldsymbol{Q}=\begin{pmatrix}\lambda_1 & & & * \\ & \lambda_2 & & \\ & & \ddots & \\ 0 & & & \lambda_n\end{pmatrix}=\boldsymbol{R}.$$

所以定理成立.

例 4.2.12 设 V 是一个欧氏空间, $\boldsymbol{0}\neq\boldsymbol{\alpha}\in V$. 对于 $\boldsymbol{\xi}\in V$, 规定

$$\sigma(\boldsymbol{\xi})=\boldsymbol{\xi}-\frac{2\langle\boldsymbol{\xi},\,\boldsymbol{\alpha}\rangle}{\langle\boldsymbol{\alpha},\,\boldsymbol{\alpha}\rangle}\boldsymbol{\alpha}.$$

证明:

(1) σ 是 V 的正交变换 (称 σ 是由向量 $\boldsymbol{\alpha}$ 所决定的一个镜面反射), 也是 V 的对称变换, 且 $\sigma^2=\iota$, ι 是恒等变换;

(2) 当 V 是 n 维欧氏空间时, 存在 V 的一个规范正交基, 使得 σ 关于这个基的矩阵是

$$\begin{pmatrix}-1 & 0 & 0 & \cdots & 0 \\ 0 & 1 & 0 & \cdots & 0 \\ 0 & 0 & 1 & \cdots & 0 \\ \vdots & \vdots & \vdots & & \vdots \\ 0 & 0 & 0 & \cdots & 1\end{pmatrix},$$

并在三维欧氏空间中说明线性变换 σ 的几何意义.

分析 常规计算之外, 运用单位向量扩充为规范正交基.

证明 将 $\boldsymbol{\alpha}$ 单位化得 $\boldsymbol{\varepsilon}=\dfrac{\boldsymbol{\alpha}}{|\,\boldsymbol{\alpha}\,|}$. 因此对于 $\boldsymbol{\xi}\in V$, 有

$$\sigma(\boldsymbol{\xi})=\boldsymbol{\xi}-\frac{2\langle\boldsymbol{\xi},\,\boldsymbol{\alpha}\rangle}{\langle\boldsymbol{\alpha},\,\boldsymbol{\alpha}\rangle}\boldsymbol{\alpha}=\boldsymbol{\xi}-2\langle\boldsymbol{\xi},\,\boldsymbol{\varepsilon}\rangle\boldsymbol{\varepsilon}.$$

(1) 显然 σ 是 V 的变换. 因为对任意 $\boldsymbol{\xi},\boldsymbol{\eta}\in V$, 都有

$$\langle\sigma(\boldsymbol{\xi}),\,\sigma(\boldsymbol{\eta})\rangle=\langle\boldsymbol{\xi}-2\langle\boldsymbol{\xi},\,\boldsymbol{\varepsilon}\rangle\boldsymbol{\varepsilon},\,\boldsymbol{\eta}-2\langle\boldsymbol{\eta},\,\boldsymbol{\varepsilon}\rangle\boldsymbol{\varepsilon}\rangle$$

$$
\begin{aligned}
&= \langle \boldsymbol{\xi}, \boldsymbol{\eta} \rangle - 2\langle \boldsymbol{\eta}, \boldsymbol{\varepsilon} \rangle \langle \boldsymbol{\xi}, \boldsymbol{\varepsilon} \rangle - 2\langle \boldsymbol{\xi}, \boldsymbol{\varepsilon} \rangle \langle \boldsymbol{\varepsilon}, \boldsymbol{\eta} \rangle + 4\langle \boldsymbol{\xi}, \boldsymbol{\varepsilon} \rangle \langle \boldsymbol{\eta}, \boldsymbol{\varepsilon} \rangle \\
&= \langle \boldsymbol{\xi}, \boldsymbol{\eta} \rangle,
\end{aligned}
$$

所以 σ 是正交变换. 又因为

$$
\begin{aligned}
\langle \sigma(\boldsymbol{\xi}), \boldsymbol{\eta} \rangle &= \langle \boldsymbol{\xi} - 2\langle \boldsymbol{\xi}, \boldsymbol{\varepsilon} \rangle \boldsymbol{\varepsilon}, \boldsymbol{\eta} \rangle = \langle \boldsymbol{\xi}, \boldsymbol{\eta} \rangle - 2\langle \boldsymbol{\xi}, \boldsymbol{\varepsilon} \rangle \langle \boldsymbol{\varepsilon}, \boldsymbol{\eta} \rangle, \\
\langle \boldsymbol{\xi}, \sigma(\boldsymbol{\eta}) \rangle &= \langle \boldsymbol{\xi}, \boldsymbol{\eta} - 2\langle \boldsymbol{\eta}, \boldsymbol{\varepsilon} \rangle \boldsymbol{\varepsilon} \rangle = \langle \boldsymbol{\xi}, \boldsymbol{\eta} \rangle - 2\langle \boldsymbol{\eta}, \boldsymbol{\varepsilon} \rangle \langle \boldsymbol{\xi}, \boldsymbol{\varepsilon} \rangle,
\end{aligned}
$$

所以 $\langle \sigma(\boldsymbol{\xi}), \boldsymbol{\eta} \rangle = \langle \boldsymbol{\xi}, \sigma(\boldsymbol{\eta}) \rangle$, 即 σ 是对称变换. 由于

$$
\begin{aligned}
\sigma^2(\boldsymbol{\xi}) &= \sigma\big(\sigma(\boldsymbol{\xi})\big) = \sigma\big(\boldsymbol{\xi} - 2\langle \boldsymbol{\xi}, \boldsymbol{\varepsilon} \rangle \boldsymbol{\varepsilon}\big) \\
&= \boldsymbol{\xi} - 2\langle \boldsymbol{\xi}, \boldsymbol{\varepsilon} \rangle \boldsymbol{\varepsilon} - 2\big\langle \boldsymbol{\xi} - 2\langle \boldsymbol{\xi}, \boldsymbol{\varepsilon} \rangle \boldsymbol{\varepsilon}, \boldsymbol{\varepsilon} \big\rangle \boldsymbol{\varepsilon} \\
&= \boldsymbol{\xi},
\end{aligned}
$$

因此 $\sigma^2 = \iota$.

(2) 将单位向量 $\boldsymbol{\varepsilon}$ 扩充为 V 的一个规范正交基 $\{\boldsymbol{\varepsilon}, \boldsymbol{\varepsilon}_2, \cdots, \boldsymbol{\varepsilon}_n\}$, 则

$$
\begin{aligned}
\sigma(\boldsymbol{\varepsilon}) &= \boldsymbol{\varepsilon} - 2\langle \boldsymbol{\varepsilon}, \ \boldsymbol{\varepsilon} \rangle \boldsymbol{\varepsilon} = -\boldsymbol{\varepsilon}, \\
\sigma(\boldsymbol{\varepsilon}_i) &= \boldsymbol{\varepsilon}_i - 2\langle \boldsymbol{\varepsilon}_i, \ \boldsymbol{\varepsilon} \rangle \boldsymbol{\varepsilon} = \boldsymbol{\varepsilon}_i, \quad i = 2, 3, \cdots, n.
\end{aligned}
$$

从而 σ 关于规范正交基 $\{\boldsymbol{\varepsilon}, \boldsymbol{\varepsilon}_2, \cdots, \boldsymbol{\varepsilon}_n\}$ 的矩阵是

$$
\begin{pmatrix}
-1 & 0 & 0 & \cdots & 0 \\
0 & 1 & 0 & \cdots & 0 \\
0 & 0 & 1 & \cdots & 0 \\
\vdots & \vdots & \vdots & & \vdots \\
0 & 0 & 0 & \cdots & 1
\end{pmatrix}.
$$

在三维几何空间中, σ 是关于 yOz 面的镜面反射.

例 4.2.13 设 $\boldsymbol{A}, \boldsymbol{B}, \boldsymbol{C}$ 均为 n 阶复方阵, 且 $\boldsymbol{AB} - \boldsymbol{BA} = \boldsymbol{C}$, $\boldsymbol{AC} = \boldsymbol{CA}$, $\boldsymbol{BC} = \boldsymbol{CB}$.

(i) 证明: $\boldsymbol{C}$ 是幂零方阵;

(ii) 证明: $\boldsymbol{A}, \boldsymbol{B}, \boldsymbol{C}$ 同时相似于上三角阵;

(iii) 若 $\boldsymbol{C} \neq \boldsymbol{0}$, 求 n 的最小值.

分析 运用若尔当标准形, 并利用子空间的限制.

解 (i) 设 $\boldsymbol{C}$ 的不同特征值为 $\lambda_1, \cdots, \lambda_k$, 不妨设 $\boldsymbol{C}$ 具有若尔当标准形: $\boldsymbol{C} = \operatorname{diag}(\boldsymbol{J}_1, \cdots, \boldsymbol{J}_k)$, 其中 $\boldsymbol{J}_i$ 为特征值 λ_i 对应的若尔当块. 对矩阵 $\boldsymbol{B}$ 做与 $\boldsymbol{C}$ 相同的分块, $\boldsymbol{B} = (\boldsymbol{B}_{ij})_{K\times K}$, 由 $\boldsymbol{BC} = \boldsymbol{CB}$ 可得 $\boldsymbol{J}_i \boldsymbol{B}_{ij} = \boldsymbol{B}_{ij} \boldsymbol{J}_j$, $i, j = 1, 2, \cdots, k$. 这样对任意的多项式 $p(x)$ 有 $p(\boldsymbol{J}_i)\boldsymbol{B}_{ij} = \boldsymbol{B}_{ij} p(\boldsymbol{J}_i)$, 取 p 为 $\boldsymbol{J}_i$ 的最小多项式, 则得 $\boldsymbol{B}_{ij} p(\boldsymbol{J}_j) = 0$. 当 $i \neq j$ 时, $p(\boldsymbol{J}_j)$ 可逆, 从而 $\boldsymbol{B}_{ij} = \boldsymbol{0}$, 因此 $\boldsymbol{B} = \operatorname{diag}(\boldsymbol{B}_{11}, \cdots, \boldsymbol{B}_{kk})$. 同理 $A = \operatorname{diag}(\boldsymbol{A}_{11}, \cdots, \boldsymbol{A}_{kk})$. 由 $\boldsymbol{AB} - \boldsymbol{BA} = \boldsymbol{C}$ 得 $\boldsymbol{A}_{ii}\boldsymbol{B}_{ii} - \boldsymbol{B}_{ii}\boldsymbol{A}_{ii} = \boldsymbol{J}_i$,

$i=1,2,\cdots,k$. 故 $\mathrm{tr}(\boldsymbol{J}_i)=\mathrm{tr}(\boldsymbol{A}_{ii}\boldsymbol{B}_{ii}-\boldsymbol{B}_{ii}\boldsymbol{A}_{ii})$, $i=1,2,\cdots,k$. 从而 $\lambda_i=0$, 即 $\boldsymbol{C}$ 为幂零矩阵.

(ii) 令 $V_0=\{\boldsymbol{v}\in\mathbf{C}^n|\boldsymbol{C}\boldsymbol{v}=\boldsymbol{0}\}$, 对任意的 $\boldsymbol{v}\in V_0$, 由于 $\boldsymbol{C}(\boldsymbol{A}\boldsymbol{v})=\boldsymbol{A}(\boldsymbol{C}\boldsymbol{v})=\boldsymbol{0}$, 因此 $\boldsymbol{A}V_0\subseteq V_0$. 同理 $\boldsymbol{B}V_0\subseteq V_0$. 于是存在 $0\neq\boldsymbol{v}\in V_0$ 和 $\lambda\in\mathbf{C}$ 使得 $\boldsymbol{A}\boldsymbol{v}=\lambda\boldsymbol{v}$. 记 $V_1=\{|\,v|\boldsymbol{A}\boldsymbol{v}=\lambda\boldsymbol{v}\}\subseteq V_0$, 由 $\boldsymbol{AB}-\boldsymbol{BA}=\boldsymbol{C}$ 知, 对任意的 $u\in V_1$, $\boldsymbol{A}(\boldsymbol{B}\boldsymbol{u})=\boldsymbol{B}(\boldsymbol{A}\boldsymbol{u})+\boldsymbol{C}\boldsymbol{u}=\lambda\boldsymbol{B}\boldsymbol{u}$. 故 $\boldsymbol{B}V_1\subseteq V_1$. 从而存在 $\boldsymbol{0}\neq\boldsymbol{v}_1\in V_1$ 及 $\mu\in\mathbb{C}$ 使得 $\boldsymbol{B}\boldsymbol{v}_1=\mu\boldsymbol{v}_1$, 同时有 $\boldsymbol{A}\boldsymbol{v}_1=\lambda_1\boldsymbol{v}_1$, $\boldsymbol{C}\boldsymbol{v}_1=\boldsymbol{0}$. 将 $\boldsymbol{v}_1$ 扩充为 $\mathbf{C}^n$ 的一组基 $\{\boldsymbol{v}_1,\cdots,\boldsymbol{v}_n\}$, 令 $\boldsymbol{p}=(\boldsymbol{v}_1,\cdots,\boldsymbol{v}_n)$, 则 $\boldsymbol{AP}=\boldsymbol{P}\begin{pmatrix}\lambda & \boldsymbol{x}\\ \boldsymbol{0} & \boldsymbol{A}_1\end{pmatrix}$, $\boldsymbol{BP}=\boldsymbol{P}\begin{pmatrix}\mu & \boldsymbol{y}\\ \boldsymbol{0} & \boldsymbol{B}_1\end{pmatrix}$, $\boldsymbol{CP}=\boldsymbol{P}\begin{pmatrix}0 & \boldsymbol{z}\\ \boldsymbol{0} & \boldsymbol{C}_1\end{pmatrix}$, 并且 $\boldsymbol{A}_1,\boldsymbol{B}_1$, $\boldsymbol{C}_1$ 满足 $\boldsymbol{A}_1\boldsymbol{B}_1-\boldsymbol{B}_1\boldsymbol{A}_1=\boldsymbol{C}_1$, $\boldsymbol{A}_1\boldsymbol{C}_1=\boldsymbol{C}_1\boldsymbol{A}_1$, $\boldsymbol{B}_1\boldsymbol{C}_1=\boldsymbol{C}_1\boldsymbol{B}_1$. 由数学归纳法即可得知, $\boldsymbol{A}$, $\boldsymbol{B}$, $\boldsymbol{C}$ 同时相似于上三角矩阵.

(iii) 当 $n\geqslant 3$ 时, 取 $\boldsymbol{A}=\boldsymbol{E}_{12}$, $\boldsymbol{B}=\boldsymbol{E}_{23}$, $\boldsymbol{C}=\boldsymbol{E}_{13}$, 则 $\boldsymbol{A}$, $\boldsymbol{B}$, $\boldsymbol{C}$ 满足题意. 对 $n=2$, 不妨设 $\boldsymbol{C}=\begin{pmatrix}0&1\\0&0\end{pmatrix}$, 则由 $\boldsymbol{AC}=\boldsymbol{CA}$ 得, $\boldsymbol{A}=\begin{pmatrix}a_1&a_2\\0&a_1\end{pmatrix}$. 类似由 $\boldsymbol{BC}=\boldsymbol{CB}$ 得, $\boldsymbol{B}=\begin{pmatrix}b_1&b_2\\0&b_1\end{pmatrix}$. $\boldsymbol{AB}-\boldsymbol{BA}=\boldsymbol{0}$, 这与 $\boldsymbol{AB}-\boldsymbol{BA}=\boldsymbol{C}$ 矛盾. 故满足 $\boldsymbol{C}\neq\boldsymbol{0}$, n 的最小值为 3.

例 4.2.14 设 V 是有限维欧氏空间, V_1,V_2 是 V 的非平凡子空间且 $V=V_1\oplus V_2$. 设 p_1,p_2 分别是 V 到 V_1,V_2 的正交投影, $\varphi=p_1+p_2$, 用 $\det\varphi$ 表示线性变换 φ 的行列式. 证明: $0<\det\varphi\leqslant 1$ 且 $\det\varphi=1$ 的充要条件是 V_1 与 V_2 正交.

分析 基的扩充与线性变换的限制.

证明 设 $\dim V_1=m$, $\dim V_2=n$, $m,n>0$. 分别取 V_1, V_2 的各一组标准正交基, 它们合起来是 V 的一组基. φ 在这组基下的矩阵形如

$$\begin{pmatrix}\boldsymbol{I}_m & \boldsymbol{B}\\ \boldsymbol{C} & \boldsymbol{I}_n\end{pmatrix},$$

其中 $\boldsymbol{B}$ 和 $\boldsymbol{C}$ 分别是 $p_1|_{V_2}:V_2\to V_1$ 和 $p_2|_{V_1}:V_1\to V_2$ 的矩阵, 对于

$$\boldsymbol{v}_1\in V_1 \text{ 和 } \boldsymbol{v}_2\in V_2,\quad \boldsymbol{v}_1-p_2\boldsymbol{v}_1\in V_2^{\perp},$$

故 $\langle p_2\boldsymbol{v}_1,\boldsymbol{v}_2\rangle=\langle\boldsymbol{v}_1,\boldsymbol{v}_2\rangle$. 同理, $\langle\boldsymbol{v}_1,p_1\boldsymbol{v}_2\rangle=\langle\boldsymbol{v}_1,\boldsymbol{v}_2\rangle$.

由 $\langle p_2\boldsymbol{v}_1,\boldsymbol{v}_2\rangle=\langle\boldsymbol{v}_1,p_1\boldsymbol{v}_2\rangle$ 得, $\boldsymbol{C}=\boldsymbol{B}^{\mathrm{T}}$. 从而 $\boldsymbol{CB}=\boldsymbol{B}^{\mathrm{T}}\boldsymbol{B}$ 为正定矩阵, 它就是 $p_2p_1|_{V_2}:V_2\to V_2$ 的矩阵.

设 λ 为 $p_2p_1|_{V_2}$ 的一个特征值, $\boldsymbol{v}_2 \in V_2$ 是相应的特征向量, 则 $\lambda \geqslant 0$. 由于 $\boldsymbol{v}_2 \notin V_1$, 则有 $\|p_1\boldsymbol{v}_2\| < \|\boldsymbol{v}_2\|$, 所以 $0 \leqslant \lambda\|\boldsymbol{v}_2\|^2 = \langle p_2p_1\boldsymbol{v}_2, \boldsymbol{v}_2\rangle = \langle p_1\boldsymbol{v}_2, p_1\boldsymbol{v}_2\rangle = \|p_1\boldsymbol{v}_2\|^2 < \|\boldsymbol{v}_2\|^2$, 故 $0 \leqslant \lambda < 1$.

由于 φ 在 V 的一组基下的矩阵为 $\boldsymbol{A}$, 所以

$$
\begin{aligned}
\det\varphi = \det\boldsymbol{A} &= \det\begin{pmatrix} \boldsymbol{I}_m & \boldsymbol{B} \\ \boldsymbol{C} & \boldsymbol{I}_n \end{pmatrix} \\
&= \det(\boldsymbol{I}_n - \boldsymbol{C}\boldsymbol{B}) = \prod_{\lambda}(1-\lambda),
\end{aligned}
$$

这里 λ 取遍矩阵 $\boldsymbol{C}\boldsymbol{B}$ 所有特征值 (记重数). 由于 $\boldsymbol{C}\boldsymbol{B}$ 的特征值即 $p_2p_1|_{V_2}$ 的特征值, 故对 $\boldsymbol{C}\boldsymbol{B}$ 的每个特征值 λ, 有 $0 \leqslant \lambda < 1$, 从而 $0 < \det\varphi \leqslant 1$.

特别地, $\det\varphi = 1$ 当且仅当对 $\boldsymbol{C}\boldsymbol{B}$ 的每个特征值 λ, 均有 $\lambda = 0$, 这也等价于

$$
\boldsymbol{C}\boldsymbol{B} = \boldsymbol{B}^{\mathrm{T}}\boldsymbol{B} = \boldsymbol{0}, \quad \text{即 } \boldsymbol{B} = \boldsymbol{C} = \boldsymbol{0},
$$

所以 $\det\varphi = 1$ 的充要条件是 V_1 与 V_2 正交.

第 5 章　递推与数学归纳法

在高等代数中递推与数学归纳法主要讨论关于行列式计算问题, 可以把高阶行列式与低阶行列式之间建立递推关系. 同时, 在处理高阶矩阵与低阶矩阵的问题的时候, 往往可以使用数学归纳法. 递推有时候需要得到部分性质, 逐步递推到全部的结果.

5.1　主要内容概述

这里举文献 [3] 中范德蒙德行列式计算的例子以及 [3] 中 158 页习题的例子. 下面的定理 5.1.1 选自文献 [3] 的第一章第 4 节的例 3. 就是一个很好的递推与数学归纳的例子.

定理 5.1.1　计算 n 阶范德蒙德行列式

$$D_n = \begin{vmatrix} 1 & 1 & 1 & \cdots & 1 \\ a_1 & a_2 & a_3 & \cdots & a_n \\ a_1^2 & a_2^2 & a_3^2 & \cdots & a_n^2 \\ \vdots & \vdots & \vdots & & \vdots \\ a_1^{n-1} & a_2^{n-1} & a_3^{n-1} & \cdots & a_n^{n-1} \end{vmatrix}.$$

解　从最后一行开始, 每一行减去它相邻的前一行乘以 a_1, 得

$$D_n = \begin{vmatrix} 1 & 1 & 1 & \cdots & 1 \\ 0 & a_2 - a_1 & a_3 - a_1 & \cdots & a_n - a_1 \\ 0 & a_2(a_2 - a_1) & a_3(a_3 - a_1) & \cdots & a_n(a_n - a_1) \\ \vdots & \vdots & \vdots & & \vdots \\ 0 & a_2^{n-2}(a_2 - a_1) & a_3^{n-2}(a_3 - a_1) & \cdots & a_n^{n-2}(a_n - a_1) \end{vmatrix}.$$

将 D_n 按第 1 列展开, 然后再从 $n-1$ 阶行列式的每一列提出公因子, 得

$$D_n = (a_2 - a_1)(a_3 - a_1)\cdots(a_n - a_1)\begin{vmatrix} 1 & 1 & \cdots & 1 \\ a_2 & a_3 & \cdots & a_n \\ a_2^2 & a_3^2 & \cdots & a_n^2 \\ \vdots & \vdots & & \vdots \\ a_2^{n-2} & a_3^{n-2} & \cdots & a_n^{n-2} \end{vmatrix}.$$

出现在上式右端的那个 $n-1$ 阶行列式是一个 $n-1$ 阶的范德蒙德行列式, 我们用 D_{n-1} 代表它:

$$D_n = (a_2 - a_1)(a_3 - a_1)\cdots(a_n - a_1)D_{n-1}.$$

重复对 D_n 的做法, 得

$$D_{n-1} = (a_3 - a_2)(a_4 - a_2)\cdots(a_n - a_2)D_{n-2}.$$

此处 D_{n-2} 是一个 $n-2$ 阶范德蒙德行列式. 如此继续下去, 最后得

$$\begin{aligned} D_n = (a_2 - a_1)&(a_3 - a_1)\cdots(a_n - a_1) \\ &\cdot(a_3 - a_2)\cdots(a_n - a_2) \\ &\vdots \\ &\cdot(a_n - a_{n-1}). \end{aligned}$$

除了范德蒙德行列式计算的例子, 在文献 [3] 中还有类似的体现递推与数学归纳的例子. 比如根据文献 [3] 的定理 2.6.5, 利用数学归纳法显然可以证明, 对于 m 个 n 阶方阵 $\boldsymbol{A}_1, \boldsymbol{A}_2, \cdots, \boldsymbol{A}_m$ 来说, 总有

$$\det(\boldsymbol{A}_1\boldsymbol{A}_2\cdots\boldsymbol{A}_m) = \det\boldsymbol{A}_1 \cdot \det\boldsymbol{A}_2\cdots\det\boldsymbol{A}_m.$$

根据文献 [3] 的定理 2.7.3, 利用数学归纳法可以证明, 对于 m 个 n 阶可逆方阵 $\boldsymbol{A}_1, \boldsymbol{A}_2, \cdots, \boldsymbol{A}_m$ 来说, 总有

$$(\boldsymbol{A}_1\boldsymbol{A}_2\cdots\boldsymbol{A}_m)^{-1}\ \boldsymbol{A}_1^{-1}\boldsymbol{A}_2^{-1}\cdots\boldsymbol{A}_m^{-1}.$$

5.2　典型的例子

例 5.2.1　计算 n 阶行列式

$$D_n = \begin{vmatrix} x & y & y & \cdots & y & y \\ z & x & y & \cdots & y & y \\ z & z & x & \cdots & y & y \\ \vdots & \vdots & \vdots & & \vdots & \vdots \\ z & z & z & \cdots & x & y \\ z & z & z & \cdots & z & x \end{vmatrix}.$$

分析　先建立高阶行列式与低一阶行列式的递推关系.

解　利用行列式的性质, D_n 可以写成

$$\begin{vmatrix} x-y & y & y & \cdots & y & y \\ 0 & x & y & \cdots & y & y \\ 0 & z & x & \cdots & y & y \\ \vdots & \vdots & \vdots & & \vdots & \vdots \\ 0 & z & z & \cdots & x & y \\ 0 & z & z & \cdots & z & x \end{vmatrix} + \begin{vmatrix} y & y & y & \cdots & y & y \\ z & x & y & \cdots & y & y \\ z & z & x & \cdots & y & y \\ \vdots & \vdots & \vdots & & \vdots & \vdots \\ z & z & z & \cdots & x & y \\ z & z & z & \cdots & z & x \end{vmatrix}.$$

因此

$$D_n = (x-y)D_{n-1} + y(x-z)^{n-1}.$$

根据 y 与 z 的对称性, 又有

$$D_n = (x-z)D_{n-1} + z(x-y)^{n-1}.$$

所以, 当 $y \neq z$ 时, 有

$$(y-z)D_n = y(x-z)^n - z(x-y)^n,$$

解之, 得

$$D_n = \frac{y(x-z)^n - z(x-y)^n}{y-z}.$$

当 $y = z$ 时, 易算得

$$D_n = [x+(n-1)y](x-y)^{n-1}.$$

当 $z = -y$ 时,

$$D_n = \frac{1}{2}[(x+y)^n + (x-y)^n].$$

例 5.2.2 计算 n 阶行列式

$$D_n = \begin{vmatrix} \alpha+\beta & \alpha & 0 & \cdots & 0 & 0 \\ \beta & \alpha+\beta & \alpha & \cdots & 0 & 0 \\ 0 & \beta & \alpha+\beta & \cdots & 0 & 0 \\ \vdots & \vdots & \vdots & & \vdots & \vdots \\ 0 & 0 & 0 & \cdots & \alpha+\beta & \alpha \\ 0 & 0 & 0 & \cdots & \beta & \alpha+\beta \end{vmatrix}_{(n)}.$$

分析 建立高阶行列式与低一阶行列式的递推关系再求解.

解 方法一 将行列式按第一列展开, 得

$$D_n = (\alpha+\beta)D_{n-1} - \alpha\beta D_{n-2} \quad (n \geqslant 3) \tag{5.1}$$

如果令 $D_0 = 1$, 那么 (5.1) 式当 $n = 2$ 时也成立. 方程 $x^2-(\alpha+\beta)x+\alpha\beta=0$ 的两个根为 α, β.

(1) 当 $\alpha \neq \beta$ 时, 令 $D_n = C_1\alpha^n + C_2\beta^n$, 则

$$\begin{cases} 1 = C_1 + C_2, \\ \alpha+\beta = C_1\alpha + C_2\beta, \end{cases}$$

得

$$\begin{cases} C_1 = \dfrac{-\alpha}{\beta-\alpha}, \\ C_2 = \dfrac{-\beta}{\alpha-\beta}. \end{cases}$$

所以

$$D_n = \frac{1}{\beta-\alpha}(\beta^{n+1}-\alpha^{n+1}) = \beta^n + \alpha\beta^{n-1} + \alpha^2\beta^{n-2} + \cdots + \alpha^{n-1}\beta + \alpha^n.$$

(2) 当 $\alpha = \beta$ 时, 令 $D_n = (C_1 + nC_2)\alpha^n$. 由

$$\begin{cases} 1 = C_1, \\ 2\alpha = (C_1+C_2)\alpha \end{cases} \xRightarrow{\alpha\neq 0} \begin{cases} C_1 = 1, \\ C_2 = 1 \end{cases}$$

得

$$D_n = (n+1)\alpha^n.$$

上式当 $\alpha = 0$ 时, 亦对.

方法二 由 (2) 知

$$\begin{aligned}D_n-\alpha D_{n-1}&=\beta(D_{n-1}-\alpha D_{n-2})\\&=\beta^2(D_{n-2}-\alpha D_{n-3})\\&=\cdots\\&=\beta^{n-2}(D_2-\alpha D_1)\\&=\beta^{n-2}(\alpha^2+\alpha\beta+\beta^2-\alpha^2-\alpha\beta)\\&=\beta^n.\end{aligned}$$

同理, $D_n-\beta D_{n-1}=\alpha^n$.

(1) 当 $\alpha\neq\beta$ 时, $(\beta-\alpha)D_n=\beta^{n+1}-\alpha^{n+1}$, 所以

$$D_n=\frac{\beta^{n+1}-\alpha^{n+1}}{\beta-\alpha}.$$

(2) 当 $\alpha=\beta$ 时,

$$\begin{cases}D_n=\alpha D_{n-1}+\beta^n,\\D_{n-1}=\alpha D_{n-2}+\beta^{n-1},\\\quad\cdots\cdots\\D_2=\alpha D_1+\beta^2,\\D_1=\alpha+\beta.\end{cases}$$

这 n 个式子依次左右两端分别乘以 1, α, α^2, $\cdots$, α^{n-1}, 所得的 n 个式子左右两端分别相加, 得

$$D_n=(n+1)\alpha^n.$$

例 5.2.3　计算 n 阶行列式

$$D_n=\begin{vmatrix}a&b&0&\cdots&0&0\\c&a&b&\cdots&0&0\\0&c&a&\cdots&0&0\\\vdots&\vdots&\vdots&&\vdots&\vdots\\0&0&0&\cdots&a&b\\0&0&0&\cdots&c&a\end{vmatrix}_{(n)}.$$

分析　建立高阶行列式与低一阶行列式的递推关系再求解.

解　利用行列式性质, 可得递推关系式:

$$D_n=aD_{n-1}-bcD_{n-2}\quad(n\geqslant 3).$$

令 $D_0=1$, 则上述递推关系当 $n=2$ 时亦成立. 方程 $x^2-ax+bc=0$ 的两根分别是

$$\lambda_1=\frac{a+\sqrt{a^2-4bc}}{2},\quad \lambda_2=\frac{a-\sqrt{a^2-4bc}}{2}.$$

(1) 当 $a^2-4bc\neq 0$ 时, 令

$$D_n=C_1\lambda_1^n+C_2\lambda_2^n.$$

上式中令 $n=0,1$, 可得

$$\begin{cases}1=C_1+C_2,\\ a=C_1\lambda_1+C_2\lambda_2\end{cases}\Longrightarrow\begin{cases}C_1=\dfrac{a+\sqrt{a^2-4bc}}{2\sqrt{a^2-4bc}},\\ C_2=\dfrac{-a+\sqrt{a^2-4bc}}{2\sqrt{a^2-4bc}}.\end{cases}$$

故

$$D_n=\frac{1}{\sqrt{a^2-4bc}}\left[\left(\frac{a+\sqrt{a^2-4bc}}{2}\right)^{n+1}-\left(\frac{a-\sqrt{a^2-4bc}}{2}\right)^{n+1}\right].$$

(2) 若 $a^2-4bc=0$, 则 $\lambda_1=\lambda_2=\dfrac{a}{2}$. 令

$$D_n=(C_1+C_2n)\left(\frac{a}{2}\right)^n.$$

上式中令 $n=0,1$ 可得

$$\begin{cases}1=C_1,\\ a=(C_1+C_2)\dfrac{a}{2}\end{cases}\overset{a\neq 0}{\Longrightarrow}\begin{cases}C_1=1,\\ C_2=1.\end{cases}$$

所以

$$D_n=(n+1)\left(\frac{a}{2}\right)^n.$$

当 $a=0$ 且 $a^2-4bc=0$ 时, 上式亦对.

例 5.2.4 求 n 阶行列式

$$D_n=\begin{vmatrix} x & -1 & 0 & \cdots & 0 & 0\\ 0 & x & -1 & \cdots & 0 & 0\\ 0 & 0 & x & \cdots & 0 & 0\\ \vdots & \vdots & \vdots & & \vdots & \vdots\\ 0 & 0 & 0 & \cdots & x & -1\\ a_n & a_{n-1} & a_{n-2} & \cdots & a_2 & x+a_1\end{vmatrix}.$$

分析 建立高阶行列式与低一阶行列式的递推关系再求解.

解 按照第 1 列展开可得

$$D_n = xD_{n-1} + a_n(-1)^{n+1}(-1)^{n-1} = xD_{n-1} + a_n.$$

同理有

$$\begin{cases} D_n = xD_{n-1} + a_n, \\ D_{n-1} = xD_{n-2} + a_{n-1}, \\ D_{n-2} = xD_{n-3} + a_{n-2}, \\ \qquad \cdots\cdots \\ D_2 = xD_1 + a_2, \\ D_1 = x + a_1. \end{cases}$$

给这 n 个式子依次左右两端同乘以 1, x, x^2, $\cdots$, x^{n-2}, x^{n-1}. 将所得到的 n 个新式子左右两端分别相加, 有

$$D_n = a_n + a_{n-1}x + a_{n-2}x^2 + \cdots + a_2x^{n-2} + a_1x^{n-1} + x^n.$$

例 5.2.5 设 V 是数域 F 上的向量空间, W_i 是 V 的子空间, $W_i \neq V$, $i = 1, 2, \cdots, s$. 试证明 $\bigcup\limits_{i=1}^{s} W_i \neq V$.

分析 对空间个数用数学归纳法.

证明 对 s 作归纳.

当 $s = 1$ 时, 结论显然成立.

设 $s > 1$, 且对 V 的 $s-1$ 个不等于 V 的子空间结论成立. 下面考虑 V 的子空间 W_i, $W_i \neq V$, $i = 1, 2, \cdots, s$. 由归纳假设知 $\bigcup\limits_{i=1}^{s-1} W_i \neq V$. 故存在 $\boldsymbol{\alpha} \in V - \bigcup\limits_{i=1}^{s-1} W_i$.

(1) 当 $\boldsymbol{\alpha} \notin W_s$ 时, $\boldsymbol{\alpha} \in V - \bigcup\limits_{i=1}^{s} W_i$, 故 $\bigcup\limits_{i=1}^{s} W_i \neq V$.

(2) 当 $\boldsymbol{\alpha} \in W_s$ 时, 由于 $W_s \neq V$, 因此存在 $\boldsymbol{\beta} \in V - W_s$. 显然

$$\boldsymbol{\beta} + \boldsymbol{\alpha}, \boldsymbol{\beta} + 2\boldsymbol{\alpha}, \cdots, \boldsymbol{\beta} + s\boldsymbol{\alpha} \notin W_s,$$

且存在 $j \in \{1, 2, \cdots, s\}$, 使 $\boldsymbol{\beta} + j\boldsymbol{\alpha} \notin \bigcup\limits_{i=1}^{s-1} W_i$. 否则, 如果 $\boldsymbol{\beta}+\boldsymbol{\alpha}$, $\boldsymbol{\beta}+2\boldsymbol{\alpha}$, $\cdots$, $\boldsymbol{\beta}+s\boldsymbol{\alpha} \in \bigcup\limits_{i=1}^{s-1} W_i$, 存在 k, $l \in \{1, 2, \cdots, s\}$, $k < l$, 存在 $p \in \{1, 2, \cdots, s-1\}$, 使 $\boldsymbol{\beta} + k\boldsymbol{\alpha}$, $\boldsymbol{\beta} + l\boldsymbol{\alpha} \in W_p$, 所以 $(l-k)\boldsymbol{\alpha} \in W_p$, 即有 $\boldsymbol{\alpha} \in W_p$, 这与 $\boldsymbol{\alpha} \notin \bigcup\limits_{i=1}^{s-1} W_i$ 矛盾. 这样 $\boldsymbol{\beta} + j\boldsymbol{\alpha} \notin \bigcup\limits_{i=1}^{s} W_i$, 故 $\bigcup\limits_{i=1}^{s} W_i \neq V$.

例 5.2.6 设 W_i 是 F 上 $n(>0)$ 维向量空间 V 的子空间, 且 $W_i \neq V$, $i = 1, 2, \cdots, s$. 则存在 V 的一个基, 使得该基中每一个向量都不在 $\bigcup\limits_{i=1}^{s} W_i$ 中.

分析 对空间个数用数学归纳法.

证明 对 s 作归纳.

当 $s = 1$ 时, 取 W_1 的一个基 $\{\boldsymbol{\alpha}_1, \boldsymbol{\alpha}_2, \cdots, \boldsymbol{\alpha}_r\}$, $r < n$, 将基扩充为 V 的一个基 $\{\boldsymbol{\alpha}_1, \boldsymbol{\alpha}_2, \cdots, \boldsymbol{\alpha}_r, \boldsymbol{\alpha}_{r+1}, \cdots, \boldsymbol{\alpha}_n\}$. 可证明出 $\{\boldsymbol{\alpha}_1 + \boldsymbol{\alpha}_n, \boldsymbol{\alpha}_2 + \boldsymbol{\alpha}_n, \cdots, \boldsymbol{\alpha}_r + \boldsymbol{\alpha}_n, \boldsymbol{\alpha}_{r+1}, \cdots, \boldsymbol{\alpha}_n\}$ 线性无关, 是 V 的基, 且 $\boldsymbol{\alpha}_i + \boldsymbol{\alpha}_n \notin W_1$, $i = 1, 2, \cdots, r$, $\boldsymbol{\alpha}_{r+1}, \cdots, \boldsymbol{\alpha}_n \notin W_1$.

设 $s > 1$, 且对 $s-1$ 个 V 的真子空间结论成立. 现考虑 V 的 s 个子空间 $W_1, W_2, \cdots, W_s$, $W_i \neq V$, $i = 1, 2, \cdots, s$. 由归纳假设知, 存在 V 的一个基 $\{\boldsymbol{\beta}_1, \boldsymbol{\beta}_2, \cdots, \boldsymbol{\beta}_n\}$, 使

$$\{\boldsymbol{\beta}_1, \boldsymbol{\beta}_2, \cdots, \boldsymbol{\beta}_n\} \cap \left(\bigcup_{i=1}^{s-1} W_i\right) = \varnothing.$$

(1) 如果 $\{\boldsymbol{\beta}_1, \boldsymbol{\beta}_2, \cdots, \boldsymbol{\beta}_n\} \cap W_s = \varnothing$, 那么 $\boldsymbol{\beta}_1, \boldsymbol{\beta}_2, \cdots, \boldsymbol{\beta}_n$ 即满足要求.

(2) 如果 $\{\boldsymbol{\beta}_1, \boldsymbol{\beta}_2, \cdots, \boldsymbol{\beta}_n\} \cap W_s \neq \varnothing$, 不妨设 $\boldsymbol{\beta}_1, \boldsymbol{\beta}_2, \cdots, \boldsymbol{\beta}_r \in W_s$, $\boldsymbol{\beta}_{r+1}, \cdots, \boldsymbol{\beta}_n \notin W_s$, $r \geqslant 1$, 由 $W_s \neq V \Longrightarrow r < n$, 最多有一个 F 中的数 k_j, 使 $\boldsymbol{\beta}_1 + k_j\boldsymbol{\beta}_n \in W_j$, $1 \leqslant j \leqslant s-1$. (否则, 如有两个不同的数 k_j, k_j', 使 $\boldsymbol{\beta}_1 + k_j\boldsymbol{\beta}_n \in W_j$, $\boldsymbol{\beta}_1 + k_j'\boldsymbol{\beta}_n \in W_j$, 则 $(k_j - k_j')\boldsymbol{\beta}_n \in W_j$, 故 $\boldsymbol{\beta}_n \in W_j$, 矛盾.) 所以除可能的 $k_1, k_2, \cdots, k_{s-1}$ 之外, F 中有非零数 m_1, 使

$$\boldsymbol{\beta}_1 + m_1\boldsymbol{\beta}_n \notin \bigcup_{j=1}^{s-1} W_j.$$

同理有 F 中的非零数 $m_2, m_3, \cdots, m_r$, 使

$$\boldsymbol{\beta}_2 + m_2\boldsymbol{\beta}_n, \boldsymbol{\beta}_3 + m_3\boldsymbol{\beta}_n, \cdots, \boldsymbol{\beta}_r + m_r\boldsymbol{\beta}_n \notin \bigcup_{j=1}^{s-1} W_j.$$

显然 $\boldsymbol{\beta}_1 + m_1\boldsymbol{\beta}_n, \boldsymbol{\beta}_2 + m_2\boldsymbol{\beta}_n, \cdots, \boldsymbol{\beta}_r + m_r\boldsymbol{\beta}_n \notin W_s$, 易证

$$\{\boldsymbol{\beta}_1 + m_1\boldsymbol{\beta}_n, \boldsymbol{\beta}_2 + m_2\boldsymbol{\beta}_n, \cdots, \boldsymbol{\beta}_r + m_r\boldsymbol{\beta}_n, \boldsymbol{\beta}_{r+1}, \cdots, \boldsymbol{\beta}_n\}$$

线性无关, 从而它们是 V 的基, 且满足要求.

例 5.2.7 设 $a_1, a_2, \cdots, a_n, b_1, b_2, \cdots, b_n$ 都是数, 且 $a_i + b_j \neq 0$, $i, j = 1, 2, \cdots, n$. 计算 n 阶行列式

$$D_n=\begin{vmatrix}\dfrac{1}{a_1+b_1} & \dfrac{1}{a_1+b_2} & \cdots & \dfrac{1}{a_1+b_n}\\ \dfrac{1}{a_2+b_1} & \dfrac{1}{a_2+b_2} & \cdots & \dfrac{1}{a_2+b_n}\\ \vdots & \vdots & & \vdots\\ \dfrac{1}{a_n+b_1} & \dfrac{1}{a_n+b_2} & \cdots & \dfrac{1}{a_n+b_n}\end{vmatrix}_{(n)}.$$

分析　建立高阶行列式与低一阶行列式的递推关系再求解.

解　最后一列乘以 (-1) 加到其余各列得

$$D_n=$$

$$\begin{vmatrix}\dfrac{b_n-b_1}{(a_1+b_1)(a_1+b_n)} & \dfrac{b_n-b_2}{(a_1+b_2)(a_1+b_n)} & \cdots & \dfrac{b_n-b_{n-1}}{(a_1+b_{n-1})(a_1+b_n)} & \dfrac{1}{a_1+b_n}\\ \dfrac{b_n-b_1}{(a_2+b_1)(a_2+b_n)} & \dfrac{b_n-b_2}{(a_2+b_2)(a_2+b_n)} & \cdots & \dfrac{b_n-b_{n-1}}{(a_2+b_{n-1})(a_2+b_n)} & \dfrac{1}{a_2+b_n}\\ \vdots & \vdots & & \vdots & \vdots\\ \dfrac{b_n-b_1}{(a_n+b_1)(a_n+b_n)} & \dfrac{b_n-b_2}{(a_n+b_2)(a_n+b_n)} & \cdots & \dfrac{b_n-b_{n-1}}{(a_n+b_{n-1})(a_n+b_n)} & \dfrac{1}{a_n+b_n}\end{vmatrix}_{(n)}$$

$$=\frac{\prod\limits_{j=1}^{n-1}(b_n-b_j)}{\prod\limits_{i=1}^{n}(a_i+b_n)}\begin{vmatrix}\dfrac{1}{a_1+b_1} & \dfrac{1}{a_1+b_2} & \cdots & \dfrac{1}{a_1+b_{n-1}} & 1\\ \dfrac{1}{a_2+b_1} & \dfrac{1}{a_2+b_2} & \cdots & \dfrac{1}{a_2+b_{n-1}} & 1\\ \vdots & \vdots & & \vdots & \vdots\\ \dfrac{1}{a_n+b_1} & \dfrac{1}{a_n+b_2} & \cdots & \dfrac{1}{a_n+b_{n-1}} & 1\end{vmatrix}.$$

出现在上式右端的 n 阶行列式的最后一行乘以 (-1) 加到其余各行, 得

$$\frac{\prod\limits_{j=1}^{n-1}(b_n-b_j)}{\prod\limits_{i=1}^{n}(a_i+b_n)}\begin{vmatrix}\dfrac{1}{a_1+b_1} & \dfrac{1}{a_1+b_2} & \cdots & \dfrac{1}{a_1+b_{n-1}} & 1\\ \dfrac{1}{a_2+b_1} & \dfrac{1}{a_2+b_2} & \cdots & \dfrac{1}{a_2+b_{n-1}} & 1\\ \vdots & \vdots & & \vdots & \vdots\\ \dfrac{1}{a_n+b_1} & \dfrac{1}{a_n+b_2} & \cdots & \dfrac{1}{a_n+b_{n-1}} & 1\end{vmatrix}$$

$$= \frac{\prod\limits_{j=1}^{n-1}(b_n - b_j)}{\prod\limits_{i=1}^{n}(a_i + b_n)}$$

$$\times \begin{vmatrix} \frac{a_n-a_1}{(a_1+b_1)(a_n+b_1)} & \frac{a_n-a_1}{(a_1+b_2)(a_n+b_2)} & \cdots & \frac{a_n-a_1}{(a_1+b_{n-1})(a_n+b_{n-1})} & 0 \\ \vdots & \vdots & & \vdots & \vdots \\ \frac{a_n-a_{n-1}}{(a_{n-1}+b_1)(a_n+b_1)} & \frac{a_n-a_{n-1}}{(a_{n-1}+b_2)(a_n+b_2)} & \cdots & \frac{a_n-a_{n-1}}{(a_{n-1}+b_{n-1})(a_n+b_{n-1})} & 0 \\ \frac{1}{a_n+b_1} & \frac{1}{a_n+b_2} & \cdots & \frac{1}{a_n+b_{n-1}} & 1 \end{vmatrix}$$

$$= \frac{\prod\limits_{j=1}^{n-1}[(b_n - b_j)(a_n - a_j)]}{\prod\limits_{i=1}^{n}(a_i + b_n)\prod\limits_{j=1}^{n-1}(a_n + b_j)} D_{n-1}.$$

这里 D_{n-1} 是划去 D_n 的最后一行和最后一列之后得到的 $n-1$ 阶行列式. 依次递推下去, 有

$$D_n = \frac{\prod\limits_{1 \leqslant j < i \leqslant n}[(b_i - b_j)(a_i - a_j)]}{\prod\limits_{t=2}^{n}\left[\prod\limits_{i=1}^{t}(a_i + b_t)\prod\limits_{i=1}^{t-1}(a_t + b_i)\right]} D_1 = \frac{\prod\limits_{1 \leqslant j < i \leqslant n}[(b_i - b_j)(a_i - a_j)]}{\prod\limits_{i=1}^{n}\prod\limits_{j=1}^{n}(a_i + b_j)}.$$

例 5.2.8 设 $\boldsymbol{A}$ 为 n 阶方阵. 证明:

(i) 存在正整数 k, 使秩 $\boldsymbol{A}^k =$ 秩 $\boldsymbol{A}^{k+1}$;

(ii) 设 k 是正整数, 且秩 $\boldsymbol{A}^k =$ 秩 $\boldsymbol{A}^{k+1}$, 则对任意正整数 s, 均有

$$\text{秩 } \boldsymbol{A}^{k+s} = \text{秩 } \boldsymbol{A}^k.$$

分析 数学归纳法.

证明 (i) 考虑 $\boldsymbol{A}, \boldsymbol{A}^2, \cdots, \boldsymbol{A}^{n+1}, \boldsymbol{A}^{n+2}$ 的秩, 它们均属于 $\{0, 1, \cdots, n\}$. 因而 $n+2$ 个非负整数秩 $\boldsymbol{A}$, 秩 $\boldsymbol{A}^2, \cdots$, 秩 $\boldsymbol{A}^{n+1}$, 秩 $\boldsymbol{A}^{n+2}$ 不可能互异. 所以存在正整数 k 和 l, 使 $1 \leqslant k \leqslant n+1$, $k+l \leqslant n+2$, 且秩 $\boldsymbol{A}^k =$ 秩 $\boldsymbol{A}^{k+l}$. 又秩 $\boldsymbol{A}^k \geqslant$ 秩 $\boldsymbol{A}^{k+1} \geqslant \cdots \geqslant$ 秩 $\boldsymbol{A}^{k+l}$, 所以秩 $\boldsymbol{A}^k =$ 秩 $\boldsymbol{A}^{k+1}$.

(ii) 对 s 作归纳.

当 $s = 1$ 时, 结论成立.

假设当 $s = m$ 时, 结论成立, 即秩 $\boldsymbol{A}^{k+m} =$ 秩 $\boldsymbol{A}^k$. 下面考虑 $s = m+1$ 的情形.

任取 $\boldsymbol{A}^{k+m+1}\boldsymbol{X}=\mathbf{0}$ 的一个解向量 $\boldsymbol{X}_0$, 令 $\boldsymbol{C}_0=\boldsymbol{A}\boldsymbol{X}_0$, 则 $\boldsymbol{A}^{k+m}\boldsymbol{C}_0=\mathbf{0}$. 由归纳假设知, 秩 $\boldsymbol{A}^{k+m}=$ 秩 $\boldsymbol{A}^k$. 再利用方程组解空间性质可得, $\boldsymbol{A}^{k+m}\boldsymbol{X}=\mathbf{0}$ 与 $\boldsymbol{A}^k\boldsymbol{X}=\mathbf{0}$ 具有相同的解空间. 因此 $\boldsymbol{A}^k\boldsymbol{C}_0=\mathbf{0}$, 即 $\boldsymbol{A}^k\boldsymbol{A}\boldsymbol{X}_0=\mathbf{0}$ 亦即 $\boldsymbol{A}^{k+1}\boldsymbol{X}_0=\mathbf{0}$. 又由于秩 $\boldsymbol{A}^{k+1}=$ 秩 $\boldsymbol{A}^k$, 因此 $\boldsymbol{A}^{k+1}\boldsymbol{X}=\mathbf{0}$ 与 $\boldsymbol{A}^k\boldsymbol{X}=\mathbf{0}$ 有完全相同的解空间. 故有 $\boldsymbol{A}^k\boldsymbol{X}_0=\mathbf{0}$. 这说明 $\boldsymbol{A}^{k+m+1}\boldsymbol{X}=\mathbf{0}$ 与 $\boldsymbol{A}^k\boldsymbol{X}=\mathbf{0}$ 有相同的解空间. 因此, 秩 $\boldsymbol{A}^{k+m+1}=$ 秩 $\boldsymbol{A}^k$.

例 5.2.9 设 V 是数域 F 上的 n 维向量空间, $\sigma\in L(V)$. 试证明: 存在一个正整数 k, 使得 $\operatorname{Ker}\sigma^k=\operatorname{Ker}\sigma^{k+1}$, 且对一切正整数 t, 均有 $\operatorname{Ker}\sigma^k=\operatorname{Ker}\sigma^{k+t}$.

分析 数学归纳法.

证明 (1) $\operatorname{Ker}\sigma=\{\mathbf{0}\}$.

这时 σ 是单射, 且 σ 是满射, 故 σ 可逆, 从而 $\sigma^2,\sigma^3,\cdots$ 均可逆, 即有 $\{\mathbf{0}\}=\operatorname{Ker}\sigma=\operatorname{Ker}\sigma^2=\operatorname{Ker}\sigma^3=\cdots$, 因而结论成立.

(2) $\operatorname{Ker}\sigma\neq\{\mathbf{0}\}$.

由于 $0<\dim\operatorname{Ker}\sigma\leqslant\dim\operatorname{Ker}\sigma^2\leqslant\cdots\leqslant\dim\operatorname{Ker}\sigma^{n+1}\leqslant n$. 由于不超过 n 的正整数只有 n 个, 因此由上式知, 必存在正整数 k, i, 使 $\dim\operatorname{Ker}\sigma^k=\dim\operatorname{Ker}\sigma^{k+i}$ $(k+i\leqslant n+1)$, 当然有 $\dim\operatorname{Ker}\sigma^k=\dim\operatorname{Ker}\sigma^{k+1}$, 即 $\operatorname{Ker}\sigma^k=\operatorname{Ker}\sigma^{k+1}$.

下面用数学归纳法来证明, 对一切正整数 t, 有 $\operatorname{Ker}\sigma^k=\operatorname{Ker}\sigma^{k+t}$.

当 $t=1$ 时, 结论已证.

设 $t>1$, 且 $\operatorname{Ker}\sigma^k=\operatorname{Ker}\sigma^{k+t-1}$. 显然 $\operatorname{Ker}\sigma^k\subseteq\operatorname{Ker}\sigma^{k+t}$.

反之, 对任意的 $\boldsymbol{\xi}\in\operatorname{Ker}\sigma^{k+t}$, 则有 $\sigma^{k+t}(\boldsymbol{\xi})=\mathbf{0}$, $\sigma^{k+t-1}(\sigma(\boldsymbol{\xi}))=\mathbf{0}$, $\sigma(\boldsymbol{\xi})\in\operatorname{Ker}\sigma^{k+t-1}$. 由归纳假设, $\operatorname{Ker}\sigma^k=\operatorname{Ker}\sigma^{k+t-1}$, 因此 $\sigma(\boldsymbol{\xi})\in\operatorname{Ker}\sigma^k$, 即 $\sigma^k(\sigma(\boldsymbol{\xi}))=\mathbf{0}$, $\sigma^{k+1}(\boldsymbol{\xi})=\mathbf{0}$. 这说明 $\boldsymbol{\xi}\in\operatorname{Ker}\sigma^{k+1}=\operatorname{Ker}\sigma^k$, 所以 $\operatorname{Ker}\sigma^{k+t}\subseteq\operatorname{Ker}\sigma^k$. 即有 $\operatorname{Ker}\sigma^k=\operatorname{Ker}\sigma^{k+t}$.

例 5.2.10 设 V 为 F 上的向量空间, $\sigma\in L(V)$, $\lambda_1,\ \cdots,\ \lambda_k$ 是 σ 的 k 个互异的本征值, $\boldsymbol{\alpha}_i$ 是 σ 的属于 λ_i 的本征向量, $i=1,\ 2,\ \cdots,k$. 若 W 是 σ 的不变子空间, $\boldsymbol{\alpha}_1+\cdots+\boldsymbol{\alpha}_k\in W$, 则 $\boldsymbol{\alpha}_1,\ \boldsymbol{\alpha}_2,\ \cdots,\ \boldsymbol{\alpha}_k\in W$, $\dim W\geqslant k$.

分析 对本征值个数用数学归纳法.

证明 仅需证 $\boldsymbol{\alpha}_1,\ \boldsymbol{\alpha}_2,\ \cdots,\ \boldsymbol{\alpha}_k\in W$ 即可.

对 k 作归纳.

当 $k=1$ 时, 结论成立.

下设 $k\geqslant 2$, 且对 σ 的分别属于 $k-1$ 个互异本征值的 $k-1$ 个本征向量来说结论成立. 现考虑 σ 的分别属于 k 个互异本征值 $\lambda_1,\cdots,\lambda_k$ 的本征向量 $\boldsymbol{\alpha}_1,\cdots,\boldsymbol{\alpha}_k$ 的情形. 由 $\boldsymbol{\alpha}_1+\cdots+\boldsymbol{\alpha}_k\in W$, 得 $\lambda_k\boldsymbol{\alpha}_1+\cdots+\lambda_k\boldsymbol{\alpha}_{k-1}+\lambda_k\boldsymbol{\alpha}_k\in W$.

另一方面, 注意到 W 在 σ 之下不变, 由 $\sigma(\boldsymbol{\alpha}_1+\cdots+\boldsymbol{\alpha}_k)\in W$ 可知

$$\lambda_1\boldsymbol{\alpha}_1+\cdots+\lambda_{k-1}\boldsymbol{\alpha}_{k-1}+\lambda_k\boldsymbol{\alpha}_k\in W.$$

所以

$$(\lambda_k-\lambda_1)\boldsymbol{\alpha}_1+\cdots+(\lambda_k-\lambda_{k-1})\boldsymbol{\alpha}_{k-1}\in W.$$

非零向量 $(\lambda_k-\lambda_j)\ \boldsymbol{\alpha}_j$ 为 σ 的属于 λ_j 的本征向量, $j=1,\ 2,\ \cdots,\ k-1$. 由归纳假设得

$$(\lambda_k-\lambda_j)\ \boldsymbol{\alpha}_j\in W,\quad j=1,2,\cdots,k-1.$$

故 $\boldsymbol{\alpha}_j\in W$, $j=1,\ 2,\ \cdots,\ k-1$. 又 $\boldsymbol{\alpha}_1+\cdots+\boldsymbol{\alpha}_k\in W$, 所以 $\boldsymbol{\alpha}_k\in W$, 得证.

例 5.2.11 设 $\mathbf{R}_n[x]=\{f(x)\in\mathbf{R}[x]|f(x)=0$ 或者 $\deg f(x)\leqslant n\}$. 对任意 $g(x)\in\mathbf{R}_n[x]$, 令 $\sigma(g(x))=g(x+1)$. 试证明: σ 为 $\mathbf{R}_n[x]$ 的线性变换, σ 的最小多项式为 $(x-1)^{n+1}$.

分析 数学归纳法.

证明 先证事实 "当 $0\leqslant s\leqslant n$, $t\geqslant s+1$ 时, 有 $(\sigma-\iota)^t(x^s)=0$".

因为 $(\sigma-\iota)(1)=0$, 所以当 $s=0$ 时, 事实成立. 又 $(\sigma-\iota)^2(x)=(\sigma-\iota)(1)=0$, 故当 $s=1$ 时, 事实成立. 假如 $s=k<n$ 时, 事实成立. 那么

$$\begin{aligned}(\sigma-\iota)^{k+2}(x^{k+1})&=(\sigma-\iota)^{k+1}((x+1)^{k+1}-x^{k+1})\\&=(\sigma-\iota)^{k+1}\left(\sum_{j=0}^{k}\binom{k+1}{j}x^j\right)\\&=\sum_{j=0}^{k}\binom{k+1}{j}(\sigma-\iota)^{k+1}x^j=0.\end{aligned}$$

因此当 $s=k+1$ 时, 事实成立. 综上所述, 事实得证.

$(\sigma-\iota)^{n+1}(x^s)=0$, $s=0,1,2,\cdots,n$. 故 $(\sigma-\iota)^{n+1}=\theta$ (零变换). 但

$$\begin{aligned}(\sigma-\iota)^n(x^n)=(\sigma-\iota)^{n-1}((x+1)^n-x^n)&=(\sigma-\iota)^{n-1}\left(\sum_{j=0}^{n-1}\binom{n}{j}x^j\right)\\&=(\sigma-\iota)^{n-1}(nx^{n-1})=n(\sigma-\iota)^{n-1}(x^{n-1}).\end{aligned}$$

递推下去有

$$\begin{aligned}(\sigma-\iota)^n(x^n)&=n(n-1)(\sigma-\iota)^{n-2}(x^{n-2})=\cdots\\&=n(n-1)\cdots2(\sigma-\iota)(x)=n!\neq0,\end{aligned}$$

即 $(\sigma-\iota)^n\neq\theta$, 所以 σ 的最小多项式为 $(x-1)^{n+1}$.

例 5.2.12　证明: $n(>0)$ 维欧氏空间中, 至多存在 $n+1$ 个非零向量, 使得它们两两夹角都大于 90°.

分析　对欧氏空间的维数 n 用数学归纳法.

证明　当 $n=1$ 时, 结论成立.

设 $n \geqslant 2$, 且对 $n-1$ 维欧氏空间结论成立. 考虑 n 维欧氏空间 V. 假如 V 中存在 $n+2$ 个非零向量 $\boldsymbol{\alpha}_1, \boldsymbol{\alpha}_2, \cdots, \boldsymbol{\alpha}_{n+2}$, 使它们两两夹角都大于 $\dfrac{\pi}{2}$. 将 $\boldsymbol{\alpha}_1$ 单位化得 $\boldsymbol{\gamma}_1 = |\boldsymbol{\alpha}_1|^{-1}\boldsymbol{\alpha}_1$, 再扩充为 V 的一个规范正交基 $\boldsymbol{\gamma}_1, \boldsymbol{\gamma}_2, \cdots, \boldsymbol{\gamma}_n$, 则可设

$$\boldsymbol{\alpha}_1 = a_{11}\boldsymbol{\gamma}_1, \quad \boldsymbol{\alpha}_j = \sum_{i=1}^{n} a_{ji}\boldsymbol{\gamma}_i, \quad j = 2, 3, \cdots, n+2.$$

由于 $\boldsymbol{\alpha}_1$ 与 $\boldsymbol{\alpha}_j$ 的夹角大于 $\dfrac{\pi}{2}$, 因此由 $\langle\boldsymbol{\alpha}_1, \boldsymbol{\alpha}_j\rangle < 0$ 可得, $a_{11}a_{j1} < 0$, $j = 2, 3, \cdots, n+2$. 这说明 $a_{21}, a_{31}, \cdots, a_{n+2,1}$ 均为负实数. $\boldsymbol{\alpha}_j$ 与 $\boldsymbol{\alpha}_k$ 的夹角大于 $\dfrac{\pi}{2}$, $\langle\boldsymbol{\alpha}_j, \boldsymbol{\alpha}_k\rangle < 0$, $j \neq k$, $j, k = 2, 3, \cdots, n+2$, $a_{j1}a_{k1} > 0$, 所以

$$\sum_{i=2}^{n} a_{ji}a_{ki} < 0, \quad j \neq k, \quad j, k = 2, 3, \cdots, n+2. \tag{5.2}$$

令 $\boldsymbol{\beta}_j = \sum\limits_{i=2}^{n} a_{ji}\boldsymbol{\gamma}_i$, $j=2,3,\cdots,n+2$, 则每个 $\boldsymbol{\beta}_j$ 均为欧氏空间 $\mathscr{L}(\boldsymbol{\gamma}_2, \cdots, \boldsymbol{\gamma}_n)$ 中的向量, 且由 (5.2) 式知 $\boldsymbol{\beta}_2, \boldsymbol{\beta}_3, \cdots, \boldsymbol{\beta}_{n+2}$ 均非零, 两两夹角大于 $\dfrac{\pi}{2}$. 这与归纳假设 "$n-1$ 维欧氏空间至多存在 n 个非零向量, 使得它们两两夹角都大于 $\dfrac{\pi}{2}$" 相矛盾. 从而结论成立.

例 5.2.13 (关于实方阵的 Schur 定理)　设 $\boldsymbol{A}$ 是 n 阶实方阵且其特征根均为实数. 证明: 存在正交矩阵 $\boldsymbol{Q}$, 使 $\boldsymbol{Q}^{\mathrm{T}}\boldsymbol{A}\boldsymbol{Q} = \boldsymbol{R}$, 其中 $\boldsymbol{R}$ 为上三角矩阵.

分析　对 $\boldsymbol{A}$ 的阶数 n 利用数学归纳法.

证明　当 $n=1$ 时, 结论显然成立.

设 $n \geqslant 2$, 且对 $n-1$ 阶特征根全为实数的实方阵结论成立. 考虑特征根全为实数的 n 阶实方阵 $\boldsymbol{A}$. 设 λ_1 为 $\boldsymbol{A}$ 的一个特征根 (实数). 设 $\boldsymbol{\beta}_1$ 为 $\boldsymbol{A}$ 的属于特征根 λ_1 的单位实特征向量. 把 $\boldsymbol{\beta}_1$ 扩充为 $\mathbf{R}^{n\times 1}$ 的一个规范正交基: $\boldsymbol{\beta}_1, \boldsymbol{\beta}_2, \cdots, \boldsymbol{\beta}_n$. 令 $\boldsymbol{U} = (\boldsymbol{\beta}_1, \boldsymbol{\beta}_2, \cdots, \boldsymbol{\beta}_n)$, 则 $\boldsymbol{U}$ 为正交矩阵. 且有

$$\boldsymbol{U}^{-1}\boldsymbol{A}\boldsymbol{U} = \boldsymbol{U}^{\mathrm{T}}\boldsymbol{A}\boldsymbol{U} = \begin{pmatrix} \lambda_1 & b_{12} & \cdots & b_{1n} \\ 0 & b_{22} & \cdots & b_{2n} \\ \vdots & \vdots & & \vdots \\ 0 & b_{n2} & \cdots & b_{nn} \end{pmatrix}.$$

记

$$C = \begin{pmatrix} b_{22} & \cdots & b_{2n} \\ \vdots & & \vdots \\ b_{n2} & \cdots & b_{nn} \end{pmatrix},$$

则 C 显然是 $n-1$ 阶实矩阵, 且 C 的特征根全是 A 的特征根, 因而为实数. 于是由归纳假设, 存在 $n-1$ 阶正交矩阵 P, 使得 $P^{\mathrm{T}}CP$ 为上三角矩阵, 即

$$P^{\mathrm{T}}CP = \begin{pmatrix} \lambda_2 & & * \\ & \ddots & \\ 0 & & \lambda_n \end{pmatrix}.$$

令 $Q = U\begin{pmatrix} 1 & \mathbf{0} \\ \mathbf{0} & P \end{pmatrix}$, 则易知 Q 是正交矩阵, 且

$$Q^{\mathrm{T}}AQ = \begin{pmatrix} \lambda_1 & & & * \\ & \lambda_2 & & \\ & & \ddots & \\ 0 & & & \lambda_n \end{pmatrix} = R.$$

所以命题成立.

例 5.2.14 设 V 是 $n(\geqslant 1)$ 维欧氏空间.

(i) 设 α, $\beta \in V$, $\alpha \neq \beta$, $|\alpha| = |\beta| > 0$. 试证明: 存在 V 的一个镜面反射 τ, 使 $\tau(\alpha) = \beta$;

(ii) 证明: V 的任一正交变换 σ 都可以表成若干个镜面反射之积.

分析 对欧氏空间 V 的维数利用数学归纳法.

证明 (i) 由 $\alpha \neq \beta$, 得 $\alpha - \beta \neq \mathbf{0}$. 作 V 的变换

$$\tau\colon V \longrightarrow V,\ \ \xi \longmapsto \xi - \frac{2\langle \xi,\ \alpha - \beta\rangle}{\langle \alpha - \beta, \alpha - \beta\rangle}(\alpha - \beta), \text{对任意的 } \xi \in V.$$

则 τ 为由 $\alpha - \beta$ 所确定的一个镜面反射, 且

$$\begin{aligned} \tau(\alpha) &= \alpha - \frac{2\langle \alpha, \alpha - \beta\rangle}{\langle \alpha - \beta, \alpha - \beta\rangle}(\alpha - \beta) \\ &= \alpha - \frac{2\langle \alpha, \alpha\rangle - 2\langle \alpha, \beta\rangle}{\langle \alpha, \alpha\rangle - \langle \alpha, \beta\rangle - \langle \beta, \alpha\rangle + \langle \beta, \beta\rangle}(\alpha - \beta) \\ &= \alpha - (\alpha - \beta) = \beta. \end{aligned}$$

(ii) 对欧氏空间 V 的维数作归纳.

1) 当 $\dim V = 1$ 时, 取 $\{\beta\}$ 为 V 的一个规范正交基. 对 V 的任一正交变换 σ, 有 $\sigma(\beta) = \beta$ 或 $-\beta$. 若 $\sigma(\beta) = -\beta$, 则 σ 就是由 β 所决定的镜面反射.

若 $\sigma(\boldsymbol{\beta})=\boldsymbol{\beta}$, 作 V 的变换 τ: $\boldsymbol{\xi}\longmapsto-\boldsymbol{\xi}$, 对任意的 $\boldsymbol{\xi}\in V$. 则 τ 为镜面反射, 且 $\sigma=\tau\tau$.

2) 设 $n\geqslant 2$, 且 $n-1$ 维欧氏空间的正交变换可表示为若干个镜面反射的乘积. 下面考虑 n 维欧氏空间 V 的任一正交变换 σ. 任取定 V 的一个规范正交基 $\boldsymbol{\varepsilon}_1, \boldsymbol{\varepsilon}_2, \cdots, \boldsymbol{\varepsilon}_n$, 令

$$\sigma(\boldsymbol{\varepsilon}_j)=\boldsymbol{\eta}_j,\quad j=1,2,\cdots,n,$$

则 $\boldsymbol{\eta}_1, \boldsymbol{\eta}_2, \cdots, \boldsymbol{\eta}_n$ 仍为 V 的一个规范正交基.

① $\boldsymbol{\varepsilon}_1=\boldsymbol{\eta}_1$, 令 $\mathscr{L}(\boldsymbol{\varepsilon}_2, \cdots, \boldsymbol{\varepsilon}_n)=\mathscr{L}(\boldsymbol{\varepsilon}_1)^{\perp}=\mathscr{L}(\boldsymbol{\eta}_2, \cdots, \boldsymbol{\eta}_n)\triangleq V'$. 则 V' 是 $n-1$ 维欧氏空间, $\sigma(V')\subseteq V'$. V' 是在 σ 下的不变子空间, $\sigma|_{V'}$ 是 V' 的正交变换 (因为将 V' 的规范正交基 $\boldsymbol{\varepsilon}_2,\cdots,\boldsymbol{\varepsilon}_n$ 变为规范正交基 $\boldsymbol{\eta}_2,\cdots,\boldsymbol{\eta}_n$).

由归纳假设知, $\sigma|_{V'}$ 是 V' 的若干个镜面反射 $\sigma_1,\cdots,\sigma_s$ 的乘积, 即

$$\sigma|_{V'}=\sigma_1\sigma_2\cdots\sigma_s.$$

对任意的 $\boldsymbol{\xi}=\sum\limits_{i=1}^{n}a_i\boldsymbol{\varepsilon}_i\in V$, 令 $\sigma_j'(\boldsymbol{\xi})=a_1\boldsymbol{\varepsilon}_1+\sum\limits_{i=2}^{n}a_i\sigma_j(\boldsymbol{\varepsilon}_i)$, $j=1, 2, \cdots, s$. 显然每个 σ_j' 是 V 的正交变换且是 V 的镜面反射. 而 $\sigma=\sigma_1'\sigma_2'\cdots\sigma_s'$.

② $\varepsilon_1\neq\eta_1$, 由 (i) 知, 存在 V 的正交变换 σ_1, 使 $\sigma_1(\boldsymbol{\varepsilon}_1)=\boldsymbol{\eta}_1$, 则

$$\boldsymbol{\eta}_1=\sigma_1(\boldsymbol{\varepsilon}_1),\sigma_1(\boldsymbol{\varepsilon}_2),\cdots,\sigma_1(\boldsymbol{\varepsilon}_n)$$

是 V 的规范正交基. 又 $\boldsymbol{\eta}_1, \boldsymbol{\eta}_2, \cdots, \boldsymbol{\eta}_n$ 也是 V 的规范正交基. 对任意的 $\boldsymbol{\xi}=\sum\limits_{i=1}^{n}a_i\sigma_1(\boldsymbol{\varepsilon}_i)$, 令 $\tau(\boldsymbol{\xi})=\sum\limits_{i=1}^{n}a_i\boldsymbol{\eta}_i$, 则 τ 是正交变换, 且 $\tau(\sigma_1(\boldsymbol{\varepsilon}_1))=\tau(\boldsymbol{\eta}_1)=\boldsymbol{\eta}_1$. 而 $\sigma=\tau\sigma_1$.

由 ① 或类似于 ① 的方法可知, τ 可表为 V 的若干个镜面反射的乘积: $\tau=\tau_1'\tau_2'\cdots\tau_t'$. 又 $\sigma=\tau\sigma_1$, 故 $\sigma=\tau_1'\tau_2'\cdots\tau_t'\sigma_1$.

例 5.2.15 设 $\boldsymbol{A}_1, \boldsymbol{A}_2, \cdots, \boldsymbol{A}_k$ 是 $k(\geqslant 2)$ 个两两乘积可交换的 n 阶实对称矩阵. 证明: 存在一个 n 阶正交矩阵 $\boldsymbol{U}$, 使得 $\boldsymbol{U}^{\mathrm{T}}\boldsymbol{A}_i\boldsymbol{U}$ 都是对角形矩阵, $i=1, 2, \cdots, k$.

分析 对矩阵的个数进行数学归纳.

证明 设有两个实对称矩阵 $\boldsymbol{A}_1$ 和 $\boldsymbol{A}_2$, $\boldsymbol{A}_1\boldsymbol{A}_2=\boldsymbol{A}_2\boldsymbol{A}_1$. 对于 $\boldsymbol{A}_1$, 存在正交矩阵 $\boldsymbol{U}_1$, 使

$$\boldsymbol{U}_1^{\mathrm{T}}\boldsymbol{A}_1\boldsymbol{U}_1=\begin{pmatrix}\lambda_1\boldsymbol{I}&&\\&\ddots&\\&&\lambda_t\boldsymbol{I}\end{pmatrix},$$

其中 $\lambda_1,\cdots,\lambda_t$ 是 $\boldsymbol{A}_1$ 的全体互不相同的特征根, $\lambda_i\boldsymbol{I}$ 是数量矩阵, 其阶数等于 λ_i 的代数重数 $s_i, i=1,2,\cdots,t$. 因为

$$(\boldsymbol{U}_1^{\mathrm{T}}\boldsymbol{A}_1\boldsymbol{U}_1)(\boldsymbol{U}_1^{\mathrm{T}}\boldsymbol{A}_2\boldsymbol{U}_1)=\boldsymbol{U}_1^{\mathrm{T}}\boldsymbol{A}_1\boldsymbol{A}_2\boldsymbol{U}_1=\boldsymbol{U}_1^{\mathrm{T}}\boldsymbol{A}_2\boldsymbol{A}_1\boldsymbol{U}_1=(\boldsymbol{U}_1^{\mathrm{T}}\boldsymbol{A}_2\boldsymbol{U}_1)(\boldsymbol{U}_1^{\mathrm{T}}\boldsymbol{A}_1\boldsymbol{U}_1),$$

所以 $\boldsymbol{U}_1^{\mathrm{T}}\boldsymbol{A}_2\boldsymbol{U}_1$ 只能是准对角矩阵 $\begin{pmatrix}\boldsymbol{B}_1 & & \\ & \ddots & \\ & & \boldsymbol{B}_t\end{pmatrix}$, 这里 $\boldsymbol{B}_i$ 是 s_i 阶实方阵, $i=1,2,\cdots,t$.

因为 $\boldsymbol{A}_2$ 是实对称矩阵, 所以 $\boldsymbol{U}_1^{\mathrm{T}}\boldsymbol{A}_2\boldsymbol{U}_1$ 也是实对称矩阵, 因而每个 $\boldsymbol{B}_i$ 都是实对称矩阵, 存在 s_i 阶正交矩阵 $\boldsymbol{R}_i$, 使 $\boldsymbol{R}_i^{\mathrm{T}}\boldsymbol{B}_i\boldsymbol{R}_i$ 为对角矩阵, $i=1,2,\cdots,t$.

令 $\boldsymbol{U}_2=\begin{pmatrix}\boldsymbol{R}_1 & & \\ & \ddots & \\ & & \boldsymbol{R}_t\end{pmatrix}$, 那么

$$\boldsymbol{U}_2^{\mathrm{T}}\begin{pmatrix}\boldsymbol{B}_1 & & & \\ & \boldsymbol{B}_2 & & \\ & & \ddots & \\ & & & \boldsymbol{B}_t\end{pmatrix}\boldsymbol{U}_2=\boldsymbol{U}_2^{\mathrm{T}}\boldsymbol{U}_1^{\mathrm{T}}\boldsymbol{A}_2\boldsymbol{U}_1\boldsymbol{U}_2$$

为对角矩阵.

$$\boldsymbol{U}_2^{\mathrm{T}}\begin{pmatrix}\lambda_1\boldsymbol{I} & & \\ & \ddots & \\ & & \lambda_t\boldsymbol{I}\end{pmatrix}\boldsymbol{U}_2=\boldsymbol{U}_2^{\mathrm{T}}\boldsymbol{U}_1^{\mathrm{T}}\boldsymbol{A}_1\boldsymbol{U}_1\boldsymbol{U}_2$$

也是对角矩阵.

令 $\boldsymbol{U}=\boldsymbol{U}_1\boldsymbol{U}_2$. 因为 $\boldsymbol{U}_1,\boldsymbol{U}_2$ 都为正交矩阵, 所以 $\boldsymbol{U}$ 也是正交矩阵, 并且 $\boldsymbol{U}^{\mathrm{T}}\boldsymbol{A}_1\boldsymbol{U}$, $\boldsymbol{U}^{\mathrm{T}}\boldsymbol{A}_2\boldsymbol{U}$ 都是对角形矩阵.

设 $k\geqslant 3$, 且假定对 $k-1$ 个两两乘积可交换的阶数彼此相同的矩阵, 结论成立. 下面考虑 k 个 n 阶实对称矩阵 $\boldsymbol{A}_1,\boldsymbol{A}_2,\cdots,\boldsymbol{A}_k$, 其中两两乘积可交换. 对于 $\boldsymbol{A}_1$, 存在正交矩阵 $\boldsymbol{U}_1$, 使

$$\boldsymbol{U}_1^{\mathrm{T}}\boldsymbol{A}_1\boldsymbol{U}_1=\begin{pmatrix}\lambda_1\boldsymbol{I} & & \\ & \ddots & \\ & & \lambda_t\boldsymbol{I}\end{pmatrix}.$$

与上面的证明同理, $\boldsymbol{U}_1^{\mathrm{T}}\boldsymbol{A}_i\boldsymbol{U}_1$, $i=2,3,\cdots,k$ 都只能是准对角矩阵.

$$\boldsymbol{U}_1^{\mathrm{T}}\boldsymbol{A}_i\boldsymbol{U}_1=\begin{pmatrix}\boldsymbol{A}_1^{(i)} & & \\ & \ddots & \\ & & \boldsymbol{A}_t^{(i)}\end{pmatrix},$$

其中 $\boldsymbol{A}_r^{(i)}$ 与 $\lambda_r\boldsymbol{I}$ 同阶, 并且 $\boldsymbol{A}_r^{(i)}$ 都是实对称矩阵, $r=1,2,\cdots,t$. 因为

$$(\boldsymbol{U}_1^{\mathrm{T}}\boldsymbol{A}_i\boldsymbol{U}_1)(\boldsymbol{U}_1^{\mathrm{T}}\boldsymbol{A}_j\boldsymbol{U}_1)=(\boldsymbol{U}_1^{\mathrm{T}}\boldsymbol{A}_j\boldsymbol{U}_1)(\boldsymbol{U}_1^{\mathrm{T}}\boldsymbol{A}_i\boldsymbol{U}_1),$$

所以

$$\boldsymbol{A}_r^{(i)}\boldsymbol{A}_r^{(j)}=\boldsymbol{A}_r^{(j)}\boldsymbol{A}_r^{(i)},\quad i,\ j=2,\ 3,\ \cdots,\ k;\quad r=1,\ 2,\ \cdots,\ t.$$

由归纳假设, 对每个 $r(r=1,2,\cdots,t)$, 存在正交矩阵 $\boldsymbol{R}_r$, 使 $\boldsymbol{R}_r^{\mathrm{T}}\boldsymbol{A}_r^{(i)}\boldsymbol{R}_r(i=2,3,\cdots,k)$ 成为对角形矩阵. 令

$$\boldsymbol{U}_2=\begin{pmatrix}\boldsymbol{R}_1 & & \\ & \ddots & \\ & & \boldsymbol{R}_t\end{pmatrix},$$

则 $\boldsymbol{U}_2$ 是正交矩阵, $\boldsymbol{U}_2^{\mathrm{T}}\boldsymbol{U}_1^{\mathrm{T}}\boldsymbol{A}_i\boldsymbol{U}_1\boldsymbol{U}_2\ (i=2,\ 3,\ \cdots,\ k)$ 都是对角形矩阵. 而且 $\boldsymbol{U}_2^{\mathrm{T}}\boldsymbol{U}_1^{\mathrm{T}}\boldsymbol{A}_1\boldsymbol{U}_1\boldsymbol{U}_2$ 也是对角形矩阵.

令 $\boldsymbol{U}=\boldsymbol{U}_1\boldsymbol{U}_2$, 则 $\boldsymbol{U}$ 是正交矩阵, 并且 $\boldsymbol{U}^{\mathrm{T}}\boldsymbol{A}_i\boldsymbol{U}(i=1,\ 2,\ 3,\ \cdots,k)$ 都是对角形矩阵. 故结论成立.

例 5.2.16 设实矩阵 $\boldsymbol{A}$ 的特征根都是实数, 且 $\boldsymbol{A}\boldsymbol{A}^{\mathrm{T}}=\boldsymbol{A}^{\mathrm{T}}\boldsymbol{A}$. 证明: 存在正交矩阵 $\boldsymbol{T}$, 使 $\boldsymbol{T}^{-1}\boldsymbol{A}\boldsymbol{T}$ 为对角矩阵.

分析 对矩阵的阶数进行数学归纳.

证明 由例 5.2.13 的结论知, 存在正交矩阵 $\boldsymbol{T}$, 使 $\boldsymbol{T}^{-1}\boldsymbol{A}\boldsymbol{T}=\boldsymbol{R}$, 其中 $\boldsymbol{R}$ 为上三角矩阵. 由于 $\boldsymbol{T}^{\mathrm{T}}=\boldsymbol{T}^{-1},\boldsymbol{A}\boldsymbol{A}^{\mathrm{T}}=\boldsymbol{A}^{\mathrm{T}}\boldsymbol{A}$, 故可得 $\boldsymbol{R}\boldsymbol{R}^{\mathrm{T}}=\boldsymbol{R}^{\mathrm{T}}\boldsymbol{R}$. 于是只要证明 $\boldsymbol{R}$ 为对角矩阵就行了.

当 $\boldsymbol{R}$ 为一阶矩阵时, $\boldsymbol{R}$ 已是对角矩阵. 设 $n\geqslant 2$, 且对 $n-1$ 阶方阵, 结论为真. 当 $\boldsymbol{R}$ 为满足 $\boldsymbol{R}\boldsymbol{R}^{\mathrm{T}}=\boldsymbol{R}^{\mathrm{T}}\boldsymbol{R}$ 的 n 阶实上三角矩阵时, 将 $\boldsymbol{R}$ 分块:

$$\boldsymbol{R}=\begin{pmatrix}\boldsymbol{R}_1 & \boldsymbol{\alpha}\\ \boldsymbol{0} & \boldsymbol{r}_{nn}\end{pmatrix},$$

从而

$$\boldsymbol{R}\boldsymbol{R}^{\mathrm{T}}=\begin{pmatrix}\boldsymbol{R}_1\boldsymbol{R}_1^{\mathrm{T}}+\boldsymbol{\alpha}\boldsymbol{\alpha}^{\mathrm{T}} & \boldsymbol{r}_{nn}\boldsymbol{\alpha}\\ \boldsymbol{r}_{nn}\boldsymbol{\alpha}^{\mathrm{T}} & \boldsymbol{r}_{nn}^2\end{pmatrix},\quad \boldsymbol{R}^{\mathrm{T}}\boldsymbol{R}=\begin{pmatrix}\boldsymbol{R}_1^{\mathrm{T}}\boldsymbol{R}_1 & \boldsymbol{R}_1^{\mathrm{T}}\boldsymbol{\alpha}\\ \boldsymbol{\alpha}^{\mathrm{T}}\boldsymbol{R}_1 & \boldsymbol{\alpha}^{\mathrm{T}}\boldsymbol{\alpha}+\boldsymbol{r}_{nn}^2\end{pmatrix}.$$

由 $\boldsymbol{R}\boldsymbol{R}^{\mathrm{T}}=\boldsymbol{R}^{\mathrm{T}}\boldsymbol{R}$, 得 $\boldsymbol{\alpha}^{\mathrm{T}}\boldsymbol{\alpha}=0$, 进而 $\boldsymbol{\alpha}=\boldsymbol{0}$, 且 $\boldsymbol{R}_1\boldsymbol{R}_1^{\mathrm{T}}=\boldsymbol{R}_1^{\mathrm{T}}\boldsymbol{R}_1$. 已知 $\boldsymbol{R}_1$ 是 $n-1$ 阶上三角矩阵, 由归纳假设, $\boldsymbol{R}_1$ 为对角矩阵, 从而 $\boldsymbol{R}$ 为对角矩阵.

例 5.2.17 设

$$\boldsymbol{A}=\begin{pmatrix}\boldsymbol{A}_{11} & \boldsymbol{A}_{12} & \cdots & \boldsymbol{A}_{1t}\\ \boldsymbol{A}_{21} & \boldsymbol{A}_{22} & \cdots & \boldsymbol{A}_{2t}\\ \vdots & \vdots & & \vdots\\ \boldsymbol{A}_{t1} & \boldsymbol{A}_{t2} & \cdots & \boldsymbol{A}_{tt}\end{pmatrix}$$

是 n 阶实对称阵, 其中 $\boldsymbol{A}_{ii}$ 是 n_i 阶实对称阵, $n=\sum\limits_{i=1}^{t} n_i$. 设 $\boldsymbol{A}$ 的最大、最小特征根分别为 λ_0 和 μ, $\boldsymbol{A}_{ii}$ 的最大特征根为 λ_i, $i=1, 2, \cdots, t$. 试证:

$$\lambda_0+(t-1)\,\mu \leqslant \lambda_1+\lambda_2+\cdots+\lambda_t.$$

分析 对矩阵阶数 t 作数学归纳.

证明 当 $t=2$ 时, 由例 3.2.32 知结论成立.

设 $t \geqslant 3$, 令 $\boldsymbol{B}=\begin{pmatrix} \boldsymbol{A}_{22} & \cdots & \boldsymbol{A}_{2t} \\ \vdots & & \vdots \\ \boldsymbol{A}_{t2} & \cdots & \boldsymbol{A}_{tt} \end{pmatrix}$, 则 $\boldsymbol{A}=\begin{pmatrix} \boldsymbol{A}_{11} & * \\ * & \boldsymbol{B} \end{pmatrix}$. 对 $\boldsymbol{B}$ 利用归纳假设, 得

$$\tilde{\lambda}+(t-2)\tilde{\mu} \leqslant \lambda_2+\lambda_3+\cdots+\lambda_t,$$

这里 $\tilde{\lambda}$ 与 $\tilde{\mu}$ 分别为 $\boldsymbol{B}$ 的最大与最小特征根. 由例 3.2.32 可知 $\lambda_0+\mu \leqslant \lambda_1+\tilde{\lambda}$. 所以

$$\lambda_0+\mu+(t-2)\tilde{\mu} \leqslant \lambda_1+\lambda_2+\cdots+\lambda_t.$$

又由注记 3.2.33 可知, $\mu \leqslant \tilde{\mu}$. 因而 $\lambda_0+(t-1)\,\mu \leqslant \lambda_1+\lambda_2+\cdots+\lambda_t$. 结论得证.

例 5.2.18 计算下列行列式.

(1) $D_n=\begin{vmatrix} 2 & -1 & 0 & \cdots & 0 & 0 \\ -1 & 2 & -1 & \cdots & 0 & 0 \\ 0 & -1 & 2 & \cdots & 0 & 0 \\ \vdots & \vdots & \vdots & & \vdots & \vdots \\ 0 & 0 & 0 & \cdots & 2 & -1 \\ 0 & 0 & 0 & \cdots & -1 & 2 \end{vmatrix}$;

(2)

$$D_n=\begin{vmatrix} a & b & 0 & \cdots & 0 & 0 & 0 \\ c & a & b & \cdots & 0 & 0 & 0 \\ 0 & c & a & \cdots & 0 & 0 & 0 \\ \vdots & \vdots & \vdots & & \vdots & \vdots & \vdots \\ 0 & 0 & 0 & \cdots & c & a & b \\ 0 & 0 & 0 & \cdots & 0 & c & a \end{vmatrix} \quad (a^2 \neq 4bc).$$

分析 对行列式降阶建立递推关系再讨论.

解 (1) 递推法.

因为

$$D_n \xlongequal{\text{按第一行展开}} 2D_{n-1} + (-1)\cdot(-1)^{1+2}\begin{vmatrix} -1 & -1 & 0 & \cdots & 0 & 0 \\ 0 & 2 & -1 & \cdots & 0 & 0 \\ 0 & -1 & 2 & \cdots & 0 & 0 \\ \vdots & \vdots & \vdots & & \vdots & \vdots \\ 0 & 0 & 0 & \cdots & 2 & -1 \\ 0 & 0 & 0 & \cdots & -1 & 2 \end{vmatrix}$$

$$= 2D_{n-1} - D_{n-2},$$

而此时递推不易得到结果, 所以变形递推公式, 得

$$D_n - D_{n-1} = D_{n-1} - D_{n-2} = \cdots = D_2 - D_1 = 3 - 2 = 1.$$

于是

$$D_n = D_{n-1} + 1 = D_{n-2} + 2 = \cdots = D_1 + (n-1) = 2 + (n-1) = n + 1.$$

(2) 递推法.

将 D_n 按第 1 列展开, 得

$$D_n = aD_{n-1} - bcD_{n-2}.$$

由于此时递推不易得到结果, 因此需将该递推式变形. 设 α, β 是一元二次方程 $x^2 - ax + bc = 0$ 的根, 则

$$\alpha = \frac{a + \sqrt{a^2 - 4bc}}{2}, \quad \beta = \frac{a - \sqrt{a^2 - 4bc}}{2},$$

并且 $\alpha + \beta = a$, $\alpha\beta = bc$. 将 a, bc 代入 D_n 的递推式, 得递推关系式

$$D_n - \alpha D_{n-1} = \beta(D_{n-1} - \alpha D_{n-2}).$$

因为

$$D_2 - \alpha D_1 = a^2 - bc - \alpha a = (\alpha + \beta)^2 - \alpha\beta - \alpha(\alpha + \beta) = \beta^2,$$

所以由上式递推下去, 有

$$D_n - \alpha D_{n-1} = \beta^2(D_{n-2} - \alpha D_{n-3}) = \cdots = \beta^{n-2}(D_2 - \alpha D_1) = \beta^n.$$

同理可得

$$D_n - \beta D_{n-1} = \alpha^n.$$

由 $a^2 \neq 4bc$ 知, $\alpha \neq \beta$. 故将上面两式联立消掉 D_{n-1}, 得

$$D_n=\frac{\alpha^{n+1}-\beta^{n+1}}{\alpha-\beta}=\frac{\left(a+\sqrt{a^2-4bc}\,\right)^{n+1}-\left(a-\sqrt{a^2-4bc}\,\right)^{n+1}}{2^{n+1}\sqrt{a^2-4bc}}.$$

例 5.2.19 计算 n 阶行列式

$$D_n=\begin{vmatrix}\cos\alpha & 1 & 0 & \cdots & 0 & 0\\ 1 & 2\cos\alpha & 1 & \cdots & 0 & 0\\ 0 & 1 & 2\cos\alpha & \cdots & 0 & 0\\ \vdots & \vdots & \vdots & & \vdots & \vdots\\ 0 & 0 & 0 & \cdots & 2\cos\alpha & 1\\ 0 & 0 & 0 & \cdots & 1 & 2\cos\alpha\end{vmatrix}.$$

分析 首先对同结构的低阶行列式进行计算, 从中发现规律, 猜出一般结论, 然后用数学归纳法证明其正确性.

解 数学归纳法.

当 $n=1$ 时, $D_1=\cos\alpha$.

当 $n=2$ 时, $D_2=\begin{vmatrix}\cos\alpha & 1\\ 1 & 2\cos\alpha\end{vmatrix}=2\cos^2\alpha-1=\cos 2\alpha$.

当 $n=3$ 时, $D_3=\begin{vmatrix}\cos\alpha & 1 & 0\\ 1 & 2\cos\alpha & 1\\ 0 & 1 & 2\cos\alpha\end{vmatrix}=4\cos^3\alpha-3\cos\alpha=\cos 3\alpha$.

由此猜想: $D_n=\cos n\alpha$.

下面用第二数学归纳法证明猜想成立.

当 $n=1$ 时, 结论显然成立.

假设当阶数小于 n 时结论成立. 下证阶数等于 n 时结论也成立.

将 D_n 按第 n 列展开, 得

$$\begin{aligned}D_n&=(-1)^{2n}2\cos\alpha D_{n-1}+(-1)^{n-1+n}\begin{vmatrix}\cos\alpha & 1 & \cdots & 0 & 0\\ 1 & 2\cos\alpha & \cdots & 0 & 0\\ \vdots & \vdots & & \vdots & \vdots\\ 0 & 0 & \cdots & 2\cos\alpha & 1\\ 0 & 0 & \cdots & 0 & 1\end{vmatrix}\\ &=2\cos\alpha D_{n-1}-D_{n-2}.\end{aligned}$$

于是由归纳假设, 得

$$D_n = 2\cos\alpha\cos(n-1)\alpha - \cos(n-2)\alpha = \cos n\alpha.$$

因此对任意正整数 n, $D_n = \cos n\alpha$.

例 5.2.20 证明:

$$D_n = \begin{vmatrix} a+b & ab & 0 & \cdots & 0 & 0 \\ 1 & a+b & ab & \cdots & 0 & 0 \\ 0 & 1 & a+b & \cdots & 0 & 0 \\ \vdots & \vdots & \vdots & & \vdots & \vdots \\ 0 & 0 & 0 & \cdots & a+b & ab \\ 0 & 0 & 0 & \cdots & 1 & a+b \end{vmatrix} = \frac{a^{n+1}-b^{n+1}}{a-b},$$

其中 $a \neq b$.

分析 首先建立递推关系, 然后再用数学归纳法证明.

证明 当 $n=1,2$ 时, 可直接验证结论成立.

假设对 $n-1$ 阶行列式结论成立. 下证对 n 阶行列式结论也成立.

将 D_n 按第 1 列拆开, 得

$$D_n = \begin{vmatrix} a & ab & 0 & \cdots & 0 & 0 \\ 1 & a+b & ab & \cdots & 0 & 0 \\ 0 & 1 & a+b & \cdots & 0 & 0 \\ \vdots & \vdots & \vdots & & \vdots & \vdots \\ 0 & 0 & 0 & \cdots & 1 & a+b \end{vmatrix} + \begin{vmatrix} b & ab & 0 & \cdots & 0 & 0 \\ 0 & a+b & ab & \cdots & 0 & 0 \\ 0 & 1 & a+b & \cdots & 0 & 0 \\ \vdots & \vdots & \vdots & & \vdots & \vdots \\ 0 & 0 & 0 & \cdots & 1 & a+b \end{vmatrix}$$

$= a^n + bD_{n-1}$.

因此由归纳假定, 得

$$D_n = a^n + \frac{b(a^n-b^n)}{a-b} = \frac{a^{n+1}-b^{n+1}}{a-b}.$$

例 5.2.21 已知斐波那契 (Fibonacci) 数列

$$1, 2, 3, 5, 8, 13, 21, 35, \cdots$$

满足: $F_n = F_{n-1} + F_{n-2}\ (n \geqslant 3), F_1 = 1, F_2 = 2$.

(1) 证明: 斐波那契数列的通项 F_n 可由以下行列式表示.

$$
F_n = \begin{vmatrix} 1 & -1 & 0 & 0 & \cdots & 0 & 0 & 0 \\ 1 & 1 & -1 & 0 & \cdots & 0 & 0 & 0 \\ 0 & 1 & 1 & -1 & \cdots & 0 & 0 & 0 \\ \vdots & \vdots & \vdots & \vdots & & \vdots & \vdots & \vdots \\ 0 & 0 & 0 & 0 & \cdots & 1 & 1 & -1 \\ 0 & 0 & 0 & 0 & \cdots & 0 & 1 & 1 \end{vmatrix};
$$

(2) 求斐波那契数列的通项公式.

分析 首先建立递推关系, 然后再用数学归纳法证明.

解 (1) 把上面的 n 阶行列式按第 1 列展开, 得

$$F_n = F_{n-1} + 1 \times (-1)^{2+1}(-1)F_{n-2} = F_{n-1} + F_{n-2} \quad (n \geqslant 3).$$

又因上面形式的一阶行列式的值为 1, 二阶行列式的值为 2, 故结论成立.

(2) 令 $a+b=1$, $ab=-1$, 则 a, b 是方程 $x^2-x-1=0$ 的两个根. 因此

$$a = \frac{1+\sqrt{5}}{2}, \quad b = \frac{1-\sqrt{5}}{2}.$$

于是

$$
F_n = \begin{vmatrix} a+b & ab & 0 & \cdots & 0 & 0 & 0 \\ 1 & a+b & ab & \cdots & 0 & 0 & 0 \\ 0 & 1 & a+b & \cdots & 0 & 0 & 0 \\ \vdots & \vdots & \vdots & & \vdots & \vdots & \vdots \\ 0 & 0 & 0 & \cdots & 1 & a+b & ab \\ 0 & 0 & 0 & \cdots & 0 & 1 & a+b \end{vmatrix}.
$$

根据例 5.2.20, 得

$$F_n = \frac{a^{n+1}-b^{n+1}}{a-b} = \frac{1}{\sqrt{5}}\left[\left(\frac{1+\sqrt{5}}{2}\right)^{n+1} - \left(\frac{1-\sqrt{5}}{2}\right)^{n+1}\right].$$

例 5.2.22 证明下面结论:

(1) 若 W_1, W_2 是数域 F 上向量空间 V 的两个非平凡子空间, 则 V 中存在既不属于 W_1 又不属于 W_2 的向量.

(2) 若 $W_1, W_2, \cdots, W_m$ 是向量空间 V 的 m 个非平凡的子空间, 则 V 中存在不属于每个 W_i $(i=1,2,\cdots,m)$ 的向量.

分析 先分情况讨论特殊情形, 然后再用数学归纳法.

证明 (1) 因为 W_1 是 V 的非平凡子空间, 所以 V 中存在向量 $\boldsymbol{\alpha} \notin W_1$. 如果 $\boldsymbol{\alpha} \notin W_2$, 那么结论成立. 如果 $\boldsymbol{\alpha} \in W_2$, 那么由 W_2 是 V 的非平凡子空间知,

存在向量 $\boldsymbol{\beta} \notin W_2$. 若 $\boldsymbol{\beta} \notin W_1$, 则结论成立. 若 $\boldsymbol{\beta} \in W_1$, 令 $\boldsymbol{\gamma} = \boldsymbol{\alpha} + \boldsymbol{\beta}$. 于是由 $\boldsymbol{\alpha} \notin W_1, \boldsymbol{\alpha} \in W_2, \boldsymbol{\beta} \in W_1, \boldsymbol{\beta} \notin W_2$, 得 $\boldsymbol{\gamma} \notin W_1$, 且 $\gamma \notin W_2$.

(2) 对 m 用数学归纳法.

当 $m = 1$ 时, 显然.

当 $m = 2$ 时, 由 (1) 知, 结论成立.

假设对 $m-1$ 个非平凡子空间结论成立. 下面对 m 个非平凡子空间 $W_1, W_2, \cdots, W_m$ 的情况进行证明. 由归纳假设知, 在 V 中存在向量 $\boldsymbol{\alpha}$, 使得

$$\boldsymbol{\alpha} \notin W_i, \quad i = 1, 2, \cdots, m-1.$$

若 $\boldsymbol{\alpha} \notin W_m$, 则结论成立.

若 $\boldsymbol{\alpha} \in W_m$, 则由 W_m 是非平凡子空间知, 存在 $\boldsymbol{\beta} \notin W_m$. 因此对任意 $k \in F$, 有 $k\boldsymbol{\alpha} + \boldsymbol{\beta} \notin W_m$, 且对 F 中不同的数 k_1, k_2, $k_1\boldsymbol{\alpha} + \boldsymbol{\beta}$ 与 $k_2\boldsymbol{\alpha} + \boldsymbol{\beta}$ 不属于同一个 W_i $(1 \leqslant i < m)$(否则, $(k_1\boldsymbol{\alpha} + \boldsymbol{\beta}) - (k_2\boldsymbol{\alpha} + \boldsymbol{\beta}) = (k_1 - k_2)\boldsymbol{\alpha} \in W_i$. 由 $k_1 \neq k_2$ 知, $\boldsymbol{\alpha} \in W_i$, 矛盾). 取 m 个互不相同的 F 中的数 $k_1, k_2, \cdots, k_m$. 由上面的证明知, 在 m 个向量 $k_1\boldsymbol{\alpha} + \boldsymbol{\beta}, \cdots, k_{m-1}\boldsymbol{\alpha} + \boldsymbol{\beta}, k_m\boldsymbol{\alpha} + \boldsymbol{\beta}$ 中至少存在某个向量 $k_j\boldsymbol{\alpha} + \boldsymbol{\beta}$ $(1 \leqslant j \leqslant m)$, 使得 $k_j\boldsymbol{\alpha} + \boldsymbol{\beta}$ 不属于 $W_1, \cdots, W_{m-1}$ 中的任何一个. 而 $k_j\boldsymbol{\alpha} + \boldsymbol{\beta} \notin W_m$, 故 $k_j\boldsymbol{\alpha} + \boldsymbol{\beta}$ 是不属于每个 W_i $(i = 1, 2, \cdots, m)$ 的向量.

例 5.2.23 设 $\boldsymbol{A}$ 为 n 阶方阵. 若有正整数 $k \geqslant n$, 使得秩 $\boldsymbol{A}^k =$ 秩 $\boldsymbol{A}^{k+1}$. 证明: 对于任意的正整数 s, 均有秩 $\boldsymbol{A}^{k+s} =$ 秩 $\boldsymbol{A}^k$.

分析 对 s 用数学归纳法.

证明 当 $s = 1$ 时, 结论成立.

假设 $s > 1$, 结论对小于或等于 $s-1$ 的正整数都成立, 即

$$\text{秩 } \boldsymbol{A}^{k+s-1} = \text{秩 } \boldsymbol{A}^{k+s-2} = \cdots = \text{秩 } \boldsymbol{A}^k.$$

当取 s 时, 考虑方程组 $\boldsymbol{A}^{k+s}\boldsymbol{X} = \boldsymbol{0}$ 的解. 设 $\boldsymbol{X}_0$ 是 $\boldsymbol{A}^{k+s}\boldsymbol{X} = \boldsymbol{0}$ 的解, 则 $\boldsymbol{A}^{k+s}\boldsymbol{X}_0 = \boldsymbol{A}^{k+s-1}(\boldsymbol{A}\boldsymbol{X}_0) = \boldsymbol{0}$. 从而 $\boldsymbol{A}\boldsymbol{X}_0$ 是方程组 $\boldsymbol{A}^{k+s-1}\boldsymbol{X} = \boldsymbol{0}$ 的解. 由归纳假设, $\boldsymbol{A}\boldsymbol{X}_0$ 是方程组 $\boldsymbol{A}^k\boldsymbol{X} = \boldsymbol{0}$ 的解, 于是 $\boldsymbol{X}_0$ 是 $\boldsymbol{A}^k\boldsymbol{X} = \boldsymbol{0}$ 的解. 因此方程组 $\boldsymbol{A}^{k+s}\boldsymbol{X} = \boldsymbol{0}$ 与 $\boldsymbol{A}^k\boldsymbol{X} = \boldsymbol{0}$ 同解. 故秩 $\boldsymbol{A}^{k+s} =$ 秩 $\boldsymbol{A}^k$.

于是对任意正整数 s, 均有秩 $\boldsymbol{A}^{k+s} =$ 秩 $\boldsymbol{A}^k$.

例5.2.24 设 σ 是向量空间 V 的线性变换. 如果 $\sigma^{k-1}(\boldsymbol{\xi}) \neq \boldsymbol{0}$, 但 $\sigma^k(\boldsymbol{\xi}) = \boldsymbol{0}$, 证明: $\boldsymbol{\xi}, \sigma(\boldsymbol{\xi}), \cdots, \sigma^{k-1}(\boldsymbol{\xi})$ $(k > 0)$ 线性无关.

分析 等式两边同时作用, 逐步递推.

证明 假设存在一组数 $a_0, a_1, \cdots, a_{k-1}$, 使得

$$a_0\boldsymbol{\xi} + a_1\sigma(\boldsymbol{\xi}) + \cdots + a_{k-1}\sigma^{k-1}(\boldsymbol{\xi}) = \boldsymbol{0}.$$

两端用 σ^{k-1} 作用, 得

$$a_0\sigma^{k-1}(\boldsymbol{\xi})+a_1\sigma^{k}(\boldsymbol{\xi})+\cdots+a_{k-1}\sigma^{2k-2}(\boldsymbol{\xi})=\mathbf{0}.$$

于是由 $\sigma^k(\boldsymbol{\xi})=\cdots=\sigma^{2k-2}(\boldsymbol{\xi})=\mathbf{0},\sigma^{k-1}(\boldsymbol{\xi})\neq\mathbf{0}$, 得 $a_0=0$. 从而

$$a_1\sigma(\boldsymbol{\xi})+\cdots+a_{k-1}\sigma^{k-1}(\boldsymbol{\xi})=\mathbf{0}.$$

两端用 σ^{k-2} 作用, 得

$$a_1\sigma^{k-1}(\boldsymbol{\xi})+a_2\sigma^{k}(\boldsymbol{\xi})+\cdots+a_{k-1}\sigma^{2k-3}(\boldsymbol{\xi})=\mathbf{0}.$$

同理 $a_1=0$. 重复上述过程, 得 $a_2=a_3=\cdots=a_{k-1}=0$. 于是 $\boldsymbol{\xi},\sigma(\boldsymbol{\xi}),\cdots,\sigma^{k-1}(\boldsymbol{\xi})$ $(k>0)$ 线性无关.

例 5.2.25 设

$$\boldsymbol{A}=\begin{pmatrix}\boldsymbol{A}_{11}&\boldsymbol{A}_{12}&\cdots&\boldsymbol{A}_{1s}\\\boldsymbol{A}_{21}&\boldsymbol{A}_{22}&\cdots&\boldsymbol{A}_{2s}\\\vdots&\vdots&&\vdots\\\boldsymbol{A}_{s1}&\boldsymbol{A}_{s2}&\cdots&\boldsymbol{A}_{ss}\end{pmatrix}$$

是 n 阶 (实对称) 正定阵, $\boldsymbol{A}_{ii}$ 是 $\boldsymbol{A}$ 的 n_i 阶主子阵, $i=1,\ 2,\ \cdots,\ s$. 则

$$\det\boldsymbol{A}\leqslant\prod_{i=1}^{s}\det\boldsymbol{A}_{ii}.$$

上式取等号当且仅当每个 $\boldsymbol{A}_{ij}=\mathbf{0}$, $i\neq j$, $i,\ j\in\{1,\ 2,\ \cdots,\ s\}$.

分析 对 s 进行数学归纳.

证明 当 $s=1$ 时, 结论成立.

假设 $s>1$, 且结论对分块以后为 $s-1$ 行 $s-1$ 列且行的分法与列的分法相同的正定矩阵是成立的. 下考虑正定矩阵

$$\boldsymbol{A}=\begin{pmatrix}\boldsymbol{A}_{11}&\boldsymbol{A}_{12}&\cdots&\boldsymbol{A}_{1s}\\\boldsymbol{A}_{21}&\boldsymbol{A}_{22}&\cdots&\boldsymbol{A}_{2s}\\\vdots&\vdots&&\vdots\\\boldsymbol{A}_{s1}&\boldsymbol{A}_{s2}&\cdots&\boldsymbol{A}_{ss}\end{pmatrix},$$

其中 $\boldsymbol{A}_{ii}$ 是 n_i 阶主子阵, $i=1,\ 2,\ \cdots,\ s$. 设 $\boldsymbol{A}=\begin{pmatrix}\boldsymbol{A}_{11}&\boldsymbol{B}\\\boldsymbol{B}^{\mathrm{T}}&\boldsymbol{D}\end{pmatrix}$, 其中

$$\boldsymbol{B}=(\boldsymbol{A}_{12},\ \cdots,\ \boldsymbol{A}_{1s}),\quad \boldsymbol{D}=\begin{pmatrix}\boldsymbol{A}_{22}&\cdots&\boldsymbol{A}_{2s}\\\vdots&&\vdots\\\boldsymbol{A}_{s2}&\cdots&\boldsymbol{A}_{ss}\end{pmatrix}.$$

令 $\boldsymbol{P}=\begin{pmatrix} \boldsymbol{I}_{n_1} & -\boldsymbol{A}_{11}^{-1}\boldsymbol{B} \\ \boldsymbol{0} & \boldsymbol{I}_{n-n_1} \end{pmatrix}$, 则 $\boldsymbol{P}$ 可逆, 且

$$\boldsymbol{P}^{\mathrm{T}}\boldsymbol{A}\boldsymbol{P}=\begin{pmatrix} \boldsymbol{A}_{11} & \boldsymbol{0} \\ \boldsymbol{0} & \boldsymbol{D}-\boldsymbol{B}^{\mathrm{T}}\boldsymbol{A}_{11}^{-1}\boldsymbol{B} \end{pmatrix}.$$

因为 $\det\boldsymbol{P}=1$, 所以

$$\det\boldsymbol{A}=\det\begin{pmatrix} \boldsymbol{A}_{11} & \boldsymbol{0} \\ \boldsymbol{0} & \boldsymbol{D}-\boldsymbol{B}^{\mathrm{T}}\boldsymbol{A}_{11}^{-1}\boldsymbol{B} \end{pmatrix}=\det\boldsymbol{A}_{11}\det(\boldsymbol{D}-\boldsymbol{B}^{\mathrm{T}}\boldsymbol{A}_{11}^{-1}\boldsymbol{B}).$$

又 $\boldsymbol{A}$ 正定, 因而 $\boldsymbol{P}^{\mathrm{T}}\boldsymbol{A}\boldsymbol{P}$ 正定, 进而 $\boldsymbol{A}_{11}$ 与 $\boldsymbol{D}-\boldsymbol{B}^{\mathrm{T}}\boldsymbol{A}_{11}^{-1}\boldsymbol{B}$ 均正定.

(1) 当 $\boldsymbol{B}=\boldsymbol{0}$ 时, $\det(\boldsymbol{D}-\boldsymbol{B}^{\mathrm{T}}\boldsymbol{A}_{11}^{-1}\boldsymbol{B})=\det\boldsymbol{D}$.

(2) 当 $\boldsymbol{B}\neq\boldsymbol{0}$ 时, 存在不全为 0 的 $n-n_1$ 个实数 c_1, c_2, $\cdots$, c_{n-n_1}, 使 $\boldsymbol{B}\begin{pmatrix} c_1 \\ c_2 \\ \vdots \\ c_{n-n_1} \end{pmatrix}$ 不是零向量. 又 $\boldsymbol{A}_{11}^{-1}$ 正定, 因此

$$(c_1, c_2, \cdots, c_{n-n_1})\boldsymbol{B}^{\mathrm{T}}\boldsymbol{A}_{11}^{-1}\boldsymbol{B}\begin{pmatrix} c_1 \\ c_2 \\ \vdots \\ c_{n-n_1} \end{pmatrix}>0.$$

这说明 $\boldsymbol{B}^{\mathrm{T}}\boldsymbol{A}_{11}^{-1}\boldsymbol{B}\neq\boldsymbol{0}$, 而 $\boldsymbol{B}^{\mathrm{T}}\boldsymbol{A}_{11}^{-1}\boldsymbol{B}$ 是半正定 (实对称) 阵.

① $n-n_1=1$.

$$\det(\boldsymbol{D}-\boldsymbol{B}^{\mathrm{T}}\boldsymbol{A}_{11}^{-1}\boldsymbol{B})=\det\boldsymbol{D}-\det(\boldsymbol{B}^{\mathrm{T}}\boldsymbol{A}_{11}^{-1}\boldsymbol{B}).$$

由于 $\boldsymbol{B}^{\mathrm{T}}\boldsymbol{A}_{11}^{-1}\boldsymbol{B}\neq\boldsymbol{0}$, $\boldsymbol{B}^{\mathrm{T}}\boldsymbol{A}_{11}^{-1}\boldsymbol{B}$ 半正定, 阶为 1, 因此 $\det(\boldsymbol{B}^{\mathrm{T}}\boldsymbol{A}_{11}^{-1}\boldsymbol{B})>0$, 所以

$$\det(\boldsymbol{D}-\boldsymbol{B}^{\mathrm{T}}\boldsymbol{A}_{11}^{-1}\boldsymbol{B})<\det\boldsymbol{D}.$$

② $n-n_1>1$.

$$\det\boldsymbol{D}=\det(\boldsymbol{D}-\boldsymbol{B}^{\mathrm{T}}\boldsymbol{A}_{11}^{-1}\boldsymbol{B}+\boldsymbol{B}^{\mathrm{T}}\boldsymbol{A}_{11}^{-1}\boldsymbol{B}).$$

由于 $\boldsymbol{D}-\boldsymbol{B}^{\mathrm{T}}\boldsymbol{A}_{11}^{-1}\boldsymbol{B}$ 正定, $\boldsymbol{B}^{\mathrm{T}}\boldsymbol{A}_{11}^{-1}\boldsymbol{B}$ 非零半正定 (阶 $\geqslant 2$), 因此由例 3.2.43 可知

$$\det\boldsymbol{D}>\det(\boldsymbol{D}-\boldsymbol{B}^{\mathrm{T}}\boldsymbol{A}_{11}^{-1}\boldsymbol{B})+\det(\boldsymbol{B}^{\mathrm{T}}\boldsymbol{A}_{11}^{-1}\boldsymbol{B}),$$

而 $\det(\boldsymbol{B}^{\mathrm{T}}\boldsymbol{A}_{11}^{-1}\boldsymbol{B})\geqslant 0$, 所以

$$\det(\boldsymbol{D}-\boldsymbol{B}^{\mathrm{T}}\boldsymbol{A}_{11}^{-1}\boldsymbol{B})<\det\boldsymbol{D}.$$

综合 (1), (2) 可得下述事实 1.

事实 1 $\det(\boldsymbol{D}-\boldsymbol{B}^{\mathrm{T}}\boldsymbol{A}_{11}^{-1}\boldsymbol{B})\leqslant\det\boldsymbol{D}$, 且该式取等号 $\Longleftrightarrow \boldsymbol{B}=\boldsymbol{0}$.

由归纳假设知

事实 2 $\det\boldsymbol{D}\leqslant\det\boldsymbol{A}_{22}\cdots\det\boldsymbol{A}_{ss}$, 且该式取等号 $\Longleftrightarrow \boldsymbol{A}_{ij}=\boldsymbol{0}, i\neq j, i, j=2, 3, \cdots, s$.

所以

$$\det\boldsymbol{A}=\det\boldsymbol{A}_{11}\det(\boldsymbol{D}-\boldsymbol{B}^{\mathrm{T}}\boldsymbol{A}_{11}^{-1}\boldsymbol{B})\leqslant\det\boldsymbol{A}_{11}\det\boldsymbol{D}\leqslant\det\boldsymbol{A}_{11}\det\boldsymbol{A}_{22}\cdots\det\boldsymbol{A}_{ss}.$$

上式中第一个小于等于号是由 $\det\boldsymbol{A}_{11}>0$ 及事实 1 来保证的, 第二个小于等于号是由 $\det\boldsymbol{A}_{11}>0$ 及事实 2 来保证的. 由事实 1 及事实 2 的后半部分可知, 上式取等号

$$\Longleftrightarrow\begin{cases}\det(\boldsymbol{D}-\boldsymbol{B}^{\mathrm{T}}\boldsymbol{A}_{11}^{-1}\boldsymbol{B})=\det\boldsymbol{D},\\ \det\boldsymbol{D}=\det\boldsymbol{A}_{22}\cdots\det\boldsymbol{A}_{ss}\end{cases}$$

$$\Longleftrightarrow\begin{cases}\boldsymbol{B}=\boldsymbol{0}, & \text{即 } \boldsymbol{A}_{12}=\boldsymbol{0}, \cdots, \boldsymbol{A}_{1s}=\boldsymbol{0};\\ \boldsymbol{A}_{ij}=\boldsymbol{0}, & i\neq j, i, j=2, 3, \cdots, s.\end{cases}$$

因此 $\det\boldsymbol{A}=\det\boldsymbol{A}_{11}\det\boldsymbol{A}_{22}\cdots\det\boldsymbol{A}_{ss}\Longleftrightarrow$ 每个 $\boldsymbol{A}_{ij}=\boldsymbol{0}, i\neq j, i, j=1, 2, \cdots, s$.

例 5.2.26 设 $\boldsymbol{A}$ 是 k 阶方阵, $\boldsymbol{B}$ 是 l 阶方阵, $f_{\boldsymbol{B}}(x)$ 是 $\boldsymbol{B}$ 的特征多项式. 证明:

(i) $f_{\boldsymbol{B}}(\boldsymbol{A})$ 可逆的充要条件是 $\boldsymbol{A}$ 与 $\boldsymbol{B}$ 没有公共的特征根;

(ii) 当 $\boldsymbol{A},\boldsymbol{B}$ 没有公共特征根时, $\boldsymbol{AX}=\boldsymbol{XB}$ 只有一解 $\boldsymbol{X}=\boldsymbol{0}$.

证明 (i) 设 $\boldsymbol{B}$ 的全体特征根为 $\lambda_1, \lambda_2, \cdots, \lambda_l$, 则

$$f_{\boldsymbol{B}}(x)=(x-\lambda_1)(x-\lambda_2)\cdots(x-\lambda_l).$$

$$f_{\boldsymbol{B}}(\boldsymbol{A})=(\boldsymbol{A}-\lambda_1\boldsymbol{I}_k)(\boldsymbol{A}-\lambda_2\boldsymbol{I}_k)\cdots(\boldsymbol{A}-\lambda_l\boldsymbol{I}_k).$$

$f_{\boldsymbol{B}}(\boldsymbol{A})$ 可逆 $\Longleftrightarrow \det(f_{\boldsymbol{B}}(\boldsymbol{A}))\neq 0\Longleftrightarrow\det(\boldsymbol{A}-\lambda_i\boldsymbol{I}_k)\neq 0, i=1, 2, \cdots, l$ $\Longleftrightarrow \lambda_1, \lambda_2, \cdots, \lambda_l$ 都不是 $\boldsymbol{A}$ 的特征根 $\Longleftrightarrow \boldsymbol{A}$ 与 $\boldsymbol{B}$ 无公共的特征根.

(ii) 显然 $\boldsymbol{X}=\boldsymbol{0}_{k\times l}$ 是 $\boldsymbol{AX}=\boldsymbol{XB}$ 的解.

反之, 若 $\boldsymbol{C}_{k\times l}$ 是矩阵方程 $\boldsymbol{AX}=\boldsymbol{XB}$ 的一个解, 即有 $\boldsymbol{AC}=\boldsymbol{CB}$, 则 $\boldsymbol{A}^2\boldsymbol{C}=\boldsymbol{A}(\boldsymbol{AC})=\boldsymbol{ACB}=\boldsymbol{CBB}=\boldsymbol{CB}^2$. 进而用数学归纳法可证得, 对任意的非负整数 s, 有 $\boldsymbol{A}^s\boldsymbol{C}=\boldsymbol{CB}^s$.

令 $f_{\boldsymbol{B}}(x)=\sum\limits_{i=0}^{l}d_ix^i, d_l=1$, 则

$$f_{\boldsymbol{B}}(\boldsymbol{A})\boldsymbol{C}=\left(\sum_{i=0}^{l} d_i\boldsymbol{A}^i\right)\boldsymbol{C}=\sum_{i=0}^{l} d_i\boldsymbol{C}\boldsymbol{B}^i=\boldsymbol{C}\left(\sum_{i=0}^{l} d_i\boldsymbol{B}^i\right)=\boldsymbol{C}f_{\boldsymbol{B}}(\boldsymbol{B})=\boldsymbol{C}\cdot\mathbf{0}=\mathbf{0}.$$

由 (i) 知 $f_{\boldsymbol{B}}(\boldsymbol{A})$ 可逆, 故 $\boldsymbol{C}=\mathbf{0}$.

例 5.2.27 设 $\boldsymbol{A}\in M_n(\mathbf{C})$, 则存在可逆矩阵 $\boldsymbol{P}\in M_n(\mathbf{C})$, 使 $\boldsymbol{P}^{-1}\boldsymbol{A}\boldsymbol{P}$ 是上三角阵, 该上三角阵主对角线上的全体元素是 $\boldsymbol{A}$ 的全体特征根, 且这些特征根可以按照事先指定的任意一个顺序排列.

分析 对矩阵阶数运用数学归纳法.

证明 对 n 作归纳. 当 $n=1$ 时, 结论显然成立.

设 $n\geqslant 2$, 且结论对 $n-1$ 阶复方阵成立. 下面考虑 n 阶复方阵 $\boldsymbol{A}$.

设对 $\boldsymbol{A}$ 的全体 n 个特征根事先指定如下一个顺序: λ_1, λ_2 $\cdots$, λ_n. 设 $\boldsymbol{\alpha}_1(\neq 0)$ 是 $\boldsymbol{A}$ 的属于 λ_1 的特征向量, 即有 $\boldsymbol{A}\boldsymbol{\alpha}_1=\lambda_1\boldsymbol{\alpha}_1$. 列向量 $\boldsymbol{\alpha}_1\in\mathbf{C}^n$, $\boldsymbol{\alpha}_1$ 线性无关, 扩充成 $\mathbf{C}^n$ 的一个基 $\boldsymbol{\alpha}_1$, $\boldsymbol{\alpha}_2$, $\cdots$, $\boldsymbol{\alpha}_n$. 令 $\boldsymbol{P}_1=(\boldsymbol{\alpha}_1,\boldsymbol{\alpha}_2,\cdots,\boldsymbol{\alpha}_n)\in M_n(\mathbf{C})$, 则 $\boldsymbol{P}_1$ 是可逆阵. 由于 $\boldsymbol{A}\boldsymbol{\alpha}_2$, $\boldsymbol{A}\boldsymbol{\alpha}_3$, $\cdots$, $\boldsymbol{A}\boldsymbol{\alpha}_n\in\mathbf{C}^n$, 它们可由基 $\boldsymbol{\alpha}_1,\boldsymbol{\alpha}_2,\cdots,\boldsymbol{\alpha}_n$ 线性表示:

$$\boldsymbol{A}\boldsymbol{\alpha}_2=b_{12}\boldsymbol{\alpha}_1+b_{22}\boldsymbol{\alpha}_2+\cdots+b_{n2}\boldsymbol{\alpha}_n,$$

$$\cdots\cdots$$

$$\boldsymbol{A}\boldsymbol{\alpha}_n=b_{1n}\boldsymbol{\alpha}_1+b_{2n}\boldsymbol{\alpha}_2+\cdots+b_{nn}\boldsymbol{\alpha}_n.$$

$$\begin{aligned}\boldsymbol{A}\boldsymbol{P}_1&=\boldsymbol{A}(\boldsymbol{\alpha}_1,\boldsymbol{\alpha}_2,\cdots,\boldsymbol{\alpha}_n)=(\boldsymbol{A}\boldsymbol{\alpha}_1,\boldsymbol{A}\boldsymbol{\alpha}_2,\cdots,\boldsymbol{A}\boldsymbol{\alpha}_n)\\&=(\boldsymbol{\alpha}_1,\boldsymbol{\alpha}_2,\cdots,\boldsymbol{\alpha}_n)\begin{pmatrix}\lambda_1 & b_{12} & \cdots & b_{1n}\\ 0 & b_{22} & \cdots & b_{2n}\\ \vdots & \vdots & & \vdots\\ 0 & b_{n2} & \cdots & b_{nn}\end{pmatrix}.\end{aligned}$$

故

$$\boldsymbol{P}_1^{-1}\boldsymbol{A}\boldsymbol{P}_1=\begin{pmatrix}\lambda_1 & b_{12} & \cdots & b_{1n}\\ 0 & b_{22} & \cdots & b_{2n}\\ \vdots & \vdots & & \vdots\\ 0 & b_{n2} & \cdots & b_{nn}\end{pmatrix}.$$

令 $\boldsymbol{P}_1^{-1}\boldsymbol{A}\boldsymbol{P}_1$ 的右下角的 $n-1$ 阶子方阵为 $\boldsymbol{A}_1$, 因为 $\boldsymbol{A}_1$ 的全体特征根连同 λ_1 一起可构成 $\boldsymbol{A}$ 的全体特征根, 所以 $\boldsymbol{A}_1$ 的全体特征根为 λ_2, λ_3, $\cdots$, λ_n, 预先指定 $\boldsymbol{A}_1$ 的特征根的顺序为 λ_2, λ_3, $\cdots$, λ_n. 由归纳假设, 存在 $n-1$ 阶可逆

阵 $\boldsymbol{P}_2$, 使

$$\boldsymbol{P}_2^{-1}\boldsymbol{A}_1\boldsymbol{P}_2=\begin{pmatrix}\lambda_2 & & & *\\ & \lambda_3 & & \\ & & \ddots & \\ 0 & & & \lambda_n\end{pmatrix}.$$

令 $\boldsymbol{P}=\boldsymbol{P}_1\begin{pmatrix}1 & \boldsymbol{0}\\ \boldsymbol{0} & \boldsymbol{P}_2\end{pmatrix}$, 则 $\boldsymbol{P}$ 是 n 阶可逆阵, 且

$$\begin{aligned}\boldsymbol{P}^{-1}\boldsymbol{A}\boldsymbol{P}&=\begin{pmatrix}1 & \boldsymbol{0}\\ \boldsymbol{0} & \boldsymbol{P}_2^{-1}\end{pmatrix}\boldsymbol{P}_1^{-1}\boldsymbol{A}\boldsymbol{P}_1\begin{pmatrix}1 & \boldsymbol{0}\\ \boldsymbol{0} & \boldsymbol{P}_2\end{pmatrix}\\
&=\begin{pmatrix}1 & \boldsymbol{0}\\ \boldsymbol{0} & \boldsymbol{P}_2^{-1}\end{pmatrix}\begin{pmatrix}\lambda_1 & \boldsymbol{\gamma}\\ \boldsymbol{0} & \boldsymbol{A}_1\end{pmatrix}\begin{pmatrix}1 & \boldsymbol{0}\\ \boldsymbol{0} & \boldsymbol{P}_2\end{pmatrix}\\
&=\begin{pmatrix}\lambda_1 & \boldsymbol{\gamma}\\ \boldsymbol{0} & \boldsymbol{P}_2^{-1}\boldsymbol{A}_1\end{pmatrix}\begin{pmatrix}1 & \boldsymbol{0}\\ \boldsymbol{0} & \boldsymbol{P}_2\end{pmatrix}\\
&=\begin{pmatrix}\lambda_1 & \boldsymbol{\gamma}\boldsymbol{P}_2\\ \boldsymbol{0} & \boldsymbol{P}_2^{-1}\boldsymbol{A}_1\boldsymbol{P}_2\end{pmatrix}\\
&=\begin{pmatrix}\lambda_1 & & & *\\ & \lambda_2 & & \\ & & \ddots & \\ 0 & & & \lambda_n\end{pmatrix},\end{aligned}$$

其中 $\boldsymbol{\gamma}=(b_{12},b_{13},\cdots,b_{1n})$.

例 5.2.28 (哈密顿-凯莱定理) 设 n 阶方阵 $\boldsymbol{A}$ 的特征多项式为 $f_{\boldsymbol{A}}(x)$, 则 $f_{\boldsymbol{A}}(\boldsymbol{A})=0$.

分析 先相邻矩阵作乘积, 再逐步递推.

证明 由例 5.2.27 可知存在 $\mathbf{C}$ 上的 n 阶可逆阵 $\boldsymbol{P}$, 使

$$\boldsymbol{P}^{-1}\boldsymbol{A}\boldsymbol{P}=\begin{pmatrix}\lambda_1 & & & *\\ & \lambda_2 & & \\ & & \ddots & \\ 0 & & & \lambda_n\end{pmatrix}.$$

由于 $f_{\boldsymbol{A}}(x)=(x-\lambda_1)(x-\lambda_2)\cdots(x-\lambda_n)$, 因此

$$\begin{aligned}\boldsymbol{P}^{-1}f_{\boldsymbol{A}}(\boldsymbol{A})\boldsymbol{P}&=\boldsymbol{P}^{-1}(\boldsymbol{A}-\lambda_1\boldsymbol{I}_n)(\boldsymbol{A}-\lambda_2\boldsymbol{I}_n)\cdots(\boldsymbol{A}-\lambda_n\boldsymbol{I}_n)\boldsymbol{P}\\
&=(\boldsymbol{P}^{-1}\boldsymbol{A}\boldsymbol{P}-\lambda_1\boldsymbol{I}_n)(\boldsymbol{P}^{-1}\boldsymbol{A}\boldsymbol{P}-\lambda_2\boldsymbol{I}_n)\cdots(\boldsymbol{P}^{-1}\boldsymbol{A}\boldsymbol{P}-\lambda_n\boldsymbol{I}_n)\end{aligned}$$

$$
\begin{aligned}
&= \begin{pmatrix} 0 & & & * \\ & \lambda_2-\lambda_1 & & \\ & & \ddots & \\ 0 & & & \lambda_n-\lambda_1 \end{pmatrix} \\
&\times \begin{pmatrix} \lambda_1-\lambda_2 & & & & * \\ & 0 & & & \\ & & \lambda_3-\lambda_2 & & \\ & & & \ddots & \\ 0 & & & & \lambda_n-\lambda_2 \end{pmatrix} \\
&\times\cdots\times \begin{pmatrix} \lambda_1-\lambda_n & & & * \\ & \ddots & & \\ & & \lambda_{n-1}-\lambda_n & \\ 0 & & & 0 \end{pmatrix} \\
&= 0\ (\text{从左到右逐次相乘即可得}).
\end{aligned}
$$

因此, $f_{\boldsymbol{A}}(\boldsymbol{A})=\mathbf{0}$.

例 5.2.29　计算 $n+1$ 阶行列式

$$
D_{n+1}=\begin{vmatrix} 1 & a_1 & 0 & 0 & \cdots & 0 & 0 \\ -1 & 1-a_1 & a_2 & 0 & \cdots & 0 & 0 \\ 0 & -1 & 1-a_2 & a_3 & \cdots & 0 & 0 \\ \vdots & \vdots & \vdots & \vdots & & \vdots & \vdots \\ 0 & 0 & 0 & 0 & \cdots & 1-a_{n-1} & a_n \\ 0 & 0 & 0 & 0 & \cdots & -1 & 1-a_n \end{vmatrix}_{n+1}.
$$

分析　运用降阶递推方法.

解　将 D_{n+1} 按第 $n+1$ 行展开得

$$D_{n+1}=(1-a_n)D_n+a_nD_{n-1}.$$

从而

$$
\begin{aligned}
D_{n+1}-D_n&=-a_n(D_n-D_{n-1}),\\
D_n-D_{n-1}&=-a_{n-1}(D_{n-1}-D_{n-2}),\\
D_{n-1}-D_{n-2}&=-a_{n-2}(D_{n-2}-D_{n-3}),
\end{aligned}
$$

$$\cdots\cdots$$

$$D_3 - D_2 = -a_2(D_2 - D_1).$$

则

$$D_{n+1} - D_n = (-1)^{n-1}a_n a_{n-1} \cdots a_3 a_2(D_2 - D_1).$$

而 $D_1 = 1, D_2 = 1$, 因此 $D_{n+1} = D_n$. 故 $D_{n+1} = 1$.

例 5.2.30 证明: 任意 n 阶实方阵 $\boldsymbol{A}$ 可以分解成 $\boldsymbol{A} = \boldsymbol{A}_0 + \boldsymbol{A}_1 + \boldsymbol{A}_2$, 其中 $\boldsymbol{A}_0 = a\boldsymbol{I}_n$, a 是实数, $\boldsymbol{A}_1$ 与 $\boldsymbol{A}_2$ 都是幂零方阵.

分析 运用数学归纳法.

证明 先证明事实: 若 $\boldsymbol{A}$ 满足条件 $\mathrm{tr}(\boldsymbol{A}) = 0$, 则存在可逆实方阵 $\boldsymbol{P}$, 使得 $\boldsymbol{P}^{-1}\boldsymbol{A}\boldsymbol{P}$ 的对角元素都是 0. 对 n 进行归纳. 当 $n = 1$ 时, $\boldsymbol{A} = (0)$, 结论显然成立. 下设 $n \geqslant 2$, 我们考虑两种情形.

情形一 $\mathbf{R}^n$ 中的所有非零向量都是 $\boldsymbol{A}$ 的特征向量. 由所有基本向量 $\boldsymbol{e}_i, i = 1, 2, \cdots, n$ 都是特征向量可知, 存在特征值 λ_i, $i = 1, 2, \cdots, n$ 使得 $\boldsymbol{A}\boldsymbol{e}_i = \lambda_i \boldsymbol{e}_i$, $i = 1, 2, \cdots, n$. 因此, $\boldsymbol{A} = \mathrm{diag}(\lambda_1, \lambda_2, \cdots, \lambda_n)$. 再由所有 $\boldsymbol{e}_i + \boldsymbol{e}_j$ 都是特征向量, 存在 μ_{ij} 使得 $\boldsymbol{A}(\boldsymbol{e}_i + \boldsymbol{e}_j) = \lambda_i \boldsymbol{e}_i + \lambda_j \boldsymbol{e}_j = \mu_{ij}(\boldsymbol{e}_i + \boldsymbol{e}_j)$. 于是 $\mu_{ij} = \lambda_i = \lambda_j$. 因此 $\boldsymbol{A}$ 为纯量方阵. 由 $\mathrm{tr}(\boldsymbol{A}) = 0$ 知, $\boldsymbol{A} = \boldsymbol{0}$.

情形二 存在 $\mathbf{R}^n$ 中的非零向量 $\boldsymbol{\alpha}$ 不是 $\boldsymbol{A}$ 的特征向量. 则 $\boldsymbol{\alpha}$, $\boldsymbol{A}\boldsymbol{\alpha}$ 线性无关, 因而存在可逆实方阵 $\boldsymbol{Q} = (\boldsymbol{\alpha}, \boldsymbol{A}, \boldsymbol{\alpha}, *, \cdots, *)$ 满足 $\boldsymbol{A}\boldsymbol{Q} = \boldsymbol{Q}\begin{pmatrix} \boldsymbol{0} & * \\ * & \boldsymbol{B} \end{pmatrix}$, 或者等价地 $\boldsymbol{Q}^{-1}\boldsymbol{A}\boldsymbol{Q} = \begin{pmatrix} \boldsymbol{0} & * \\ * & \boldsymbol{B} \end{pmatrix}$, 其中 $\boldsymbol{B}$ 为 $n-1$ 阶实方阵. 由 $\mathrm{tr}(\boldsymbol{A}) = 0$ 得, $\mathrm{tr}(\boldsymbol{B}) = 0$. 由归纳假设, 存在可逆实方阵 $\boldsymbol{R}$, 使得 $\boldsymbol{R}^{-1}\boldsymbol{B}\boldsymbol{R}$ 的对角元素都是 0. 令 $\boldsymbol{P} = \boldsymbol{Q}\mathrm{diag}(1, \boldsymbol{R})$, 则 $\boldsymbol{P}^{-1}\boldsymbol{A}\boldsymbol{P}$ 的对角元素都是 0. 事实获证.

现在对于 n 阶方阵 $\boldsymbol{A}$, 令 $\boldsymbol{A}_0 = \dfrac{\mathrm{tr}(\boldsymbol{A})}{n}\boldsymbol{I}$, 则 $\mathrm{tr}(\boldsymbol{A} - \boldsymbol{A}_0) = 0$. 根据事实, 存在可逆实方阵 $\boldsymbol{P}$, 使得 $\boldsymbol{B} = \boldsymbol{P}^{-1}(\boldsymbol{A} - \boldsymbol{A}_0)\boldsymbol{P}$ 的对角元素都是 0. 设 $\boldsymbol{B} = \boldsymbol{L} + \boldsymbol{U}$, $\boldsymbol{L}$, $\boldsymbol{U}$ 分别是严格下、上三角方阵, 则 $\boldsymbol{L}$, $\boldsymbol{U}$ 都是幂零方阵. 于是 $\boldsymbol{A} = \boldsymbol{A}_0 + \boldsymbol{P}\boldsymbol{B}\boldsymbol{P}^{-1} = \boldsymbol{A}_0 + \boldsymbol{A}_1 + \boldsymbol{A}_2$, 其中 $\boldsymbol{A}_0$ 是纯量方阵, $\boldsymbol{A}_1 = \boldsymbol{P}\boldsymbol{L}\boldsymbol{P}^{-1}$ 和 $\boldsymbol{A}_2 = \boldsymbol{P}\boldsymbol{U}\boldsymbol{P}^{-1}$ 都是幂零方阵.

第 6 章 化归思想

6.1 主要内容概述

所谓的化归思想方法, 就是在研究和解决有关数学问题时采用某种手段将问题进行转化, 进而达到解决问题的目的的一种方法. 不仅仅是高等代数问题的解决, 在数学研究的很多方面, 这种转化的思想也是常见的. 就高等代数而言, 化归或者转化主要指的是线性变换问题与矩阵问题的转化; 多项式的未知结论通过转化, 与已知结论相联系等. 解任何一道题, 从更广的意义上说, 都是化归, 找到题目条件与已知结论的联系. 转化的核心目的, 从根本上, 就是建立已有结论与所考虑的问题之间的联系. 下面以参考文献 [3] 中内容为例说明.

定义 1.1.5 给出了正定矩阵的定义, 纯粹是从矩阵本身的性质来说的. 定义 1.1.6 给出了正定二次型定义, 正定二次型是从函数值为正数的角度说的. 但我们有以下定理.

定理 6.1.1 设 $\boldsymbol{A}=(a_{ij})$ 是 n 阶实对称矩阵, 则 $\boldsymbol{A}$ 是正定矩阵的充分且必要条件是 $f(x_1,x_2,\cdots,x_n)=\sum\limits_{i=1}^{n}\sum\limits_{j=1}^{n}a_{ij}x_ix_j$ 是正定二次型.

该定理把 n 元函数值为正的问题化归为矩阵的正惯性指数的问题.

一个线性变换是可逆的, 从映射的角度指的是线性变换既是单射又是满射. 矩阵可逆是完全不同的含义, 然而有以下定理.

定理 6.1.2 设 $\{\boldsymbol{\alpha}_1,\boldsymbol{\alpha}_2,\cdots,\boldsymbol{\alpha}_n\}$ 是向量空间 V 的基, $\sigma\in L(V)$, σ 关于基 $\{\boldsymbol{\alpha}_1,\boldsymbol{\alpha}_2,\cdots,\boldsymbol{\alpha}_n\}$ 的矩阵是 $\boldsymbol{A}$. 则 σ 可逆的充要条件是 $\boldsymbol{A}$ 可逆. 并且, 当 σ 可逆时, 关于基 $\{\boldsymbol{\alpha}_1,\boldsymbol{\alpha}_2,\cdots,\boldsymbol{\alpha}_n\}$ 的矩阵是 $\boldsymbol{A}^{-1}$.

6.2 典型的例子

例 6.2.1 设 $f(x)$ 与 $g(x)$ 为次数至少是 1 的 F 上多项式. 若 $f(x)$ 与 $g(x)$ 互素, 则存在 $F[x]$ 中唯一的多项式 $u(x)$ 与 $v(x)$, 使得

$$u(x)f(x)+v(x)g(x)=1,$$

其中 $\deg u(x)<\deg g(x)$, $\deg v(x)<\deg f(x)$.

分析 先把经典的互素表达式写出来, 再与题目需要的情形联系起来.

证明 因为 $(f(x),\ g(x))=1$, 由多项式互素的充要条件, 存在 $F[x]$ 中多项式 $s(x),\ t(x)$, 使得

$$s(x)f(x)+t(x)g(x)=1.$$

由于 $\deg f(x)\geqslant 1,\ \deg g(x)\geqslant 1$, 故 $g(x)$ 不整除 $s(x)$, $f(x)$ 不整除 $t(x)$. 利用带余除法定理, 可设

$$s(x)=g(x)q_1(x)+u(x),\quad t(x)=f(x)q_2(x)+v(x),$$

其中 $0\leqslant \deg u(x)<\deg g(x),\ 0\leqslant \deg v(x)<\deg f(x)$. 所以

$$u(x)f(x)+v(x)g(x)+[q_1(x)+q_2(x)]f(x)g(x)=1.$$

若上式成立, 则必有 $q_1(x)+q_2(x)=0$, 否则就有

$$\deg[(q_1(x)+q_2(x))f(x)g(x)]>\max\{\deg(u(x)\ f(x)),\ \deg(v(x)g(x))\},$$

而导致矛盾. 因此有

$$u(x)f(x)+v(x)g(x)=1.$$

设还有 $u_1(x),\ v_1(x)\in F[x]$, 使

$$u_1(x)f(x)+v_1(x)g(x)=1,$$

且 $\deg u_1(x)<\deg g(x),\ \deg v_1(x)<\deg f(x)$. 上两式相减得

$$[u(x)-u_1(x)]f(x)+[v(x)-v_1(x)]g(x)=0.$$

于是 $g(x)|[u(x)-u_1(x)]\ f(x)$, 但是 $(f(x),\ g(x))=1$. 故 $g(x)|[u(x)-u_1(x)]$. 而当 $u(x)-u_1(x)\neq 0$ 时, $\deg[u(x)-u_1(x)]<\deg g(x)$, 导致矛盾. 因而只有 $u(x)-u_1(x)=0$, 即 $u(x)=u_1(x)$. 进一步可得 $v(x)=v_1(x)$.

例6.2.2 设 m 是正整数, $f(x),g(x)$ 是 $F[x]$ 中非零多项式. 证明: $g^m(x)|f^m(x)$ 当且仅当 $g(x)|f(x)$.

分析 多项式一般是不能直接开方的, 需要联系求幂整除与原多项式整除本质上指的是什么.

证明 充分性. 显然.

必要性. 设存在 $h(x)\in F[x]$, 使 $f^m(x)=h(x)g^m(x)$. 设 $d(x)=(f(x),\ g(x))$, 且 $f(x)=f_1(x)d(x),\ g(x)=g_1(x)d(x)$, 则 $(f_1(x),\ g_1(x))=1$. 由互素的性质可得

$$(f_1^m(x),\ g_1^m(x))=1.$$

另一方面,

$$f_1^m(x)d^m(x)=f^m(x)=h(x)g_1^m(x)d^m(x).$$

由于 $f(x)$, $g(x)$ 均是非零多项式, 因此 $d(x)\neq 0$. 从而有 $f_1^m(x)=h(x)g_1^m(x)$, 故 $g_1^m(x)|f_1^m(x)$. 因此, $g_1(x)=c\neq 0,\ c\in F$. 于是 $g(x)=cd(x),\ g(x)|f(x)$.

例 6.2.3 设 $f(x)$ 为数域 F 上的最高次项系数是 1 且次数至少是 1 的多项式, 则以下两条彼此等价:

(i) $f(x)$ 是某个不可约多项式的方幂;

(ii) 对 F 上的任意多项式 $g(x)$, 必有 $f(x)$ 与 $g(x)$ 互素或者存在某个正整数 m, 使得 $f(x)$ 整除 $g^m(x)$.

分析 将不可约多项式的方幂归结为典型分解式中不可约多项式的类型个数问题.

证明 (i) $\Longrightarrow$ (ii). 设 $f(x)=p^m(x)$, 其中 $p(x)$ 是 F 上的一个不可约多项式, m 为正整数. 则对任一多项式 $g(x)$, 要么 $p(x)|g(x)$, 要么 $(p(x),\ g(x))=1$. 因而有

$$p^m(x)|g^m(x),\quad 或\ (p^m(x),\ g(x))=1.$$

(ii) $\Longrightarrow$ (i). 反设 $f(x)$ 不是某个不可约多项式的方幂. 设 $f(x)$ 的典型分解式为

$$f(x)=p_1^{k_1}(x)p_2^{k_2}(x)\cdots p_t^{k_t}(x),$$

其中 $p_1(x),\ p_2(x),\ \cdots,\ p_t(x)$ 是 F 上的最高次项系数为 1 的两两不同的不可约多项式, $k_1,k_2,\ \cdots,\ k_t$ 均为正整数. 当 (i) 不成立时, $t\geqslant 2$, 这时 $f(x)$ 不与 $p_1(x)$ 互素 (因为二者的最大公因式为 $p_1(x)$, 不是非零常数), 且对任意正整数 m, 都有 $f^m(x)\nmid p_1^m(x)$ (因为 $f^m(x)$ 总有因式 $p_2(x)$, 而 $p_1^m(x)$ 没有因式 $p_2(x)$), 与 (ii) 矛盾.

例 6.2.4 设 $f(x)$ 是数域 F 上的次数为 $n(\geqslant 1)$ 的多项式. 如果 $f'(x)$ 整除 $f(x)$, 那么 $f(x)$ 有 n 重根.

分析 将重根问题归结为讨论典型分解式中不可约多项式的次数问题.

证明 设 $f(x)$ 的典型分解式为

$$f(x)=ap_1^{k_1}(x)p_2^{k_2}(x)\cdots p_t^{k_t}(x),$$

其中 $p_1(x),\ p_2(x),\ \cdots,\ p_t(x)$ 是 F 上的最高次项系数为 1 的两两不同的不可约多项式, $a(\neq 0)$ 是 $f(x)$ 的最高次项系数, $k_1,\ k_2,\ \cdots,\ k_t$ 均为正整数.

由于 $p_j(x)$ 是 $f(x)$ 的 k_j 重因式, 因而 $p_j(x)$ 是 $f'(x)$ 的 k_j-1 重因式, $j=1,\ 2,\ \cdots,\ t$. 又 $p_1(x),\ p_2(x),\ \cdots,\ p_t(x)$ 两两互素, 因此存在 F 上的多项式 $g(x)$, 使

$$f'(x)=p_1^{k_1-1}(x)p_2^{k_2-1}(x)\cdots p_t^{k_t-1}(x)\ g(x).$$

假如 $g(x)$ 为次数至少为 1 的多项式, 则 $g(x)$ 有不可约因式, 设 $q(x)$ 为 $g(x)$ 的最高次项系数为 1 的不可约因式. $q(x)|g(x)$, $g(x)|f'(x)$, $f'(x)|f(x)$, 由整除关系的传递性知 $q(x)|f(x)$. 因而存在 $i\in\{1, 2, \cdots, t\}$, 使 $q(x)|p_i(x)$, 故 $q(x)=p_i(x)$, 这说明 $p_i(x)$ 为 $f'(x)$ 的至少 k_i 重因式, 矛盾. 因此 $g(x)$ 的次数等于 0. 设 $g(x)=c\in F$, $c\neq 0$, 即有

$$f'(x)=cp_1^{k_1-1}(x)p_2^{k_2-1}(x)\cdots\ p_t^{k_t-1}(x).$$

由于 $\deg f(x)=\deg f'(x)+1$, 所以 $\sum\limits_{i=1}^{t}k_i\deg p_i(x)=\sum\limits_{i=1}^{t}(k_i-1)\deg p_i(x)+1$, 因而 $\sum\limits_{i=1}^{t}\deg p_i(x)=1$. 由此可以推出 $t=1$, 且 $\deg p_1(x)=1$, $k_1=n$. 令 $p_1(x)=x-b$, 则有 $f(x)=a\ (x-b)^n$.

例 6.2.5 设 $f(x)=a_0x^n+a_1x^{n-1}+\cdots+a_{n-1}x+a_n\in F[x], a_0\neq 0$. 设 $\alpha_1, \alpha_2, \cdots, \alpha_n$ 为 $f(x)$ 的全部 n 个根 (重根按重数计算).

(i) 求以 $c\alpha_1, c\alpha_2, \cdots, c\alpha_n$ 为全体根的 n 次多项式.

(ii) 当 $a_n\neq 0$ 时, 求以 $\frac{1}{\alpha_1}, \frac{1}{\alpha_2}, \cdots, \frac{1}{\alpha_n}$ 为全体根的 n 次多项式.

分析 将求多项式的问题归结为如何让已知的根出现的问题.

解 $f(x)=a_0x^n+a_1x^{n-1}+\cdots+a_{n-1}x+a_n=a_0(x-\alpha_1)(x-\alpha_2)\cdots(x-\alpha_n)$.

(i) 当 $c=0$ 时, x^n 即为所求的多项式.

当 $c\neq 0$ 时, 对任意的 $d\in F$, 有

$$\begin{aligned}&a_0\left(\frac{d}{c}\right)^n+a_1\left(\frac{d}{c}\right)^{n-1}+\cdots+a_{n-1}\left(\frac{d}{c}\right)+a_n\\&=a_0\left(\frac{d}{c}-\alpha_1\right)\left(\frac{d}{c}-\alpha_2\right)\cdots\left(\frac{d}{c}-\alpha_n\right),\end{aligned}$$

即

$$a_0d^n+a_1cd^{n-1}+\cdots+a_{n-1}c^{n-1}d+a_nc^n=a_0(d-c\alpha_1)(d-c\alpha_2)\cdots(d-c\alpha_n).$$

因此多项式

$$a_0x^n+a_1cx^{n-1}+\cdots+a_{n-1}c^{n-1}x+a_nc^n-a_0(x-c\alpha_1)(x-c\alpha_2)\cdots(x-c\alpha_n)$$

有无穷多个根. 因为只有零多项式才有无穷多个根, 所以

$$a_0x^n+a_1cx^{n-1}+\cdots+a_{n-1}c^{n-1}x+a_nc^n=a_0(x-c\alpha_1)(x-c\alpha_2)\cdots(x-c\alpha_n).$$

因此, 所求的多项式即为 $a_0x^n+a_1cx^{n-1}+\cdots+a_{n-1}c^{n-1}x+a_nc^n$.

(ii) 对任意的 $d\in F\setminus\{0\}$, 有

$$a_0\frac{1}{d^n}+a_1\frac{1}{d^{n-1}}+\cdots+a_{n-1}\frac{1}{d}+a_n=a_0\left(\frac{1}{d}-\alpha_1\right)\left(\frac{1}{d}-\alpha_2\right)\cdots\left(\frac{1}{d}-\alpha_n\right).$$

因此

$$\begin{aligned}&a_0+a_1d+\cdots+a_{n-1}d^{n-1}+a_nd^n\\=&a_0(1-d\alpha_1)(1-d\alpha_2)\cdots(1-d\alpha_n)\\=&a_0(-1)^n\alpha_1\alpha_2\cdots\alpha_n\left(d-\frac{1}{\alpha_1}\right)\left(d-\frac{1}{\alpha_2}\right)\cdots\left(d-\frac{1}{\alpha_n}\right)\\=&a_n\left(d-\frac{1}{\alpha_1}\right)\left(d-\frac{1}{\alpha_2}\right)\cdots\left(d-\frac{1}{\alpha_n}\right).\end{aligned}$$

这说明多项式

$$a_0+a_1x+\cdots+a_{n-1}x^{n-1}+a_nx^n-a_n\left(x-\frac{1}{\alpha_1}\right)\left(x-\frac{1}{\alpha_2}\right)\cdots\left(x-\frac{1}{\alpha_n}\right)$$

有无穷多个根. 因为只有零多项式才有无穷多个根, 所以

$$a_0+a_1x+\cdots+a_{n-1}x^{n-1}+a_nx^n=a_n\left(x-\frac{1}{\alpha_1}\right)\left(x-\frac{1}{\alpha_2}\right)\cdots\left(x-\frac{1}{\alpha_n}\right).$$

因此, 所求的多项式即为 $a_0+a_1x+\cdots+a_{n-1}x^{n-1}+a_nx^n$.

例 6.2.6 设 $\boldsymbol{A}_{m\times n}$, $\boldsymbol{B}_{n\times p}$ 是矩阵, $\boldsymbol{X}=(x_1,x_2,\cdots,x_p)^{\mathrm{T}}$. 试证: 秩$(\boldsymbol{AB})=$秩 $\boldsymbol{B}$ 的充要条件是齐次线性方程组 $\boldsymbol{ABX}=\mathbf{0}$ 的解必为 $\boldsymbol{BX}=\mathbf{0}$ 的解.

分析 解空间有包含关系的条件下, 解的问题转化为系数矩阵秩的问题.

证明 设 $\boldsymbol{ABX}=\mathbf{0}$, $\boldsymbol{BX}=\mathbf{0}$ 的解空间分别为 $W_{\boldsymbol{AB}},W_{\boldsymbol{B}}$. 显然 $W_{\boldsymbol{B}}\subseteq W_{\boldsymbol{AB}}$, 且

$$\dim W_{\boldsymbol{B}}=p-\text{秩 }\boldsymbol{B},\quad \dim W_{\boldsymbol{AB}}=p-\text{秩}(\boldsymbol{AB}).$$

因此,

$$\begin{aligned}&\text{秩}(\boldsymbol{AB})=\text{秩 }\boldsymbol{B}\\\Longleftrightarrow\ &p-\text{秩}(\boldsymbol{AB})=p-\text{秩 }\boldsymbol{B}\\\Longleftrightarrow\ &\dim W_{\boldsymbol{AB}}=\dim W_{\boldsymbol{B}}\\\Longleftrightarrow\ &W_{\boldsymbol{AB}}=W_{\boldsymbol{B}}\\\Longleftrightarrow\ &\boldsymbol{ABX}=\mathbf{0}\text{ 与 }\boldsymbol{BX}=\mathbf{0}\text{ 同解}\end{aligned}$$

$$\Longleftrightarrow \boldsymbol{ABX}=\boldsymbol{0} \text{ 的解必为 } \boldsymbol{BX}=\boldsymbol{0} \text{ 的解}.$$

例 6.2.7 设 $\boldsymbol{A}_{m\times n}$, $\boldsymbol{B}_{n\times p}$, $\boldsymbol{C}_{p\times q}$ 是矩阵, $\boldsymbol{A}$ 的列向量组线性无关, $\boldsymbol{C}$ 的行向量组线性无关. 试证: 秩$(\boldsymbol{ABC})=$ 秩 $\boldsymbol{B}$.

分析 将解的问题转化为系数矩阵秩的问题.

证明 由于 $\boldsymbol{A}$ 的列向量组线性无关, 因此秩 $\boldsymbol{A}=n$, 故齐次线性方程组 $\boldsymbol{AX}_{n\times1}=\boldsymbol{0}$ 只有零解, 这说明 $\boldsymbol{ABCY}_{q\times1}=\boldsymbol{0}$ 与 $\boldsymbol{BCY}_{q\times1}=\boldsymbol{0}$ 同解, 所以秩$(\boldsymbol{ABC})=$秩$(\boldsymbol{BC})$. 又由于 $\boldsymbol{C}$ 的行向量组线性无关, 因此秩 $\boldsymbol{C}=$ 秩 $\boldsymbol{C}^{\mathrm{T}}=p$, 故齐次线性方程组 $\boldsymbol{C}^{\mathrm{T}}\boldsymbol{Z}_{p\times1}=\boldsymbol{0}_{q\times1}$ 也只有零解, 这说明 $\boldsymbol{C}^{\mathrm{T}}\boldsymbol{B}^{\mathrm{T}}\boldsymbol{X}_{n\times1}=\boldsymbol{0}$ 与 $\boldsymbol{B}^{\mathrm{T}}\boldsymbol{X}_{n\times1}=\boldsymbol{0}$ 同解. 所以秩$(\boldsymbol{C}^{\mathrm{T}}\boldsymbol{B}^{\mathrm{T}})=$ 秩 $\boldsymbol{B}^{\mathrm{T}}$.

综上所述, 有

$$\text{秩}(\boldsymbol{ABC})=\text{秩}(\boldsymbol{BC})=\text{秩}[(\boldsymbol{BC})^{\mathrm{T}}]=\text{秩}(\boldsymbol{C}^{\mathrm{T}}\boldsymbol{B}^{\mathrm{T}})=\text{秩 }\boldsymbol{B}^{\mathrm{T}}=\text{秩 }\boldsymbol{B}.$$

例 6.2.8 设 n 阶方阵 $\boldsymbol{A},\boldsymbol{B}$ 满足 $\boldsymbol{AB}=\boldsymbol{BA}$, 证明:

$$\text{秩}(\boldsymbol{A}+\boldsymbol{B})\leqslant \text{秩 }\boldsymbol{A}+\text{秩 }\boldsymbol{B}-\text{秩}(\boldsymbol{AB}).$$

分析 将解的问题转化为系数矩阵秩的问题.

证明 令 $W_{\boldsymbol{A}}$ 为齐次线性方程组 $\boldsymbol{AX}=\boldsymbol{0}$ 的解空间. $W_{\boldsymbol{B}}$ 为齐次线性方程组 $\boldsymbol{BX}=\boldsymbol{0}$ 的解空间. 显然 $W_{\boldsymbol{A}}\cap W_{\boldsymbol{B}}$ 是方程组 $(\boldsymbol{A}+\boldsymbol{B})\boldsymbol{X}=\boldsymbol{0}$ 的解空间的子空间. 又对于 $W_{\boldsymbol{A}}$ 中的任意向量 $\boldsymbol{\alpha}$, 有 $\boldsymbol{AB\alpha}=\boldsymbol{BA\alpha}=\boldsymbol{0}$, 所以 $W_{\boldsymbol{A}}$ 是方程组 $(\boldsymbol{AB})\boldsymbol{X}=\boldsymbol{0}$ 的解空间的子空间. 同理, $W_{\boldsymbol{B}}$ 是方程组 $(\boldsymbol{AB})\boldsymbol{X}=\boldsymbol{0}$ 的解空间的子空间. 所以 $W_{\boldsymbol{A}}+W_{\boldsymbol{B}}$ 也是方程组 $(\boldsymbol{AB})\boldsymbol{X}=\boldsymbol{0}$ 的解空间的子空间. 因此

$$\begin{aligned}(n-\text{秩 }\boldsymbol{A})+(n-\text{秩 }\boldsymbol{B})&=\dim W_{\boldsymbol{A}}+\dim W_{\boldsymbol{B}}\\&=\dim(W_{\boldsymbol{A}}+W_{\boldsymbol{B}})+\dim(W_{\boldsymbol{A}}\cap W_{\boldsymbol{B}})\\&\leqslant n-\text{秩}(\boldsymbol{AB})+n-\text{秩}(\boldsymbol{A}+\boldsymbol{B}).\end{aligned}$$

从而

$$\text{秩}(\boldsymbol{A}+\boldsymbol{B})\leqslant \text{秩 }\boldsymbol{A}+\text{秩 }\boldsymbol{B}-\text{秩}(\boldsymbol{AB}).$$

例 6.2.9 设 $\boldsymbol{A},\boldsymbol{B}$ 是数域 F 上 n 阶方阵, $\boldsymbol{X}$ 是未知量 $x_1,\ x_2,\ \cdots,\ x_n$ 所成的 $n\times1$ 矩阵, 已知齐次线性方程组 $\boldsymbol{AX}=\boldsymbol{0}$ 和 $\boldsymbol{BX}=\boldsymbol{0}$ 分别有 $l,\ m$ 个线性无关的解向量, 这里 $l\geqslant0,\ m\geqslant0$.

(i) 证明: 线性方程组 $(\boldsymbol{AB})\boldsymbol{X}=\boldsymbol{0}$ 至少有 $\max\{l,\ m\}$ 个线性无关的解向量.

(ii) 如果 $\boldsymbol{AX}=\boldsymbol{0}$ 和 $\boldsymbol{BX}=\boldsymbol{0}$ 无公共非零解向量, 且 $l+m=n$. 证明: $F^n=W_1\oplus W_2$, 其中 W_1 为 $\boldsymbol{AX}=\boldsymbol{0}$ 的解空间, W_2 为 $\boldsymbol{BX}=\boldsymbol{0}$ 的解空间.

分析　将解向量的问题转化为系数矩阵秩的问题.

证明　(i) 记 $W_1 = \{\boldsymbol{\alpha} \in F^n | \boldsymbol{A\alpha} = \boldsymbol{0}\}$, $W_2 = \{\boldsymbol{\alpha} \in F^n | \boldsymbol{B\alpha} = \boldsymbol{0}\}$, $W_3 = \{\boldsymbol{\alpha} \in F^n | \boldsymbol{AB\alpha} = \boldsymbol{0}\}$. 则 $\dim W_1 \geqslant l$, $\dim W_2 \geqslant m$, 而 $\dim W_1 = n -$ 秩 $\boldsymbol{A}$, $\dim W_2 = n -$ 秩 $\boldsymbol{B}$. 因此,

$$\begin{aligned}\dim W_3 &= n - \text{秩}(\boldsymbol{AB}) \\ &\geqslant n - \min\{\text{秩 } \boldsymbol{A}, \text{秩 } \boldsymbol{B}\} \\ &= \max\{n - \text{秩 } \boldsymbol{A},\ n - \text{秩 } \boldsymbol{B}\} \\ &= \max\{\dim W_1,\ \dim W_2\} \\ &\geqslant \max\{l, m\}.\end{aligned}$$

原命题得证.

(ii) $\boldsymbol{AX} = \boldsymbol{0}$ 与 $\boldsymbol{BX} = \boldsymbol{0}$ 无公共非零解, 即 $\begin{pmatrix} \boldsymbol{A} \\ \boldsymbol{B} \end{pmatrix} \boldsymbol{X} = \boldsymbol{0}$ 只有零解, 从而易证 $W_1 \cap W_2 = \{\boldsymbol{0}\}$, 即 $W_1 + W_2$ 是直和. 另一方面,

$$\dim F^n \geqslant \dim(W_1 + W_2) = \dim W_1 + \dim W_2 \geqslant l + m = n = \dim F^n.$$

所以 $F^n = W_1 \oplus W_2$.

例 6.2.10　$\boldsymbol{A} \in M_n(F)$ 可逆, $\boldsymbol{\alpha}, \boldsymbol{\beta} \in F^n, \boldsymbol{\alpha} \neq \boldsymbol{0}$, $\boldsymbol{\beta} \neq \boldsymbol{0}$. 证明: $\det(x\boldsymbol{A} - \boldsymbol{\alpha\beta}^{\mathrm{T}})$ 有一个根是 $\boldsymbol{\beta}^{\mathrm{T}}\boldsymbol{A}^{-1}\boldsymbol{\alpha}$, 而其余根全是 0.

分析　将求根的问题转化为特征多项式的降阶定理.

证明　由于 $x\boldsymbol{A} - \boldsymbol{\alpha\beta}^{\mathrm{T}} = \boldsymbol{A}(x\boldsymbol{I}_n - \boldsymbol{A}^{-1}\boldsymbol{\alpha\beta}^{\mathrm{T}})$, 而 $\det\boldsymbol{A} \neq 0$, 因此 $\det(x\boldsymbol{A} - \boldsymbol{\alpha\beta}^{\mathrm{T}})$ 与 $\det(x\boldsymbol{I}_n - \boldsymbol{A}^{-1}\boldsymbol{\alpha\beta}^{\mathrm{T}})$ 有相同的根, 而 $\det(x\boldsymbol{I}_n - \boldsymbol{A}^{-1}\boldsymbol{\alpha\beta}^{\mathrm{T}}) = x^{n-1}\det(x\boldsymbol{I}_1 - \boldsymbol{\beta}^{\mathrm{T}}\boldsymbol{A}^{-1}\boldsymbol{\alpha})$. 故结论得证.

例 6.2.11　设 n 阶实方阵 $\boldsymbol{A}$ 的主对角线元全是 1, 且 $\boldsymbol{A}$ 的特征根全是非负数. 证明: $\det\boldsymbol{A} \leqslant 1$.

分析　联系行列式与特征根的关系.

证明　设 $\boldsymbol{A}$ 的全体特征根为 $\lambda_1, \lambda_2, \cdots, \lambda_n$, 而 $\lambda_1 + \lambda_2 + \cdots + \lambda_n = \mathrm{tr}(\boldsymbol{A}) = n$, $\lambda_1\lambda_2\cdots\lambda_n = \det\boldsymbol{A}$. 又 $\sqrt[n]{\lambda_1\lambda_2\cdots\lambda_n} \leqslant \dfrac{\lambda_1 + \lambda_2 + \cdots + \lambda_n}{n} = 1$, 所以 $\det\boldsymbol{A} \leqslant 1$.

例 6.2.12　设 $\boldsymbol{A} \in M_n(F)$, $g(x) \in F[x]$. 证明: $g(\boldsymbol{A})$ 可逆的充要条件 $g(x)$ 与 $\boldsymbol{A}$ 的特征多项式互素.

分析　联系多项式互素与哈密顿-凯莱定理.

证明　令 $f_{\boldsymbol{A}}(x) = \det(x\boldsymbol{I}_n - \boldsymbol{A})$.

必要性. 设 $\lambda_1, \lambda_2, \cdots, \lambda_n$ 为 $\boldsymbol{A}$ 的全体特征根, 则 $g(\lambda_1), g(\lambda_2), \cdots, g(\lambda_n)$ 为 $g(\boldsymbol{A})$ 的全体特征根, 由于 $g(\boldsymbol{A})$ 可逆, 故 $g(\lambda_i) \neq 0$, $i = 1, 2, \cdots, n$. 因此 $(x-\lambda_i) \nmid g(x)$, 即 $x-\lambda_i$ 与 $g(x)$ 互素, $i = 1, 2, \cdots, n$. 而 $f_{\boldsymbol{A}}(x) = (x-\lambda_1)(x-\lambda_2)\cdots(x-\lambda_n)$, 故 $f_{\boldsymbol{A}}(x)$ 与 $g(x)$ 在 F 上及在 F 上互素.

充分性. 若 $(f_{\boldsymbol{A}}(x), g(x)) = 1$, 则存在 $u(x), v(x) \in F[x]$, 使 $u(x)f_{\boldsymbol{A}}(x) + v(x)g(x) = 1$, 故 $u(\boldsymbol{A})f_{\boldsymbol{A}}(\boldsymbol{A}) + v(\boldsymbol{A})g(\boldsymbol{A}) = \boldsymbol{I}_n$, 即 $v(\boldsymbol{A})g(\boldsymbol{A}) = \boldsymbol{I}_n$, 所以 $g(\boldsymbol{A})$ 可逆.

例 6.2.13 设 $\boldsymbol{A} \in M_n(F)$, $g(x) \in F[x], d(x)$ 是 $g(x)$ 与 $\boldsymbol{A}$ 的特征多项式的最大公因式, 则秩 $d(\boldsymbol{A}) =$ 秩 $g(\boldsymbol{A})$.

分析 联系矩阵与哈密顿-凯莱定理.

证明 由 $d(x)|g(x)$ 知, 存在 $h(x) \in F[x]$, 使 $d(x)h(x) = g(x)$. 因而 $d(\boldsymbol{A})\times h(\boldsymbol{A}) = g(\boldsymbol{A})$. 故秩 $d(\boldsymbol{A}) \geqslant$ 秩 $g(\boldsymbol{A})$.

另一方面, 由 $d(x)$ 是 $g(x)$ 与 $f_{\boldsymbol{A}}(x)$ 的最大公因式可知, 存在 $u(x), v(x) \in F[x]$, 使

$$u(x)g(x) + v(x)f_{\boldsymbol{A}}(x) = d(x).$$

因而

$$u(\boldsymbol{A})g(\boldsymbol{A}) + v(\boldsymbol{A})f_{\boldsymbol{A}}(\boldsymbol{A}) = d(\boldsymbol{A}).$$

由哈密顿-凯莱定理知, $f_{\boldsymbol{A}}(\boldsymbol{A}) = \boldsymbol{0}$, 所以 $u(\boldsymbol{A})g(\boldsymbol{A}) = d(\boldsymbol{A})$. 故秩 $d(\boldsymbol{A}) \leqslant$ 秩$g(\boldsymbol{A})$. 总之有秩 $d(\boldsymbol{A}) =$ 秩$g(\boldsymbol{A})$.

例 6.2.14 设 λ_0 是 F 上的 n 阶方阵 $\boldsymbol{A}$ 的特征多项式 $f_{\boldsymbol{A}}(x)$ 的单根. 试证: 秩$(\lambda_0\boldsymbol{I}_n - \boldsymbol{A}) =$ 秩$(\lambda_0\boldsymbol{I}_n - \boldsymbol{A})^2$.

分析 联系矩阵与哈密顿-凯莱定理.

证明 由于 $(x-\lambda_0)|f_{\boldsymbol{A}}(x), (x-\lambda_0)^2 \nmid f_{\boldsymbol{A}}(x)$, 因此 $(x-\lambda_0)^2$ 与 $f_{\boldsymbol{A}}(x)$ 的最大公因式是 $x-\lambda_0$. 故存在 $u(x), v(x) \in F[x]$, 使 $u(x)(x-\lambda_0)^2 + v(x)f_{\boldsymbol{A}}(x) = x-\lambda_0$. 因此 $u(\boldsymbol{A})(\boldsymbol{A}-\lambda_0\boldsymbol{I}_n)^2 + v(\boldsymbol{A})f_{\boldsymbol{A}}(\boldsymbol{A}) = \boldsymbol{A}-\lambda_0\boldsymbol{I}_n$. 而 $f_{\boldsymbol{A}}(\boldsymbol{A}) = \boldsymbol{0}$, 故 $u(\boldsymbol{A})(\lambda_0\boldsymbol{I}_n-\boldsymbol{A})^2 = -(\lambda_0\boldsymbol{I}_n-\boldsymbol{A})$. 所以秩$(\lambda_0\boldsymbol{I}_n-\boldsymbol{A})^2 \geqslant$ 秩$(\lambda_0\boldsymbol{I}_n-\boldsymbol{A})$. 而秩$(\lambda_0\boldsymbol{I}_n-\boldsymbol{A})^2 \leqslant$ 秩$(\lambda_0\boldsymbol{I}_n-\boldsymbol{A})$ 是显然的. 所以秩$(\lambda_0\boldsymbol{I}_n-\boldsymbol{A})^2 =$ 秩$(\lambda_0\boldsymbol{I}_n-\boldsymbol{A})$.

例 6.2.15 设 $\boldsymbol{A} \in M_n(F)$, 且 $\boldsymbol{A}$ 可逆, 令 $f_{\boldsymbol{A}}(x) = x^n + a_{n-1}x^{n-1} + \cdots + a_1x + a_0$.

(i) 证明: 存在 $g(x) \in F[x]$, $\deg(g(x)) \leqslant n-1$, 使 $\boldsymbol{A}^{-1} = g(\boldsymbol{A})$;

(ii) 证明: $\boldsymbol{A}$ 的伴随矩阵 $\boldsymbol{A}^*$ 为 $\boldsymbol{A}^* = (-1)^{n-1}(\boldsymbol{A}^{n-1} + a_{n-1}\boldsymbol{A}^{n-2} + \cdots + a_2\boldsymbol{A} + a_1\boldsymbol{I}_n)$;

(iii) 求 $\boldsymbol{A}^{-1}$ 的特征多项式;

(iv) 求 $\boldsymbol{A}^*$ 的特征多项式.

分析 联系矩阵与哈密顿-凯莱定理.

解 由于 $\boldsymbol{A}$ 是可逆阵, 因此 $a_0=(-1)^n\det\boldsymbol{A}\neq 0$. 又由哈密顿-凯莱定理知

$$\boldsymbol{A}^n+a_{n-1}\boldsymbol{A}^{n-1}+\cdots+a_1\boldsymbol{A}+a_0\boldsymbol{I}_n=\boldsymbol{0},$$

即有

$$\boldsymbol{A}\left(-\frac{1}{a_0}\boldsymbol{A}^{n-1}-\frac{a_{n-1}}{a_0}\boldsymbol{A}^{n-2}-\cdots-\frac{a_1}{a_0}\boldsymbol{I}_n\right)=\boldsymbol{I}_n.$$

(i) 令

$$g(x)=-\frac{1}{a_0}x^{n-1}-\frac{a_{n-1}}{a_0}x^{n-2}-\cdots-\frac{a_2}{a_0}x-\frac{a_1}{a_0},$$

则 $\boldsymbol{A}^{-1}=g(\boldsymbol{A})$ 且 $\deg(g(x))=n-1$.

(ii) 注意到

$$\boldsymbol{A}^{-1}=-\frac{1}{a_0}\boldsymbol{A}^{n-1}-\frac{a_{n-1}}{a_0}\boldsymbol{A}^{n-2}-\cdots-\frac{a_1}{a_0}\boldsymbol{I}_n.$$

因此

$$\begin{aligned}\boldsymbol{A}^*&=(\det\boldsymbol{A})\boldsymbol{A}^{-1}\\&=(-1)^na_0\left(-\frac{1}{a_0}\boldsymbol{A}^{n-1}-\frac{a_{n-1}}{a_0}\boldsymbol{A}^{n-2}-\cdots-\frac{a_2}{a_0}\boldsymbol{A}-\frac{a_1}{a_0}\boldsymbol{I}_n\right)\\&=(-1)^{n-1}(\boldsymbol{A}^{n-1}+a_{n-1}\boldsymbol{A}^{n-2}+\cdots+a_2\boldsymbol{A}+a_1\boldsymbol{I}_n).\end{aligned}$$

(iii) 设 $\boldsymbol{A}$ 的特征多项式 $f_{\boldsymbol{A}}(x)$ 的全体根为 $\lambda_1,\ \lambda_2,\ \cdots,\ \lambda_n$, 它们均不等于 0. 则 $\boldsymbol{A}^{-1}$ 的全体特征根, 即 $f_{\boldsymbol{A}^{-1}}(x)$ 的全体根为 $\dfrac{1}{\lambda_1},\ \dfrac{1}{\lambda_2},\ \cdots,\ \dfrac{1}{\lambda_n}$. 所以

$$\begin{aligned}f_{\boldsymbol{A}^{-1}}(x)&=\frac{1}{a_0}(a_0x^n+a_1x^{n-1}+a_{n-1}x+1)\\&=x^n+\frac{a_1}{a_0}x^{n-1}+\cdots+\frac{a_{n-1}}{a_0}x+\frac{1}{a_0}.\end{aligned}$$

(iv) 由于 $\boldsymbol{A}^*=(\det\boldsymbol{A})\boldsymbol{A}^{-1}$, 因此利用例 6.2.5 可得

$$f_{\boldsymbol{A}^*}(x)=x^n+(\det\boldsymbol{A})\frac{a_1}{a_0}x^{n-1}+\cdots+(\det\boldsymbol{A})^{n-1}\frac{a_{n-1}}{a_0}x+(\det\boldsymbol{A})^n\frac{1}{a_0}.$$

例 6.2.16 设 $\boldsymbol{A}$ 为 n 阶方阵, 它的所有元素都等于实数 a, 且 $a\neq 0$. 试证: 存在实系数多项式 $g(x)$, 使得 $(\boldsymbol{A}+na\boldsymbol{I}_n)^{-1}=g(\boldsymbol{A})$.

分析 构造矩阵并联系哈密顿-凯莱定理.

证明 令 $\boldsymbol{B}=\boldsymbol{A}+na\boldsymbol{I}_n$, 则 $\boldsymbol{B}$ 的特征多项式为

$$f_{\boldsymbol{B}}(x)=\det(x\boldsymbol{I}_n-\boldsymbol{B})$$

$$= \begin{vmatrix} x-(n+1)a & -a & \cdots & -a \\ -a & x-(n+1)a & \cdots & -a \\ \vdots & \vdots & & \vdots \\ -a & -a & \cdots & x-(n+1)a \end{vmatrix}$$

$$= (x-2na)(x-na)^{n-1}.$$

令 $f_{\boldsymbol{B}}(x) = x^n + b_1x^{n-1} + \cdots + b_{n-1}x + b_n$. 由 $f_{\boldsymbol{B}}(\boldsymbol{B}) = \boldsymbol{0}$ 知

$$\boldsymbol{B}^{-1} = -\frac{1}{b_n}(\boldsymbol{B}^{n-1} + b_1\boldsymbol{B}^{n-2} + \cdots + b_{n-2}\boldsymbol{B} + b_{n-1}\boldsymbol{I}).$$

再令 $g(x) = -\dfrac{1}{b_n}[(x+na)^{n-1} + b_1(x+na)^{n-2} + \cdots + b_{n-2}(x+na) + b_{n-1}]$, 则 $\boldsymbol{B}^{-1} = g(\boldsymbol{A})$.

例 6.2.17 设 $\dim_F V = n(>0)$, τ, $\sigma \in L(V)$. 则

(i) $\dim[\mathrm{Im}(\sigma\tau)] \geqslant \dim(\mathrm{Im}\,\sigma) + \dim(\mathrm{Im}\,\tau) - n$;

(ii) $\dim[\mathrm{Ker}(\sigma\tau)] \leqslant \dim(\mathrm{Ker}\,\sigma) + \dim(\mathrm{Ker}\,\tau)$.

分析 线性变换问题转化为矩阵问题.

证明 (i) 设 $\boldsymbol{\alpha}_1, \boldsymbol{\alpha}_2, \cdots, \boldsymbol{\alpha}_n$ 为 V 的一个基, $\boldsymbol{A}$ 为 σ 关于该基的矩阵, $\boldsymbol{B}$ 为 τ 关于该基的矩阵, 则

$$\dim[\mathrm{Im}(\sigma\tau)] = \text{秩}(\boldsymbol{AB}), \quad \dim(\mathrm{Im}\sigma) = \text{秩 } \boldsymbol{A}, \quad \dim(\mathrm{Im}\ \tau) = \text{秩 } \boldsymbol{B}.$$

而秩 $(\boldsymbol{AB}) \geqslant$ 秩 $\boldsymbol{A}+$ 秩 $\boldsymbol{B} - n$, 因而有

$$\dim[\mathrm{Im}(\sigma\tau)] \geqslant \dim(\mathrm{Im}\ \sigma) + \dim(\mathrm{Im}\ \tau) - n.$$

(ii) 由 (i), 再利用定理 1.2.39(iii) 可知

$$n - \dim[\mathrm{Ker}(\sigma\tau)] \geqslant [n - \dim(\mathrm{Ker}\,\sigma)] + [n - \dim(\mathrm{Ker}\,\tau)] - n,$$

从而 $\dim[\mathrm{Ker}(\sigma\tau)] \leqslant \dim(\mathrm{Ker}\,\sigma) + \dim(\mathrm{Ker}\,\tau)$.

例 6.2.18 设 $\dim_{\mathbf{C}} V = n > 0$, $\sigma \in L(V)$, λ 为 σ 的一个 s 重的本征值. 令

$$W = \{\boldsymbol{\beta} \in V | \text{存在 } k \geqslant 1, \text{使得 } (\sigma - \lambda\iota)^k(\boldsymbol{\beta}) = \boldsymbol{0}\} = \bigcup_{k=1}^{\infty} \mathrm{Ker}(\sigma - \lambda\iota)^k.$$

试证 $W = \mathrm{Ker}(\sigma - \lambda\iota)^s$, 且 $\dim W = s$.

分析 线性变换问题转化为矩阵问题. 考虑到线性变换与矩阵之间的关系、线性变换的核与齐次线性方程组解空间之间的关系, 只需证明: 设 $\boldsymbol{A} \in M_{n\times n}(\mathbf{C})$, λ 为 $\boldsymbol{A}$ 的一个 s 重的特征根, 令

$$U = \{\boldsymbol{\gamma} \in \mathbf{C}^n | \text{存在 } k \geqslant 1, \text{使得 } (\boldsymbol{A} - \lambda\boldsymbol{I}_n)^k\boldsymbol{\gamma} = \boldsymbol{0}\}$$

$$= \bigcup_{k=1}^{\infty}\{\boldsymbol{\alpha} \in \mathbf{C}^n | (\boldsymbol{A} - \lambda\boldsymbol{I}_n)^k\boldsymbol{\alpha} = \boldsymbol{0}\}.$$

试证 $U=\{\boldsymbol{\alpha}\in \mathbf{C}^n|(\boldsymbol{A}-\lambda\boldsymbol{I}_n)^s\boldsymbol{\alpha}=\mathbf{0}\}$, 且 $\dim U=s$.

证明　记齐次线性方程组 $\boldsymbol{BX}=\mathbf{0}$ 在复数域上的解空间为 $\operatorname{Ker}\boldsymbol{B}$. 由已知, 存在 n 阶复可逆阵 $\boldsymbol{P}$, 使

$$\boldsymbol{P}^{-1}\boldsymbol{AP}=\begin{pmatrix}\lambda & & & & & & & *\\ & \lambda & & & & & & \\ & & \ddots & & & & & \\ & & & \lambda & & & & \\ & & & & \lambda_1 & & & \\ & & & & & \lambda_2 & & \\ & & & & & & \ddots & \\ 0 & & & & & & & \lambda_{n-s}\end{pmatrix}=\begin{pmatrix}\boldsymbol{A}_{11} & \boldsymbol{A}_{12}\\ \mathbf{0} & \boldsymbol{A}_{22}\end{pmatrix}.$$

当 $k\geqslant s$ 时, $\operatorname{Ker}(\boldsymbol{A}-\lambda\boldsymbol{I})^s\subseteq\operatorname{Ker}(\boldsymbol{A}-\lambda\boldsymbol{I})^k$.　(6.1)

$$\begin{aligned}\boldsymbol{P}^{-1}(\boldsymbol{A}-\lambda\boldsymbol{I})^k\boldsymbol{P}=[\boldsymbol{P}^{-1}(\boldsymbol{A}-\lambda\boldsymbol{I})\boldsymbol{P}]^k&=\begin{pmatrix}\boldsymbol{A}_{11}-\lambda\boldsymbol{I}_s & \boldsymbol{A}_{12}\\ \mathbf{0} & \boldsymbol{A}_{22}-\lambda\boldsymbol{I}_{n-s}\end{pmatrix}^k\\&=\begin{pmatrix}(\boldsymbol{A}_{11}-\lambda\boldsymbol{I}_s)^k & *\\ \mathbf{0} & (\boldsymbol{A}_{22}-\lambda\boldsymbol{I}_{n-s})^k\end{pmatrix}\\&=\begin{pmatrix}\mathbf{0} & *\\ \mathbf{0} & (\boldsymbol{A}_{22}-\lambda\boldsymbol{I}_{n-s})^k\end{pmatrix}.\end{aligned}$$

秩$(\boldsymbol{A}-\lambda\boldsymbol{I})^k=n-s$, 因而 $\dim[\operatorname{Ker}(\boldsymbol{A}-\lambda\boldsymbol{I})^k]=s$, 当然 $\dim[\operatorname{Ker}(\boldsymbol{A}-\lambda\boldsymbol{I})^s]=s$, 结合 (6.1) 式, 当 $k\geqslant s$ 时, 有 $\operatorname{Ker}(\boldsymbol{A}-\lambda\boldsymbol{I})^k=\operatorname{Ker}(\boldsymbol{A}-\lambda\boldsymbol{I})^s$.

由于 $\operatorname{Ker}(\boldsymbol{A}-\lambda\boldsymbol{I})\subseteq\operatorname{Ker}(\boldsymbol{A}-\lambda\boldsymbol{I})^2\subseteq\operatorname{Ker}(\boldsymbol{A}-\lambda\boldsymbol{I})^3\subseteq\cdots$, 因此,

$$\dim W=\dim\left[\bigcup_{k=1}^{\infty}\operatorname{Ker}(\boldsymbol{A}-\lambda\boldsymbol{I})^k\right]=\dim[\operatorname{Ker}(\boldsymbol{A}-\lambda\boldsymbol{I})^s]=s.$$

例 6.2.19　设 V 是 $n(\geqslant 1)$ 维欧氏空间, σ_1, σ_2 都是 V 的对称变换, τ 是 V 的一个斜对称变换. 证明: $\sigma_1^2+\sigma_2^2=\tau^2$ 当且仅当 $\sigma_1=\sigma_2=\tau=\theta$.

分析　线性变换问题转化为矩阵问题.

证明　必要性. 令 $\boldsymbol{\varepsilon}_1,\boldsymbol{\varepsilon}_2,\cdots,\boldsymbol{\varepsilon}_n$ 是 V 的一个规范正交基, σ_1,σ_2,τ 在这个基下的矩阵分别是 $\boldsymbol{A}=(a_{ij})_{n\times n},\boldsymbol{B}=(b_{ij})_{n\times n},\boldsymbol{C}=(c_{ij})_{n\times n}$, 则 $\boldsymbol{A},\boldsymbol{B}$ 是实对称矩阵, $\boldsymbol{C}$ 是斜对称矩阵, 且 $\boldsymbol{A}^2+\boldsymbol{B}^2=\boldsymbol{C}^2$.

由于 $\boldsymbol{C}$ 是斜对称矩阵, $\boldsymbol{C}^2$ 的主对角线元素均非正, 因此 $\boldsymbol{A}^2+\boldsymbol{B}^2$ 的主对角线元素均非正, 即

$$a_{i1}^2+a_{i2}^2+\cdots+a_{in}^2+b_{i1}^2+b_{i2}^2+\cdots+b_{in}^2\leqslant 0,\quad i=1,2,\cdots,n.$$

从而

$$a_{i1}=a_{i2}=\cdots=a_{in}=b_{i1}=b_{i2}=\cdots=b_{in}=0,\quad i=1,2,\cdots,n.$$

这说明 $\boldsymbol{A}=\boldsymbol{B}=\boldsymbol{0}$, 并且 $\boldsymbol{C}^2$ 的主对角线元素均为 0. 因此

$$-c_{i1}^2-c_{i2}^2-\cdots-c_{in}^2=0,\quad i=1,2,\cdots,n.$$

故有 $c_{i1}=c_{i2}=\cdots=c_{in}=0, i=1,2,\cdots,n$, 即 $\boldsymbol{C}=\boldsymbol{0}$. 于是 $\sigma_1=\sigma_2=\tau=\theta$.

充分性. 当 $\sigma_1=\sigma_2=\tau=\theta$ 时, 显然有 $\sigma_1^2+\sigma_2^2=\tau^2$.

例 6.2.20 设 $\boldsymbol{A}$ 是一个正定矩阵, 证明:

(i) 对于任意正实数 ℓ, $\ell\boldsymbol{A}$ 是正定阵;

(ii) 对于任意正整数 k, $\boldsymbol{A}^k$ 是正定阵;

(iii) $\boldsymbol{A}^{-1}$ 是正定阵;

(iv) $\boldsymbol{A}$ 的伴随矩阵 $\boldsymbol{A}^*$ 是正定矩阵.

分析 矩阵的正定性问题转化为特征根问题.

证明 设 $\boldsymbol{A}$ 的全体特征根为 $\lambda_1, \lambda_2, \cdots, \lambda_n$, 由于 $\boldsymbol{A}$ 正定, 因此 $\lambda_1, \lambda_2, \cdots, \lambda_n$ 全为正实数.

(i) 对正实数 ℓ, 实对称阵 $\ell\boldsymbol{A}$ 的全体特征根 $\ell\lambda_1, \ell\lambda_2, \cdots, \ell\lambda_n$ 均为正实数, 因此 $\ell\boldsymbol{A}$ 是正定阵.

(ii) 对正整数 k, 实对称阵 $\boldsymbol{A}^k$ 的全体特征根 $\lambda_1^k, \lambda_2^k, \cdots, \lambda_n^k$ 均为正实数, 故 $\boldsymbol{A}^k$ 是正定阵.

(iii) 实对称阵 $\boldsymbol{A}^{-1}$ 的全体特征根为 $\lambda_1^{-1}, \lambda_2^{-1}, \cdots, \lambda_n^{-1}$, 它们都是正实数, 故 $\boldsymbol{A}^{-1}$ 是正定阵.

(iv) 实对称阵 $\boldsymbol{A}^*$ 的全体特征根为 $(\det\boldsymbol{A})\lambda_1^{-1}, (\det\boldsymbol{A})\lambda_2^{-1}, \cdots, (\det\boldsymbol{A})\lambda_n^{-1}$, 它们都是正实数, 因而 $\boldsymbol{A}^*$ 是正定阵.

例 6.2.21 设 $\boldsymbol{B}$ 是 $m\times n$ 实阵, 且 $\boldsymbol{X}=(x_1, x_2, \cdots, x_n)^{\mathrm{T}}$. 证明: 齐次线性方程组 $\boldsymbol{BX}=\boldsymbol{0}$ 只有零解当且仅当 $\boldsymbol{B}^{\mathrm{T}}\boldsymbol{B}$ 正定.

分析 把求解的问题与正定的特征联系起来, 完成二者转化.

证明 必要性. 显然 $\boldsymbol{B}^{\mathrm{T}}\boldsymbol{B}$ 是 n 阶实对称阵, 对任意 n 个不全为 0 的实数 $c_1, c_2, \cdots, c_n$, 令

$$\begin{pmatrix} d_1\\ d_2\\ \vdots\\ d_m \end{pmatrix}=\boldsymbol{B}\begin{pmatrix} c_1\\ c_2\\ \vdots\\ c_n \end{pmatrix}.$$

由 $\boldsymbol{BX}=\mathbf{0}$ 只有零解可知 $d_1,\cdots,d_m$ 是不全为 0 的实数, 故

$$(c_1,\ c_2,\ \cdots,\ c_n)\boldsymbol{B}^{\mathrm{T}}\boldsymbol{B}\begin{pmatrix}c_1\\c_2\\\vdots\\c_n\end{pmatrix}=(d_1,\ d_2,\ \cdots,\ d_m)\begin{pmatrix}d_1\\d_2\\\vdots\\d_m\end{pmatrix}=\sum_{i=1}^{m}d_i^2>0.$$

故 $\boldsymbol{B}^{\mathrm{T}}\boldsymbol{B}$ 是正定的.

充分性. 用反证法. 假如齐次线性方程组 $\boldsymbol{BX}=\mathbf{0}$ 有非零解, 设 $(c_1,\ \cdots,\ c_n)^{\mathrm{T}}$ 为其非零实数解, 则

$$\begin{aligned}(c_1,\ c_2,\ \cdots,\ c_n)\boldsymbol{B}^{\mathrm{T}}\boldsymbol{B}\begin{pmatrix}c_1\\c_2\\\vdots\\c_n\end{pmatrix}&=\left[\boldsymbol{B}\begin{pmatrix}c_1\\c_2\\\vdots\\c_n\end{pmatrix}\right]^{\mathrm{T}}\left[\boldsymbol{B}\begin{pmatrix}c_1\\c_2\\\vdots\\c_n\end{pmatrix}\right]\\&=(0,\ 0,\ \cdots,\ 0)\begin{pmatrix}0\\0\\\vdots\\0\end{pmatrix}=0.\end{aligned}$$

这与 $\boldsymbol{B}^{\mathrm{T}}\boldsymbol{B}$ 是正定阵相矛盾. 因而 $\boldsymbol{BX}=\mathbf{0}$ 只有零解.

例 6.2.22 设 $\boldsymbol{A}=(a_{ij})_{n\times n}\in M_{n\times n}(\mathbf{R})$. 证明:

(i) 若 $|a_{ii}|>\sum\limits_{j=1,\ j\neq i}^{n}|a_{ij}|, i=1,\ 2,\ \cdots,\ n$, 则 $\det\boldsymbol{A}\neq 0$.

(ii) 若 $a_{ii}>\sum\limits_{j=1,\ j\neq i}^{n}|a_{ij}|, i=1,\ 2,\ \cdots,\ n$, 则 $\det\boldsymbol{A}>0$.

分析 矩阵问题能够非常巧妙地联系并转化为函数的连续性问题.

证明 (i) 设 $\boldsymbol{\alpha}_i=\begin{pmatrix}a_{1i}\\a_{2i}\\\vdots\\a_{ni}\end{pmatrix}, i=1,\ 2,\ \cdots,\ n$. 假如 $\det\boldsymbol{A}=0$, 那么 $\boldsymbol{\alpha}_1,\ \boldsymbol{\alpha}_2,\ \cdots,\ \boldsymbol{\alpha}_n$ 线性相关, 则存在不全为零的实数 $k_1,\ k_2,\ \cdots,\ k_n$, 使得

$$\sum_{i=1}^{n}k_i\boldsymbol{\alpha}_i=\mathbf{0}.$$

令 $k=\max\{|k_1|,\ |k_2|,\ \cdots,\ |k_n|\}$, 存在 $i_0\in\{1,\ 2,\ \cdots,\ n\}$, 使得 $k=|k_{i_0}|$, 这时有

$$\alpha_{i_0}=\sum_{j=1,\ j\neq i_0}^{n}\left(-\frac{k_j}{k_{i_0}}\right)\boldsymbol{\alpha}_j,$$

进而

$$a_{i_0i_0}=\sum_{j=1,j\neq i_0}^{n}\left(-\frac{k_j}{k_{i_0}}\right)a_{i_0j}.$$

所以

$$|a_{i_0i_0}|\leqslant\sum_{j=1,j\neq i_0}^{n}\left(\frac{|k_j|}{|k_{i_0}|}\right)|a_{i_0j}|\leqslant\sum_{j=1,j\neq i_0}^{n}|a_{i_0j}|,$$

矛盾.

(ii) 令

$$D(t)=\begin{vmatrix} a_{11} & a_{12}t & \cdots & a_{1n}t \\ a_{21}t & a_{22} & \cdots & a_{2n}t \\ \vdots & \vdots & & \vdots \\ a_{n1}t & a_{n2}t & \cdots & a_{nn} \end{vmatrix},$$

则

$$D(0)=a_{11}a_{22}\cdots a_{nn}>0,\quad D(1)=\det\boldsymbol{A}\neq 0.$$

$D(t)$ 在 $[0,1]$ 上是连续函数. 当 $t\in[0,1]$ 时, $D(t)$ 的元素仍满足 (i) 中条件, 从而 $D(t)\neq 0$. 假如 $\det\boldsymbol{A}<0$, 则存在 $t_0\in(0,1)$, 使 $D(t_0)=0$, 矛盾. 因而 $\det\boldsymbol{A}>0$.

例 6.2.23 设 $\boldsymbol{A}$ 是 n 阶实对称阵. 证明: 当实数 r 充分大之后, $r\boldsymbol{I}_n+\boldsymbol{A}$ 是正定阵.

分析 转化为分析矩阵的对角占优性质或者特征根.

证明 令 $\boldsymbol{A}=(a_{ij})_{n\times n}\in M_n(\mathbf{R})$. 取实数 r 满足

$$r>\max\left\{\sum_{j=1,j\neq 1}^{n}|a_{1j}|-a_{11},\ \sum_{j=1,\ j\neq 2}^{n}|a_{2j}|-a_{22},\ \cdots,\ \sum_{j=1,\ j\neq n}^{n}|a_{nj}|-a_{nn}\right\}.$$

这时

$$r+a_{ii}>\sum_{j=1,\ j\neq i}^{n}|a_{ij}|,\quad i=1,\ 2,\ \cdots,\ n.$$

因此 $r\boldsymbol{I}_n+\boldsymbol{A}$ 的每个顺序主子矩阵都是主对角元为正数的严格对角占优阵, 即满足例 6.2.22 中 (ii) 的条件, 因此 $r\boldsymbol{I}_n+\boldsymbol{A}$ 的每个顺序主子式都大于零, 故 $r\boldsymbol{I}_n+\boldsymbol{A}$ 是正定阵.

注记 6.2.24 该问题也可以转化为讨论当实数 r 充分大之后, $r\boldsymbol{I}_n+\boldsymbol{A}$ 的特征根全为正数.

例 6.2.25 计算下列 n 阶行列式.

$$(1)\ D_n=\begin{vmatrix} a_1 & b & b & \cdots & b \\ b & a_2 & b & \cdots & b \\ b & b & a_3 & \cdots & b \\ \vdots & \vdots & \vdots & & \vdots \\ b & b & b & \cdots & a_n \end{vmatrix}\quad (a_i\neq b);$$

$$(2)\ D_n=\begin{vmatrix} 1+a_1^2 & a_1a_2 & \cdots & a_1a_n \\ a_2a_1 & 1+a_2^2 & \cdots & a_2a_n \\ \vdots & \vdots & & \vdots \\ a_na_1 & a_na_2 & \cdots & 1+a_n^2 \end{vmatrix}.$$

分析 把无法直接计算的行列式转化为“爪形”行列式.

解 (1) 加边法.

$$D_n \xlongequal{\text{加边}} \begin{vmatrix} 1 & b & b & \cdots & b \\ 0 & a_1 & b & \cdots & b \\ 0 & b & a_2 & \cdots & b \\ \vdots & \vdots & \vdots & & \vdots \\ 0 & b & b & \cdots & a_n \end{vmatrix}$$

$$\xlongequal[i=2,3,\cdots,n+1]{r_i-r_1} \begin{vmatrix} 1 & b & b & \cdots & b \\ -1 & a_1-b & 0 & \cdots & 0 \\ -1 & 0 & a_2-b & \cdots & 0 \\ \vdots & \vdots & \vdots & & \vdots \\ -1 & 0 & 0 & \cdots & a_n-b \end{vmatrix}$$

$$\xlongequal[i=1,2,\cdots,n]{c_1+\frac{1}{a_i-b}c_{i+1}} \begin{vmatrix} 1+b\sum\limits_{i=1}^{n}\dfrac{1}{a_i-b} & b & b & \cdots & b \\ & a_1-b & & & \\ & & a_2-b & & \\ & & & \ddots & \\ & & & & a_n-b \end{vmatrix}$$

$$= \left(1 + b\sum_{i=1}^{n} \frac{1}{a_i - b}\right)(a_1 - b)(a_2 - b)\cdots(a_n - b).$$

(2) 加边法.

$$D_n \xlongequal{\text{加边}} \begin{vmatrix} 1 & a_1 & a_2 & \cdots & a_n \\ 0 & 1+a_1^2 & a_1a_2 & \cdots & a_1a_n \\ 0 & a_2a_1 & 1+a_2^2 & \cdots & a_2a_n \\ \vdots & \vdots & \vdots & & \vdots \\ 0 & a_na_1 & a_na_2 & \cdots & 1+a_n^2 \end{vmatrix}$$

$$\xlongequal[i=1,2,\cdots,n]{r_{i+1}-a_ir_1} \begin{vmatrix} 1 & a_1 & a_2 & \cdots & a_n \\ -a_1 & 1 & 0 & \cdots & 0 \\ -a_2 & 0 & 1 & \cdots & 0 \\ \vdots & \vdots & \vdots & & \vdots \\ -a_n & 0 & 0 & \cdots & 1 \end{vmatrix}$$

$$\xlongequal[i=2,\cdots,n+1]{c_1+a_{i-1}c_i} \begin{vmatrix} 1+\sum\limits_{i=1}^{n} a_i^2 & a_1 & a_2 & \cdots & a_n \\ 0 & 1 & 0 & \cdots & 0 \\ 0 & 0 & 1 & \cdots & 0 \\ \vdots & \vdots & \vdots & & \vdots \\ 0 & 0 & 0 & \cdots & 1 \end{vmatrix}$$

$$= 1 + \sum_{i=1}^{n} a_i^2.$$

例 6.2.26 设 $\boldsymbol{A} = \begin{pmatrix} 1 & 0 & 0 \\ 0 & 1 & 2 \\ 3 & 1 & 2 \end{pmatrix}$. 求所有与 $\boldsymbol{A}$ 可交换的矩阵.

分析 先对矩阵分解, 将与整个矩阵相乘可交换的问题转化为与特殊矩阵相乘可交换.

解 设 $\boldsymbol{B} = \begin{pmatrix} a_1 & b_1 & c_1 \\ a_2 & b_2 & c_2 \\ a_3 & b_3 & c_3 \end{pmatrix}$ 与 $\boldsymbol{A}$ 可交换. 因为 $\boldsymbol{A} = \boldsymbol{I} + \begin{pmatrix} 0 & 0 & 0 \\ 0 & 0 & 2 \\ 3 & 1 & 1 \end{pmatrix} = \boldsymbol{I} + \boldsymbol{C}$, 所以 $\boldsymbol{B}(\boldsymbol{I}+\boldsymbol{C}) = (\boldsymbol{I}+\boldsymbol{C})\boldsymbol{B}$. 于是 $\boldsymbol{BC} = \boldsymbol{CB}$, 即

$$\begin{pmatrix} 3c_1 & c_1 & 2b_1+c_1 \\ 3c_2 & c_2 & 2b_2+c_2 \\ 3c_3 & c_3 & 2b_3+c_3 \end{pmatrix} = \begin{pmatrix} 0 & 0 & 0 \\ 2a_3 & 2b_3 & 2c_3 \\ 3a_1+a_2+a_3 & 3b_1+b_2+b_3 & 3c_1+c_2+c_3 \end{pmatrix}.$$

由对应元素相等, 得

$$b_1 = c_1 = 0, \quad b_2 = a_1 + \frac{1}{3}a_2, \quad c_2 = \frac{2}{3}a_3,$$

$$b_3 = \frac{1}{3}a_3, \quad c_3 = a_1 + \frac{1}{3}a_2 + \frac{1}{3}a_3.$$

因此与 $\boldsymbol{A}$ 可交换的矩阵为

$$\boldsymbol{B} = \begin{pmatrix} a_1 & 0 & 0 \\ a_2 & a_1 + \dfrac{1}{3}a_2 & \dfrac{2}{3}a_3 \\ a_3 & \dfrac{1}{3}a_3 & a_1 + \dfrac{1}{3}a_2 + \dfrac{1}{3}a_3 \end{pmatrix},$$

其中 a_1, a_2, a_3 为任意数.

例 6.2.27 a, b 满足什么条件时, 多项式 $x^n + nax + b$ 有重因式?

分析 重因式的核心是原多项式与其导数的关系, 转化问题后再分情况讨论.

解 记 $f(x) = x^n + nax + b$, 则 $f'(x) = nx^{n-1} + na$.

(1) 当 $n = 1$ 时, $f(x)$ 没有重因式.

(2) 当 $n \geqslant 2$ 时, 用 $f'(x)$ 除 $f(x)$, 得

$$f(x) = \frac{1}{n}xf'(x) + (n-1)ax + b.$$

若 $(n-1)ax + b = 0$, 则 $a = b = 0$, $f(x)$ 有 n 重因式 x.

若 $(n-1)ax + b \neq 0$, 则当 $a = 0$ 时, $b \neq 0$, 此时 $(f(x), f'(x)) = 1$. 从而 $f(x)$ 没有重因式. 当 $a \neq 0$ 时, 用 $(n-1)ax + b$ 除 $f'(x)$, 得余式

$$f'\left(\frac{b}{(1-n)a}\right) = \frac{nb^{n-1}}{a^{n-1}(1-n)^{n-1}} + na.$$

要使 $f(x)$ 有重因式 $x + \dfrac{b}{(n-1)a}$, 则应有 $\dfrac{b^{n-1}}{a^{n-1}(1-n)^{n-1}} + a = 0$, 即 $b^{n-1} + a^n(1-n)^{n-1} = 0$.

综上所述, 当 $n \geqslant 2$, 且 a, b 满足 $b^{n-1} + a^n(1-n)^{n-1} = 0$ 时, $f(x)$ 有重因式.

例 6.2.28 证明: $f(x) = 1 + x + \dfrac{x^2}{2!} + \cdots + \dfrac{x^n}{n!}$ 没有重因式.

分析 重因式的核心是原多项式与其导数的关系, 转化问题后证明 $\big(f(x), f'(x)\big) = 1$.

证明 因为 $f'(x) = 1 + x + \dfrac{x^2}{2!} + \cdots + \dfrac{x^{n-1}}{(n-1)!}$, 所以

$$\big(f(x), f'(x)\big) = \big(f(x) - f'(x), f'(x)\big) = \left(\frac{x^n}{n!}, f'(x)\right).$$

由于 $\dfrac{x^n}{n!}$ 的不可约因式只有 x, 而 $x \nmid f'(x)$, 因此 $\left(\dfrac{x^n}{n!}, f'(x)\right) = 1$. 于是 $\big(f(x), f'(x)\big) = 1$, 即 $f(x)$ 无重因式.

例 6.2.29 利用 3 倍角公式 $\cos 3\alpha = 4\cos^3\alpha - 3\cos\alpha$, 证明: $\cos 20^\circ$ 是无理数.

分析 问题转化为讨论某个有理系数的多项式无有理根.

证明 由 3 倍角公式, 得

$$\cos 20^\circ = \frac{1}{3}\Big(4\cos^3 20^\circ - \cos 60^\circ\Big) = \frac{1}{3}\left(4\cos^3 20^\circ - \frac{1}{2}\right).$$

于是

$$\frac{4}{3}\cos^3 20^\circ - \cos 20^\circ - \frac{1}{6} = 0.$$

因此, $\cos 20^\circ$ 是有理系数的多项式

$$\frac{4}{3}x^3 - x - \frac{1}{6} = \frac{1}{6}(8x^3 - 6x - 1)$$

的根. 根据有理根的求法, 易知整系数多项式 $8x^3 - 6x - 1$ 没有有理根. 故 $\cos 20^\circ$ 是无理数.

例 6.2.30 设

$$\boldsymbol{A} = \begin{pmatrix} -1 & 1 & 0 \\ -4 & 3 & 0 \\ 1 & 0 & 2 \end{pmatrix}.$$

计算 $\boldsymbol{A}^7 - \boldsymbol{A}^5 - 19\boldsymbol{A}^4 + 28\boldsymbol{A}^3 + 6\boldsymbol{A} - 4\boldsymbol{I}$.

分析 直接计算不好求, 转化为多项式矩阵与特征多项式的联系.

解 设 $g(x) = x^7 - x^5 - 19x^4 + 28x^3 + 6x - 4$. 用 $\boldsymbol{A}$ 的特征多项式 $f_{\boldsymbol{A}}(x) = \det(x\boldsymbol{I}_3 - \boldsymbol{A}) = (x-2)(x-1)^2$ 除 $g(x)$, 得

$$g(x) = f_{\boldsymbol{A}}(x)q(x) + r(x),$$

其中 $q(x) = x^4 + 4x^3 + 10x^2 + 3x - 2, r(x) = -3x^2 + 22x - 8$. 由哈密顿-凯莱定理知, $f_{\boldsymbol{A}}(\boldsymbol{A}) = \boldsymbol{0}$. 因此

$$g(\boldsymbol{A})=r(\boldsymbol{A})=-3\boldsymbol{A}^2+22\boldsymbol{A}-8\boldsymbol{I}=\begin{pmatrix}-19&16&0\\-64&43&0\\19&-3&24\end{pmatrix}.$$

例 6.2.31 设数域 F 上的 n 阶方阵 $\boldsymbol{A}$ 可逆. 证明: $\boldsymbol{A}^{-1}$ 是 $\boldsymbol{A}$ 的多项式.

分析 直接讨论不好得到等式, 转化为运用哈密顿-凯莱定理.

证明 设 $\boldsymbol{A}$ 的特征多项式为 $f_{\boldsymbol{A}}(x)=x^n+a_{n-1}x^{n-1}+\cdots+a_1x+a_0$. 因为 $\boldsymbol{A}$ 可逆, 所以 $a_0=(-1)^n\det\boldsymbol{A}\neq 0$. 由哈密顿-凯莱定理知

$$f_{\boldsymbol{A}}(\boldsymbol{A})=\boldsymbol{A}^n+a_{n-1}\boldsymbol{A}^{n-1}+\cdots+a_1\boldsymbol{A}+a_0\boldsymbol{I}_n=\boldsymbol{0}.$$

于是 $\boldsymbol{A}\left(-a_0^{-1}\boldsymbol{A}^{n-1}-a_0^{-1}a_{n-1}\boldsymbol{A}^{n-2}-\cdots-a_0^{-1}a_1\boldsymbol{I}\right)=\boldsymbol{I}$. 因此

$$\boldsymbol{A}^{-1}=-a_0^{-1}\boldsymbol{A}^{n-1}-a_0^{-1}a_{n-1}\boldsymbol{A}^{n-2}-\cdots-a_0^{-1}a_1\boldsymbol{I}.$$

例 6.2.32 设 $\boldsymbol{A}$ 是 n 阶方阵. 证明: $\boldsymbol{A}$ 是幂零的当且仅当 $\boldsymbol{A}$ 的特征根都是 0.

分析 必要性证明转化为运用哈密顿-凯莱定理.

证明 设 $\boldsymbol{A}$ 是幂零的, 则存在正整数 k, 使得 $\boldsymbol{A}^k=\boldsymbol{0}$. 于是 $\boldsymbol{A}$ 有零化多项式 $g(x)=x^k$. 因此 $\boldsymbol{A}$ 的最小多项式 $p_{\boldsymbol{A}}(x)=x^m$. 设 λ 是 $\boldsymbol{A}$ 的任一特征根, 则 λ 一定是 $p_{\boldsymbol{A}}(x)=x^m$ 的根. 故 $\lambda^m=0$, 即 $\boldsymbol{A}$ 的特征根都是 0.

反过来, 设 $\boldsymbol{A}$ 的特征根都是 0, 则 $f_{\boldsymbol{A}}(x)=x^n$. 由哈密顿-凯莱定理知, $\boldsymbol{A}^n=\boldsymbol{0}$, 即 $\boldsymbol{A}$ 是幂零的.

例 6.2.33 设 n,m 是正整数, 且 $n>m$. 证明: $f(x)=x^n+ax^{n-m}+b$ 不能有不为零的重数大于 2 的根.

分析 重根问题转化为导数问题.

证明 由已知, 得

$$f'(x)=x^{n-m-1}[nx^m+(n-m)a].$$

当 $a=0$ 时, 结论显然成立. 当 $a\neq 0$ 时, $f'(x)$ 的非零根都是 $nx^m+(n-m)a$ 的根, 而 $nx^m+(n-m)a$ 的根只能是单根. 因此 $f(x)$ 的非零根的重数不会大于 2.

例 6.2.34 证明: 在数域 F 上, 如果 $f'(x)|f(x)$, 且 $n=\deg f(x)\geqslant 1$, 那么 $f(x)$ 有 n 重根.

分析 归结为典型分解式的具体形式问题.

证明 设 $f(x)=ap_1(x)^{k_1}p_2(x)^{k_2}\cdots p_t(x)^{k_t}$, 其中 $p_1(x),p_2(x),\cdots,p_t(x)$ 是 F 上最高次项系数为 1 的两两不同的不可约多项式, $a\neq 0$. 因 $f'(x)|f(x)$, 故

$$(f'(x),f(x))=bf'(x)=p_1(x)^{k_1-1}p_2(x)^{k_2-1}\cdots p_t(x)^{k_t-1},\quad b\neq 0.$$

由于用 $f'(x)$ 除 $f(x)$ 所得的商式为 $abp_1(x)p_2(x)\cdots p_t(x)$, 且为一次多项式, 因此

$t=1, k_1=n$. 故 $f(x)=a(x-c)^n$, 即 $f(x)$ 有 n 重根.

例 6.2.35 设 $\{\boldsymbol{\alpha}_1,\boldsymbol{\alpha}_2,\cdots,\boldsymbol{\alpha}_r\}$ 是数域 F 上的向量空间 V 中一组线性无关的向量. 问 $\{\boldsymbol{\alpha}_1+\boldsymbol{\alpha}_2,\boldsymbol{\alpha}_2+\boldsymbol{\alpha}_3,\cdots,\boldsymbol{\alpha}_r+\boldsymbol{\alpha}_1\}$ 是否也线性无关?

分析 线性相关性问题转化为矩阵秩的问题.

解 设向量组 $\{\boldsymbol{\alpha}_1+\boldsymbol{\alpha}_2,\boldsymbol{\alpha}_2+\boldsymbol{\alpha}_3,\cdots,\boldsymbol{\alpha}_r+\boldsymbol{\alpha}_1\}$ 的秩为 t. 由题设条件, 得

$$(\boldsymbol{\alpha}_1+\boldsymbol{\alpha}_2,\boldsymbol{\alpha}_2+\boldsymbol{\alpha}_3,\cdots,\boldsymbol{\alpha}_r+\boldsymbol{\alpha}_1)=(\boldsymbol{\alpha}_1,\boldsymbol{\alpha}_2,\cdots,\boldsymbol{\alpha}_r)\boldsymbol{A},$$

其中

$$\boldsymbol{A}=\begin{pmatrix}1&0&0&\cdots&0&1\\1&1&0&\cdots&0&0\\0&1&1&\cdots&0&0\\\vdots&\vdots&\vdots&&\vdots&\vdots\\0&0&0&\cdots&1&1\end{pmatrix}.$$

由 $\det\boldsymbol{A}=1+(-1)^{r+1}$, 得

(1) 当 r 为奇数时, $t=$ 秩 $\boldsymbol{A}=r$, 故 $\boldsymbol{\alpha}_1+\boldsymbol{\alpha}_2,\boldsymbol{\alpha}_2+\boldsymbol{\alpha}_3,\cdots,\boldsymbol{\alpha}_r+\boldsymbol{\alpha}_1$ 线性无关;

(2) 当 r 为偶数时, $t=$ 秩 $\boldsymbol{A}<r$, 故 $\boldsymbol{\alpha}_1+\boldsymbol{\alpha}_2,\boldsymbol{\alpha}_2+\boldsymbol{\alpha}_3,\cdots,\boldsymbol{\alpha}_r+\boldsymbol{\alpha}_1$ 线性相关.

例 6.2.36 讨论 $M_2(F)$ 中的向量组

$$\boldsymbol{A}_1=\begin{pmatrix}a&1\\1&1\end{pmatrix},\quad \boldsymbol{A}_2=\begin{pmatrix}1&a\\1&1\end{pmatrix},\quad \boldsymbol{A}_3=\begin{pmatrix}1&1\\a&1\end{pmatrix},\quad \boldsymbol{A}_4=\begin{pmatrix}1&1\\1&a\end{pmatrix}$$

的线性相关性.

分析 线性相关性问题转化为矩阵秩的问题.

解 设向量组 $\{\boldsymbol{A}_1,\boldsymbol{A}_2,\boldsymbol{A}_3,\boldsymbol{A}_4\}$ 的秩为 t. 取 $M_2(F)$ 中的线性无关向量组

$$\boldsymbol{E}_{11}=\begin{pmatrix}1&0\\0&0\end{pmatrix},\quad \boldsymbol{E}_{12}=\begin{pmatrix}0&1\\0&0\end{pmatrix},\quad \boldsymbol{E}_{21}=\begin{pmatrix}0&0\\1&0\end{pmatrix},\quad \boldsymbol{E}_{22}=\begin{pmatrix}0&0\\0&1\end{pmatrix},$$

则

$$(\boldsymbol{A}_1,\boldsymbol{A}_2,\boldsymbol{A}_3,\boldsymbol{A}_4)=(\boldsymbol{E}_{11},\boldsymbol{E}_{12},\boldsymbol{E}_{21},\boldsymbol{E}_{22})\boldsymbol{A},$$

其中

$$\boldsymbol{A}=\begin{pmatrix}a&1&1&1\\1&a&1&1\\1&1&a&1\\1&1&1&a\end{pmatrix}.$$

因为 $\det\boldsymbol{A}=(a+3)(a-1)^3$, 所以

(1) 当 $a\neq-3$, 且 $a\neq1$ 时, $t=4$, 故 $\boldsymbol{A}_1,\boldsymbol{A}_2,\boldsymbol{A}_3,\boldsymbol{A}_4$ 线性无关;

(2) 当 $a=-3$, 或 $a=1$ 时, $t<4$, 故 $\boldsymbol{A}_1,\boldsymbol{A}_2,\boldsymbol{A}_3,\boldsymbol{A}_4$ 线性相关.

例 6.2.37 设 $\boldsymbol{\alpha}_1,\boldsymbol{\alpha}_2,\cdots,\boldsymbol{\alpha}_r$ 是向量空间 V 的一组向量, $\boldsymbol{\beta}_1=\boldsymbol{\alpha}_2+\boldsymbol{\alpha}_3+\cdots+\boldsymbol{\alpha}_r,\boldsymbol{\beta}_2=\boldsymbol{\alpha}_1+\boldsymbol{\alpha}_3+\cdots+\boldsymbol{\alpha}_r,\cdots,\boldsymbol{\beta}_r=\boldsymbol{\alpha}_1+\boldsymbol{\alpha}_2+\cdots+\boldsymbol{\alpha}_{r-1}$. 证明: 向量组 (I): $\boldsymbol{\beta}_1,\boldsymbol{\beta}_2,\cdots,\boldsymbol{\beta}_r$ 与向量组 (II): $\boldsymbol{\alpha}_1,\boldsymbol{\alpha}_2,\cdots,\boldsymbol{\alpha}_r$ 等价.

分析 向量组线性等价问题转化为矩阵秩的问题.

证明 由已知条件, 得

$$(\boldsymbol{\beta}_1,\boldsymbol{\beta}_2,\cdots,\boldsymbol{\beta}_r)=(\boldsymbol{\alpha}_1,\boldsymbol{\alpha}_2,\cdots,\boldsymbol{\alpha}_r)\ \boldsymbol{A},$$

其中

$$\boldsymbol{A}=\begin{pmatrix} 0 & 1 & 1 & \cdots & 1 \\ 1 & 0 & 1 & \cdots & 1 \\ 1 & 1 & 0 & \cdots & 1 \\ \vdots & \vdots & \vdots & & \vdots \\ 1 & 1 & 1 & \cdots & 0 \end{pmatrix}.$$

由于 $\det \boldsymbol{A}=(-1)^{r-1}(r-1)\neq 0$, 因此

$$(\boldsymbol{\alpha}_1,\boldsymbol{\alpha}_2,\cdots,\boldsymbol{\alpha}_r)=(\boldsymbol{\beta}_1,\boldsymbol{\beta}_2,\cdots,\boldsymbol{\beta}_r)\ \boldsymbol{A}^{-1}.$$

故向量组 (I) 与向量组 (II) 可互相线性表示, 即向量组 (I) 与向量组 (II) 等价.

例 6.2.38 在向量空间 $F_2[x]$ 中, 求向量组

$$\boldsymbol{\alpha}_1=x-2,\quad \boldsymbol{\alpha}_2=2x,\quad \boldsymbol{\alpha}_3=1-x,\quad \boldsymbol{\alpha}_4=x^2$$

的一个极大无关组.

分析 向量组线性相关性问题转化为矩阵秩的问题.

解 取 $F_2[x]$ 中三个线性无关的向量 $\boldsymbol{\varepsilon}_1=1,\boldsymbol{\varepsilon}_2=x,\boldsymbol{\varepsilon}_3=x^2$, 则

$$(\boldsymbol{\alpha}_1,\boldsymbol{\alpha}_2,\boldsymbol{\alpha}_3,\boldsymbol{\alpha}_4)=(\boldsymbol{\varepsilon}_1,\boldsymbol{\varepsilon}_2,\boldsymbol{\varepsilon}_3)\ \boldsymbol{A},$$

其中

$$\boldsymbol{A}=\begin{pmatrix} -2 & 0 & 1 & 0 \\ 1 & 2 & -1 & 0 \\ 0 & 0 & 0 & 1 \end{pmatrix}.$$

因为秩 $\boldsymbol{A}=3$, 所以 $\{\boldsymbol{\alpha}_1,\boldsymbol{\alpha}_2,\boldsymbol{\alpha}_3,\boldsymbol{\alpha}_4\}$ 线性相关. 由于

$$(\boldsymbol{\alpha}_1,\boldsymbol{\alpha}_2,\boldsymbol{\alpha}_4)=(\boldsymbol{\varepsilon}_1,\boldsymbol{\varepsilon}_2,\boldsymbol{\varepsilon}_3)\ \boldsymbol{B},$$

其中

$$\boldsymbol{B}=\begin{pmatrix} -2 & 0 & 0 \\ 1 & 2 & 0 \\ 0 & 0 & 1 \end{pmatrix},$$

且秩 $\boldsymbol{B}=3$, 因此 $\{\boldsymbol{\alpha}_1,\boldsymbol{\alpha}_2,\boldsymbol{\alpha}_4\}$ 线性无关. 于是 $\{\boldsymbol{\alpha}_1,\boldsymbol{\alpha}_2,\boldsymbol{\alpha}_4\}$ 是 $\{\boldsymbol{\alpha}_1,\boldsymbol{\alpha}_2,\boldsymbol{\alpha}_3,\boldsymbol{\alpha}_4\}$ 的一个极大无关组.

例 6.2.39 在 F^4 中给定两个向量组

$$\boldsymbol{\alpha}_1 = (1,1,0,1), \quad \boldsymbol{\alpha}_2 = (1,0,0,1), \quad \boldsymbol{\alpha}_3 = (2,1,0,2);$$
$$\boldsymbol{\beta}_1 = (1,2,0,1), \quad \boldsymbol{\beta}_2 = (0,1,1,0).$$

求 $\mathscr{L}(\boldsymbol{\alpha}_1,\boldsymbol{\alpha}_2,\boldsymbol{\alpha}_3) + \mathscr{L}(\boldsymbol{\beta}_1,\boldsymbol{\beta}_2)$ 的维数与一个基.

分析 线性相关性问题转化为矩阵秩的问题.

解 取 F^4 的标准基 $\{\boldsymbol{\varepsilon}_1,\boldsymbol{\varepsilon}_2,\boldsymbol{\varepsilon}_3,\boldsymbol{\varepsilon}_4\}$, 于是

$$(\boldsymbol{\alpha}_1,\boldsymbol{\alpha}_2,\boldsymbol{\alpha}_3,\boldsymbol{\beta}_1,\boldsymbol{\beta}_2) = (\boldsymbol{\varepsilon}_1,\boldsymbol{\varepsilon}_2,\boldsymbol{\varepsilon}_3,\boldsymbol{\varepsilon}_4)\,\boldsymbol{A},$$

其中

$$\boldsymbol{A} = \begin{pmatrix} 1 & 1 & 2 & 1 & 0 \\ 1 & 0 & 1 & 2 & 1 \\ 0 & 0 & 0 & 0 & 1 \\ 1 & 1 & 2 & 1 & 0 \end{pmatrix}.$$

因为秩 $\boldsymbol{A} = 3$, 所以 $\{\boldsymbol{\alpha}_1,\boldsymbol{\alpha}_2,\boldsymbol{\alpha}_3,\boldsymbol{\beta}_1,\boldsymbol{\beta}_2\}$ 线性相关. 又因为

$$(\boldsymbol{\alpha}_1,\boldsymbol{\alpha}_2,\boldsymbol{\beta}_2) = (\boldsymbol{\varepsilon}_1,\boldsymbol{\varepsilon}_2,\boldsymbol{\varepsilon}_3,\boldsymbol{\varepsilon}_4)\,\boldsymbol{B},$$

其中

$$\boldsymbol{B} = \begin{pmatrix} 1 & 1 & 0 \\ 1 & 0 & 1 \\ 0 & 0 & 1 \\ 1 & 1 & 0 \end{pmatrix}.$$

由秩 $\boldsymbol{B} = 3$ 知, $\{\boldsymbol{\alpha}_1,\boldsymbol{\alpha}_2,\boldsymbol{\beta}_2\}$ 线性无关. 故 $\{\boldsymbol{\alpha}_1,\boldsymbol{\alpha}_2,\boldsymbol{\beta}_2\}$ 是 $\{\boldsymbol{\alpha}_1,\boldsymbol{\alpha}_2,\boldsymbol{\alpha}_3,\boldsymbol{\beta}_1,\boldsymbol{\beta}_2\}$ 的一个极大无关组. 由于 $\mathscr{L}(\boldsymbol{\alpha}_1,\boldsymbol{\alpha}_2,\boldsymbol{\alpha}_3)+\mathscr{L}(\boldsymbol{\beta}_1,\boldsymbol{\beta}_2) = \mathscr{L}(\boldsymbol{\alpha}_1,\boldsymbol{\alpha}_2,\boldsymbol{\alpha}_3,\boldsymbol{\beta}_1,\boldsymbol{\beta}_2)$, 因此 $\{\boldsymbol{\alpha}_1,\boldsymbol{\alpha}_2,\boldsymbol{\beta}_2\}$ 是 $\mathscr{L}(\boldsymbol{\alpha}_1,\boldsymbol{\alpha}_2,\boldsymbol{\alpha}_3)+\mathscr{L}(\boldsymbol{\beta}_1,\boldsymbol{\beta}_2)$ 的一个基, $\mathscr{L}(\boldsymbol{\alpha}_1,\boldsymbol{\alpha}_2,\boldsymbol{\alpha}_3)+\mathscr{L}(\boldsymbol{\beta}_1,\boldsymbol{\beta}_2)$ 的维数是 3.

例 6.2.40 设 $\boldsymbol{A}$ 是 n 阶方阵. 证明

$$\text{秩}\,\boldsymbol{A}^n = \text{秩}\,\boldsymbol{A}^{n+1} = \text{秩}\,\boldsymbol{A}^{n+2} = \cdots.$$

分析 矩阵秩的问题转化为线性方程组的解集的问题.

证明 方法一 显然齐次线性方程组 $\boldsymbol{A}^n\boldsymbol{X} = \boldsymbol{0}$ 的解是 $\boldsymbol{A}^{n+1}\boldsymbol{X} = \boldsymbol{0}$ 的解. 反之, 设 $\boldsymbol{X}_1$ 是 $\boldsymbol{A}^{n+1}\boldsymbol{X} = \boldsymbol{0}$ 的任一解, 则 $\boldsymbol{A}^{n+1}\boldsymbol{X}_1 = \boldsymbol{0}$. 因此 $\boldsymbol{A}^n\boldsymbol{X}_1 = \boldsymbol{0}$. 否则, 若 $\boldsymbol{A}^n\boldsymbol{X}_1 \neq \boldsymbol{0}$, 设

$$k_0\,\boldsymbol{X}_1 + k_1\boldsymbol{A}\boldsymbol{X}_1 + \cdots + k_n\,\boldsymbol{A}^n\boldsymbol{X}_1 = \boldsymbol{0}.$$

用 $\boldsymbol{A}^n$ 左乘上式, 得 $k_0\,\boldsymbol{A}^n\boldsymbol{X}_1 = \boldsymbol{0}$. 于是 $k_0 = 0$. 从而

$$k_1\boldsymbol{A}\boldsymbol{X}_1 + \cdots + k_n\,\boldsymbol{A}^n\boldsymbol{X}_1 = \boldsymbol{0}.$$

再用 $\boldsymbol{A}^{n-1}$ 乘上式, 得 $k_1 = 0$. 如此继续下去, 得 $k_0 = k_1 = \cdots = k_n = 0$. 这说明 $n+1$ 个 n 维列向量线性无关. 矛盾. 因此 $\boldsymbol{A}^n\boldsymbol{X} = \boldsymbol{0}$ 与 $\boldsymbol{A}^{n+1}\boldsymbol{X} = \boldsymbol{0}$ 同解.

同理可证 $\boldsymbol{A}^{n+1}\boldsymbol{X}=\mathbf{0},\boldsymbol{A}^{n+2}\boldsymbol{X}=\mathbf{0},\cdots$ 均同解. 故结论成立.

方法二 因为 $\boldsymbol{A}$ 是 n 阶方阵, 所以

$$0\leqslant 秩\ \boldsymbol{A}^{n+1}\leqslant 秩\ \boldsymbol{A}^{n}\leqslant\cdots\leqslant 秩\ \boldsymbol{A}\leqslant 秩\ \boldsymbol{A}^{0}=n.$$

因此存在 $k\ (0\leqslant k\leqslant n)$, 使得秩 $\boldsymbol{A}^{k}=$ 秩 $\boldsymbol{A}^{k+1}$. 于是 $\boldsymbol{A}^{k}\boldsymbol{X}=\mathbf{0}$ 与 $\boldsymbol{A}^{k+1}\boldsymbol{X}=\mathbf{0}$ 同解.

显然 $\boldsymbol{A}^{k+1}\boldsymbol{X}=\mathbf{0}$ 的解是 $\boldsymbol{A}^{k+2}\boldsymbol{X}=\mathbf{0}$ 的解. 反之, 若 $\boldsymbol{A}^{k+2}\boldsymbol{X}=\mathbf{0}$, 设 $\boldsymbol{X}_1$ 是 $\boldsymbol{A}^{k+2}\boldsymbol{X}=\mathbf{0}$ 的解, 则 $\boldsymbol{A}\boldsymbol{X}_1$ 便是 $\boldsymbol{A}^{k+1}\boldsymbol{X}=\mathbf{0}$ 的解, 从而也是 $\boldsymbol{A}^{k}\boldsymbol{X}=\mathbf{0}$ 的解, 即 $\boldsymbol{A}^{k+1}\boldsymbol{X}_1=\boldsymbol{A}^{k}(\boldsymbol{A}\boldsymbol{X}_1)=\mathbf{0}$. 因此 $\boldsymbol{A}^{k+1}\boldsymbol{X}=\mathbf{0}$ 与 $\boldsymbol{A}^{k+2}\boldsymbol{X}=\mathbf{0}$ 同解. 如此下去, 得 $\boldsymbol{A}^{k}\boldsymbol{X}=\mathbf{0},\boldsymbol{A}^{k+1}\boldsymbol{X}=\mathbf{0},\cdots$ 都同解. 故结论成立.

例 6.2.41 设齐次线性方程组

$$\begin{cases}a_{11}x_1+a_{12}x_2+\cdots+a_{1n}x_n=0,\\ a_{21}x_1+a_{22}x_2+\cdots+a_{2n}x_n=0,\\ \qquad\cdots\cdots\\ a_{n-1,1}x_1+a_{n-1,2}x_2+\cdots+a_{n-1,n}x_n=0.\end{cases}$$

$M_i\ (i=1,2,\cdots,n)$ 为系数矩阵 $\boldsymbol{A}$ 中划去第 i 列后剩下的 $(n-1)\times(n-1)$ 矩阵的行列式. 证明: 如果秩 $\boldsymbol{A}=n-1$, 那么 $\boldsymbol{\alpha}_0=(M_1,-M_2,\cdots,(-1)^{n-1}M_n)^{\mathrm{T}}$ 是方程组的一个基础解系.

分析 转化还原方程组的解本来的样子.

证明 因为秩 $\boldsymbol{A}=n-1$, 所以方程组的基础解系只含一个解向量. 欲证 $\boldsymbol{\alpha}_0$ 是方程组的一个基础解系, 只需证: (1) $\boldsymbol{\alpha}_0$ 是方程组的一个解向量; (2) $\boldsymbol{\alpha}_0\neq\mathbf{0}$.

(1) 要证 $\boldsymbol{\alpha}_0$ 是方程组的解向量, 只需证把 $\boldsymbol{\alpha}_0$ 代入第 $i\ (i=1,2,\cdots,n-1)$ 个方程, 有 $a_{i1}M_1-a_{i2}M_2+\cdots+(-1)^{n-1}a_{in}M_n=0$ 即可.

上式从形式上看, 很像将一个行列式按以 $a_{i1},a_{i2},\cdots,a_{in}$ 为元素的行展开的结果. 由此启发我们, 构造一个满足上式要求的行列式

$$D(i)=\begin{vmatrix}a_{i1}&a_{i2}&\cdots&a_{in}\\ a_{11}&a_{12}&\cdots&a_{1n}\\ \vdots&\vdots&&\vdots\\ a_{n-1,1}&a_{n-1,2}&\cdots&a_{n-1,n}\end{vmatrix}.$$

因为 $D(i)$ 中有两行相同, 所以 $D(i)=0$. 从而将 $D(i)$ 按第一行展开, 得

$$\begin{aligned}D(i)&=a_{i1}M_1-a_{i2}M_2+\cdots+(-1)^{n+1}a_{in}M_n\\ &=a_{i1}M_1-a_{i2}M_2+\cdots+(-1)^{n-1}a_{in}M_n=0,\end{aligned}$$

因此 $\boldsymbol{\alpha}_0=(M_1,-M_2,\cdots,(-1)^{n-1}M_n)^{\mathrm{T}}$ 是方程组的一个解.

(2) 因秩 $\boldsymbol{A}=n-1$, 故 $\boldsymbol{A}$ 至少有一个非零的 $n-1$ 阶子式. 从而 $M_1,M_2,\cdots,M_n$ 中至少有一个不为零. 于是 $\boldsymbol{\alpha}_0=(M_1,-M_2,\cdots,(-1)^{n-1}M_n)^{\mathrm{T}}$ 不是零向量.

例 6.2.42 证明:

(1) 幂零矩阵的特征根只有 0;

(2) 非零的幂零矩阵不能对角化.

分析 转化为讨论对角化的条件.

证明 (1) 设 $\boldsymbol{A}\in M_n(F)$ 是一个幂零矩阵, 则存在正整数 k, 使得 $\boldsymbol{A}^k=\boldsymbol{0}$. 若 λ 是 $\boldsymbol{A}$ 的一个特征根, 则存在非零向量 $\boldsymbol{\alpha}\in\mathbf{C}^n$, 使得 $\boldsymbol{A}\boldsymbol{\alpha}=\lambda\boldsymbol{\alpha}$. 于是 $\boldsymbol{A}^k\boldsymbol{\alpha}=\lambda^k\boldsymbol{\alpha}$. 由于 $\boldsymbol{A}^k=\boldsymbol{0},\boldsymbol{\alpha}\neq\boldsymbol{0}$, 因此 $\lambda=0$.

(2) 设 $\boldsymbol{A}\in M_n(F)$ 是非零的幂零矩阵, 并且秩 $\boldsymbol{A}=r$. 显然 $r>0$. 由 (1) 知, 特征根 0 的代数重数为 n. 而特征根 0 的几何重数

$$\dim V_0=n-秩(0\boldsymbol{I}_n-\boldsymbol{A})=n-秩\ \boldsymbol{A}=n-r<n,$$

因此特征根 0 的代数重数与几何重数不相等. 于是即使在复数域上非零的幂零矩阵 $\boldsymbol{A}$ 也不能对角化.

例 6.2.43 证明:

(1) 对合矩阵的特征根只有 ±1;

(2) 对合矩阵可对角化, 并且 n 阶对合矩阵 $\boldsymbol{A}$ 与 $\begin{pmatrix}\boldsymbol{I}_r & \boldsymbol{0}\\ \boldsymbol{0} & -\boldsymbol{I}_{n-r}\end{pmatrix}$ 相似.

分析 转化为讨论对角化的条件.

证明 (1) 设 $\boldsymbol{A}\in M_n(F)$ 是对合矩阵. 如果 λ 是 $\boldsymbol{A}$ 的一个特征根, 那么存在复数域上的 n 维非零向量 $\boldsymbol{\alpha}$, 使得 $\boldsymbol{A}\boldsymbol{\alpha}=\lambda\boldsymbol{\alpha}$. 由于 $\boldsymbol{A}^2=\boldsymbol{I}$, 因此 $(\lambda^2-1)\boldsymbol{\alpha}=\boldsymbol{0}$. 从而 $\lambda^2-1=0$, 即 $\lambda=\pm1$.

(2) 设 $\boldsymbol{A}\in M_n(F)$ 是 n 阶对合矩阵, 则由 (1) 知, $\boldsymbol{A}$ 的特征根只有 1 和 -1.

对特征根 1, 设齐次线性方程组 $(\boldsymbol{I}_n-\boldsymbol{A})\boldsymbol{X}=\boldsymbol{0}$ 的解空间为 W_1, 则

$$\dim W_1=n-秩(\boldsymbol{I}_n-\boldsymbol{A}).$$

对特征根 -1, 设齐次线性方程组 $(-\boldsymbol{I}_n-\boldsymbol{A})\boldsymbol{X}=\boldsymbol{0}$ 的解空间为 W_2, 则

$$\dim W_2=n-秩(\boldsymbol{I}_n+\boldsymbol{A}).$$

由于 $\boldsymbol{A}^2=\boldsymbol{I}$, 因此秩 $(\boldsymbol{I}_n-\boldsymbol{A})+秩(\boldsymbol{I}_n+\boldsymbol{A})=n$. 于是 $\dim W_1+\dim W_2=n$. 故在 F^n 中 $\boldsymbol{A}$ 有 n 个线性无关的特征向量. 从而 $\boldsymbol{A}$ 在 F 上可对角化, 并且与 $\boldsymbol{A}$ 相似的对角阵的主对角线上有 $\dim W_1$ 个 1 和 $\dim W_2$ 个 -1. 设 $\dim W_1=r$, 则 $\boldsymbol{A}$ 与 $\begin{pmatrix}\boldsymbol{I}_r & \boldsymbol{0}\\ \boldsymbol{0} & -\boldsymbol{I}_{n-r}\end{pmatrix}$ 相似.

例 6.2.44 设 $\boldsymbol{\alpha}_1=(0,1,1),\boldsymbol{\alpha}_2=(1,0,0),\boldsymbol{\alpha}_3=(1,1,0)$ 是向量空间 F^3 的

一个基, $\sigma \in L(F^3)$, $\sigma(\boldsymbol{\alpha}_1)=(2,1,0), \sigma(\boldsymbol{\alpha}_2)=(2,3,1), \sigma(\boldsymbol{\alpha}_3)=(-1,1,1)$.

(1) 求 σ 关于基 $\{\boldsymbol{\alpha}_1,\boldsymbol{\alpha}_2,\boldsymbol{\alpha}_3\}$ 和标准基 $\{\boldsymbol{\varepsilon}_1,\boldsymbol{\varepsilon}_2,\boldsymbol{\varepsilon}_3\}$ 的矩阵;

(2) 求向量 $\boldsymbol{\xi}=(3,2,1)$ 的像 $\sigma(\boldsymbol{\xi})$ 在这两个基下的坐标.

分析 转化为利用标准基作为桥梁.

解 利用 F^3 的标准基 $\{\boldsymbol{\varepsilon}_1,\boldsymbol{\varepsilon}_2,\boldsymbol{\varepsilon}_3\}$.

(1) 由于

$$(\boldsymbol{\alpha}_1,\boldsymbol{\alpha}_2,\boldsymbol{\alpha}_3)=(\boldsymbol{\varepsilon}_1,\boldsymbol{\varepsilon}_2,\boldsymbol{\varepsilon}_3)\,\boldsymbol{T},\quad \sigma(\boldsymbol{\alpha}_1,\boldsymbol{\alpha}_2,\boldsymbol{\alpha}_3)=(\boldsymbol{\varepsilon}_1,\boldsymbol{\varepsilon}_2,\boldsymbol{\varepsilon}_3)\,\boldsymbol{C},$$

其中

$$\boldsymbol{T}=\begin{pmatrix}0&1&1\\1&0&1\\1&0&0\end{pmatrix},\quad \boldsymbol{C}=\begin{pmatrix}2&2&-1\\1&3&1\\0&1&1\end{pmatrix},$$

因此

$$\sigma(\boldsymbol{\alpha}_1,\boldsymbol{\alpha}_2,\boldsymbol{\alpha}_3)=(\boldsymbol{\alpha}_1,\boldsymbol{\alpha}_2,\boldsymbol{\alpha}_3)\,\boldsymbol{T}^{-1}\boldsymbol{C},$$
$$\sigma(\boldsymbol{\varepsilon}_1,\boldsymbol{\varepsilon}_2,\boldsymbol{\varepsilon}_3)=(\sigma(\boldsymbol{\alpha}_1,\boldsymbol{\alpha}_2,\boldsymbol{\alpha}_3))\,\boldsymbol{T}^{-1}=(\boldsymbol{\varepsilon}_1,\boldsymbol{\varepsilon}_2,\boldsymbol{\varepsilon}_3)\,\boldsymbol{C}\boldsymbol{T}^{-1}.$$

于是 σ 关于基 $\{\boldsymbol{\alpha}_1,\boldsymbol{\alpha}_2,\boldsymbol{\alpha}_3\}$ 和标准基 $\{\boldsymbol{\varepsilon}_1,\boldsymbol{\varepsilon}_2,\boldsymbol{\varepsilon}_3\}$ 的矩阵 $\boldsymbol{A}$ 和 $\boldsymbol{B}$ 分别为

$$\boldsymbol{A}=\boldsymbol{T}^{-1}\boldsymbol{C}=\begin{pmatrix}0&1&1\\1&0&-1\\1&2&0\end{pmatrix},\quad \boldsymbol{B}=\boldsymbol{C}\boldsymbol{T}^{-1}=\begin{pmatrix}2&-3&5\\3&-2&3\\1&0&0\end{pmatrix}.$$

(2) 因为

$$\sigma(\boldsymbol{\xi})=(\sigma(\boldsymbol{\varepsilon}_1,\boldsymbol{\varepsilon}_2,\boldsymbol{\varepsilon}_3))\begin{pmatrix}3\\2\\1\end{pmatrix}=(\boldsymbol{\varepsilon}_1,\boldsymbol{\varepsilon}_2,\boldsymbol{\varepsilon}_3)\boldsymbol{B}\begin{pmatrix}3\\2\\1\end{pmatrix}$$
$$=(\boldsymbol{\alpha}_1,\boldsymbol{\alpha}_2,\boldsymbol{\alpha}_3)\,\boldsymbol{T}^{-1}\boldsymbol{B}\begin{pmatrix}3\\2\\1\end{pmatrix},$$

所以 $\sigma(\boldsymbol{\xi})$ 关于标准基 $\{\boldsymbol{\varepsilon}_1,\boldsymbol{\varepsilon}_2,\boldsymbol{\varepsilon}_3\}$ 和基 $\{\boldsymbol{\alpha}_1,\boldsymbol{\alpha}_2,\boldsymbol{\alpha}_3\}$ 的坐标分别为

$$\boldsymbol{B}\begin{pmatrix}3\\2\\1\end{pmatrix}=\begin{pmatrix}5\\8\\3\end{pmatrix},\quad \boldsymbol{T}^{-1}\boldsymbol{B}\begin{pmatrix}3\\2\\1\end{pmatrix}=\begin{pmatrix}3\\0\\5\end{pmatrix}.$$

例 6.2.45 设四维向量空间 V 的线性变换 σ 关于基 $\{\boldsymbol{\alpha}_1,\boldsymbol{\alpha}_2,\boldsymbol{\alpha}_3,\boldsymbol{\alpha}_4\}$ 的矩阵为

$$A=\begin{pmatrix}1&2&0&1\\3&0&-1&2\\2&5&3&1\\1&2&1&3\end{pmatrix}.$$

求 σ 关于下列基的矩阵:

(1) $\{\boldsymbol{\alpha}_2,\boldsymbol{\alpha}_1,\boldsymbol{\alpha}_4,\boldsymbol{\alpha}_3\}$;

(2) $\{\boldsymbol{\alpha}_1,\boldsymbol{\alpha}_1+\boldsymbol{\alpha}_2,\boldsymbol{\alpha}_1+\boldsymbol{\alpha}_2+\boldsymbol{\alpha}_3,\boldsymbol{\alpha}_1+\boldsymbol{\alpha}_2+\boldsymbol{\alpha}_3+\boldsymbol{\alpha}_4\}$.

分析 先把问题转化为线性变换关于一组基的矩阵再进行处理.

解 (1) 由于

$$\sigma(\boldsymbol{\alpha}_1,\boldsymbol{\alpha}_2,\boldsymbol{\alpha}_3,\boldsymbol{\alpha}_4)=(\boldsymbol{\alpha}_1,\boldsymbol{\alpha}_2,\boldsymbol{\alpha}_3,\boldsymbol{\alpha}_4)\ \boldsymbol{A},$$

因此

$$\begin{aligned}
\sigma(\boldsymbol{\alpha}_2)&=2\boldsymbol{\alpha}_1+5\boldsymbol{\alpha}_3+2\boldsymbol{\alpha}_4=(\boldsymbol{\alpha}_2,\boldsymbol{\alpha}_1,\boldsymbol{\alpha}_4,\boldsymbol{\alpha}_3)(0,2,2,5)^{\mathrm{T}},\\
\sigma(\boldsymbol{\alpha}_1)&=\boldsymbol{\alpha}_1+3\boldsymbol{\alpha}_2+2\boldsymbol{\alpha}_3+\boldsymbol{\alpha}_4=(\boldsymbol{\alpha}_2,\boldsymbol{\alpha}_1,\boldsymbol{\alpha}_4,\boldsymbol{\alpha}_3)(3,1,1,2)^{\mathrm{T}},\\
\sigma(\boldsymbol{\alpha}_4)&=\boldsymbol{\alpha}_1+2\boldsymbol{\alpha}_2+\boldsymbol{\alpha}_3+3\boldsymbol{\alpha}_4=(\boldsymbol{\alpha}_2,\boldsymbol{\alpha}_1,\boldsymbol{\alpha}_4,\boldsymbol{\alpha}_3)(2,1,3,1)^{\mathrm{T}},\\
\sigma(\boldsymbol{\alpha}_3)&=-\boldsymbol{\alpha}_2+3\boldsymbol{\alpha}_3+\boldsymbol{\alpha}_4=(\boldsymbol{\alpha}_2,\boldsymbol{\alpha}_1,\boldsymbol{\alpha}_4,\boldsymbol{\alpha}_3)(-1,0,1,3)^{\mathrm{T}}.
\end{aligned}$$

从而 σ 关于基 $\{\boldsymbol{\alpha}_2,\boldsymbol{\alpha}_1,\boldsymbol{\alpha}_4,\boldsymbol{\alpha}_3\}$ 的矩阵为

$$\boldsymbol{B}=\begin{pmatrix}0&3&2&-1\\2&1&1&0\\2&1&3&1\\5&2&1&3\end{pmatrix}.$$

(2) 因为

$$(\boldsymbol{\alpha}_1,\boldsymbol{\alpha}_1+\boldsymbol{\alpha}_2,\boldsymbol{\alpha}_1+\boldsymbol{\alpha}_2+\boldsymbol{\alpha}_3,\boldsymbol{\alpha}_1+\boldsymbol{\alpha}_2+\boldsymbol{\alpha}_3+\boldsymbol{\alpha}_4)=(\boldsymbol{\alpha}_1,\boldsymbol{\alpha}_2,\boldsymbol{\alpha}_3,\boldsymbol{\alpha}_4)\ \boldsymbol{T},$$

其中

$$\boldsymbol{T}=\begin{pmatrix}1&1&1&1\\0&1&1&1\\0&0&1&1\\0&0&0&1\end{pmatrix},$$

所以 σ 关于基 $\{\boldsymbol{\alpha}_1,\boldsymbol{\alpha}_1+\boldsymbol{\alpha}_2,\boldsymbol{\alpha}_1+\boldsymbol{\alpha}_2+\boldsymbol{\alpha}_3,\boldsymbol{\alpha}_1+\boldsymbol{\alpha}_2+\boldsymbol{\alpha}_3+\boldsymbol{\alpha}_4\}$ 的矩阵为

$$\boldsymbol{C}=\boldsymbol{T}^{-1}\boldsymbol{A}\boldsymbol{T}=\begin{pmatrix}-2&0&1&0\\1&-4&-8&-7\\1&4&6&4\\1&3&4&7\end{pmatrix}.$$

例 6.2.46 已知 $M_2(F)$ 的两个线性变换 σ,τ 如下:

$$\sigma(\boldsymbol{X})=\boldsymbol{X}\begin{pmatrix}1&1\\1&-1\end{pmatrix},\quad \tau(\boldsymbol{X})=\begin{pmatrix}1&0\\-2&0\end{pmatrix}\boldsymbol{X},\quad \forall \boldsymbol{X}\in M_2(F).$$

试求 $\sigma+\tau$, $\sigma\tau$ 在基 $\{\boldsymbol{E}_{11},\boldsymbol{E}_{12},\boldsymbol{E}_{21},\boldsymbol{E}_{22}\}$ 下的矩阵. 又问 σ 和 τ 是否可逆? 若可逆, 求其逆变换在同一基下的矩阵.

分析　把线性变换可逆转化为矩阵可逆.

解　因为

$$\begin{aligned}(\sigma+\tau)\boldsymbol{E}_{11}&=\boldsymbol{E}_{11}\begin{pmatrix}1&1\\1&-1\end{pmatrix}+\begin{pmatrix}1&0\\-2&0\end{pmatrix}\boldsymbol{E}_{11}=\begin{pmatrix}2&1\\-2&0\end{pmatrix}\\&=2\boldsymbol{E}_{11}+\boldsymbol{E}_{12}-2\boldsymbol{E}_{21}+0\boldsymbol{E}_{22},\\(\sigma+\tau)\boldsymbol{E}_{12}&=\boldsymbol{E}_{12}\begin{pmatrix}1&1\\1&-1\end{pmatrix}+\begin{pmatrix}1&0\\-2&0\end{pmatrix}\boldsymbol{E}_{12}=\begin{pmatrix}1&0\\0&-2\end{pmatrix}\\&=\boldsymbol{E}_{11}+0\boldsymbol{E}_{12}+0\boldsymbol{E}_{21}-2\boldsymbol{E}_{22},\\(\sigma+\tau)\boldsymbol{E}_{21}&=\boldsymbol{E}_{21}\begin{pmatrix}1&1\\1&-1\end{pmatrix}+\begin{pmatrix}1&0\\-2&0\end{pmatrix}\boldsymbol{E}_{21}=\begin{pmatrix}0&0\\1&1\end{pmatrix}\\&=0\boldsymbol{E}_{11}+0\boldsymbol{E}_{12}+\boldsymbol{E}_{21}+\boldsymbol{E}_{22},\\(\sigma+\tau)\boldsymbol{E}_{22}&=\boldsymbol{E}_{22}\begin{pmatrix}1&1\\1&-1\end{pmatrix}+\begin{pmatrix}1&0\\-2&0\end{pmatrix}\boldsymbol{E}_{22}=\begin{pmatrix}0&0\\1&-1\end{pmatrix}\\&=0\boldsymbol{E}_{11}+0\boldsymbol{E}_{12}+\boldsymbol{E}_{21}-\boldsymbol{E}_{22},\end{aligned}$$

所以 $\sigma+\tau$ 在基 $\{\boldsymbol{E}_{11},\boldsymbol{E}_{12},\boldsymbol{E}_{21},\boldsymbol{E}_{22}\}$ 下的矩阵为

$$\boldsymbol{A}=\begin{pmatrix}2&1&0&0\\1&0&0&0\\-2&0&1&1\\0&-2&1&-1\end{pmatrix}.$$

同理可得, $\sigma\tau$ 在基 $\{\boldsymbol{E}_{11},\boldsymbol{E}_{12},\boldsymbol{E}_{21},\boldsymbol{E}_{22}\}$ 下的矩阵为

$$\boldsymbol{B}=\begin{pmatrix}1&1&0&0\\1&-1&0&0\\-2&-2&0&0\\-2&2&0&0\end{pmatrix}.$$

由于

$$\begin{aligned}\sigma(\boldsymbol{E}_{11}) &= \boldsymbol{E}_{11} + \boldsymbol{E}_{12} + 0\boldsymbol{E}_{21} + 0\boldsymbol{E}_{22},\\ \sigma(\boldsymbol{E}_{12}) &= \boldsymbol{E}_{11} - \boldsymbol{E}_{12} + 0\boldsymbol{E}_{21} + 0\boldsymbol{E}_{22},\\ \sigma(\boldsymbol{E}_{21}) &= 0\boldsymbol{E}_{11} + 0\boldsymbol{E}_{12} + \boldsymbol{E}_{21} + \boldsymbol{E}_{22},\\ \sigma(\boldsymbol{E}_{22}) &= 0\boldsymbol{E}_{11} + 0\boldsymbol{E}_{12} + \boldsymbol{E}_{21} - \boldsymbol{E}_{22},\end{aligned}$$

因此 σ 在基 $\{\boldsymbol{E}_{11}, \boldsymbol{E}_{12}, \boldsymbol{E}_{21}, \boldsymbol{E}_{22}\}$ 下的矩阵为

$$\boldsymbol{C} = \begin{pmatrix} 1 & 1 & 0 & 0 \\ 1 & -1 & 0 & 0 \\ 0 & 0 & 1 & 1 \\ 0 & 0 & 1 & -1 \end{pmatrix}.$$

因为 $\boldsymbol{C}$ 可逆, 所以 σ 可逆, 且 σ^{-1} 在基 $\{\boldsymbol{E}_{11}, \boldsymbol{E}_{12}, \boldsymbol{E}_{21}, \boldsymbol{E}_{22}\}$ 下的矩阵为

$$\boldsymbol{C}^{-1} = \begin{pmatrix} \frac{1}{2} & \frac{1}{2} & 0 & 0 \\ \frac{1}{2} & -\frac{1}{2} & 0 & 0 \\ 0 & 0 & \frac{1}{2} & \frac{1}{2} \\ 0 & 0 & \frac{1}{2} & -\frac{1}{2} \end{pmatrix}.$$

同理可得, τ 在基 $\{\boldsymbol{E}_{11}, \boldsymbol{E}_{12}, \boldsymbol{E}_{21}, \boldsymbol{E}_{22}\}$ 下的矩阵为

$$\boldsymbol{D} = \begin{pmatrix} 1 & 0 & 0 & 0 \\ 0 & 1 & 0 & 0 \\ -2 & 0 & 0 & 0 \\ 0 & -2 & 0 & 0 \end{pmatrix}.$$

因为 $\boldsymbol{D}$ 不可逆, 所以 τ 不可逆.

例 6.2.47 设 σ 是 n 维向量空间 V 的一个线性变换. 证明下列条件等价:

(1) $\sigma(V) = V$; (2) $\operatorname{Ker}\sigma = \{\boldsymbol{0}\}$.

分析 问题归结为线性变换的秩与零度的关系.

证明 因为秩 $\sigma +\sigma$ 的零度 $= n$, 所以秩 $\sigma = n$ 当且仅当 σ 的零度是 0, 即 $\dim\sigma(V)=n$ 当且仅当 $\dim(\operatorname{Ker}\sigma) = 0$. 因此 $\sigma(V) = V$ 当且仅当 $\operatorname{Ker}\sigma=\{\boldsymbol{0}\}$.

例 6.2.48 已知 $\mathbf{R}^3$ 的线性变换 σ 的定义如下:

$$\sigma(x_1, x_2, x_3) = (x_1 + 2x_2 - x_3, x_2 + x_3, x_1 + x_2 - 2x_3), \quad \forall (x_1, x_2, x_3) \in \mathbf{R}^3.$$

求 σ 的值域 $\sigma(V)$ 与核 $\operatorname{Ker}\sigma$ 的维数和基.

分析 转化为线性变换关于某一组基矩阵的问题.

解　取 $\mathbf{R}^3$ 的标准基 $\{\boldsymbol{\varepsilon}_1,\boldsymbol{\varepsilon}_2,\boldsymbol{\varepsilon}_3\}$, 则 σ 关于该基的矩阵为

$$\boldsymbol{A}=\begin{pmatrix}1&2&-1\\0&1&1\\1&1&-2\end{pmatrix}.$$

解齐次线性方程组 $\boldsymbol{AX}=\mathbf{0}$ 得一基础解系

$$\boldsymbol{\eta}=(3,-1,1)^{\mathrm{T}}.$$

令 $\boldsymbol{\beta}=3\boldsymbol{\varepsilon}_1-\boldsymbol{\varepsilon}_2+\boldsymbol{\varepsilon}_3$, 则 $\mathrm{Ker}\,\sigma=\mathscr{L}(\boldsymbol{\beta})$, $\dim\mathrm{Ker}\,\sigma=1$.

因为秩 $\boldsymbol{A}=2$, 所以 $\dim\sigma(V)=2$. 由于 $\sigma(\boldsymbol{\varepsilon}_1)=(1,0,1),\sigma(\boldsymbol{\varepsilon}_2)=(2,1,1)$ 线性无关, 因此 $\sigma(V)=\mathscr{L}(\sigma(\boldsymbol{\varepsilon}_1),\sigma(\boldsymbol{\varepsilon}_2))$.

例 6.2.49　在欧氏空间 $\mathbf{R}^3$ 中, 已知基 $\boldsymbol{\alpha}_1=(1,1,1),\boldsymbol{\alpha}_2=(1,1,0),\boldsymbol{\alpha}_3=(1,0,0)$ 的度量矩阵为

$$\boldsymbol{B}=\begin{pmatrix}2&0&1\\0&1&-2\\1&-2&5\end{pmatrix}.$$

求基 $\boldsymbol{\varepsilon}_1=(1,0,0),\boldsymbol{\varepsilon}_2=(0,1,0),\boldsymbol{\varepsilon}_3=(0,0,1)$ 的度量矩阵.

分析　转化为度量矩阵的问题.

解　设基 $\{\boldsymbol{\varepsilon}_1,\boldsymbol{\varepsilon}_2,\boldsymbol{\varepsilon}_3\}$ 的度量矩阵为 $\boldsymbol{A}$, 由 $\{\boldsymbol{\varepsilon}_1,\boldsymbol{\varepsilon}_2,\boldsymbol{\varepsilon}_3\}$ 到 $\{\boldsymbol{\alpha}_1,\boldsymbol{\alpha}_2,\boldsymbol{\alpha}_3\}$ 的过渡矩阵为 $\boldsymbol{C}$, 则 $\boldsymbol{B}=\boldsymbol{C}^{\mathrm{T}}\boldsymbol{AC}$, 其中

$$\boldsymbol{C}=\begin{pmatrix}1&1&1\\1&1&0\\1&0&0\end{pmatrix}.$$

于是

$$\boldsymbol{A}=(\boldsymbol{C}^{-1})^{\mathrm{T}}\boldsymbol{BC}^{-1}=\begin{pmatrix}5&-7&3\\-7&10&-4\\3&-4&3\end{pmatrix}.$$

例 6.2.50　设 σ,τ 是 F 上 n 维向量空间 V 的线性变换, 且存在 $\boldsymbol{\alpha}\in V$, 使得 $V=\mathscr{L}(\boldsymbol{\alpha},\ \sigma\boldsymbol{\alpha},\ \sigma^2\boldsymbol{\alpha},\ \cdots,\ \sigma^{n-1}\boldsymbol{\alpha})$. 证明: $\sigma\tau=\tau\sigma$ 当且仅当存在多项式 $g(x)$, 得 $\tau=g(\sigma)$.

分析　转化为线性变换在特殊基下的矩阵.

证明　充分性. 显然, $\sigma\tau=\sigma g(\sigma)=g(\sigma)\sigma=\tau\sigma$.

必要性. 因为 $\dim_F V=n,V=\mathscr{L}(\boldsymbol{\alpha},\ \sigma(\boldsymbol{\alpha}),\ \sigma^2(\boldsymbol{\alpha}),\cdots,\ \sigma^{n-1}(\boldsymbol{\alpha}))$, 所以 $\boldsymbol{\alpha},\ \sigma(\boldsymbol{\alpha}),\ \sigma^2(\boldsymbol{\alpha}),\ \cdots,\ \sigma^{n-1}(\boldsymbol{\alpha})$ 是 V 的一个基. 令 $\sigma^n(\boldsymbol{\alpha})=a_0\boldsymbol{\alpha}+a_1\sigma(\boldsymbol{\alpha})+a_2\sigma^2(\boldsymbol{\alpha})+\cdots+a_{n-1}\sigma^{n-1}(\boldsymbol{\alpha})$, 则 σ 在基 $\boldsymbol{\alpha},\ \sigma(\boldsymbol{\alpha}),\ \sigma^2(\boldsymbol{\alpha}),\ \cdots,\ \sigma^{n-1}(\boldsymbol{\alpha})$ 下的

矩阵为

$$\boldsymbol{A}=\begin{pmatrix}0&0&\cdots&0&a_0\\1&0&\cdots&0&a_1\\0&1&\cdots&0&a_2\\\vdots&\vdots&&\vdots&\vdots\\0&0&\cdots&0&a_{n-2}\\0&0&\cdots&1&a_{n-1}\end{pmatrix}.$$

设 $\boldsymbol{e}_i$ 为 $n\times 1$ 阵, 其第 i 个分量为 1, 其余分量为 0, $i=1,\ 2,\ \cdots,\ n$, 则 $\boldsymbol{A}\boldsymbol{e}_i=\boldsymbol{e}_{i+1},\boldsymbol{A}^i\boldsymbol{e}_1=\boldsymbol{e}_{i+1},1\leqslant i\leqslant n-1,\ 1\leqslant i\leqslant n-1$, 而 $\boldsymbol{A}\boldsymbol{e}_n$ 就是 $\boldsymbol{A}$ 的第 n 列. 设 τ 在基 $\boldsymbol{\alpha},\ \sigma(\boldsymbol{\alpha}),\ \sigma^2(\boldsymbol{\alpha}),\ \cdots,\ \sigma^{n-1}(\boldsymbol{\alpha})$ 下的矩阵为 $\boldsymbol{B}=(b_{ij})_{n\times n}$. 由于 $\sigma\tau=\tau\sigma$, 因此 $\boldsymbol{AB}=\boldsymbol{BA}$. 故 $\boldsymbol{B}\boldsymbol{A}^i=\boldsymbol{A}^i\boldsymbol{B},i\geqslant 0$.

$$\begin{aligned}\boldsymbol{B}&=(\boldsymbol{B}\boldsymbol{e}_1,\boldsymbol{B}\boldsymbol{e}_2,\cdots,\boldsymbol{B}\boldsymbol{e}_n)\\&=(\boldsymbol{B}\boldsymbol{e}_1,\boldsymbol{B}\boldsymbol{A}\boldsymbol{e}_1,\boldsymbol{B}\boldsymbol{A}^2\boldsymbol{e}_1,\cdots,\boldsymbol{B}\boldsymbol{A}^{n-1}\boldsymbol{e}_1)\\&=(\boldsymbol{B}\boldsymbol{e}_1,\boldsymbol{A}\boldsymbol{B}\boldsymbol{e}_1,\boldsymbol{A}^2\boldsymbol{B}\boldsymbol{e}_1,\cdots,\boldsymbol{A}^{n-1}\boldsymbol{B}\boldsymbol{e}_1)\\&=\left(\sum_{i=1}^n b_{i1}\boldsymbol{e}_i,\sum_{i=1}^n b_{i1}\boldsymbol{A}\boldsymbol{e}_i,\sum_{i=1}^n b_{i1}\boldsymbol{A}^2\boldsymbol{e}_i,\cdots,\sum_{i=1}^n b_{i1}\boldsymbol{A}^{n-1}\boldsymbol{e}_i\right)\\&=\sum_{i=1}^n b_{i1}(\boldsymbol{e}_i,\boldsymbol{A}\boldsymbol{e}_i,\boldsymbol{A}^2\boldsymbol{e}_i,\cdots,\boldsymbol{A}^{n-1}\boldsymbol{e}_i)\\&=\sum_{i=1}^n b_{i1}\boldsymbol{A}^{i-1}=b_{11}\boldsymbol{I}_n+b_{21}\boldsymbol{A}+b_{31}\boldsymbol{A}^2+\cdots+b_{n1}\boldsymbol{A}^{n-1}.\end{aligned}$$

因此 $\tau=b_{11}\iota+b_{21}\sigma+b_{31}\sigma^2+\cdots+b_{n1}\sigma^{n-1}$. 令 $g(x)=b_{11}+b_{21}x+b_{31}x^2+\cdots+b_{n1}x^{n-1}$, 则 $\tau=g(\sigma)$.

例 6.2.51 设 $\boldsymbol{A}=\begin{pmatrix}1&a&b\\0&\omega&c\\0&0&\omega^2\end{pmatrix}$, 其中 a,b,c 是任意复数, $\omega=\dfrac{-1+\sqrt{-3}}{2}$. 求 $\boldsymbol{A}^{100}$ 及 $\boldsymbol{A}^{-1}$.

分析 转化为哈密顿-凯莱定理与特征多项式问题.

解 因为 $\boldsymbol{A}$ 的特征多项式为

$$f_{\boldsymbol{A}}(x)=\begin{vmatrix}x-1&-a&-b\\0&x-\omega&-c\\0&0&x-\omega^2\end{vmatrix}=(x-1)(x-\omega)(x-\omega^2)=x^3-1,$$

所以由哈密顿-凯莱定理知, $\boldsymbol{A}^3=\boldsymbol{I}_3$. 因此 $\boldsymbol{A}^{100}=(\boldsymbol{A}^3)^{33}\boldsymbol{A}=\boldsymbol{A}$, 且

$$\boldsymbol{A}^{-1}=\boldsymbol{A}^2=\begin{pmatrix}1 & a+a\omega & b+ac+b\omega^2\\ 0 & \omega^2 & c\omega+c\omega^2\\ 0 & 0 & \omega\end{pmatrix}.$$

例 6.2.52　设 V 是数域 F 上的一个 n 维向量空间, $\sigma\in L(V)$. 证明:

(1) 在 $F[x]$ 中至少存在一个次数不超过 n^2 的多项式 $f(x)$, 使得 $f(\sigma)=\theta$;

(2) 若 $f(\sigma)=g(\sigma)=\theta$, 则 $d(\sigma)=\theta$, 这里 $d(x)$ 是 $F[x]$ 中的多项式 $f(x)$ 与 $g(x)$ 的一个最大公因式;

(3) σ 可逆的充要条件是存在一个常数项非零的多项式 $f(x)$, 使得 $f(\sigma)=\theta$.

分析　线性变换、矩阵的相互转化.

证明　(1) 因为 $\dim L(V)=n^2$, 所以 $\iota,\sigma,\sigma^2,\cdots,\sigma^{n^2}$ 线性相关. 因此存在 F 中一组不全为零的数 $a_0,a_1,a_2,\cdots,a_{n^2}$, 使得 $\sum\limits_{i=0}^{n^2}a_i\sigma^i=\theta$. 令 $f(x)=\sum\limits_{i=0}^{n^2}a_ix^i$, 则 $f(x)$ 的次数不超过 n^2, 并且 $f(\sigma)=\theta$.

(2) 因为 $d(x)$ 是 $f(x)$ 与 $g(x)$ 的最大公因式, 所以存在 $u(x),v(x)\in F[x]$, 使得 $f(x)u(x)+g(x)v(x)=d(x)$. 于是 $f(\sigma)u(\sigma)+g(\sigma)v(\sigma)=d(\sigma)$. 由于 $f(\sigma)=g(\sigma)=\theta$, 因此 $d(\sigma)=\theta$.

(3) 充分性. 设存在 $f(x)=a_mx^m+a_{m-1}x^{m-1}+\cdots+a_1x+a_0$ $(a_0\neq 0)$, 使得 $f(\sigma)=\theta$, 即 $a_m\sigma^m+a_{m-1}\sigma^{m-1}+\cdots+a_1\sigma+a_0\iota=\theta$. 因此

$$\sigma\big(-a_0^{-1}(a_m\sigma^{m-1}+a_{m-1}\sigma^{m-2}+\cdots+a_1\iota)\big)=\iota.$$

于是 σ 可逆.

必要性.

方法一　设 σ 可逆. 由 (1) 知, 在 $F[x]$ 中存在次数不超过 n^2 的多项式 $g(x)=a_mx^m+a_{m-1}x^{m-1}+\cdots+a_1x+a_0$, 使得 $g(\sigma)=\theta$. 设 $g(x)$ 的最低幂次为 k, 则

$$a_m\sigma^m+a_{m-1}\sigma^{m-1}+\cdots+a_k\sigma^k=\theta.$$

两端左乘 $(\sigma^{-1})^k$, 得

$$a_m\sigma^{m-k}+a_{m-1}\sigma^{m-k-1}+\cdots+a_k\iota=\theta.$$

令 $f(x)=a_mx^{m-k}+a_{m-1}x^{m-k-1}+\cdots+a_k$, 则 $f(x)$ 的常数项非零, 且 $f(\sigma)=\theta$.

方法二　设 σ 可逆, $\{\boldsymbol{\alpha}_1,\boldsymbol{\alpha}_2,\cdots,\boldsymbol{\alpha}_n\}$ 为 V 的一个基, σ 在这个基下的矩阵为 $\boldsymbol{A}$. 因为 $\boldsymbol{A}$ 的特征多项式为

$$f_{\boldsymbol{A}}(x)=\det(x\boldsymbol{I}-\boldsymbol{A})=x^n+a_{n-1}x^{n-1}+\cdots+a_1x+a_0,$$

其中 $a_0=(-1)^n\det\boldsymbol{A}$, 所以由 σ 可逆知, $a_0\neq 0$. 从而由 $f_{\boldsymbol{A}}(\boldsymbol{A})=\boldsymbol{0}$ 知, $f_{\boldsymbol{A}}(\sigma)=\theta$.

例 6.2.53　设 $\boldsymbol{A}$ 为 4 阶复方阵, 它满足 $\mathrm{tr}(\boldsymbol{A}^i)=i$, $i=1,2,3,4$, 求 $\boldsymbol{A}$ 的行

列式.

分析 将行列式求解问题归结为与特征根的关系问题, 其原因是 $\mathrm{tr}(\boldsymbol{A}^i)=i$, $i=1,2,3,4$.

解 首先, 记 $\boldsymbol{A}$ 的 4 个特征值为 $\lambda_1,\lambda_2,\lambda_3,\lambda_4$, $\boldsymbol{A}$ 的特征多项式为

$$p(\lambda)=\lambda^4+a_3\lambda^3+a_2\lambda^2+a_1\lambda+a_0,$$

则由 $p(\lambda)=(\lambda-\lambda_1)(\lambda-\lambda_2)(\lambda-\lambda_3)(\lambda-\lambda_4)$ 可知

$$\begin{cases} a_3=-(\lambda_1+\lambda_2+\lambda_3+\lambda_4), \\ a_2=\lambda_1\lambda_2+\lambda_1\lambda_3+\lambda_1\lambda_4+\lambda_2\lambda_3+\lambda_2\lambda_4+\lambda_3\lambda_4, \\ a_1=-(\lambda_1\lambda_2\lambda_3+\lambda_1\lambda_2\lambda_4+\lambda_1\lambda_3\lambda_4+\lambda_4\lambda_2\lambda_3), \\ a_0=|\boldsymbol{A}|=\lambda_1\lambda_2\lambda_3\lambda_4. \end{cases}$$

其次, 由于迹在相似变换下保持不变, 故由 $\boldsymbol{A}$ 的若尔当标准形 (或 Schur 分解), 有

$$\begin{cases} \lambda_1+\lambda_2+\lambda_3+\lambda_4=1, & (6.2) \\ \lambda_1^2+\lambda_2^2+\lambda_3^2+\lambda_4^2=2, & (6.3) \\ \lambda_1^3+\lambda_2^3+\lambda_3^3+\lambda_4^3=3, & (6.4) \\ \lambda_1^4+\lambda_2^4+\lambda_3^4+\lambda_4^4=4. & (6.5) \end{cases}$$

由 (6.2) 和 (6.3) 得

$$a_2=\lambda_1\lambda_2+\lambda_1\lambda_3+\lambda_1\lambda_4+\lambda_2\lambda_3+\lambda_2\lambda_4+\lambda_3\lambda_4=-\frac{1}{2}.$$

由 (6.2) 两边立方得

$$\begin{aligned} 1=&\lambda_1^3+\lambda_2^3+\lambda_3^3+\lambda_4^3+3\lambda_1^2(\lambda_2+\lambda_3+\lambda_4) \\ &+3\lambda_2^2(\lambda_1+\lambda_3+\lambda_4)+3\lambda_3^2(\lambda_1+\lambda_2+\lambda_4) \\ &+3\lambda_4^2(\lambda_1+\lambda_2+\lambda_3)-6a_1. \end{aligned}$$

再由 (6.2)—(6.4) 可以得到

$$1=3+3(\lambda_1^2+\lambda_2^2+\lambda_3^2+\lambda_4^2)-3(\lambda_1^3+\lambda_2^3+\lambda_3^3+\lambda_4^3)-6a_1,$$

$$a_1=-\frac{1}{6}.$$

最后, 由 $p(\lambda)=\lambda^4-\lambda^3-\dfrac{1}{2}\lambda^2-\dfrac{1}{6}\lambda+a_0$, 得

$$\begin{cases} p(\lambda_1)=0, \\ \qquad\cdots\cdots \\ p(\lambda_4)=0, \end{cases}$$

相加得 $4-3-\dfrac{1}{2}\times 2-\dfrac{1}{6}\times 1+4a_0=0 \Longrightarrow a_0=\dfrac{1}{24}$, 即 $|\boldsymbol{A}|=\dfrac{1}{24}$.

例 6.2.54 设 $\boldsymbol{A}$ 为 n 阶实方阵, 其 n 个特征值皆为偶数. 试证明: 关于 $\boldsymbol{X}$ 的矩阵方程 $\boldsymbol{X}+\boldsymbol{A}\boldsymbol{X}-\boldsymbol{X}\boldsymbol{A}^2=\boldsymbol{0}$ 只有零解.

分析 将矩阵问题归结为特征根的问题.

证明 设 $\boldsymbol{C}=\boldsymbol{I}+\boldsymbol{A}$, $\boldsymbol{B}=\boldsymbol{A}^2$, $\boldsymbol{A}$ 的 n 个特征值为 $\lambda_1,\lambda_2,\cdots,\lambda_n$, 则

$\boldsymbol{B}$ 的 n 个特征值为 $\lambda_1^2,\lambda_2^2,\cdots,\lambda_n^2$.

$\boldsymbol{C}$ 的 n 个特征值为 $\mu_1=\lambda_1+1,\mu_2=\lambda_2+1,\cdots,\mu_n=\lambda_n+1$;

$\boldsymbol{C}$ 的特征多项式为 $p_{\boldsymbol{C}}(\lambda)=(\lambda-\mu_1)(\lambda-\mu_2)\cdots(\lambda-\mu_n)$.

若 $\boldsymbol{X}$ 为 $\boldsymbol{X}+\boldsymbol{A}\boldsymbol{X}-\boldsymbol{X}\boldsymbol{A}^2=\boldsymbol{0}$ 的解, 则 $\boldsymbol{C}\boldsymbol{X}=\boldsymbol{X}\boldsymbol{B}$. 进而有 $\boldsymbol{C}^2\boldsymbol{X}=\boldsymbol{X}\boldsymbol{B}^2,\cdots$, $\boldsymbol{C}^k\boldsymbol{X}=\boldsymbol{X}\boldsymbol{B}^k,\cdots$, 结果有

$$\boldsymbol{0}=p_{\boldsymbol{C}}(\boldsymbol{C})\boldsymbol{X}=\boldsymbol{X}p_{\boldsymbol{C}}(\boldsymbol{B})=\boldsymbol{X}(\boldsymbol{B}-\mu_1\boldsymbol{I})\cdots(\boldsymbol{B}-\mu_n\boldsymbol{I}).$$

注意到 $\boldsymbol{B}$ 的 n 个特征值皆为偶数, $\boldsymbol{C}$ 的 n 个特征值皆为奇数, 所以 $(\boldsymbol{B}-\mu_1\boldsymbol{I})\cdots(\boldsymbol{B}-\mu_n\boldsymbol{I})$ 必为可逆矩阵, 因此由

$$\boldsymbol{0}=\boldsymbol{X}(\boldsymbol{B}-\mu_1\boldsymbol{I})\cdots(\boldsymbol{B}-\mu_n\boldsymbol{I})$$

立即可得 $\boldsymbol{X}=\boldsymbol{0}$.

例 6.2.55 设 n 为奇数, $\boldsymbol{A},\boldsymbol{B}$ 为两个 n 阶实方阵, 且 $\boldsymbol{B}\boldsymbol{A}=\boldsymbol{0}$. 记 $\boldsymbol{A}+\boldsymbol{J}_{\boldsymbol{A}}$ 的特征值集合为 S_1, $\boldsymbol{B}+\boldsymbol{J}_{\boldsymbol{B}}$ 的特征值集合为 S_2, 其中 $\boldsymbol{J}_{\boldsymbol{A}}$ 和 $\boldsymbol{J}_{\boldsymbol{B}}$ 分别表示 $\boldsymbol{A}$ 和 $\boldsymbol{B}$ 的若尔当标准形. 求证: $0\in S_1\cup S_2$.

分析 将矩阵的特征根问题归结为矩阵的秩.

证明 由秩不等式秩 $\boldsymbol{A}+$ 秩 $\boldsymbol{B}\leqslant$ 秩$(\boldsymbol{B}\boldsymbol{A})+n$ 得

$$\text{秩 }\boldsymbol{A}+\text{秩 }\boldsymbol{B}\leqslant n.$$

结果秩 $\boldsymbol{A}\leqslant\dfrac{n}{2}$ 或秩 $\boldsymbol{B}\leqslant\dfrac{n}{2}$. 注意到 n 为奇数, 故有秩 $\boldsymbol{A}<\dfrac{n}{2}$ 或秩 $\boldsymbol{B}<\dfrac{n}{2}$ 成立.

若秩 $\boldsymbol{A}<\dfrac{n}{2}$, 则

$$\text{秩}(\boldsymbol{A}+\boldsymbol{J}_{\boldsymbol{A}})\leqslant\text{秩 }\boldsymbol{A}+\text{秩 }\boldsymbol{J}_{\boldsymbol{A}}<n,$$

故 $0 \in S_1$;

或者秩 $\boldsymbol{B} < \dfrac{n}{2}$, 则

$$\text{秩}(\boldsymbol{B} + \boldsymbol{J_B}) \leqslant \text{秩 } \boldsymbol{B} + \text{秩 } \boldsymbol{J_B} < n,$$

故 $0 \in S_2$. 所以最终有 $0 \in S_1 \cup S_2$.

例 6.2.56 设 $\boldsymbol{A}_1, \boldsymbol{A}_2, \cdots, \boldsymbol{A}_{2017}$ 都是 2016 阶实方阵. 证明: 关于 $x_1, x_2, \cdots, x_{2017}$ 的方程

$$\det(x_1\boldsymbol{A}_1 + x_2\boldsymbol{A}_2 + \cdots + x_{2017}\boldsymbol{A}_{2017}) = 0$$

至少有一个非零实数解.

分析 将方程组的求解问题归结为向量组的线性相关性.

证明

$$\boldsymbol{A}_1 = (p_1^{(1)}, \cdots, p_{2016}^{(1)}), \cdots, \boldsymbol{A}_{2017} = (p_1^{(2017)}, \cdots, p_{2016}^{(2017)}).$$

考虑线性方程组

$$x_1 p_1^{(1)} + \cdots + x_{2017} p_1^{(2017)} = 0.$$

由于未知数个数大于方程个数, 故该线性方程组必有非零解 $(c_1, \cdots, c_{2017})$. 从而 $c_1\boldsymbol{A}_1 + \cdots + c_{2017}\boldsymbol{A}_{2017}$ 的第一列均为 0, 更有 $\det(c_1\boldsymbol{A}_1 + \cdots + c_{2017}\boldsymbol{A}_{2017}) = 0$.

例 6.2.57 设二次型 $f(x_1, x_2, \cdots, x_n) = (x_1, x_2, \cdots, x_n)\boldsymbol{A}\begin{pmatrix} x_1 \\ x_2 \\ \vdots \\ x_n \end{pmatrix}$ 的矩阵为

$$\boldsymbol{A} = \begin{pmatrix} 1 & a & a & \cdots & a & a \\ a & 1 & a & \cdots & a & a \\ a & a & 1 & \cdots & a & a \\ \vdots & \vdots & \vdots & & \vdots & \vdots \\ a & a & a & \cdots & 1 & a \\ a & a & a & \cdots & a & 1 \end{pmatrix},$$

其中 $n > 1$, $a \in \mathbf{R}$. 求 f 在正交变换下的标准形.

分析 将二次型的标准形问题归结为矩阵的特征值问题.

解 只需求出 $\boldsymbol{A}$ 的全部特征值即可. 显然 $\boldsymbol{A} + (a-1)\boldsymbol{I}$ 的秩 $\leqslant 1$. 故 $\boldsymbol{A} + (a-1)\boldsymbol{I}$ 的零空间维数 $\geqslant n-1$, 从而可设 $\boldsymbol{A}$ 的 n 个特征值为

$$\lambda_1 = 1-a,\ \lambda_2 = 1-a,\ \cdots,\ \lambda_{n-1} = 1-a,\ \lambda_n.$$

注意到 $\mathrm{tr}(\boldsymbol{A}) = n$, 故得 $\lambda_n = (n-1)a+1$. 结果, f 在正交变换下的标准形为 $((n-1)a+1)y_1^2 - (a-1)y_2^2 - \cdots - (a-1)y_n^2$.

例 6.2.58　证明: 欧氏空间 V 中两个向量 $\boldsymbol{\alpha}, \boldsymbol{\beta}$ 正交的充要条件是对任意的实数 t, 都有 $|\boldsymbol{\alpha} + t\boldsymbol{\beta}| \geqslant |\boldsymbol{\alpha}|$.

分析　归结为一元二次方程解的条件.

证明　必要性. 设 $\boldsymbol{\alpha}$ 与 $\boldsymbol{\beta}$ 正交, 则对任意实数 t, 都有

$$\langle \boldsymbol{\alpha} + t\boldsymbol{\beta}, \boldsymbol{\alpha} + t\boldsymbol{\beta} \rangle = \langle \boldsymbol{\alpha}, \boldsymbol{\alpha} \rangle + t^2 \langle \boldsymbol{\beta}, \boldsymbol{\beta} \rangle \geqslant \langle \boldsymbol{\alpha}, \boldsymbol{\alpha} \rangle.$$

于是 $|\boldsymbol{\alpha} + t\boldsymbol{\beta}| \geqslant |\boldsymbol{\alpha}|$.

充分性. 设对任意实数 t, 都有

$$|\boldsymbol{\alpha} + t\boldsymbol{\beta}| \geqslant |\boldsymbol{\alpha}|,$$

则

$$\langle \boldsymbol{\alpha}, \boldsymbol{\alpha} \rangle \leqslant \langle \boldsymbol{\alpha} + t\boldsymbol{\beta}, \boldsymbol{\alpha} + t\boldsymbol{\beta} \rangle = \langle \boldsymbol{\alpha}, \boldsymbol{\alpha} \rangle + 2t \langle \boldsymbol{\alpha}, \boldsymbol{\beta} \rangle + t^2 \langle \boldsymbol{\beta}, \boldsymbol{\beta} \rangle.$$

从而对任意实数 t, 都有

$$\langle \boldsymbol{\beta}, \boldsymbol{\beta} \rangle t^2 + 2 \langle \boldsymbol{\alpha}, \boldsymbol{\beta} \rangle t \geqslant 0.$$

因此 $\Delta = 4\langle \boldsymbol{\alpha}, \boldsymbol{\beta} \rangle^2 \leqslant 0$. 故 $\langle \boldsymbol{\alpha}, \boldsymbol{\beta} \rangle = 0$, 即 $\boldsymbol{\alpha}, \boldsymbol{\beta}$ 正交.

例 6.2.59　设 $\boldsymbol{B}$ 是 $m \times n$ 实矩阵, 且 $\boldsymbol{X} = (x_1, x_2, \cdots, x_n)^{\mathrm{T}}$. 证明: 线性方程组 $\boldsymbol{BX} = \boldsymbol{0}$ 只有零解的充要条件是 $\boldsymbol{B}^{\mathrm{T}}\boldsymbol{B}$ 正定.

分析　线性方程组 $\boldsymbol{BX} = \boldsymbol{0}$ 只有零解归结为反面问题, 即乘以非零向量还是非零.

证明　必要性. 因为 $\boldsymbol{BX} = \boldsymbol{0}$ 只有零解, 所以秩 $\boldsymbol{B} = n$. 于是对任意的 n 维实向量 $\boldsymbol{X} \neq \boldsymbol{0}$, 都有 $\boldsymbol{BX} \neq \boldsymbol{0}$. 令 $\boldsymbol{BX} = (c_1, c_2, \cdots, c_m)^{\mathrm{T}}$, 则

$$\boldsymbol{X}^{\mathrm{T}}\boldsymbol{B}^{\mathrm{T}}\boldsymbol{BX} = (\boldsymbol{BX})^{\mathrm{T}}(\boldsymbol{BX}) = c_1^2 + c_2^2 + \cdots + c_m^2 > 0.$$

又因 $(\boldsymbol{B}^{\mathrm{T}}\boldsymbol{B})^{\mathrm{T}} = \boldsymbol{B}^{\mathrm{T}}\boldsymbol{B}$, 故 $\boldsymbol{B}^{\mathrm{T}}\boldsymbol{B}$ 正定.

充分性. 若 $\boldsymbol{B}^{\mathrm{T}}\boldsymbol{B}$ 正定, 则秩 $(\boldsymbol{B}^{\mathrm{T}}\boldsymbol{B}) = n$. 从而秩 $\boldsymbol{B} = n$. 于是线性方程组 $\boldsymbol{BX} = \boldsymbol{0}$ 只有零解.

例 6.2.60　设 $\boldsymbol{\alpha}_1, \boldsymbol{\alpha}_2, \cdots, \boldsymbol{\alpha}_s$ 是齐次线性方程组 $\boldsymbol{AX} = \boldsymbol{0}$ 的基础解系,

$$\boldsymbol{\beta}_1 = l_1\boldsymbol{\alpha}_1 + l_2\boldsymbol{\alpha}_2, \boldsymbol{\beta}_2 = l_1\boldsymbol{\alpha}_2 + l_2\boldsymbol{\alpha}_3, \cdots, \boldsymbol{\beta}_s = l_1\boldsymbol{\alpha}_s + l_2\boldsymbol{\alpha}_1,$$

其中 l_1, l_2 为实数. 试问: l_1, l_2 满足什么关系时, $\boldsymbol{\beta}_1, \boldsymbol{\beta}_2, \cdots, \boldsymbol{\beta}_s$ 也是齐次线性方程组 $\boldsymbol{AX} = \boldsymbol{0}$ 的基础解系.

分析　所求向量组的线性关系, 归结为已知向量组的线性关系.

解 因为 $\boldsymbol{\beta}_1,\boldsymbol{\beta}_2,\cdots,\boldsymbol{\beta}_s$ 是 $\boldsymbol{AX}=\mathbf{0}$ 的解, 所以当 $\boldsymbol{\beta}_1,\boldsymbol{\beta}_2,\cdots,\boldsymbol{\beta}_s$ 线性无关时, 就可作为 $\boldsymbol{AX}=\mathbf{0}$ 的基础解系. 设

$$k_1\boldsymbol{\beta}_1+k_2\boldsymbol{\beta}_2+\cdots+k_s\boldsymbol{\beta}_s=\mathbf{0},$$

则

$$(l_1k_1+l_2k_s)\boldsymbol{\alpha}_1+(l_2k_1+l_1k_2)\boldsymbol{\alpha}_2+\cdots+(l_2k_{s-1}+l_1k_s)\boldsymbol{\alpha}_s=\mathbf{0}.$$

由于 $\boldsymbol{\alpha}_1,\boldsymbol{\alpha}_2,\cdots,\boldsymbol{\alpha}_s$ 线性无关, 因此得以 $k_1,k_2,\cdots,k_s$ 为未知元的齐次线性方程组

$$\begin{cases} l_1k_1+l_2k_s=0, \\ l_2k_1+l_1k_2=0, \\ \qquad\cdots\cdots \\ l_2k_{s-1}+l_1k_s=0. \end{cases}$$

故当系数行列式 $D=l_1^s+(-1)^{s+1}l_2^s\neq 0$, 即当 s 为偶数, $l_1\neq\pm l_2$ 时; 或当 s 为奇数, $l_1\neq -l_2$ 时, 方程组只有零解, $\boldsymbol{\beta}_1,\boldsymbol{\beta}_2,\cdots,\boldsymbol{\beta}_s$ 线性无关. 此时 $\boldsymbol{\beta}_1,\boldsymbol{\beta}_2,\cdots,\boldsymbol{\beta}_s$ 是 $\boldsymbol{AX}=\mathbf{0}$ 的基础解系.

例 6.2.61 求向量组

$$\boldsymbol{\alpha}_1=(2,1,4,3)^{\mathrm{T}},\quad \boldsymbol{\alpha}_2=(-1,1,-6,6)^{\mathrm{T}},\quad \boldsymbol{\alpha}_3=(-1,-2,2,-9)^{\mathrm{T}},$$
$$\boldsymbol{\alpha}_4=(1,1,-2,7)^{\mathrm{T}},\quad \boldsymbol{\alpha}_5=(2,4,4,9)^{\mathrm{T}}$$

的秩及其一个极大无关组, 并把其余向量用该极大无关组线性表示.

分析 基于矩阵初等行变换条件下列向量组等价的事实, 将不明确的向量组的线性关系归结为列等价的简单清楚向量组的线性关系, 是解决此类问题的基本思路.

解 以 $\boldsymbol{\alpha}_1,\boldsymbol{\alpha}_2,\boldsymbol{\alpha}_3,\boldsymbol{\alpha}_4,\boldsymbol{\alpha}_5$ 为列构造矩阵 $\boldsymbol{A}=(\boldsymbol{\alpha}_1,\boldsymbol{\alpha}_2,\boldsymbol{\alpha}_3,\boldsymbol{\alpha}_4,\boldsymbol{\alpha}_5)$. 因为

$$\boldsymbol{A}=\begin{pmatrix} 2 & -1 & -1 & 1 & 2 \\ 1 & 1 & -2 & 1 & 4 \\ 4 & -6 & 2 & -2 & 4 \\ 3 & 6 & -9 & 7 & 9 \end{pmatrix}\xrightarrow{\text{行初等变换}}\begin{pmatrix} 1 & 0 & -1 & 0 & 4 \\ 0 & 1 & -1 & 0 & 3 \\ 0 & 0 & 0 & 1 & -3 \\ 0 & 0 & 0 & 0 & 0 \end{pmatrix}=\boldsymbol{C},$$

所以秩 $(\boldsymbol{\alpha}_1,\boldsymbol{\alpha}_2,\boldsymbol{\alpha}_3,\boldsymbol{\alpha}_4,\boldsymbol{\alpha}_5)=3$, $\{\boldsymbol{\alpha}_1,\boldsymbol{\alpha}_2,\boldsymbol{\alpha}_4\}$ 是 $\{\boldsymbol{\alpha}_1,\boldsymbol{\alpha}_2,\boldsymbol{\alpha}_3,\boldsymbol{\alpha}_4,\boldsymbol{\alpha}_5\}$ 的一个极大无关组, 且 $\boldsymbol{\alpha}_3=-\boldsymbol{\alpha}_1-\boldsymbol{\alpha}_2$, $\boldsymbol{\alpha}_5=4\boldsymbol{\alpha}_1+3\boldsymbol{\alpha}_2-3\boldsymbol{\alpha}_4$.

例 6.2.62 已知两个向量组

$$\boldsymbol{\alpha}_1=(1,1,0,2)^{\mathrm{T}},\quad \boldsymbol{\alpha}_2=(1,1,-1,3)^{\mathrm{T}},\quad \boldsymbol{\alpha}_3=(1,2,1,-2)^{\mathrm{T}};$$
$$\boldsymbol{\beta}_1=(1,2,0,-6)^{\mathrm{T}},\quad \boldsymbol{\beta}_2=(1,-2,2,4)^{\mathrm{T}},\quad \boldsymbol{\beta}_3=(2,3,1,-5)^{\mathrm{T}}.$$

设 $W_1=\mathscr{L}(\boldsymbol{\alpha}_1,\boldsymbol{\alpha}_2,\boldsymbol{\alpha}_3), W_2=\mathscr{L}(\boldsymbol{\beta}_1,\boldsymbol{\beta}_2,\boldsymbol{\beta}_3)$. 求 W_1+W_2 与 $W_1\cap W_2$ 的一个基和维数.

分析　基于矩阵初等行变换条件下列向量组等价的事实, 并结合维数公式求解. 将无法直接研究线性关系的问题转化为可以直接写出线性关系的问题.

解　以 $\boldsymbol{\alpha}_1,\boldsymbol{\alpha}_2,\boldsymbol{\alpha}_3,\boldsymbol{\beta}_1,\boldsymbol{\beta}_2,\boldsymbol{\beta}_3$ 为列得矩阵 $\boldsymbol{A}=(\boldsymbol{\alpha}_1,\boldsymbol{\alpha}_2,\boldsymbol{\alpha}_3,\boldsymbol{\beta}_1,\boldsymbol{\beta}_2,\boldsymbol{\beta}_3)$. 因为

$$\boldsymbol{A}=\begin{pmatrix}1&1&1&1&1&2\\1&1&2&2&-2&3\\0&-1&1&0&2&1\\2&3&-2&-6&4&-5\end{pmatrix}\xrightarrow{\text{行初等变换}}\begin{pmatrix}1&0&0&0&10&2\\0&1&0&0&-6&-1\\0&0&1&0&-4&0\\0&0&0&1&1&1\end{pmatrix}=\boldsymbol{C},$$

所以由 $W_1+W_2=\mathscr{L}(\boldsymbol{\alpha}_1,\boldsymbol{\alpha}_2,\boldsymbol{\alpha}_3,\boldsymbol{\beta}_1,\boldsymbol{\beta}_2,\boldsymbol{\beta}_3)$ 知, $\{\boldsymbol{\alpha}_1,\boldsymbol{\alpha}_2,\boldsymbol{\alpha}_3,\boldsymbol{\beta}_1\}$ 是 W_1+W_2 的一个基, 由 $\boldsymbol{C}$ 的前三列可知, $\{\boldsymbol{\alpha}_1,\boldsymbol{\alpha}_2,\boldsymbol{\alpha}_3\}$ 是 W_1 的一个基, 由 $\boldsymbol{C}$ 后三列可知, $\{\boldsymbol{\beta}_1,\boldsymbol{\beta}_2,\boldsymbol{\beta}_3\}$ 是 W_2 的一个基. 从而 $\dim(W_1+W_2)=4$, $\dim W_1=\dim W_2=3$. 于是 $\dim(W_1\cap W_2)=3+3-4=2$. 由于

$$\boldsymbol{\beta}_2=10\boldsymbol{\alpha}_1-6\boldsymbol{\alpha}_2-4\boldsymbol{\alpha}_3+\boldsymbol{\beta}_1,\quad \boldsymbol{\beta}_3=2\boldsymbol{\alpha}_1-\boldsymbol{\alpha}_2+\boldsymbol{\beta}_1,$$

因此

$$10\boldsymbol{\alpha}_1-6\boldsymbol{\alpha}_2-4\boldsymbol{\alpha}_3=-\boldsymbol{\beta}_1+\boldsymbol{\beta}_2,\quad 2\boldsymbol{\alpha}_1-\boldsymbol{\alpha}_2=-\boldsymbol{\beta}_1+\boldsymbol{\beta}_3\in W_1\cap W_2.$$

因为 $-\boldsymbol{\beta}_1+\boldsymbol{\beta}_2=(0,-4,2,10)^{\mathrm{T}}, -\boldsymbol{\beta}_1+\boldsymbol{\beta}_3=(1,1,1,1)^{\mathrm{T}}$ 线性无关, 所以这两个向量是 $W_1\cap W_2$ 的一个基.

第 7 章 利用多项式的根

7.1 主要内容概述

一些与多项式、矩阵有关的问题, 有时其解决往往采用多项式的根, 可以起到其他方法达不到的效果. 我们以文献 [3] 中第四章习题 23 为例来说明这一思维习惯.

例 7.1.1 证明: 多项式 $x^{3m}+x^{3n+1}+x^{3p+2}$ 能被多项式 x^2+x+1 整除, 其中 m,n,p 为非负整数. 推广之, 你可得出什么结论?

证明 因为 $x^3-1=(x-1)(x^2+x+1)$, 所以 x^2+x+1 的两个根 ω,ω^2 都是 x^3-1 的根, 其中 $\omega=\cos\dfrac{2\pi}{3}+\mathrm{i}\sin\dfrac{2\pi}{3}$. 从而

$$\omega^{3m}+\omega^{3n+1}+\omega^{3p+2}=0,\quad (\omega^2)^{3m}+(\omega^2)^{3n+1}+(\omega^2)^{3p+2}=0.$$

因此在复数域上 $x-\omega, x-\omega^2$ 均整除 $x^{3m}+x^{3n+1}+x^{3p+2}$. 因 $x-\omega$ 与 $x-\omega^2$ 互素, 故在复数域上 $(x-\omega)(x-\omega^2)$ 整除 $x^{3m}+x^{3n+1}+x^{3p+2}$, 即 x^2+x+1 整除 $x^{3m}+x^{3n+1}+x^{3p+2}$. 故在任一数域上 x^2+x+1 整除 $x^{3m}+x^{3n+1}+x^{3p+2}$.

推广之可得以下结论:

当 $l_1,l_2,\cdots,l_k$ 为 k 个非负整数时, 多项式 $x^{k-1}+x^{k-2}+\cdots+x+1$ 整除多项式 $x^{kl_1}+x^{kl_2+1}+x^{kl_3+2}+\cdots+x^{kl_k+k-1}$.

7.2 典型的例子

例 7.2.1 设 $f(x)$ 是实系数多项式, 且 $\deg f(x)>0$. 若对任意实数 c, 有 $f(c)>0$, 则存在实系数多项式 $g(x)$, $h(x)$, 使 $f(x)=g^2(x)+h^2(x)$.

分析 对实系数多项式的根进行巧妙讨论.

证明 由已知, $f(x)$ 无实根, 再由定理 1.2.13 知, $\deg f(x)$ 是偶数, $f(x)$ 在复数域 $\mathbf{C}$ 中的根共轭成对出现. 不妨设 $f(x)$ 在 $\mathbf{C}$ 中的全体根为 α_1, $\overline{\alpha_1}$, α_2, $\overline{\alpha_2}$, $\cdots$, α_m, $\overline{\alpha_m}$, 则在 $\mathbf{C}$ 上,

$$f(x)=a(x-\alpha_1)(x-\overline{\alpha_1})(x-\alpha_2)(x-\overline{\alpha_2})\cdots(x-\alpha_m)(x-\overline{\alpha_m}),$$

其中 a 为 $f(x)$ 的最高次项系数.

由 $f(0)>0$ 知, $a\alpha_1\overline{\alpha_1}\alpha_2\overline{\alpha_2}\cdots\alpha_m\overline{\alpha_m}>0$, 即 $a|\alpha_1|^2|\alpha_2|^2\cdots|\alpha_m|^2>0$, 所以 $a>0$. 令 $(x-\alpha_1)(x-\alpha_2)\cdots(x-\alpha_m)=f_1(x)+\mathrm{i}f_2(x)$, 这里 $f_1(x), f_2(x)$

是实系数多项式. 则 $(x-\overline{\alpha_1})(x-\overline{\alpha_2})\cdots(x-\overline{\alpha_m})=f_1(x)-\mathrm{i}f_2(x)$. 因此只要令 $g(x)=\sqrt{a}f_1(x), h(x)=\sqrt{a}\ f_2(x)$, 即可证得结论成立.

注记 7.2.2 设 α_1, α_2, $\cdots$, α_m 为非实的复数, $f_1(x)$ 及 $f_2(x)$ 为实系数多项式, 且

$$f_1(x)+\mathrm{i}f_2(x)=(x-\alpha_1)(x-\alpha_2)\cdots(x-\alpha_m),$$

则有

$$f_1(x)-\mathrm{i}f_2(x)=(x-\overline{\alpha_1})(x-\overline{\alpha_2})\cdots(x-\overline{\alpha_m}).$$

分析 巧妙运用多项式的根与实数、复数的性质.

证明 对任意一个实数 b, 有 $f_1(b)+\mathrm{i}f_2(b)=(b-\alpha_1)(b-\alpha_2)\cdots(b-\alpha_m)$, 对上式左右两端取共轭, 并注意到几个复数和的共轭等于这几个复数共轭的和, 几个复数积的共轭等于这几个复数共轭的积, 可得 $f_1(b)-\mathrm{i}f_2(b)=(b-\overline{\alpha_1})(b-\overline{\alpha_2})\cdots(b-\overline{\alpha_m})$. 这说明多项式 $f_1(x)-\mathrm{i}f_2(x)-(x-\overline{\alpha_1})(x-\overline{\alpha_2})\cdots(x-\overline{\alpha_m})$ 有无穷多个根, 进而它必须是零多项式, 因而结论成立.

例 7.2.3 设 m, n 是正整数. 证明: 多项式 $f(x)=x^{m-1}+x^{m-2}+\cdots+x+1$ 与 $g(x)=x^{n-1}+x^{n-2}+\cdots+x+1$ 互素的充要条件是 m 与 n 互素.

分析 利用多项式的本原单位根.

证明 必要性. 证法一 反设 m,n 不互素, 设 $(m,\ n)=d>1$, 且 $m=m_1d$, $n=n_1d$, 其中 $1\leqslant m_1<m$. 令 $w(\neq 1)$ 是一个本原 m 次单位根, 则 $w^m=1$, 且对满足 $1\leqslant l\leqslant m-1$ 的整数 l, 有 $w^l\neq 1$. 从而

$$(w^{m_1})^n=w^{m_1n_1d}=(w^m)^{n_1}=1.$$

即 w^{m_1} 是一个 n 次单位根, 且由注记 1.2.17 知, 由于 $1\leqslant m_1<m$, 因此 $w^{m_1}\neq 1$. 所以 w^{m_1} 是 $f(x)$ 的根, 同时 w^{m_1} 也是 $g(x)$ 的根, 这与 $f(x)$, $g(x)$ 互素矛盾. 所以 m 与 n 互素.

证法二 假如 m 与 n 不互素, 令 $(m,\ n)=d>1$, 且 $m=m_1d$, $n=n_1d$. 设 $\varepsilon=\cos\dfrac{2\pi}{d}+\mathrm{i}\sin\dfrac{2\pi}{d}$, 则 $\varepsilon\neq 1$. 由 $\varepsilon=\cos\dfrac{2m_1\pi}{m}+\mathrm{i}\sin\dfrac{2m_1\pi}{m}$ 知, ε 为 m 次单位根, 进而是 $f(x)$ 的根; 又由 $\varepsilon=\cos\dfrac{2n_1\pi}{n}+\mathrm{i}\sin\dfrac{2n_1\pi}{n}$ 知, ε 为 n 次单位根, 是 $g(x)$ 的根. 这说明 $f(x)$ 与 $g(x)$ 有公因式 $x-\varepsilon$, 所以 $f(x)$ 与 $g(x)$ 在 $\mathbf{C}$ 上不互素. 进而在任何数域上 $f(x)$ 与 $g(x)$ 不互素, 矛盾.

充分性. 只需证 $g(x)$ 的任意一个根都不是 $f(x)$ 的根即可. 令 $w=\cos\dfrac{2\pi}{n}+\mathrm{i}\sin\dfrac{2\pi}{n}$. 设 $w^k\ (1\leqslant k\leqslant n-1)$ 是 $g(x)$ 的任意一个单位根. 若有 $f(w^k)=0$, 则由

$$x^m-1=(x-1)\ f(x)$$

知, w^k 也是 m 次单位根, 即 $(w^k)^m=1$. 因此 $n|km$, 但 $(n,\ m)=1$, 因此 $n|k$, 这与 $1\leqslant k\leqslant n-1$ 矛盾. 这就是说, $g(x)$ 的根不能是 $f(x)$ 的根. 故 $(f(x),\ g(x))=1$.

例 7.2.4 若 $\boldsymbol{A}, \boldsymbol{B}, \boldsymbol{C}, \boldsymbol{D}$ 都是 n 阶方阵, 且 $\boldsymbol{AC}=\boldsymbol{CA}$. 证明:

$$\det\begin{pmatrix}\boldsymbol{A} & \boldsymbol{B}\\ \boldsymbol{C} & \boldsymbol{D}\end{pmatrix}=\det(\boldsymbol{AD}-\boldsymbol{CB}).$$

分析 特殊到一般, 且利用多项式根与次数的关系.

证明 (i) 若 $\det\boldsymbol{A}\neq 0$, 即 $\boldsymbol{A}$ 可逆. 则

$$\begin{pmatrix}\boldsymbol{I}_n & \boldsymbol{0}\\ -\boldsymbol{CA}^{-1} & \boldsymbol{I}_n\end{pmatrix}\begin{pmatrix}\boldsymbol{A} & \boldsymbol{B}\\ \boldsymbol{C} & \boldsymbol{D}\end{pmatrix}=\begin{pmatrix}\boldsymbol{A} & \boldsymbol{B}\\ \boldsymbol{0} & \boldsymbol{D}-\boldsymbol{CA}^{-1}\boldsymbol{B}\end{pmatrix}.$$

上式两边取行列式, 得

$$\det\begin{pmatrix}\boldsymbol{I}_n & \boldsymbol{0}\\ -\boldsymbol{CA}^{-1} & \boldsymbol{I}_n\end{pmatrix}\det\begin{pmatrix}\boldsymbol{A} & \boldsymbol{B}\\ \boldsymbol{C} & \boldsymbol{D}\end{pmatrix}=\det\begin{pmatrix}\boldsymbol{A} & \boldsymbol{B}\\ \boldsymbol{0} & \boldsymbol{D}-\boldsymbol{CA}^{-1}\boldsymbol{B}\end{pmatrix}.$$

所以

$$\begin{aligned}\det\begin{pmatrix}\boldsymbol{A} & \boldsymbol{B}\\ \boldsymbol{C} & \boldsymbol{D}\end{pmatrix}&=\det\boldsymbol{A}\det(\boldsymbol{D}-\boldsymbol{CA}^{-1}\boldsymbol{B})\\ &=\det[\boldsymbol{A}(\boldsymbol{D}-\boldsymbol{CA}^{-1}\boldsymbol{B})]=\det(\boldsymbol{AD}-\boldsymbol{ACA}^{-1}\boldsymbol{B})\\ &=\det(\boldsymbol{AD}-\boldsymbol{CAA}^{-1}\boldsymbol{B})=\det(\boldsymbol{AD}-\boldsymbol{CB}).\end{aligned}$$

(ii) $\det\boldsymbol{A}=0$, 即 $\boldsymbol{A}$ 不可逆.

考察 $f_{-\boldsymbol{A}}(x)=\det(x\boldsymbol{I}_n+\boldsymbol{A})$, 这是数域 F 上的一个 n 次多项式, 它在 F 中最多有 n 个根. 对于 F 中的每个不是 $f_{-\boldsymbol{A}}(x)$ 的根的数 k 来说, $\det(k\boldsymbol{I}_n+\boldsymbol{A})\neq 0$, 即 $k\boldsymbol{I}_n+\boldsymbol{A}$ 可逆, 并且 $(k\boldsymbol{I}_n+\boldsymbol{A})\boldsymbol{C}=k\boldsymbol{I}_n\boldsymbol{C}+\boldsymbol{AC}=\boldsymbol{C}k\boldsymbol{I}_n+\boldsymbol{CA}=\boldsymbol{C}(k\boldsymbol{I}_n+\boldsymbol{A})$. 故由 (i) 中证明的结论可知

$$\det\begin{pmatrix}k\boldsymbol{I}_n+\boldsymbol{A} & \boldsymbol{B}\\ \boldsymbol{C} & \boldsymbol{D}\end{pmatrix}=\det[(k\boldsymbol{I}_n+\boldsymbol{A})\boldsymbol{D}-\boldsymbol{CB}].$$

注意有无穷多个数 k 使得上式成立, 可见多项式

$$\det\begin{pmatrix}x\boldsymbol{I}_n+\boldsymbol{A} & \boldsymbol{B}\\ \boldsymbol{C} & \boldsymbol{D}\end{pmatrix}-\det[(x\boldsymbol{I}_n+\boldsymbol{A})\boldsymbol{D}-\boldsymbol{CB}]$$

有无穷多个根, 因此该多项式是零多项式. 即

$$\det\begin{pmatrix}x\boldsymbol{I}_n+\boldsymbol{A} & \boldsymbol{B}\\ \boldsymbol{C} & \boldsymbol{D}\end{pmatrix}=\det[(x\boldsymbol{I}_n+\boldsymbol{A})\boldsymbol{D}-\boldsymbol{CB}].$$

令 $x=0$, 就得 $\det\begin{pmatrix} \boldsymbol{A} & \boldsymbol{B} \\ \boldsymbol{C} & \boldsymbol{D} \end{pmatrix}=\det(\boldsymbol{AD}-\boldsymbol{CB})$.

例 7.2.5　设 $\boldsymbol{A}$, $\boldsymbol{B}\in M_{n\times n}(F)$, $n\geqslant 2$. 若 $\boldsymbol{A}$ 与 $\boldsymbol{B}$ 相似, 则 $\boldsymbol{A}^*$ 与 $\boldsymbol{B}^*$ 相似.

分析　特殊到一般, 且利用多项式根与次数的关系.

证明　因 $\boldsymbol{A}$ 与 $\boldsymbol{B}$ 相似, 则存在 F 上 n 阶可逆阵 $\boldsymbol{P}$, 使 $\boldsymbol{P}^{-1}\boldsymbol{AP}=\boldsymbol{B}$, 且有 $\det\boldsymbol{A}=\det\boldsymbol{B}$.

(1) $\det\boldsymbol{A}=\det\boldsymbol{B}\neq 0$, 则

$$\boldsymbol{A}^*=(\det\boldsymbol{A})\boldsymbol{A}^{-1},\quad \boldsymbol{B}^*=(\det\boldsymbol{B})\boldsymbol{B}^{-1},$$

对等式 $\boldsymbol{P}^{-1}\boldsymbol{AP}=\boldsymbol{B}$ 两端取逆, 有 $\boldsymbol{P}^{-1}\boldsymbol{A}^{-1}\boldsymbol{P}=\boldsymbol{B}^{-1}$, 因而

$$\boldsymbol{P}^{-1}\boldsymbol{A}^*\boldsymbol{P}=\boldsymbol{P}^{-1}(\det\boldsymbol{A})\boldsymbol{A}^{-1}\boldsymbol{P}=(\det\boldsymbol{B})\boldsymbol{P}^{-1}\boldsymbol{A}^{-1}\boldsymbol{P}=(\det\boldsymbol{B})\boldsymbol{B}^{-1}=\boldsymbol{B}^*.$$

故 $\boldsymbol{A}^*$ 与 $\boldsymbol{B}^*$ 相似.

(2) $\det\boldsymbol{A}=0=\det\boldsymbol{B}$. 对既不是 $-\boldsymbol{A}$ 的特征根也不是 $-\boldsymbol{B}$ 的特征根的任一数 k, 有 $k\boldsymbol{I}+\boldsymbol{A}$ 与 $k\boldsymbol{I}+\boldsymbol{B}$ 均可逆, 且

$$\boldsymbol{P}^{-1}(k\boldsymbol{I}+\boldsymbol{A})\boldsymbol{P}=\boldsymbol{P}^{-1}k\boldsymbol{IP}+\boldsymbol{P}^{-1}\boldsymbol{AP}=k\boldsymbol{I}+\boldsymbol{B}.$$

由 (1) 知

$$\boldsymbol{P}^{-1}(k\boldsymbol{I}+\boldsymbol{A})^*\boldsymbol{P}=\boldsymbol{P}^{-1}k\boldsymbol{IP}+\boldsymbol{P}^{-1}\boldsymbol{AP}=(k\boldsymbol{I}+\boldsymbol{B})^*.$$

这说明 $\boldsymbol{P}^{-1}(x\boldsymbol{I}+\boldsymbol{A})^*\boldsymbol{P}-(x\boldsymbol{I}+\boldsymbol{B})^*$ 的每个元素处的多项式有无穷多个根, 因而它的每个元素均是零多项式. 所以有

$$\boldsymbol{P}^{-1}(x\boldsymbol{I}+\boldsymbol{A})^*\boldsymbol{P}=(x\boldsymbol{I}+\boldsymbol{B})^*.$$

最后令 $x=0$ 即可得 $\boldsymbol{P}^{-1}\boldsymbol{A}^*\boldsymbol{P}=\boldsymbol{B}^*$.

例 7.2.6　设 $f(x)$ 是数域 F 上的多项式, 并且在 F 上, $x-a$ 整除 $f(x^n), a\neq 0$. 证明: x^n-a^n 整除 $f(x^n)$.

分析　利用 n 次单位根.

证明　令 $\omega=\cos\dfrac{2\pi}{n}+\mathrm{i}\sin\dfrac{2\pi}{n}$. 由于 $x-a$ 整除 $f(x^n)$, 因此 $f(a^n)=0$, $f\big((a\omega^k)^n\big)=f(a^n)=0$, $k=0,1,\cdots,n-1$. 于是 $a,a\omega,a\omega^2,\cdots,a\omega^{n-1}$ 都是 $f(x^n)$ 的根. 从而 $x-a,x-a\omega,x-a\omega^2,\cdots,x-a\omega^{n-1}$ 都整除多项式 $f(x^n)$. 由 $x-a,x-a\omega,x-a\omega^2,\cdots,x-a\omega^{n-1}$ 两两互素知

$$(x-a)(x-a\omega)(x-a\omega^2)\cdots(x-a\omega^{n-1})|f(x^n),$$

即 $x^n-a^n|f(x^n)$.

例 7.2.7 设 $F_{n-1}[x]$ 是数域 F 上次数小于 n 的多项式及零多项式构成的 n 维向量空间.

(1) 证明: 若 $a_1, a_2, \cdots, a_n$ 是 F 中互不相同的数, 则

$$f_i(x) = (x-a_1)\cdots(x-a_{i-1})(x-a_{i+1})\cdots(x-a_n), \quad i=1,2,\cdots,n$$

是 $F_{n-1}[x]$ 的一个基;

(2) 取 $a_1, a_2, \cdots, a_n$ 为 n 个 n 次单位根. 求基 $\{1, x, x^2, \cdots, x^{n-1}\}$ 到基 $\{f_1(x), f_2(x), \cdots, f_n(x)\}$ 的过渡矩阵.

分析 利用 n 次单位根并代入类似于根的数值到多项式中.

解 (1) 设存在一组数 $k_1, k_2, \cdots, k_n \in F$, 使得

$$k_1 f_1(x) + k_2 f_2(x) + \cdots + k_n f_n(x) = 0.$$

取 $x = a_i$. 因为 $f_j(a_i) = 0\ (j \neq i)$, 所以 $k_i f_i(a_i) = 0$. 由于 $f_i(a_i) \neq 0$, 因此 $k_i = 0, i = 1, 2, \cdots, n$. 于是 $f_1(x), f_2(x), \cdots, f_n(x)$ 线性无关. 又因 $F_{n-1}[x]$ 是 n 维向量空间, 故 $\{f_1(x), f_2(x), \cdots, f_n(x)\}$ 是 $F_{n-1}[x]$ 的基.

(2) 因为 $a_1, a_2, \cdots, a_n$ 为 n 个 n 次单位根, 所以由 (1) 知

$$\begin{aligned} f_i(x) = \frac{x^n - 1}{x - a_i} &= x^{n-1} + a_i x^{n-2} + a_i^2 x^{n-3} \\ &\quad + \cdots + a_i^{n-2} x + a_i^{n-1}, \quad i = 1, 2, \cdots, n. \end{aligned}$$

因此由基 $\{1, x, x^2, \cdots, x^{n-1}\}$ 到基 $\{f_1(x), f_2(x), \cdots, f_n(x)\}$ 的过渡矩阵为

$$\boldsymbol{T} = \begin{pmatrix} a_1^{n-1} & a_2^{n-1} & \cdots & a_n^{n-1} \\ a_1^{n-2} & a_2^{n-2} & \cdots & a_n^{n-2} \\ \vdots & \vdots & & \vdots \\ a_1 & a_2 & \cdots & a_n \\ 1 & 1 & \cdots & 1 \end{pmatrix}.$$

注记 7.2.8 若取 $a_1 = 1, a_2 = \omega, \cdots, a_n = \omega^{n-1}$, 其中 $\omega = \cos\dfrac{2\pi}{n} + \mathrm{i}\sin\dfrac{2\pi}{n}$, 则由基 $\{1, x, x^2, \cdots, x^{n-1}\}$ 到基 $\{f_1(x), f_2(x), \cdots, f_n(x)\}$ 的过渡矩阵为

$$\boldsymbol{T} = \begin{pmatrix} 1 & \omega^{n-1} & \omega^{n-2} & \cdots & \omega \\ 1 & \omega^{n-2} & \omega^{n-4} & \cdots & \omega^2 \\ 1 & \omega^{n-3} & \omega^{n-6} & \cdots & \omega^3 \\ \vdots & \vdots & \vdots & & \vdots \\ 1 & \omega & \omega^2 & \cdots & \omega^{n-1} \\ 1 & 1 & 1 & \cdots & 1 \end{pmatrix}.$$

例 7.2.9 设 $\boldsymbol{A}$ 是数域 F 上的 n 阶矩阵. 证明: 存在 F 上的一个非零多项式 $f(x)$, 使得 $f(\boldsymbol{A})=\boldsymbol{0}$.

分析 利用方阵的多项式.

证明 因为 $\dim M_n(F)=n^2$, 所以 $\boldsymbol{I},\boldsymbol{A},\boldsymbol{A}^2,\cdots,\boldsymbol{A}^{n^2}$ 线性相关. 因此存在 F 中的一组不全为零的数 $a_0,a_1,\cdots,a_{n^2}$, 使得

$$a_0\boldsymbol{I}+a_1\boldsymbol{A}+a_2\boldsymbol{A}^2+\cdots+a_{n^2}\boldsymbol{A}^{n^2}=\boldsymbol{0}.$$

取 $f(x)=a_0+a_1x+a_2x^2+\cdots+a_{n^2}x^{n^2}$, 则 $f(\boldsymbol{A})=\boldsymbol{0}$.

第 8 章　整体与局部

8.1　主要内容概述

在高等代数中, 要经常讨论向量组的部分组的线性相关性, 考虑研究对象的部分与整体的关系, 往往会用到这种思维习惯. 矩阵分块的思想, 实际上就是整体与局部巧妙结合的一个重要的例子. 下面的例 8.1.1 选自文献 [3] 的定理 5.2.3, 就是一个很好的整体与部分的例子.

例 8.1.1　如果向量组 $\{\boldsymbol{\alpha}_1,\boldsymbol{\alpha}_2,\cdots,\boldsymbol{\alpha}_r\}$ 线性无关, 那么它的任意一个部分组也线性无关.

证明　用反证法. 假设 $\{\boldsymbol{\alpha}_1,\boldsymbol{\alpha}_2,\cdots,\boldsymbol{\alpha}_r\}$ 中有一个部分组线性相关, 不妨设前 p 个向量线性相关, 于是存在不全为零的数, 使得

$$a_1\boldsymbol{\alpha}_1+a_2\boldsymbol{\alpha}_2+\cdots+a_p\boldsymbol{\alpha}_p=\mathbf{0}.$$

取

$$a_{p+1}=\cdots=a_r=0.$$

那么

$$a_1\boldsymbol{\alpha}_1+a_2\boldsymbol{\alpha}_2+\cdots+a_r\boldsymbol{\alpha}_r=\mathbf{0}.$$

而 $a_1,\cdots,a_r$ 不全为零, 所以 $\{\boldsymbol{\alpha}_1,\boldsymbol{\alpha}_2,\cdots,\boldsymbol{\alpha}_r\}$ 线性相关, 矛盾.

8.2　典型的例子

例 8.2.1　设 $f(x),g(x)$ 是 $F[x]$ 的多项式, 且 $a,b,c,d\in F$. 若 $ad-bc\neq 0$, 则 $(af(x)+bg(x),cf(x)+dg(x))=1$ 的充要条件是 $(f(x),g(x))=1$.

分析　把两个多项式的组合看成整体, 与每个多项式相联系.

证明　必要性. 由已知, 存在 $u(x),v(x)\in F[x]$, 使

$$u(x)[af(x)+bg(x)]+v(x)[cf(x)+dg(x)]=1,$$

即 $[au(x)+cv(x)]f(x)+[bu(x)+dv(x)]g(x)=1$, 因此 $(f(x),g(x))=1$.

充分性. 反设 $(af(x)+bg(x),cf(x)+dg(x))=d(x)\neq 1$, 则有 $d(x)|[af(x)+bg(x)]$, $d(x)|[cf(x)+dg(x)]$. 利用整除的性质有

$$d(x)|[adf(x)+bdg(x)-bcf(x)-bdg(x)]=(ad-bc)f(x),$$

$$d(x)|[acf(x)+bcg(x)-acf(x)-adg(x)]=(bc-ad)g(x),$$

从而有 $d(x)|f(x), d(x)|g(x)$, 这与 $(f(x),\ g(x))=1$ 矛盾. 说明反设错误.

例 8.2.2 设 $\boldsymbol{A}, \boldsymbol{B}$ 以及 $\boldsymbol{A}+\boldsymbol{B}$ 均可逆, 试证 $\boldsymbol{A}^{-1}+\boldsymbol{B}^{-1}$ 也可逆, 并求其逆.

分析 把 $\boldsymbol{A}^{-1}+\boldsymbol{B}^{-1}$ 作为整体两边同时乘矩阵进行处理, 不能仅考虑单个矩阵的可逆性质.

解 因为 $\boldsymbol{A}^{-1}+\boldsymbol{B}^{-1}=\boldsymbol{A}^{-1}(\boldsymbol{I}+\boldsymbol{A}\boldsymbol{B}^{-1})=\boldsymbol{A}^{-1}(\boldsymbol{B}+\boldsymbol{A})\boldsymbol{B}^{-1}$, 又由于 $\boldsymbol{A}, \boldsymbol{B}$, $\boldsymbol{A}+\boldsymbol{B}$ 皆可逆, 所以 $\boldsymbol{A}^{-1}+\boldsymbol{B}^{-1}$ 可逆, 且

$$(\boldsymbol{A}^{-1}+\boldsymbol{B}^{-1})^{-1}=\boldsymbol{B}(\boldsymbol{A}+\boldsymbol{B})^{-1}\boldsymbol{A}.$$

例 8.2.3 设 $\boldsymbol{A}, \boldsymbol{B}$ 都是正交阵, 若 $\det\boldsymbol{A}+\det\boldsymbol{B}=0$, 则 $\boldsymbol{A}+\boldsymbol{B}$ 不可逆.

分析 给 $\det(\boldsymbol{B}^{\mathrm{T}}+\boldsymbol{A}^{\mathrm{T}})$ 整体, 两边同时乘行列式进行处理, 用到正交矩阵的性质.

证明 因为 $\boldsymbol{A}, \boldsymbol{B}$ 都是正交阵, 所以 $\boldsymbol{A}^{\mathrm{T}}\boldsymbol{A}=\boldsymbol{A}\boldsymbol{A}^{\mathrm{T}}=\boldsymbol{I}$, $\boldsymbol{B}^{\mathrm{T}}\boldsymbol{B}=\boldsymbol{B}\boldsymbol{B}^{\mathrm{T}}=\boldsymbol{I}$. 又由于 $\boldsymbol{A}+\boldsymbol{B}=\boldsymbol{A}\boldsymbol{B}^{\mathrm{T}}\boldsymbol{B}+\boldsymbol{A}\boldsymbol{A}^{\mathrm{T}}\boldsymbol{B}=\boldsymbol{A}(\boldsymbol{B}^{\mathrm{T}}+\boldsymbol{A}^{\mathrm{T}})\boldsymbol{B}$, 因此

$$\det(\boldsymbol{A}+\boldsymbol{B})=\det\boldsymbol{A}\det(\boldsymbol{B}^{\mathrm{T}}+\boldsymbol{A}^{\mathrm{T}})\det\boldsymbol{B},$$

$$\det(\boldsymbol{A}+\boldsymbol{B})=-(\det\boldsymbol{A})^2\det(\boldsymbol{B}+\boldsymbol{A}).$$

$$[1+(\det\boldsymbol{A})^2]\det(\boldsymbol{A}+\boldsymbol{B})=0.$$

由于正交矩阵的行列式等于 1 或 —1, 因此 $(\det\boldsymbol{A})^2=1$. 所以 $\det(\boldsymbol{A}+\boldsymbol{B})=0$, 即有 $\boldsymbol{A}+\boldsymbol{B}$ 不可逆.

例 8.2.4 设 $\boldsymbol{A}, \boldsymbol{B}$ 分别为 $m\times n$ 与 $n\times m$ 阵, 且 $\boldsymbol{I}_m-\boldsymbol{A}\boldsymbol{B}$ 可逆. 证明 $\boldsymbol{I}_n-\boldsymbol{B}\boldsymbol{A}$ 也可逆, 并求 $(\boldsymbol{I}_n-\boldsymbol{B}\boldsymbol{A})^{-1}$.

分析 把 $(\boldsymbol{I}_n-\boldsymbol{B}\boldsymbol{A})$ 作为整体, 通过左右乘矩阵看结果.

解 因为

$$\boldsymbol{A}(\boldsymbol{I}_n-\boldsymbol{B}\boldsymbol{A})=\boldsymbol{A}-\boldsymbol{A}\boldsymbol{B}\boldsymbol{A}=(\boldsymbol{I}_m-\boldsymbol{A}\boldsymbol{B})\boldsymbol{A},$$

所以

$$(\boldsymbol{I}_m-\boldsymbol{A}\boldsymbol{B})^{-1}\boldsymbol{A}(\boldsymbol{I}_n-\boldsymbol{B}\boldsymbol{A})=\boldsymbol{A}.$$

$$\begin{aligned}\boldsymbol{I}_n&=\boldsymbol{I}_n-\boldsymbol{B}\boldsymbol{A}+\boldsymbol{B}\boldsymbol{A}=(\boldsymbol{I}_n-\boldsymbol{B}\boldsymbol{A})+\boldsymbol{B}(\boldsymbol{I}_m-\boldsymbol{A}\boldsymbol{B})^{-1}\boldsymbol{A}(\boldsymbol{I}_n-\boldsymbol{B}\boldsymbol{A})\\&=[\boldsymbol{I}_n+\boldsymbol{B}(\boldsymbol{I}_m-\boldsymbol{A}\boldsymbol{B})^{-1}\boldsymbol{A}](\boldsymbol{I}_n-\boldsymbol{B}\boldsymbol{A}).\end{aligned}$$

故 $\boldsymbol{I}_n-\boldsymbol{B}\boldsymbol{A}$ 可逆, 且 $(\boldsymbol{I}_n-\boldsymbol{B}\boldsymbol{A})^{-1}=\boldsymbol{I}_n+\boldsymbol{B}(\boldsymbol{I}_m-\boldsymbol{A}\boldsymbol{B})^{-1}\boldsymbol{A}$.

注记 8.2.5 由例 8.2.4 可类似地得到, 设 $\boldsymbol{A}$, $\boldsymbol{B}$ 分别为 $m\times n$ 与 $n\times m$ 阵, 且 $\boldsymbol{I}_m+\boldsymbol{A}\boldsymbol{B}$ 可逆, 则 $\boldsymbol{I}_n+\boldsymbol{B}\boldsymbol{A}$ 也可逆, 且 $(\boldsymbol{I}_n+\boldsymbol{B}\boldsymbol{A})^{-1}=\boldsymbol{I}_n-\boldsymbol{B}(\boldsymbol{I}_m+\boldsymbol{A}\boldsymbol{B})^{-1}\boldsymbol{A}$.

例 8.2.6 设 $\boldsymbol{A}$ 是 n 阶可逆阵, $\boldsymbol{\alpha}$ 与 $\boldsymbol{\beta}$ 分别是 n 维列向量, 且 $1+\boldsymbol{\beta}^{\mathrm{T}}\boldsymbol{A}^{-1}\boldsymbol{\alpha}\neq 0$. 证明 $\boldsymbol{A}+\boldsymbol{\alpha}\boldsymbol{\beta}^{\mathrm{T}}$ 是可逆阵, 并求 $(\boldsymbol{A}+\boldsymbol{\alpha}\boldsymbol{\beta}^{\mathrm{T}})^{-1}$.

分析 三个矩阵相乘, 根据问题需要, 把两个相乘作为整体处理.

解 $\boldsymbol{A}+\boldsymbol{\alpha}\boldsymbol{\beta}^{\mathrm{T}}=\boldsymbol{A}(\boldsymbol{I}_n+\boldsymbol{A}^{-1}\boldsymbol{\alpha}\boldsymbol{\beta}^{\mathrm{T}})$.

因为 $1+\boldsymbol{\beta}^{\mathrm{T}}\boldsymbol{A}^{-1}\boldsymbol{\alpha}\neq 0$, 所以由注记 8.2.5 可知, $\boldsymbol{I}_n+\boldsymbol{A}^{-1}\boldsymbol{\alpha}\boldsymbol{\beta}^{\mathrm{T}}$ 是可逆阵, 且

$$\begin{aligned}&(\boldsymbol{I}_n+\boldsymbol{A}^{-1}\boldsymbol{\alpha}\boldsymbol{\beta}^{\mathrm{T}})^{-1}\\=&\boldsymbol{I}_n-\boldsymbol{A}^{-1}\boldsymbol{\alpha}(1+\boldsymbol{\beta}^{\mathrm{T}}\boldsymbol{A}^{-1}\boldsymbol{\alpha})^{-1}\boldsymbol{\beta}^{\mathrm{T}}\\=&\boldsymbol{I}_n-\frac{\boldsymbol{A}^{-1}\boldsymbol{\alpha}\boldsymbol{\beta}^{\mathrm{T}}}{1+\boldsymbol{\beta}^{\mathrm{T}}\boldsymbol{A}^{-1}\boldsymbol{\alpha}}.\end{aligned}$$

故

$$(\boldsymbol{A}+\boldsymbol{\alpha}\boldsymbol{\beta}^{\mathrm{T}})^{-1}=\boldsymbol{A}^{-1}-(1+\boldsymbol{\beta}^{\mathrm{T}}\boldsymbol{A}^{-1}\boldsymbol{\alpha})^{-1}\boldsymbol{A}^{-1}\boldsymbol{\alpha}\boldsymbol{\beta}^{\mathrm{T}}\boldsymbol{A}^{-1}.$$

例 8.2.7 设 $\boldsymbol{A},\boldsymbol{B},\boldsymbol{C}$ 均为 n 阶方阵, 且 $\boldsymbol{A}$ 和 $\boldsymbol{B}$ 都是可逆的. 试证明

$$\boldsymbol{M}=\begin{pmatrix}\boldsymbol{A}&\boldsymbol{A}\\\boldsymbol{C}-\boldsymbol{B}&\boldsymbol{C}\end{pmatrix}$$

可逆, 并求 $\boldsymbol{M}^{-1}$.

分析 该问题的常规方法是设出逆矩阵形式, 然后待定子块. 如果采用整体性考虑的方法, 则完全可以简化.

解 方法一 设存在 $\boldsymbol{X}=\begin{pmatrix}\boldsymbol{X}_1&\boldsymbol{X}_2\\\boldsymbol{X}_3&\boldsymbol{X}_4\end{pmatrix}$, 其中 $\boldsymbol{X}_1,\boldsymbol{X}_2,\boldsymbol{X}_3,\boldsymbol{X}_4$ 均为待定 n 阶方阵, 使

$$\begin{pmatrix}\boldsymbol{A}&\boldsymbol{A}\\\boldsymbol{C}-\boldsymbol{B}&\boldsymbol{C}\end{pmatrix}\begin{pmatrix}\boldsymbol{X}_1&\boldsymbol{X}_2\\\boldsymbol{X}_3&\boldsymbol{X}_4\end{pmatrix}=\begin{pmatrix}\boldsymbol{I}_n&\boldsymbol{0}\\\boldsymbol{0}&\boldsymbol{I}_n\end{pmatrix},$$

即

$$\begin{aligned}&\boldsymbol{A}\boldsymbol{X}_1+\boldsymbol{A}\boldsymbol{X}_3=\boldsymbol{I}_n,\quad(\boldsymbol{C}-\boldsymbol{B})\boldsymbol{X}_1+\boldsymbol{C}\boldsymbol{X}_3=\boldsymbol{0},\\&\boldsymbol{A}\boldsymbol{X}_2+\boldsymbol{A}\boldsymbol{X}_4=\boldsymbol{0},\quad(\boldsymbol{C}-\boldsymbol{B})\boldsymbol{X}_2+\boldsymbol{C}\boldsymbol{X}_4=\boldsymbol{I}_n.\end{aligned}$$

解之, 得

$$\boldsymbol{X}_1=\boldsymbol{B}^{-1}\boldsymbol{C}\boldsymbol{A}^{-1},\quad\boldsymbol{X}_2=-\boldsymbol{B}^{-1},\quad\boldsymbol{X}_3=\boldsymbol{A}^{-1}-\boldsymbol{B}^{-1}\boldsymbol{C}\boldsymbol{A}^{-1},\quad\boldsymbol{X}_4=\boldsymbol{B}^{-1}.$$

容易验证

$$\begin{aligned}&\begin{pmatrix}\boldsymbol{A}&\boldsymbol{A}\\\boldsymbol{C}-\boldsymbol{B}&\boldsymbol{C}\end{pmatrix}\begin{pmatrix}\boldsymbol{B}^{-1}\boldsymbol{C}\boldsymbol{A}^{-1}&-\boldsymbol{B}^{-1}\\\boldsymbol{A}^{-1}-\boldsymbol{B}^{-1}\boldsymbol{C}\boldsymbol{A}^{-1}&\boldsymbol{B}^{-1}\end{pmatrix}\\=&\begin{pmatrix}\boldsymbol{B}^{-1}\boldsymbol{C}\boldsymbol{A}^{-1}&-\boldsymbol{B}^{-1}\\\boldsymbol{A}^{-1}-\boldsymbol{B}^{-1}\boldsymbol{C}\boldsymbol{A}^{-1}&\boldsymbol{B}^{-1}\end{pmatrix}\begin{pmatrix}\boldsymbol{A}&\boldsymbol{A}\\\boldsymbol{C}-\boldsymbol{B}&\boldsymbol{C}\end{pmatrix}=\begin{pmatrix}\boldsymbol{I}_n&\boldsymbol{0}\\\boldsymbol{0}&\boldsymbol{I}_n\end{pmatrix}.\end{aligned}$$

所以 $\boldsymbol{M}$ 可逆, 且 $\boldsymbol{M}^{-1}=\begin{pmatrix} \boldsymbol{B}^{-1}\boldsymbol{C}\boldsymbol{A}^{-1} & -\boldsymbol{B}^{-1} \\ \boldsymbol{A}^{-1}-\boldsymbol{B}^{-1}\boldsymbol{C}\boldsymbol{A}^{-1} & \boldsymbol{B}^{-1} \end{pmatrix}$.

方法二　用分块矩阵初等变换方法, 整体去看, 则很容易解决, 过程简化很多. 解法如下

$$\begin{pmatrix} \boldsymbol{A} & \boldsymbol{A} & \boldsymbol{I} & \boldsymbol{0} \\ \boldsymbol{C}-\boldsymbol{B} & \boldsymbol{C} & \boldsymbol{0} & \boldsymbol{I} \end{pmatrix} \to \begin{pmatrix} \boldsymbol{I} & \boldsymbol{I} & \boldsymbol{A}^{-1} & \boldsymbol{0} \\ \boldsymbol{C}-\boldsymbol{B} & \boldsymbol{C} & \boldsymbol{0} & \boldsymbol{I} \end{pmatrix}$$

$$\to \begin{pmatrix} \boldsymbol{I} & \boldsymbol{I} & \boldsymbol{A}^{-1} & \boldsymbol{0} \\ \boldsymbol{0} & \boldsymbol{B} & (\boldsymbol{B}-\boldsymbol{C})\boldsymbol{A}^{-1} & \boldsymbol{I} \end{pmatrix} \to \begin{pmatrix} \boldsymbol{I} & \boldsymbol{I} & \boldsymbol{A}^{-1} & \boldsymbol{0} \\ \boldsymbol{0} & \boldsymbol{I} & \boldsymbol{B}^{-1}(\boldsymbol{B}-\boldsymbol{C})\boldsymbol{A}^{-1} & \boldsymbol{B}^{-1} \end{pmatrix}$$

$$\to \begin{pmatrix} \boldsymbol{I} & \boldsymbol{0} & \boldsymbol{A}^{-1}-\boldsymbol{B}^{-1}(\boldsymbol{B}-\boldsymbol{C})\boldsymbol{A}^{-1} & -\boldsymbol{B}^{-1} \\ \boldsymbol{0} & \boldsymbol{I} & \boldsymbol{B}^{-1}(\boldsymbol{B}-\boldsymbol{C})\boldsymbol{A}^{-1} & \boldsymbol{B}^{-1} \end{pmatrix}.$$

所以 $\boldsymbol{M}^{-1}=\begin{pmatrix} \boldsymbol{B}^{-1}\boldsymbol{C}\boldsymbol{A}^{-1} & -\boldsymbol{B}^{-1} \\ \boldsymbol{A}^{-1}-\boldsymbol{B}^{-1}\boldsymbol{C}\boldsymbol{A}^{-1} & \boldsymbol{B}^{-1} \end{pmatrix}$.

例 8.2.8　设 $\boldsymbol{A}_{s\times s}$, $\boldsymbol{B}_{t\times t}$ 可逆, $\boldsymbol{C}$ 是 $t\times s$ 矩阵. 求 $\begin{pmatrix} \boldsymbol{0} & \boldsymbol{A} \\ \boldsymbol{B} & \boldsymbol{C} \end{pmatrix}^{-1}$.

分析　运用分块矩阵初等变换方法, 整体去看.

解　因为

$$\begin{pmatrix} \boldsymbol{I}_t & -\boldsymbol{B}^{-1}\boldsymbol{C} \\ \boldsymbol{0} & \boldsymbol{I}_s \end{pmatrix}\begin{pmatrix} \boldsymbol{I}_t & \boldsymbol{0} \\ \boldsymbol{0} & \boldsymbol{A}^{-1} \end{pmatrix}\begin{pmatrix} \boldsymbol{B}^{-1} & \boldsymbol{0} \\ \boldsymbol{0} & \boldsymbol{I}_s \end{pmatrix}$$

$$\cdot\begin{pmatrix} \boldsymbol{0} & \boldsymbol{I}_t \\ \boldsymbol{I}_s & \boldsymbol{0} \end{pmatrix}\begin{pmatrix} \boldsymbol{0} & \boldsymbol{A} \\ \boldsymbol{B} & \boldsymbol{C} \end{pmatrix}=\begin{pmatrix} \boldsymbol{I}_t & \boldsymbol{0} \\ \boldsymbol{0} & \boldsymbol{I}_s \end{pmatrix},$$

上式就是对 $\begin{pmatrix} \boldsymbol{0} & \boldsymbol{A} \\ \boldsymbol{B} & \boldsymbol{C} \end{pmatrix}$ 只施行分块矩阵的行初等变换最后化为单位矩阵的过程, 通过与初等矩阵之间的关系表现出来了, 因此有

$$\begin{pmatrix} -\boldsymbol{B}^{-1}\boldsymbol{C}\boldsymbol{A}^{-1} & \boldsymbol{B}^{-1} \\ \boldsymbol{A}^{-1} & \boldsymbol{0} \end{pmatrix}\begin{pmatrix} \boldsymbol{0} & \boldsymbol{A} \\ \boldsymbol{B} & \boldsymbol{C} \end{pmatrix}=\boldsymbol{I}_{t+s}.$$

所以

$$\begin{pmatrix} \boldsymbol{0} & \boldsymbol{A} \\ \boldsymbol{B} & \boldsymbol{C} \end{pmatrix}^{-1}=\begin{pmatrix} -\boldsymbol{B}^{-1}\boldsymbol{C}\boldsymbol{A}^{-1} & \boldsymbol{B}^{-1} \\ \boldsymbol{A}^{-1} & \boldsymbol{0} \end{pmatrix}.$$

例 8.2.9 设 $\boldsymbol{A}_{s\times s}, \boldsymbol{B}_{t\times t}$ 可逆, $\boldsymbol{C}$ 为 $t\times s$ 矩阵. 求 $\begin{pmatrix} \boldsymbol{A} & \boldsymbol{0} \\ \boldsymbol{C} & \boldsymbol{B} \end{pmatrix}^{-1}$.

分析 运用分块矩阵初等变换方法, 整体去看.

解 对分块矩阵 $\begin{pmatrix} \boldsymbol{A} & \boldsymbol{0} & \boldsymbol{I}_s & \boldsymbol{0} \\ \boldsymbol{C} & \boldsymbol{B} & \boldsymbol{0} & \boldsymbol{I}_t \end{pmatrix}$ 作行初等变换, 当把左半部分化为单位矩阵时, 右半部分就化为 $\begin{pmatrix} \boldsymbol{A} & \boldsymbol{0} \\ \boldsymbol{C} & \boldsymbol{B} \end{pmatrix}$ 的逆矩阵.

$$\begin{aligned}\begin{pmatrix} \boldsymbol{A} & \boldsymbol{0} & \boldsymbol{I}_s & \boldsymbol{0} \\ \boldsymbol{C} & \boldsymbol{B} & \boldsymbol{0} & \boldsymbol{I}_t \end{pmatrix} &\to \begin{pmatrix} \boldsymbol{I}_s & \boldsymbol{0} & \boldsymbol{A}^{-1} & \boldsymbol{0} \\ \boldsymbol{B}^{-1}\boldsymbol{C} & \boldsymbol{I}_t & \boldsymbol{0} & \boldsymbol{B}^{-1} \end{pmatrix} \\ &\to \begin{pmatrix} \boldsymbol{I}_s & \boldsymbol{0} & \boldsymbol{A}^{-1} & \boldsymbol{0} \\ \boldsymbol{0} & \boldsymbol{I}_t & -\boldsymbol{B}^{-1}\boldsymbol{C}\boldsymbol{A}^{-1} & \boldsymbol{B}^{-1} \end{pmatrix}.\end{aligned}$$

所以

$$\begin{pmatrix} \boldsymbol{A} & \boldsymbol{0} \\ \boldsymbol{C} & \boldsymbol{B} \end{pmatrix}^{-1} = \begin{pmatrix} \boldsymbol{A}^{-1} & \boldsymbol{0} \\ -\boldsymbol{B}^{-1}\boldsymbol{C}\boldsymbol{A}^{-1} & \boldsymbol{B}^{-1} \end{pmatrix}.$$

例 8.2.10 设 $\boldsymbol{A}, \boldsymbol{B}$ 均是 n 阶方阵, 则

(i) $\det\begin{pmatrix} \boldsymbol{A} & \boldsymbol{B} \\ \boldsymbol{B} & \boldsymbol{A} \end{pmatrix} = \det(\boldsymbol{A}+\boldsymbol{B})\det(\boldsymbol{A}-\boldsymbol{B})$;

(ii) $\begin{pmatrix} \boldsymbol{A} & \boldsymbol{B} \\ \boldsymbol{B} & \boldsymbol{A} \end{pmatrix}$ 可逆 $\Longleftrightarrow \boldsymbol{A}+\boldsymbol{B}$ 与 $\boldsymbol{A}-\boldsymbol{B}$ 均可逆;

(iii) 当 $\boldsymbol{A}+\boldsymbol{B}$ 与 $\boldsymbol{A}-\boldsymbol{B}$ 都可逆时, 求 $\begin{pmatrix} \boldsymbol{A} & \boldsymbol{B} \\ \boldsymbol{B} & \boldsymbol{A} \end{pmatrix}$ 的逆矩阵.

分析 运用分块矩阵初等变换方法, 整体去看.

解 (i) 因为

$$\begin{pmatrix} \boldsymbol{I}_n & \boldsymbol{I}_n \\ \boldsymbol{0} & \boldsymbol{I}_n \end{pmatrix}\begin{pmatrix} \boldsymbol{A} & \boldsymbol{B} \\ \boldsymbol{B} & \boldsymbol{A} \end{pmatrix} = \begin{pmatrix} \boldsymbol{A}+\boldsymbol{B} & \boldsymbol{A}+\boldsymbol{B} \\ \boldsymbol{B} & \boldsymbol{A} \end{pmatrix},$$

$$\begin{pmatrix} \boldsymbol{I}_n & \boldsymbol{I}_n \\ \boldsymbol{0} & \boldsymbol{I}_n \end{pmatrix}\begin{pmatrix} \boldsymbol{A} & \boldsymbol{B} \\ \boldsymbol{B} & \boldsymbol{A} \end{pmatrix}\begin{pmatrix} \boldsymbol{I}_n & -\boldsymbol{I}_n \\ \boldsymbol{0} & \boldsymbol{I}_n \end{pmatrix} = \begin{pmatrix} \boldsymbol{A}+\boldsymbol{B} & \boldsymbol{0} \\ \boldsymbol{B} & \boldsymbol{A}-\boldsymbol{B} \end{pmatrix},$$

所以

$$\det\begin{pmatrix} \boldsymbol{A} & \boldsymbol{B} \\ \boldsymbol{B} & \boldsymbol{A} \end{pmatrix} = \det\begin{pmatrix} \boldsymbol{A}+\boldsymbol{B} & \boldsymbol{0} \\ \boldsymbol{B} & \boldsymbol{A}-\boldsymbol{B} \end{pmatrix} = \det(\boldsymbol{A}+\boldsymbol{B})\det(\boldsymbol{A}-\boldsymbol{B}).$$

(ii) 由 (i) 可得 (ii) 成立.

(iii)

$$
\begin{aligned}
&\begin{pmatrix} \boldsymbol{A} & \boldsymbol{B} & \boldsymbol{I}_n & \boldsymbol{0} \\ \boldsymbol{B} & \boldsymbol{A} & \boldsymbol{0} & \boldsymbol{I}_n \end{pmatrix} \\
\rightarrow &\begin{pmatrix} \boldsymbol{A}+\boldsymbol{B} & \boldsymbol{A}+\boldsymbol{B} & \boldsymbol{I}_n & \boldsymbol{I}_n \\ \boldsymbol{B} & \boldsymbol{A} & \boldsymbol{0} & \boldsymbol{I}_n \end{pmatrix} \\
\rightarrow &\begin{pmatrix} \boldsymbol{I}_n & \boldsymbol{I}_n & (\boldsymbol{A}+\boldsymbol{B})^{-1} & (\boldsymbol{A}+\boldsymbol{B})^{-1} \\ \boldsymbol{B} & \boldsymbol{A} & \boldsymbol{0} & \boldsymbol{I}_n \end{pmatrix} \\
\rightarrow &\begin{pmatrix} \boldsymbol{I}_n & \boldsymbol{I}_n & (\boldsymbol{A}+\boldsymbol{B})^{-1} & (\boldsymbol{A}+\boldsymbol{B})^{-1} \\ \boldsymbol{0} & \boldsymbol{A}-\boldsymbol{B} & -\boldsymbol{B}(\boldsymbol{A}+\boldsymbol{B})^{-1} & \boldsymbol{I}_n-\boldsymbol{B}(\boldsymbol{A}+\boldsymbol{B})^{-1} \end{pmatrix} \\
\rightarrow &\begin{pmatrix} \boldsymbol{I}_n & \boldsymbol{I}_n & (\boldsymbol{A}+\boldsymbol{B})^{-1} & (\boldsymbol{A}+\boldsymbol{B})^{-1} \\ \boldsymbol{0} & \boldsymbol{I}_n & -(\boldsymbol{A}-\boldsymbol{B})^{-1}\boldsymbol{B}(\boldsymbol{A}+\boldsymbol{B})^{-1} & (\boldsymbol{A}-\boldsymbol{B})^{-1}[\boldsymbol{I}_n-\boldsymbol{B}(\boldsymbol{A}+\boldsymbol{B})^{-1}] \end{pmatrix}.
\end{aligned}
$$

对上一行的矩阵再施行一次分块矩阵的初等变换, 当把左半边化为 $2n$ 阶的单位矩阵时, 右半边就化为

$$
\begin{pmatrix} (\boldsymbol{A}+\boldsymbol{B})^{-1}+(\boldsymbol{A}-\boldsymbol{B})^{-1}\boldsymbol{B}(\boldsymbol{A}+\boldsymbol{B})^{-1} & (\boldsymbol{A}+\boldsymbol{B})^{-1}-(\boldsymbol{A}-\boldsymbol{B})^{-1}[\boldsymbol{I}_n-\boldsymbol{B}(\boldsymbol{A}+\boldsymbol{B})^{-1}] \\ -(\boldsymbol{A}-\boldsymbol{B})^{-1}\boldsymbol{B}(\boldsymbol{A}+\boldsymbol{B})^{-1} & (\boldsymbol{A}-\boldsymbol{B})^{-1}[\boldsymbol{I}_n-\boldsymbol{B}(\boldsymbol{A}+\boldsymbol{B})^{-1}] \end{pmatrix}.
$$

因此 $\begin{pmatrix} \boldsymbol{A} & \boldsymbol{B} \\ \boldsymbol{B} & \boldsymbol{A} \end{pmatrix}^{-1}$ 等于

$$
\begin{pmatrix} [\boldsymbol{I}_n+(\boldsymbol{A}-\boldsymbol{B})^{-1}\boldsymbol{B}](\boldsymbol{A}+\boldsymbol{B})^{-1} & -(\boldsymbol{A}-\boldsymbol{B})^{-1}+[\boldsymbol{I}_n+(\boldsymbol{A}-\boldsymbol{B})^{-1}\boldsymbol{B}](\boldsymbol{A}+\boldsymbol{B})^{-1} \\ -(\boldsymbol{A}-\boldsymbol{B})^{-1}\boldsymbol{B}(\boldsymbol{A}+\boldsymbol{B})^{-1} & (\boldsymbol{A}-\boldsymbol{B})^{-1}-(\boldsymbol{A}-\boldsymbol{B})^{-1}\boldsymbol{B}(\boldsymbol{A}+\boldsymbol{B})^{-1} \end{pmatrix}.
$$

例 8.2.11 (Szaraki-Wazewski 公式)　设 $\boldsymbol{B}, \boldsymbol{C}$ 都是同阶实方阵, 则

$$
\det\begin{pmatrix} \boldsymbol{B} & \boldsymbol{C} \\ -\boldsymbol{C} & \boldsymbol{B} \end{pmatrix} = \det(\boldsymbol{B}+\mathrm{i}\boldsymbol{C})\det(\boldsymbol{B}-\mathrm{i}\boldsymbol{C}),
$$

其中 $\mathrm{i}=\sqrt{-1}$.

分析　运用分块矩阵初等变换方法, 整体处理.

证明 由 $\begin{pmatrix} \boldsymbol{B} & \boldsymbol{C} \\ -\boldsymbol{C} & \boldsymbol{B} \end{pmatrix}\begin{pmatrix} \boldsymbol{I}_n & \boldsymbol{0} \\ \mathrm{i}\boldsymbol{I}_n & \boldsymbol{I}_n \end{pmatrix} = \begin{pmatrix} \boldsymbol{B}+\mathrm{i}\boldsymbol{C} & \boldsymbol{C} \\ -\boldsymbol{C}+\mathrm{i}\boldsymbol{B} & \boldsymbol{B} \end{pmatrix}$, 得

$$\begin{pmatrix} \boldsymbol{I}_n & \boldsymbol{0} \\ -\mathrm{i}\boldsymbol{I}_n & \boldsymbol{I}_n \end{pmatrix}\begin{pmatrix} \boldsymbol{B} & \boldsymbol{C} \\ -\boldsymbol{C} & \boldsymbol{B} \end{pmatrix}\begin{pmatrix} \boldsymbol{I}_n & \boldsymbol{0} \\ \mathrm{i}\boldsymbol{I}_n & \boldsymbol{I}_n \end{pmatrix} = \begin{pmatrix} \boldsymbol{B}+\mathrm{i}\boldsymbol{C} & \boldsymbol{C} \\ \boldsymbol{0} & \boldsymbol{B}-\mathrm{i}\boldsymbol{C} \end{pmatrix},$$

两端取行列式即可证得结论.

例 8.2.12 设 $\boldsymbol{A}, \boldsymbol{D}$ 分别是 n 阶、m 阶方阵, $\boldsymbol{B}, \boldsymbol{C}$ 分别是 $n \times m$, $m \times n$ 矩阵.

(i) 当 $\boldsymbol{A}$ 可逆时, 有 $\det \begin{pmatrix} \boldsymbol{A} & \boldsymbol{B} \\ \boldsymbol{C} & \boldsymbol{D} \end{pmatrix} = \det\boldsymbol{A}\det(\boldsymbol{D}-\boldsymbol{C}\boldsymbol{A}^{-1}\boldsymbol{B})$.

上式称为行列式第一降阶定理, 也叫 Schur 定理.

(ii) 当 $\boldsymbol{D}$ 可逆时, 有 $\det \begin{pmatrix} \boldsymbol{A} & \boldsymbol{B} \\ \boldsymbol{C} & \boldsymbol{D} \end{pmatrix} = \det\boldsymbol{D}\det(\boldsymbol{A}-\boldsymbol{B}\boldsymbol{D}^{-1}\boldsymbol{C})$.

(iii) 当 $\boldsymbol{A}$ 与 $\boldsymbol{D}$ 皆可逆时, 有

$$\det\boldsymbol{A}\det(\boldsymbol{D}-\boldsymbol{C}\boldsymbol{A}^{-1}\boldsymbol{B}) = \det\boldsymbol{D}\det(\boldsymbol{A}-\boldsymbol{B}\boldsymbol{D}^{-1}\boldsymbol{C}),$$

即

$$\det(\boldsymbol{D}-\boldsymbol{C}\boldsymbol{A}^{-1}\boldsymbol{B}) = \frac{\det\boldsymbol{D}}{\det\boldsymbol{A}}\det(\boldsymbol{A}-\boldsymbol{B}\boldsymbol{D}^{-1}\boldsymbol{C}).$$

此式称为行列式第二降阶定理.

证明 分情况讨论, 整体用分块矩阵初等变换.

例 8.2.13 设 $\boldsymbol{A}$ 为 n 阶可逆矩阵, $\boldsymbol{\alpha}, \boldsymbol{\beta}$ 均为 n 维列向量. 证明

$$\det(\boldsymbol{A}+\boldsymbol{\alpha}\boldsymbol{\beta}^{\mathrm{T}}) = (\det\boldsymbol{A})(1+\boldsymbol{\beta}^{\mathrm{T}}\boldsymbol{A}^{-1}\boldsymbol{\alpha}).$$

分析 观察要证明的矩阵, 整体处理成要证明的形式.

证明 因为 $\begin{pmatrix} \boldsymbol{I}_n & 0 \\ \boldsymbol{\beta}^{\mathrm{T}}\boldsymbol{A}^{-1} & 1 \end{pmatrix}\begin{pmatrix} \boldsymbol{A} & \boldsymbol{\alpha} \\ -\boldsymbol{\beta}^{\mathrm{T}} & 1 \end{pmatrix} = \begin{pmatrix} \boldsymbol{A} & \boldsymbol{\alpha} \\ 0 & 1+\boldsymbol{\beta}^{\mathrm{T}}\boldsymbol{A}^{-1}\boldsymbol{\alpha} \end{pmatrix}$,

$$\begin{pmatrix} \boldsymbol{I}_n & -\boldsymbol{\alpha} \\ \boldsymbol{0} & 1 \end{pmatrix}\begin{pmatrix} \boldsymbol{A} & \boldsymbol{\alpha} \\ -\boldsymbol{\beta}^{\mathrm{T}} & 1 \end{pmatrix} = \begin{pmatrix} \boldsymbol{A}+\boldsymbol{\alpha}\boldsymbol{\beta}^{\mathrm{T}} & \boldsymbol{0} \\ -\boldsymbol{\beta}^{\mathrm{T}} & 1 \end{pmatrix},$$

所以 $\det \begin{pmatrix} \boldsymbol{A} & \boldsymbol{\alpha} \\ -\boldsymbol{\beta}^{\mathrm{T}} & 1 \end{pmatrix} = \det\boldsymbol{A}\cdot(1+\boldsymbol{\beta}^{\mathrm{T}}\boldsymbol{A}^{-1}\boldsymbol{\alpha})$, 且 $\det \begin{pmatrix} \boldsymbol{A} & \boldsymbol{\alpha} \\ -\boldsymbol{\beta}^{\mathrm{T}} & 1 \end{pmatrix} = \det(\boldsymbol{A}+\boldsymbol{\alpha}\boldsymbol{\beta}^{\mathrm{T}})$. 故

$$\det(\boldsymbol{A}+\boldsymbol{\alpha}\boldsymbol{\beta}^{\mathrm{T}}) = \det\boldsymbol{A}\cdot(1+\boldsymbol{\beta}^{\mathrm{T}}\boldsymbol{A}^{-1}\boldsymbol{\alpha}).$$

进一步, 当 $1+\boldsymbol{\beta}^{\mathrm{T}}\boldsymbol{A}^{-1}\boldsymbol{\alpha}\neq 0$ 时, 由上面的证明过程知

$$\begin{aligned}\begin{pmatrix}\boldsymbol{A} & \boldsymbol{\alpha}\\ -\boldsymbol{\beta}^{\mathrm{T}} & 1\end{pmatrix}^{-1}&=\begin{pmatrix}\boldsymbol{A} & \boldsymbol{\alpha}\\ \boldsymbol{0} & 1+\boldsymbol{\beta}^{\mathrm{T}}\boldsymbol{A}^{-1}\boldsymbol{\alpha}\end{pmatrix}^{-1}\begin{pmatrix}\boldsymbol{I}_n & \boldsymbol{0}\\ \boldsymbol{\beta}^{\mathrm{T}}\boldsymbol{A}^{-1} & 1\end{pmatrix}\\
&=\begin{pmatrix}\boldsymbol{A}^{-1} & -\boldsymbol{A}^{-1}\boldsymbol{\alpha}\dfrac{1}{1+\boldsymbol{\beta}^{\mathrm{T}}\boldsymbol{A}^{-1}\boldsymbol{\alpha}}\\ \boldsymbol{0} & \dfrac{1}{1+\boldsymbol{\beta}^{\mathrm{T}}\boldsymbol{A}^{-1}\boldsymbol{\alpha}}\end{pmatrix}\begin{pmatrix}\boldsymbol{I}_n & \boldsymbol{0}\\ \boldsymbol{\beta}^{\mathrm{T}}\boldsymbol{A}^{-1} & 1\end{pmatrix}\\
&=\begin{pmatrix}\boldsymbol{A}^{-1}-\dfrac{\boldsymbol{A}^{-1}\boldsymbol{\alpha}\boldsymbol{\beta}^{\mathrm{T}}\boldsymbol{A}^{-1}}{1+\boldsymbol{\beta}^{\mathrm{T}}\boldsymbol{A}^{-1}\boldsymbol{\alpha}} & -\boldsymbol{A}^{-1}\boldsymbol{\alpha}\dfrac{1}{1+\boldsymbol{\beta}^{\mathrm{T}}\boldsymbol{A}^{-1}\boldsymbol{\alpha}}\\ \dfrac{\boldsymbol{\beta}^{\mathrm{T}}\boldsymbol{A}^{-1}}{1+\boldsymbol{\beta}^{\mathrm{T}}\boldsymbol{A}^{-1}\boldsymbol{\alpha}} & \dfrac{1}{1+\boldsymbol{\beta}^{\mathrm{T}}\boldsymbol{A}^{-1}\boldsymbol{\alpha}}\end{pmatrix}.\end{aligned}$$

$$\begin{pmatrix}\boldsymbol{A}+\boldsymbol{\alpha}\boldsymbol{\beta}^{\mathrm{T}} & \boldsymbol{0}\\ -\boldsymbol{\beta}^{\mathrm{T}} & 1\end{pmatrix}^{-1}=\begin{pmatrix}\boldsymbol{A} & \boldsymbol{\alpha}\\ -\boldsymbol{\beta}^{\mathrm{T}} & 1\end{pmatrix}^{-1}\begin{pmatrix}\boldsymbol{I}_n & -\boldsymbol{\alpha}\\ \boldsymbol{0} & 1\end{pmatrix}^{-1}.$$

故有

$$\begin{pmatrix}(\boldsymbol{A}+\boldsymbol{\alpha}\boldsymbol{\beta}^{\mathrm{T}})^{-1} & \boldsymbol{0}\\ \boldsymbol{\beta}^{\mathrm{T}}(\boldsymbol{A}+\boldsymbol{\alpha}\boldsymbol{\beta}^{\mathrm{T}})^{-1} & 1\end{pmatrix}=\begin{pmatrix}\boldsymbol{A}^{-1}-\dfrac{\boldsymbol{A}^{-1}\boldsymbol{\alpha}\boldsymbol{\beta}^{\mathrm{T}}\boldsymbol{A}^{-1}}{1+\boldsymbol{\beta}^{\mathrm{T}}\boldsymbol{A}^{-1}\boldsymbol{\alpha}} & \boldsymbol{0}\\ \dfrac{\boldsymbol{\beta}^{\mathrm{T}}\boldsymbol{A}^{-1}}{1+\boldsymbol{\beta}^{\mathrm{T}}\boldsymbol{A}^{-1}\boldsymbol{\alpha}} & 1\end{pmatrix}.$$

即有

$$(\boldsymbol{A}+\boldsymbol{\alpha}\boldsymbol{\beta}^{\mathrm{T}})^{-1}=\boldsymbol{A}^{-1}-\frac{\boldsymbol{A}^{-1}\boldsymbol{\alpha}\boldsymbol{\beta}^{\mathrm{T}}\boldsymbol{A}^{-1}}{1+\boldsymbol{\beta}^{\mathrm{T}}\boldsymbol{A}^{-1}\boldsymbol{\alpha}};$$

$$\boldsymbol{\beta}^{\mathrm{T}}(\boldsymbol{A}+\boldsymbol{\alpha}\boldsymbol{\beta}^{\mathrm{T}})^{-1}=\frac{\boldsymbol{\beta}^{\mathrm{T}}\boldsymbol{A}^{-1}}{1+\boldsymbol{\beta}^{\mathrm{T}}\boldsymbol{A}^{-1}\boldsymbol{\alpha}}.$$

例 8.2.14 (秩的第一降阶定理) 设 $\boldsymbol{M}=\begin{pmatrix}\boldsymbol{A} & \boldsymbol{B}\\ \boldsymbol{C} & \boldsymbol{D}\end{pmatrix}$, 其中 $\boldsymbol{A}$ 是 r 阶可逆矩阵, 则

$$秩\ \boldsymbol{M}=秩\ \boldsymbol{A}+秩(\boldsymbol{D}-\boldsymbol{C}\boldsymbol{A}^{-1}\boldsymbol{B}).$$

分析 运用分块矩阵初等变换方法, 整体处理.

证明 因为 $\begin{pmatrix}\boldsymbol{I}_r & \boldsymbol{0}\\ -\boldsymbol{C}\boldsymbol{A}^{-1} & \boldsymbol{I}_s\end{pmatrix}\begin{pmatrix}\boldsymbol{A} & \boldsymbol{B}\\ \boldsymbol{C} & \boldsymbol{D}\end{pmatrix}=\begin{pmatrix}\boldsymbol{A} & \boldsymbol{B}\\ \boldsymbol{0} & \boldsymbol{D}-\boldsymbol{C}\boldsymbol{A}^{-1}\boldsymbol{B}\end{pmatrix}$, 所以

$$秩\begin{pmatrix}\boldsymbol{A} & \boldsymbol{B}\\ \boldsymbol{C} & \boldsymbol{D}\end{pmatrix}=秩\ \boldsymbol{A}+秩(\boldsymbol{D}-\boldsymbol{C}\boldsymbol{A}^{-1}\boldsymbol{B}).$$

例 8.2.15 (i) 设 $\boldsymbol{D}$ 为 s 阶可逆阵, 则

$$秩\begin{pmatrix} \boldsymbol{A} & \boldsymbol{B} \\ \boldsymbol{C} & \boldsymbol{D} \end{pmatrix} = 秩\ \boldsymbol{D} + 秩(\boldsymbol{A} - \boldsymbol{B}\boldsymbol{D}^{-1}\boldsymbol{C});$$

(ii) 设 $\boldsymbol{A}, \boldsymbol{D}$ 分别是 r 阶与 s 阶可逆矩阵, $\boldsymbol{B}$ 与 $\boldsymbol{C}$ 分别是 $r \times s$ 阵与 $s \times r$ 阵, 则

$$秩(\boldsymbol{D} - \boldsymbol{C}\boldsymbol{A}^{-1}\boldsymbol{B}) = 秩\ \boldsymbol{D} - 秩\ \boldsymbol{A} + 秩(\boldsymbol{A} - \boldsymbol{B}\boldsymbol{D}^{-1}\boldsymbol{C}).$$

上式称为秩的第二降阶定理.

分析 运用分块矩阵初等变换方法, 整体去看.

证明 (i) 因为

$$\begin{pmatrix} \boldsymbol{I}_r & -\boldsymbol{B}\boldsymbol{D}^{-1} \\ \boldsymbol{0} & \boldsymbol{I}_s \end{pmatrix}\begin{pmatrix} \boldsymbol{A} & \boldsymbol{B} \\ \boldsymbol{C} & \boldsymbol{D} \end{pmatrix} = \begin{pmatrix} \boldsymbol{A} - \boldsymbol{B}\boldsymbol{D}^{-1}\boldsymbol{C} & \boldsymbol{0} \\ \boldsymbol{C} & \boldsymbol{D} \end{pmatrix},$$

所以秩$\begin{pmatrix} \boldsymbol{A} & \boldsymbol{B} \\ \boldsymbol{C} & \boldsymbol{D} \end{pmatrix} = 秩\ \boldsymbol{D} + 秩(\boldsymbol{A} - \boldsymbol{B}\boldsymbol{D}^{-1}\boldsymbol{C})$.

(ii) 类似可得.

例 8.2.16 (西尔维斯特 (Sylvester) 不等式) 设 $\boldsymbol{A}$ 为 $m \times n$ 阵, $\boldsymbol{B}$ 为 $n \times l$ 阵, 则

$$秩(\boldsymbol{A}\boldsymbol{B}) \geqslant 秩\ \boldsymbol{A} + 秩\ \boldsymbol{B} - n.$$

分析 运用分块矩阵初等变换方法, 整体去看.

证明 因为

$$\begin{pmatrix} \boldsymbol{I}_n & \boldsymbol{0} \\ -\boldsymbol{A} & \boldsymbol{I}_m \end{pmatrix}\begin{pmatrix} \boldsymbol{I}_n & \boldsymbol{B} \\ \boldsymbol{A} & \boldsymbol{0}_{m\times l} \end{pmatrix} = \begin{pmatrix} \boldsymbol{I}_n & \boldsymbol{B} \\ \boldsymbol{0} & -\boldsymbol{A}\boldsymbol{B} \end{pmatrix},$$

所以

$$秩\boldsymbol{A} + 秩\boldsymbol{B} \leqslant 秩\begin{pmatrix} \boldsymbol{I}_n & \boldsymbol{B} \\ \boldsymbol{A} & \boldsymbol{0} \end{pmatrix} = 秩\begin{pmatrix} \boldsymbol{I}_n & \boldsymbol{B} \\ \boldsymbol{0} & -\boldsymbol{A}\boldsymbol{B} \end{pmatrix} = n + 秩(\boldsymbol{A}\boldsymbol{B}).$$

例 8.2.17 设 $\boldsymbol{\beta}$ 为 F 上的非齐次线性方程组 $\boldsymbol{A}\boldsymbol{X} = \boldsymbol{B}$ 的一个解, $\{\boldsymbol{\alpha}_1, \boldsymbol{\alpha}_2, \cdots, \boldsymbol{\alpha}_{n-r}\}$ 为 $\boldsymbol{A}\boldsymbol{X} = \boldsymbol{0}$ 的基础解系. 则

(i) $\boldsymbol{\alpha}_1, \boldsymbol{\alpha}_2, \cdots, \boldsymbol{\alpha}_{n-r}, \boldsymbol{\beta}$ 线性无关;

(ii) $\boldsymbol{\beta} + \boldsymbol{\alpha}_1, \boldsymbol{\beta} + \boldsymbol{\alpha}_2, \cdots, \boldsymbol{\beta} + \boldsymbol{\alpha}_{n-r}, \boldsymbol{\beta}$ 线性无关;

(iii) 对于 $\boldsymbol{A}\boldsymbol{X} = \boldsymbol{B}$ 的任一解向量 $\boldsymbol{\gamma}$, 都存在 $k_1, \cdots, k_{n-r}, k \in F$, 使得 $\boldsymbol{\gamma} = \sum\limits_{i=1}^{n-r} k_i(\boldsymbol{\beta} + \boldsymbol{\alpha}_i) + k\boldsymbol{\beta}$, 其中 $k_1 + \cdots + k_{n-r} + k = 1$.

分析 整体上把解表达出来, 再看看需要的条件是什么.

证明 (i) 设

$$l_1\boldsymbol{\alpha}_1 + l_2\boldsymbol{\alpha}_2 + \cdots + l_{n-r}\boldsymbol{\alpha}_{n-r} + l\boldsymbol{\beta} = \boldsymbol{0}.$$

用 $\boldsymbol{A}$ 左乘上式两端, 得 $l_1\boldsymbol{A}\boldsymbol{\alpha}_1 + l_2\boldsymbol{A}\boldsymbol{\alpha}_2 + \cdots + l_{n-r}\boldsymbol{A}\boldsymbol{\alpha}_{n-r} + l\boldsymbol{A}\boldsymbol{\beta} = \boldsymbol{0}$. 从而 $l\boldsymbol{B} = \boldsymbol{0}$, 但 $\boldsymbol{B} \neq \boldsymbol{0}$, 所以 $l = 0$. 代入 $\boldsymbol{A}\boldsymbol{\beta} = \boldsymbol{B}$, 由假设得 $\sum\limits_{j=1}^{n-r} l_j\boldsymbol{\alpha}_j = \boldsymbol{0}$, 又 $\boldsymbol{\alpha}_1, \cdots, \boldsymbol{\alpha}_{n-r}$ 线性无关, 因此 $l_j = 0$, $j = 1, 2, \cdots, n-r$. 故 $\boldsymbol{\alpha}_1, \boldsymbol{\alpha}_2, \cdots, \boldsymbol{\alpha}_{n-r}, \boldsymbol{\beta}$ 线性无关.

(ii) 设

$$l_1(\boldsymbol{\beta}+\boldsymbol{\alpha}_1) + \cdots + l_{n-r}(\boldsymbol{\beta}+\boldsymbol{\alpha}_{n-r}) + l\boldsymbol{\beta} = \boldsymbol{0},$$

即

$$l_1\boldsymbol{\alpha}_1 + \cdots + l_{n-r}\boldsymbol{\alpha}_{n-r} + (l_1 + \cdots + l_{n-r} + l)\,\boldsymbol{\beta} = \boldsymbol{0}.$$

由 (i), $\boldsymbol{\alpha}_1, \cdots, \boldsymbol{\alpha}_{n-r}, \boldsymbol{\beta}$ 线性无关, 因此

$$l_1 = \cdots = l_{n-r} = 0, \quad l_1 + \cdots + l_{n-r} + l = 0,$$

进而有 $l = 0$. 所以 $\boldsymbol{\beta}+\boldsymbol{\alpha}_1, \boldsymbol{\beta}+\boldsymbol{\alpha}_2, \cdots, \boldsymbol{\beta}+\boldsymbol{\alpha}_{n-r}, \boldsymbol{\beta}$ 线性无关.

(iii) 对 $\boldsymbol{A}\boldsymbol{X} = \boldsymbol{B}$ 的任一解 $\boldsymbol{\gamma}$, $\boldsymbol{\gamma}-\boldsymbol{\beta}$ 为 $\boldsymbol{A}\boldsymbol{X} = \boldsymbol{0}$ 的解, 因而存在 $k_1, \cdots, k_{n-r} \in F$, 使

$$\boldsymbol{\gamma} - \boldsymbol{\beta} = \sum_{j=1}^{n-r} k_j\alpha_j.$$

$$\boldsymbol{\gamma} = \sum_{j=1}^{n-r} k_j\boldsymbol{\alpha}_j + \boldsymbol{\beta} = \sum_{j=1}^{n-r} k_j(\boldsymbol{\beta}+\boldsymbol{\alpha}_j) + (1 - k_1 - \cdots - k_{n-r})\,\boldsymbol{\beta}.$$

令 $k = 1 - k_1 - \cdots - k_{n-r}$, 则

$$\boldsymbol{\gamma} = \sum_{i=1}^{n-r} k_i(\boldsymbol{\beta}+\boldsymbol{\alpha}_i) + k\boldsymbol{\beta},$$

其中 $k + k_1 + \cdots + k_{n-r} = 1$.

例 8.2.18 设 F 是数域, $\boldsymbol{A} \in M_{n\times m}(F)$, $\boldsymbol{B} \in M_{n\times s}(F)$, $\boldsymbol{C} \in M_{m\times t}(F)$, $\boldsymbol{D} \in M_{s\times t}(F)$, 并且秩 $\boldsymbol{B} = s$, $\boldsymbol{AC} + \boldsymbol{BD} = \boldsymbol{0}$. 证明: 秩 $\begin{pmatrix} \boldsymbol{C} \\ \boldsymbol{D} \end{pmatrix} = t$ 的充要条件是秩 $\boldsymbol{C} = t$.

分析 将分块矩阵从部分去看, 联系部分对整体性质影响.

证明 必要性. 设秩 $\begin{pmatrix} \boldsymbol{C} \\ \boldsymbol{D} \end{pmatrix} = t$. 反设秩 $\boldsymbol{C} < t$, 则 $\boldsymbol{CX} = \boldsymbol{0}$ 有非零解 β. 另外, $\begin{pmatrix} \boldsymbol{C} \\ \boldsymbol{D} \end{pmatrix}\boldsymbol{X} = \boldsymbol{0}$ 只有零解, 因此 $\begin{pmatrix} \boldsymbol{C} \\ \boldsymbol{D} \end{pmatrix}\boldsymbol{\beta} \neq \boldsymbol{0}$, 从而 $\boldsymbol{D}\boldsymbol{\beta} \neq \boldsymbol{0}$. 另外, 由于

秩 $\boldsymbol{B}=s$, 因此 $\boldsymbol{BY}=\boldsymbol{0}$ 只有零解. 而

$$\boldsymbol{0}=0\boldsymbol{\beta}=(\boldsymbol{AC}+\boldsymbol{BD})\boldsymbol{\beta}=\boldsymbol{AC\beta}+\boldsymbol{BD\beta}=\boldsymbol{BD\beta},$$

即 $\boldsymbol{D\beta}$ 为 $\boldsymbol{BY}=\boldsymbol{0}$ 的非零解, 矛盾. 因此, 秩 $\boldsymbol{C}=t$.

充分性. 由于 $\begin{pmatrix}\boldsymbol{C}\\\boldsymbol{D}\end{pmatrix}$ 为 $(m+s)\times t$ 矩阵, 因此秩 $\begin{pmatrix}\boldsymbol{C}\\\boldsymbol{D}\end{pmatrix}\leqslant t$. 另一方面, 若秩 $\boldsymbol{C}=t$, 则秩 $\begin{pmatrix}\boldsymbol{C}\\\boldsymbol{D}\end{pmatrix}\geqslant$ 秩 $\boldsymbol{C}=t$. 因而秩 $\begin{pmatrix}\boldsymbol{C}\\\boldsymbol{D}\end{pmatrix}=t$.

例 8.2.19 设 $\boldsymbol{A}\in M_{m\times n}(F)$, $\boldsymbol{b}\in M_{m\times 1}(F)$. 试证: 线性方程组 $\boldsymbol{AX}=\boldsymbol{b}$ 有解当且仅当 F 上的齐次线性方程组 $\boldsymbol{A}^{\mathrm{T}}\boldsymbol{Y}_{m\times 1}=\boldsymbol{0}_{n\times 1}$ 的任一解向量 $\boldsymbol{\beta}$ 都满足 $\boldsymbol{b}^{\mathrm{T}}\boldsymbol{\beta}=0$.

分析 需要等式两边整体求转置, 让需要的表达式呈现出来.

证明 必要性. 若 $\boldsymbol{AX}=\boldsymbol{b}$ 有解, 设 $\boldsymbol{\alpha}(\in F^n)$ 是它的一个解, 则有 $\boldsymbol{A\alpha}=\boldsymbol{b}$, 故 $\boldsymbol{\alpha}^{\mathrm{T}}\boldsymbol{A}^{\mathrm{T}}=\boldsymbol{b}^{\mathrm{T}}$. 对 $\boldsymbol{A}^{\mathrm{T}}\boldsymbol{Y}=\boldsymbol{0}$ 的任一解 $\boldsymbol{\beta}$ 来说, $\boldsymbol{A}^{\mathrm{T}}\boldsymbol{\beta}=\boldsymbol{0}$, 因此 $\boldsymbol{\alpha}^{\mathrm{T}}\boldsymbol{A}^{\mathrm{T}}\boldsymbol{\beta}=\boldsymbol{\alpha}^{\mathrm{T}}\cdot\boldsymbol{0}=\boldsymbol{0}$, 即 $\boldsymbol{b}^{\mathrm{T}}\boldsymbol{\beta}=0$.

充分性. 由于 $\boldsymbol{A}^{\mathrm{T}}\boldsymbol{Y}=\boldsymbol{0}$ 的每个解 $\boldsymbol{\beta}$ 都满足 $\boldsymbol{b}^{\mathrm{T}}\boldsymbol{\beta}=0$. 因此 $\boldsymbol{A}^{\mathrm{T}}\boldsymbol{Y}=\boldsymbol{0}$ 的每个解向量都是

$$\begin{pmatrix}\boldsymbol{A}^{\mathrm{T}}\\\boldsymbol{b}^{\mathrm{T}}\end{pmatrix}\boldsymbol{Y}_{m\times 1}=\boldsymbol{0}_{(n+1)\times 1}$$

的解向量, 故 $\boldsymbol{A}^{\mathrm{T}}\boldsymbol{Y}=\boldsymbol{0}$ 的解空间是

$$\begin{pmatrix}\boldsymbol{A}^{\mathrm{T}}\\\boldsymbol{b}^{\mathrm{T}}\end{pmatrix}\boldsymbol{Y}_{m\times 1}=\boldsymbol{0}_{(n+1)\times 1}$$

的解空间的子空间. 反之亦然. 从而这两个解空间的维数相等, 即有

$$m-\text{秩 }\boldsymbol{A}^{\mathrm{T}}=m-\text{秩}\begin{pmatrix}\boldsymbol{A}^{\mathrm{T}}\\\boldsymbol{b}^{\mathrm{T}}\end{pmatrix}.$$

所以

$$\text{秩 }\boldsymbol{A}^{\mathrm{T}}=\text{秩}\begin{pmatrix}\boldsymbol{A}^{\mathrm{T}}\\\boldsymbol{b}^{\mathrm{T}}\end{pmatrix}.$$

即有秩 $\boldsymbol{A}=$ 秩$(\boldsymbol{A},\boldsymbol{b})$, 因此 $\boldsymbol{AX}=\boldsymbol{b}$ 有解.

例 8.2.20 设 F 是数域, $1\leqslant m<n$, $\boldsymbol{A}\in F^{m\times n}$, $\boldsymbol{B}\in F^{(n-m)\times n}$, $W_1=\{\boldsymbol{\alpha}\in F^{n\times 1}|\boldsymbol{A\alpha}=\boldsymbol{0}\}$, $W_2=\{\boldsymbol{\alpha}\in F^{n\times 1}|\boldsymbol{B\alpha}=\boldsymbol{0}\}$. 证明: $F^n=W_1\oplus W_2$ 的充分

必要条件是 $\begin{pmatrix} \boldsymbol{A} \\ \boldsymbol{B} \end{pmatrix} \boldsymbol{X} = \boldsymbol{0}$ 只有零解.

分析 将分块矩阵的部分与整体联系起来考虑.

证明 必要性. 设 $F^n = W_1 \oplus W_2$. 对 $\begin{pmatrix} \boldsymbol{A} \\ \boldsymbol{B} \end{pmatrix} \boldsymbol{X} = \boldsymbol{0}$ 的任一解向量 $\boldsymbol{\alpha}$, 有 $\begin{pmatrix} \boldsymbol{A} \\ \boldsymbol{B} \end{pmatrix} \boldsymbol{\alpha} = \boldsymbol{0}$, 即 $\boldsymbol{A\alpha} = \boldsymbol{0}, \boldsymbol{B\alpha} = \boldsymbol{0}$. 这说明 $\boldsymbol{\alpha} \in W_1 \cap W_2$. 但是 $W_1 \cap W_2 = \{\boldsymbol{0}\}$, 因此, $\boldsymbol{\alpha} = \boldsymbol{0}$. 故 $\begin{pmatrix} \boldsymbol{A} \\ \boldsymbol{B} \end{pmatrix} \boldsymbol{X} = \boldsymbol{0}$ 只有零解.

充分性. $\begin{pmatrix} \boldsymbol{A} \\ \boldsymbol{B} \end{pmatrix} \in F^{n\times n}$, 若 $\begin{pmatrix} \boldsymbol{A} \\ \boldsymbol{B} \end{pmatrix} \boldsymbol{X} = \boldsymbol{0}$ 只有零解, 则 $\begin{pmatrix} \boldsymbol{A} \\ \boldsymbol{B} \end{pmatrix}$ 可逆.

若 $\boldsymbol{\beta} \in W_1 \cap W_2$, 则 $\boldsymbol{A\beta} = \boldsymbol{0}, \boldsymbol{B\beta} = \boldsymbol{0}$. 于是 $\begin{pmatrix} \boldsymbol{A} \\ \boldsymbol{B} \end{pmatrix} \boldsymbol{\beta} = \boldsymbol{0}$, 又 $\begin{pmatrix} \boldsymbol{A} \\ \boldsymbol{B} \end{pmatrix}$ 可逆, 从而 $\boldsymbol{\beta} = \boldsymbol{0}$. 即证得 $W_1 \cap W_2 = \{\boldsymbol{0}\}$. 因此, 和 $W_1 + W_2$ 是直和. 又 $W_1 + W_2 \subseteq F^n$, 且

$$\begin{aligned}\dim(W_1 + W_2) &= \dim W_1 + \dim W_2 \\ &= (n - \text{秩 } \boldsymbol{A}) + (n - \text{秩 } \boldsymbol{B}) \\ &= (n - m) + m = n = \dim F^n.\end{aligned}$$

从而有 $F^n = W_1 + W_2$, 所以 $F^n = W_1 \oplus W_2$.

例 8.2.21 设 n 阶方阵 $\boldsymbol{A}$ 的特征多项式为 $f_{\boldsymbol{A}}(x)$, 则 $f_{\boldsymbol{A}}(\boldsymbol{A}) = \boldsymbol{0}$.

分析 整体看待方阵的多项式.

证明 存在 $\mathbf{C}$ 上的 n 阶可逆阵 $\boldsymbol{P}$, 使

$$\boldsymbol{P}^{-1}\boldsymbol{AP} = \begin{pmatrix} \lambda_1 & & & * \\ & \lambda_2 & & \\ & & \ddots & \\ 0 & & & \lambda_n \end{pmatrix}.$$

由于 $f_{\boldsymbol{A}}(x) = (x - \lambda_1)(x - \lambda_2)\cdots(x - \lambda_n)$, 因此

$$\begin{aligned}\boldsymbol{P}^{-1} f_{\boldsymbol{A}}(\boldsymbol{A})\boldsymbol{P} &= \boldsymbol{P}^{-1}(\boldsymbol{A} - \lambda_1 \boldsymbol{I}_n)(\boldsymbol{A} - \lambda_2 \boldsymbol{I}_n)\cdots(\boldsymbol{A} - \lambda_n \boldsymbol{I}_n)\boldsymbol{P} \\ &= (\boldsymbol{P}^{-1}\boldsymbol{AP} - \lambda_1 \boldsymbol{I}_n)(\boldsymbol{P}^{-1}\boldsymbol{AP} - \lambda_2 \boldsymbol{I}_n)\cdots(\boldsymbol{P}^{-1}\boldsymbol{AP} - \lambda_n \boldsymbol{I}_n)\end{aligned}$$

$$
= \begin{pmatrix} 0 & & & * \\ & \lambda_2 - \lambda_1 & & \\ & & \ddots & \\ 0 & & & \lambda_n - \lambda_1 \end{pmatrix}
$$

$$
\times \begin{pmatrix} \lambda_1 - \lambda_2 & & & & * \\ & 0 & & & \\ & & \lambda_3 - \lambda_2 & & \\ & & & \ddots & \\ 0 & & & & \lambda_n - \lambda_2 \end{pmatrix}
$$

$$
\times \cdots \times \begin{pmatrix} \lambda_1 - \lambda_n & & & * \\ & \ddots & & \\ & & \lambda_{n-1} - \lambda_n & \\ 0 & & & 0 \end{pmatrix}
$$

$= 0$ (从左到右逐次相乘即可得).

因此, $f_{\boldsymbol{A}}(\boldsymbol{A}) = \boldsymbol{0}$.

例 8.2.22 设 n 阶方阵 $\boldsymbol{A}$ 的全体特征根为 $\lambda_1, \lambda_2, \cdots, \lambda_n$, $g(x) = a_s x^s + a_{s-1}x^{s-1} + \cdots + a_1 x + a_0$, 则

(i) $g(\boldsymbol{A})$ 的全部特征根为 $g(\lambda_1), g(\lambda_2), \cdots, g(\lambda_n)$;

(ii) 若 $\boldsymbol{\alpha}$ 是 $\boldsymbol{A}$ 的属于特征根 λ 的特征向量, 则 $\boldsymbol{\alpha}$ 是 $g(\boldsymbol{A})$ 的属于特征根 $g(\lambda)$ 的特征向量;

(iii) 对非负整数 m, $\boldsymbol{A}^m$ 的全部特征根为 $\lambda_1^m, \lambda_2^m, \cdots, \lambda_n^m$;

(iv) 对复数 c, $c\boldsymbol{A}$ 的全部特征根为 $c\lambda_1, c\lambda_2, \cdots, c\lambda_n$;

(v) 若 $\boldsymbol{A}$ 可逆, 则 $\lambda_i \neq 0, i = 1, 2, \cdots, n$, 并且 $\boldsymbol{A}^{-1}$ 的全体特征根为 $\dfrac{1}{\lambda_1}, \dfrac{1}{\lambda_2}, \cdots, \dfrac{1}{\lambda_n}$;

(vi) 当 $\boldsymbol{A}$ 可逆时, $\boldsymbol{A}^*$ 的全体特征根为 $\dfrac{\det\boldsymbol{A}}{\lambda_1}, \dfrac{\det\boldsymbol{A}}{\lambda_2}, \cdots, \dfrac{\det\boldsymbol{A}}{\lambda_n}$.

分析 等式两边整体求逆, 整体相似与部分相结合.

证明 存在可逆阵 $\boldsymbol{P} \in M_n(\mathbf{C})$, 使得 $\boldsymbol{P}^{-1}\boldsymbol{A}\boldsymbol{P} = \begin{pmatrix} \lambda_1 & & & * \\ & \lambda_2 & & \\ & & \ddots & \\ 0 & & & \lambda_n \end{pmatrix}$.

(i) 由于

$$\begin{aligned}\boldsymbol{P}^{-1}g(\boldsymbol{A})\boldsymbol{P}&=\boldsymbol{P}^{-1}\left(\sum_{k=0}^{s}a_k\boldsymbol{A}^k\right)\boldsymbol{P}=\sum_{k=0}^{s}a_k\boldsymbol{P}^{-1}\boldsymbol{A}^k\boldsymbol{P}\\&=\sum_{k=0}^{s}a_k(\boldsymbol{P}^{-1}\boldsymbol{A}\boldsymbol{P})^k=\sum_{k=0}^{s}a_k\begin{pmatrix}\lambda_1^k & & & *\\ & \lambda_2^k & & \\ & & \ddots & \\ 0 & & & \lambda_n^k\end{pmatrix}\\&=\begin{pmatrix}g(\lambda_1) & & & *\\ & g(\lambda_2) & & \\ & & \ddots & \\ 0 & & & g(\lambda_n)\end{pmatrix},\end{aligned}$$

因此 $g(\lambda_1)$, $g(\lambda_2)$, $\cdots$, $g(\lambda_n)$ 是 $g(\boldsymbol{A})$ 的全体特征根 (重根按重数计算).

(ii) $\boldsymbol{A}\boldsymbol{\alpha}=\lambda\boldsymbol{\alpha}$, 故 $\boldsymbol{A}^k\boldsymbol{\alpha}=\lambda^k\boldsymbol{\alpha},k$ 为非负整数.

$$\begin{aligned}g(\boldsymbol{A})\boldsymbol{\alpha}&=\left(\sum_{k=0}^{s}a_k\boldsymbol{A}^k\right)\boldsymbol{\alpha}=\sum_{k=0}^{s}a_k\boldsymbol{A}^k\boldsymbol{\alpha}\\&=\sum_{k=0}^{s}a_k\lambda^k\boldsymbol{\alpha}=\left(\sum_{k=0}^{s}a_k\lambda^k\right)\boldsymbol{\alpha}\\&=g(\lambda)\boldsymbol{\alpha},\end{aligned}$$

这说明 $\boldsymbol{\alpha}$ 为 $g(\boldsymbol{A})$ 的属于 $g(\lambda)$ 的特征向量.

(iii) 与 (iv) 是 (i) 的简单推论.

(v) 当 $\boldsymbol{A}$ 可逆时, $\lambda_i\neq 0,i=1,2,\cdots,n$, 故有

$$\boldsymbol{P}^{-1}\boldsymbol{A}^{-1}\boldsymbol{P}=\begin{pmatrix}\lambda_1^{-1} & & & *\\ & \lambda_2^{-1} & & \\ & & \ddots & \\ 0 & & & \lambda_n^{-1}\end{pmatrix}.$$

因此, $\boldsymbol{A}^{-1}$ 的全体特征根为 $\dfrac{1}{\lambda_1}$, $\dfrac{1}{\lambda_2}$, $\cdots$, $\dfrac{1}{\lambda_n}$.

(vi) $\boldsymbol{A}$ 可逆时, $\boldsymbol{A}^{-1}=(\det\boldsymbol{A})^{-1}\boldsymbol{A}^*$, $\boldsymbol{A}^*=(\det\boldsymbol{A})\boldsymbol{A}^{-1}$, 由 (v) 知, $\boldsymbol{A}^{-1}$ 的全体

特征根为 $\dfrac{1}{\lambda_1}$, $\dfrac{1}{\lambda_2}$, $\cdots$, $\dfrac{1}{\lambda_n}$, 故由 (iv) 知, $\boldsymbol{A}^*$ 的全体特征根为 $\dfrac{\det\boldsymbol{A}}{\lambda_1}$, $\dfrac{\det\boldsymbol{A}}{\lambda_2}$, $\cdots$, $\dfrac{\det\boldsymbol{A}}{\lambda_n}$.

例 8.2.23 设 $\boldsymbol{A}$ 是 n 阶实方阵, 若对任一 n 维非零实列向量 $\boldsymbol{\xi}$ 恒有 $\boldsymbol{\xi}^{\mathrm{T}}\boldsymbol{A}\boldsymbol{\xi}>0$. 证明:

(i) $\boldsymbol{A}$ 的每个特征根的实部为正实数;

(ii) $\det\boldsymbol{A}>0$.

分析 特征根按照复数形式写是整体表示, 与实部虚部的部分联系起来.

证明 (i) 设 λ 是 $\boldsymbol{A}$ 的任一特征根, $\boldsymbol{\alpha}$ 是 $\boldsymbol{A}$ 的属于 λ 的特征向量. 令 $\lambda=a+\mathrm{i}b$, $a,\ b\in\mathbf{R}$, $\boldsymbol{\alpha}=\boldsymbol{\beta}+\mathrm{i}\boldsymbol{\gamma}$, $\boldsymbol{\beta},\ \boldsymbol{\gamma}\in\mathbf{R}^n$.

由 $\boldsymbol{A}\boldsymbol{\alpha}=\lambda\boldsymbol{\alpha}$ 知, $\boldsymbol{A}(\boldsymbol{\beta}+\mathrm{i}\boldsymbol{\gamma})=(a+\mathrm{i}b)(\boldsymbol{\beta}+\mathrm{i}\boldsymbol{\gamma})$, 即 $\boldsymbol{A}\boldsymbol{\beta}+\mathrm{i}\boldsymbol{A}\boldsymbol{\gamma}=(a\boldsymbol{\beta}-b\boldsymbol{\gamma})+\mathrm{i}(a\boldsymbol{\gamma}+b\boldsymbol{\beta})$. 故 $\boldsymbol{A}\boldsymbol{\beta}=a\boldsymbol{\beta}-b\boldsymbol{\gamma}$, $\boldsymbol{A}\boldsymbol{\gamma}=a\boldsymbol{\gamma}+b\boldsymbol{\beta}$. 因而

$$\boldsymbol{\beta}^{\mathrm{T}}\boldsymbol{A}\boldsymbol{\beta}+\boldsymbol{\gamma}^{\mathrm{T}}\boldsymbol{A}\boldsymbol{\gamma}=a\boldsymbol{\beta}^{\mathrm{T}}\boldsymbol{\beta}-b\boldsymbol{\beta}^{\mathrm{T}}\boldsymbol{\gamma}+a\boldsymbol{\gamma}^{\mathrm{T}}\boldsymbol{\gamma}+b\boldsymbol{\gamma}^{\mathrm{T}}\boldsymbol{\beta}=a(\boldsymbol{\beta}^{\mathrm{T}}\boldsymbol{\beta}+\boldsymbol{\gamma}^{\mathrm{T}}\boldsymbol{\gamma}).$$

由 $\boldsymbol{\alpha}\neq\mathbf{0}$ 知, $\boldsymbol{\beta}$ 与 $\boldsymbol{\gamma}$ 不全为零向量. 由条件, $\boldsymbol{\beta}^{\mathrm{T}}\boldsymbol{A}\boldsymbol{\beta}$ 与 $\boldsymbol{\gamma}^{\mathrm{T}}\boldsymbol{A}\boldsymbol{\gamma}$ 中至少有一个是正数, 另一个是非负数, 所以 $\boldsymbol{\beta}^{\mathrm{T}}\boldsymbol{A}\boldsymbol{\beta}+\boldsymbol{\gamma}^{\mathrm{T}}\boldsymbol{A}\boldsymbol{\gamma}=a(\boldsymbol{\beta}^{\mathrm{T}}\boldsymbol{\beta}+\boldsymbol{\gamma}^{\mathrm{T}}\boldsymbol{\gamma})>0$. 而 $\boldsymbol{\beta}^{\mathrm{T}}\boldsymbol{\beta}+\boldsymbol{\gamma}^{\mathrm{T}}\boldsymbol{\gamma}>0$, 因此 $a>0$. 这说明 $\boldsymbol{A}$ 的每个特征根的实部都大于 0.

(ii) 若 $\boldsymbol{A}$ 的特征根是实根, 则由 (i) 知, 这些实根大于 0, $\boldsymbol{A}$ 的特征根 μ 非实, 而非实的复根共轭成对出现, 故 $\overline{\mu}$ 亦为 $\boldsymbol{A}$ 的特征根, $\mu\overline{\mu}=(\mathrm{Re}\mu)^2+(\mathrm{Im}\mu)^2$, 而 $\det\boldsymbol{A}$ 是 $\boldsymbol{A}$ 的全体特征根乘积, 故 $\det\boldsymbol{A}>0$.

不借助于 (i) 来证明 (ii):

对 $\boldsymbol{A}$ 的任一实特征根 λ_0, 相应的实特征向量为 $\boldsymbol{\alpha}$, 则 $\boldsymbol{A}\boldsymbol{\alpha}=\lambda_0\boldsymbol{\alpha}$, $\boldsymbol{\alpha}^{\mathrm{T}}\boldsymbol{A}\boldsymbol{\alpha}=\lambda_0\boldsymbol{\alpha}^{\mathrm{T}}\boldsymbol{\alpha}$, 而 $\boldsymbol{\alpha}^{\mathrm{T}}\boldsymbol{A}\boldsymbol{\alpha}>0$, 所以 $\lambda_0\boldsymbol{\alpha}^{\mathrm{T}}\boldsymbol{\alpha}>0$. 但 $\boldsymbol{\alpha}^{\mathrm{T}}\boldsymbol{\alpha}>0$, 故 $\lambda_0>0$. 对 $\boldsymbol{A}$ 的每个非实的复特征根 μ, 其虚部不等于 0. 且 $\overline{\mu}$ 亦为 $\boldsymbol{A}$ 的特征根, $\mu\overline{\mu}=|\mu|^2>0$. 而 $\det\boldsymbol{A}$ 等于 $\boldsymbol{A}$ 的全体特征根的乘积, 又非实的复特征根两两共轭成对出现, 故 $\det\boldsymbol{A}>0$.

例 8.2.24 设 n 阶方阵 $\boldsymbol{A}$ 的特征多项式是 $f_{\boldsymbol{A}}(x)=x^n+b_1x^{n-1}+\cdots+b_{n-1}x+b_n$. 若存在 n 维列向量 $\boldsymbol{\alpha}$, 使 $(\boldsymbol{A}^{n-1}\boldsymbol{\alpha},\ \boldsymbol{A}^{n-2}\boldsymbol{\alpha},\ \cdots,\ \boldsymbol{A}\boldsymbol{\alpha},\ \boldsymbol{\alpha})$ 是可逆阵, 则 $(b_1,\ b_2,\ \cdots,\ b_{n-1},\ b_n)^{\mathrm{T}}=-(\boldsymbol{A}^{n-1}\boldsymbol{\alpha},\ \boldsymbol{A}^{n-2}\boldsymbol{\alpha},\ \cdots,\ \boldsymbol{A}\boldsymbol{\alpha},\ \boldsymbol{\alpha})^{-1}(\boldsymbol{A}^n\boldsymbol{\alpha})$.

分析 对分块矩阵整体作乘积进行处理.

证明 由哈密顿-凯莱定理知, $\mathbf{0}=f_{\boldsymbol{A}}(\boldsymbol{A})=\boldsymbol{A}^n+b_1\boldsymbol{A}^{n-1}+\cdots+b_{n-1}\boldsymbol{A}+b_n\boldsymbol{I}_n$, 故 $\boldsymbol{A}^n\boldsymbol{\alpha}+b_1\boldsymbol{A}^{n-1}\boldsymbol{\alpha}+\cdots+b_{n-1}\boldsymbol{A}\boldsymbol{\alpha}+b_n\boldsymbol{\alpha}=\mathbf{0}$, $b_1\boldsymbol{A}^{n-1}\boldsymbol{\alpha}+b_2\boldsymbol{A}^{n-2}\boldsymbol{\alpha}+\cdots+b_{n-1}\boldsymbol{A}\boldsymbol{\alpha}+b_n\boldsymbol{\alpha}=-\boldsymbol{A}^n\boldsymbol{\alpha}$. 即有

$$(\boldsymbol{A}^{n-1}\boldsymbol{\alpha},\ \boldsymbol{A}^{n-2}\boldsymbol{\alpha},\ \cdots,\ \boldsymbol{A}\boldsymbol{\alpha},\ \boldsymbol{\alpha})\begin{pmatrix} b_1 \\ b_2 \\ \vdots \\ b_{n-1} \\ b_n \end{pmatrix} = -\boldsymbol{A}^n\boldsymbol{\alpha}.$$

故

$$\begin{pmatrix} b_1 \\ b_2 \\ \vdots \\ b_{n-1} \\ b_n \end{pmatrix} = -(\boldsymbol{A}^{n-1}\boldsymbol{\alpha},\ \boldsymbol{A}^{n-2}\boldsymbol{\alpha},\ \cdots,\ \boldsymbol{A}\boldsymbol{\alpha},\ \boldsymbol{\alpha})^{-1}(\boldsymbol{A}^n\boldsymbol{\alpha}).$$

例 8.2.25　设 V 是数域 F 上的向量空间, $\sigma \in L(V)$, $f(x)$, $g(x) \in F[x]$, $h(x) = f(x)g(x)$. 证明:

(i) $\operatorname{Ker} f(\sigma)+\operatorname{Ker} g(\sigma) \subseteq \operatorname{Ker} h(\sigma)$;

(ii) 若 $(f(x), g(x)) = 1$, 则 $\operatorname{Ker} f(\sigma) + \operatorname{Ker} g(\sigma) = \operatorname{Ker} h(\sigma)$.

分析　利用线性变换的多项式整体相乘可以交换, 而这种交换性又来源于多项式.

证明　(i) 对任意的 $\boldsymbol{\xi} \in \operatorname{Ker} f(\sigma)+\operatorname{Ker} g(\sigma)$, 存在 $\boldsymbol{\eta} \in \operatorname{Ker} f(\sigma)$, $\boldsymbol{\zeta} \in \operatorname{Ker} g(\sigma)$, 使 $\boldsymbol{\xi} = \boldsymbol{\eta} + \boldsymbol{\zeta}$. 由于

$$\begin{aligned} h(\sigma)(\boldsymbol{\xi}) &= f(\sigma)g(\sigma)(\boldsymbol{\xi}) = f(\sigma)g(\sigma)(\boldsymbol{\eta}+\boldsymbol{\zeta}) \\ &= f(\sigma)g(\sigma)(\boldsymbol{\eta}) + f(\sigma)g(\sigma)(\boldsymbol{\zeta}) \\ &= g(\sigma)(f(\sigma)(\boldsymbol{\eta})) + f(\sigma)(g(\sigma)(\boldsymbol{\zeta})) \\ &= g(\sigma)(\mathbf{0}) + f(\sigma)(\mathbf{0}) \\ &= \mathbf{0} + \mathbf{0} = \mathbf{0}, \end{aligned}$$

因此 $\boldsymbol{\xi} \in \operatorname{Ker} h(\sigma)$.

(ii) 因为 $(f(x),\ g(x)) = 1$, 所以存在 $u(x)$, $v(x) \in F[x]$, 使 $u(x)f(x) + v(x)g(x) = 1$. 由 (i), 我们仅需证明 $\operatorname{Ker} h(\sigma) \subseteq \operatorname{Ker} f(\sigma) + \operatorname{Ker} g(\sigma)$ 即可. 任取 $\boldsymbol{\xi} \in \operatorname{Ker} h(\sigma)$, 则有

$$f(\sigma)g(\sigma)(\boldsymbol{\xi}) = \mathbf{0} = g(\sigma)f(\sigma)(\boldsymbol{\xi}).$$

而 $u(\sigma)f(\sigma) + v(\sigma)g(\sigma) = \iota$, 故 $\boldsymbol{\xi} = \iota(\boldsymbol{\xi}) = u(\sigma)f(\sigma)(\boldsymbol{\xi}) + v(\sigma)g(\sigma)(\boldsymbol{\xi})$. 显然有

$$u(\sigma)f(\sigma)(\boldsymbol{\xi}) \in \operatorname{Ker} g(\sigma), \quad v(\sigma)g(\sigma)(\boldsymbol{\xi}) \in \operatorname{Ker} f(\sigma).$$

结论得证.

例 8.2.26 设 $\boldsymbol{A}$ 为 n 阶正交矩阵, λ 是 $\boldsymbol{A}$ 的特征根, $\boldsymbol{\alpha}$ 是 $\boldsymbol{A}$ 的属于特征根 λ 的特征向量. 当 λ 是非实的复数时, 将 $\boldsymbol{\alpha}$ 的实部与虚部分开, 即记 $\boldsymbol{\alpha}=\boldsymbol{\beta}+\mathrm{i}\boldsymbol{\gamma}$. 试证: $\boldsymbol{\beta}$ 和 $\boldsymbol{\gamma}$ 正交且长度相等.

分析 运用特征根整体作为复数与虚根实根是实数的部分之间的关系.

证明 设 $\lambda=a+\mathrm{i}b, b\neq 0,\ a,\ b\in\mathbf{R}, \boldsymbol{\alpha}=\boldsymbol{\beta}+\mathrm{i}\boldsymbol{\gamma},\ \boldsymbol{\beta},\ \boldsymbol{\gamma}\in\mathbf{R}^{n\times 1}$, $\boldsymbol{\beta}$ 与 $\boldsymbol{\gamma}$ 不全为零向量. 由正交矩阵特征根的模为 1 知, $a^2+b^2=1$. 由 $\boldsymbol{A}(\boldsymbol{\beta}+\mathrm{i}\boldsymbol{\gamma})=(a+\mathrm{i}b)(\boldsymbol{\beta}+\mathrm{i}\boldsymbol{\gamma})$ 得

$$\boldsymbol{A}\boldsymbol{\beta}=a\boldsymbol{\beta}-b\boldsymbol{\gamma}, \tag{8.1}$$

$$\boldsymbol{A}\boldsymbol{\gamma}=a\boldsymbol{\gamma}+b\boldsymbol{\beta}, \tag{8.2}$$

$$\boldsymbol{\beta}^{\mathrm{T}}\boldsymbol{A}^{\mathrm{T}}=a\boldsymbol{\beta}^{\mathrm{T}}-b\boldsymbol{\gamma}^{\mathrm{T}}. \tag{8.3}$$

由 (8.1) 式、(8.3) 式知

$$\boldsymbol{\beta}^{\mathrm{T}}\boldsymbol{\beta}=\boldsymbol{\beta}^{\mathrm{T}}\boldsymbol{A}^{\mathrm{T}}\boldsymbol{A}\boldsymbol{\beta}=a^2\boldsymbol{\beta}^{\mathrm{T}}\boldsymbol{\beta}-ab\boldsymbol{\beta}^{\mathrm{T}}\boldsymbol{\gamma}-ba\boldsymbol{\gamma}^{\mathrm{T}}\boldsymbol{\beta}+b^2\boldsymbol{\gamma}^{\mathrm{T}}\boldsymbol{\gamma},$$

即

$$b^2\boldsymbol{\beta}^{\mathrm{T}}\boldsymbol{\beta}=b^2\boldsymbol{\gamma}^{\mathrm{T}}\boldsymbol{\gamma}-2ab\boldsymbol{\beta}^{\mathrm{T}}\boldsymbol{\gamma},$$

$$\boldsymbol{\beta}^{\mathrm{T}}\boldsymbol{\beta}-\boldsymbol{\gamma}^{\mathrm{T}}\boldsymbol{\gamma}=\frac{-2a}{b}\boldsymbol{\beta}^{\mathrm{T}}\boldsymbol{\gamma}. \tag{8.4}$$

由 (8.2) 式、(8.3) 式可知

$$\begin{aligned}\boldsymbol{\beta}^{\mathrm{T}}\boldsymbol{\gamma}&=\boldsymbol{\beta}^{\mathrm{T}}\boldsymbol{A}^{\mathrm{T}}\boldsymbol{A}\boldsymbol{\gamma}=a^2\boldsymbol{\beta}^{\mathrm{T}}\boldsymbol{\gamma}+ab\boldsymbol{\beta}^{\mathrm{T}}\boldsymbol{\beta}-ab\boldsymbol{\gamma}^{\mathrm{T}}\boldsymbol{\gamma}-b^2\boldsymbol{\gamma}^{\mathrm{T}}\boldsymbol{\beta}\\&=(a^2-b^2)\boldsymbol{\beta}^{\mathrm{T}}\boldsymbol{\gamma}+ab(\boldsymbol{\beta}^{\mathrm{T}}\boldsymbol{\beta}-\boldsymbol{\gamma}^{\mathrm{T}}\boldsymbol{\gamma})=(a^2-b^2)\boldsymbol{\beta}^{\mathrm{T}}\boldsymbol{\gamma}+ab\frac{-2a}{b}\boldsymbol{\beta}^{\mathrm{T}}\boldsymbol{\gamma}\\&=(a^2-b^2-2a^2)\boldsymbol{\beta}^{\mathrm{T}}\boldsymbol{\gamma}=-(a^2+b^2)\boldsymbol{\beta}^{\mathrm{T}}\boldsymbol{\gamma}=-\boldsymbol{\beta}^{\mathrm{T}}\boldsymbol{\gamma}.\end{aligned}$$

所以 $2\boldsymbol{\beta}^{\mathrm{T}}\boldsymbol{\gamma}=0$, 即有 $\boldsymbol{\beta}^{\mathrm{T}}\boldsymbol{\gamma}=0$. 代入 (8.4) 知, $\boldsymbol{\beta}^{\mathrm{T}}\boldsymbol{\beta}=\boldsymbol{\gamma}^{\mathrm{T}}\boldsymbol{\gamma}$, 因而 $\boldsymbol{\beta}$ 与 $\boldsymbol{\gamma}$ 长度相等.

例 8.2.27 设 V 是一个 n 维欧氏空间, σ 是 V 的一个正交变换, σ 在 V 的某规范正交基 $\boldsymbol{\varepsilon}_1, \boldsymbol{\varepsilon}_2, \cdots, \boldsymbol{\varepsilon}_n$ 下的矩阵是 $\boldsymbol{A}$. 证明:

(i) 若 $u+v\mathrm{i}$ 是 $\boldsymbol{A}$ 的一个虚特征根, 则有 $\boldsymbol{\alpha},\ \boldsymbol{\beta}\in V$, 使 $\sigma(\boldsymbol{\alpha})=u\boldsymbol{\alpha}+v\boldsymbol{\beta}$, $\sigma(\boldsymbol{\beta})=-v\boldsymbol{\alpha}+u\boldsymbol{\beta}$;

(ii) 若 $\boldsymbol{A}$ 的特征根皆为实数, 则 V 可分解为一些两两正交的在 σ 之下不变的一维子空间的直和;

(iii) 若 $\boldsymbol{A}$ 的特征根皆为实数, 则 $\boldsymbol{A}$ 是对称阵.

分析　运用特征根整体作为复数与虚根实根是实数的部分之间的关系, 表达精细化.

证明　(i) 设 $\boldsymbol{\eta}+\mathrm{i}\boldsymbol{\zeta}$ 是 $\boldsymbol{A}$ 的属于 $u+v\mathrm{i}$ 的特征向量, 这里 $\boldsymbol{\eta},\ \boldsymbol{\zeta}\in\mathbf{R}^{n\times 1}$, 且 $\boldsymbol{\eta}$ 与 $\boldsymbol{\zeta}$ 不全为 $\mathbf{0}$. 由 $\boldsymbol{A}(\boldsymbol{\eta}+\mathrm{i}\boldsymbol{\zeta})=(u+\mathrm{i}v)(\boldsymbol{\eta}+\mathrm{i}\boldsymbol{\zeta})$ 可知, $\boldsymbol{A}\boldsymbol{\eta}=u\boldsymbol{\eta}-v\boldsymbol{\zeta}, \boldsymbol{A}\boldsymbol{\zeta}=u\boldsymbol{\zeta}+v\boldsymbol{\eta}$. 令 $\boldsymbol{\alpha}=(\boldsymbol{\varepsilon}_1,\ \boldsymbol{\varepsilon}_2,\ \cdots,\ \boldsymbol{\varepsilon}_n)\boldsymbol{\zeta}, \boldsymbol{\beta}=(\boldsymbol{\varepsilon}_1,\ \boldsymbol{\varepsilon}_2,\ \cdots,\ \boldsymbol{\varepsilon}_n)\boldsymbol{\eta}$, 则有 $\sigma(\boldsymbol{\beta})=u\boldsymbol{\beta}-v\boldsymbol{\alpha}, \sigma(\boldsymbol{\alpha})=u\boldsymbol{\alpha}+v\boldsymbol{\beta}$.

(ii) 令 $\lambda_1,\ \lambda_2,\ \cdots,\ \lambda_n$ 是 $\boldsymbol{A}$ 的全体特征根, 它们全是实根, 且有 n 个 (重根按重数计算), 由 Schur 定理, $\boldsymbol{A}$ 正交相似于一个上三角形矩阵, 那么存在正交矩阵 $\boldsymbol{Q}$, 使

$$\boldsymbol{Q}^{-1}\boldsymbol{A}\boldsymbol{Q}=\boldsymbol{Q}^{\mathrm{T}}\boldsymbol{A}\boldsymbol{Q}=\begin{pmatrix}\lambda_1 & & & *\\ & \lambda_2 & & \\ & & \ddots & \\ 0 & & & \lambda_n\end{pmatrix}. \tag{8.5}$$

(8.5) 式两边取逆, 注意 $\boldsymbol{A}$ 是正交矩阵, 则有

$$\boldsymbol{Q}^{-1}\boldsymbol{A}^{-1}\boldsymbol{Q}=\boldsymbol{Q}^{\mathrm{T}}\boldsymbol{A}^{\mathrm{T}}\boldsymbol{Q}=\begin{pmatrix}\lambda_1^{-1} & & & *\\ & \lambda_2^{-1} & & \\ & & \ddots & \\ 0 & & & \lambda_n^{-1}\end{pmatrix}. \tag{8.6}$$

(8.5) 式两边取转置, 得

$$\boldsymbol{Q}^{\mathrm{T}}\boldsymbol{A}^{\mathrm{T}}\boldsymbol{Q}=\begin{pmatrix}\lambda_1 & & & 0\\ & \lambda_2 & & \\ & & \ddots & \\ * & & & \lambda_n\end{pmatrix}.$$

对照上式与 (8.6) 式可得

$$\boldsymbol{Q}^{\mathrm{T}}\boldsymbol{A}^{\mathrm{T}}\boldsymbol{Q}=\begin{pmatrix}\lambda_1 & & & 0\\ & \lambda_2 & & \\ & & \ddots & \\ 0 & & & \lambda_n\end{pmatrix}, \tag{8.7}$$

并且 $\lambda_i=\dfrac{1}{\lambda_i}, i=1,2,\cdots,n$. (8.7) 式两边取转置, 得

$$
\boldsymbol{Q}^{\mathrm{T}}\boldsymbol{A}\boldsymbol{Q}=\begin{pmatrix}\lambda_1 & & & 0\\ & \lambda_2 & & \\ & & \ddots & \\ 0 & & & \lambda_n\end{pmatrix}. \tag{8.8}
$$

由假设, $\boldsymbol{\varepsilon}_1,\boldsymbol{\varepsilon}_2,\cdots,\boldsymbol{\varepsilon}_n$ 是 V 的一个规范正交基, 且 $(\sigma(\boldsymbol{\varepsilon}_1),\sigma(\boldsymbol{\varepsilon}_2),\cdots,\sigma(\boldsymbol{\varepsilon}_n))=(\boldsymbol{\varepsilon}_1,\ \boldsymbol{\varepsilon}_2,\cdots,\ \boldsymbol{\varepsilon}_n)\boldsymbol{A}$. 因为 σ 是正交变换, 所以 $\boldsymbol{A}$ 是正交矩阵. 令 $(\boldsymbol{\eta}_1,\ \boldsymbol{\eta}_2,\ \cdots,\ \boldsymbol{\eta}_n)=(\boldsymbol{\varepsilon}_1,\ \boldsymbol{\varepsilon}_2,\ \cdots,\boldsymbol{\varepsilon}_n)\boldsymbol{Q}$, 则 $\boldsymbol{\eta}_1,\ \boldsymbol{\eta}_2,\ \cdots,\ \boldsymbol{\eta}_n$ 是 V 的一个规范正交基.

$$
\begin{aligned}
(\sigma(\boldsymbol{\eta}_1),\ \sigma(\boldsymbol{\eta}_2),\ \cdots,\ \sigma(\boldsymbol{\eta}_n))&=(\boldsymbol{\eta}_1,\ \boldsymbol{\eta}_2,\ \cdots,\ \boldsymbol{\eta}_n)\boldsymbol{Q}^{-1}\boldsymbol{A}\boldsymbol{Q}\\
&=(\boldsymbol{\eta}_1,\ \boldsymbol{\eta}_2,\ \cdots,\ \boldsymbol{\eta}_n)\begin{pmatrix}\lambda_1 & & & 0\\ & \lambda_2 & & \\ & & \ddots & \\ 0 & & & \lambda_n\end{pmatrix}.
\end{aligned}
$$

于是有 $\sigma(\boldsymbol{\eta}_i)=\lambda_i\boldsymbol{\eta}_i,\ i=1,\ 2,\ \cdots,\ n$. 令 $W_i=\mathscr{L}(\boldsymbol{\eta}_i),\ i=1,\ 2,\ \cdots,\ n$, 那么

$$
V=W_1\oplus W_2\oplus\cdots\oplus W_n,
$$

而 $W_1,\ W_2,\ \cdots,\ W_n$ 是两两正交的在 σ 之下不变的一维子空间.

(iii) 由 (8.8) 式得 $\boldsymbol{A}=\boldsymbol{Q}\begin{pmatrix}\lambda_1 & & & 0\\ & \lambda_2 & & \\ & & \ddots & \\ 0 & & & \lambda_n\end{pmatrix}\boldsymbol{Q}^{\mathrm{T}}$, 显然 $\boldsymbol{A}$ 是对称的.

例 8.2.28 设 V 是 4 维欧氏空间, σ 是 V 的一个正交变换, 若 σ 在 V 的一个规范正交基 $\boldsymbol{\alpha}_1,\ \boldsymbol{\alpha}_2,\ \boldsymbol{\alpha}_3,\ \boldsymbol{\alpha}_4$ 下的矩阵 $\boldsymbol{A}$ 没有实特征根. 求证: V 可分解为两个在 σ 之下不变的二维子空间的直和.

分析 将特征根整体作为复数与虚根、实根分开考虑.

证明 由于 σ 为正交变换, 因此 $\boldsymbol{A}$ 为正交矩阵. 任取 $\boldsymbol{A}$ 的一个特征根 $a+\mathrm{i}b$, 设 $\boldsymbol{\alpha}+\mathrm{i}\boldsymbol{\beta}$ 是 $\boldsymbol{A}$ 的属于 $a+ib$ 的特征向量, 其中 $a,\ b\in\mathbf{R}, b\neq 0,\ \boldsymbol{\alpha},\ \boldsymbol{\beta}\in\mathbf{R}^{4\times 1}$, $\boldsymbol{\alpha}$ 与 $\boldsymbol{\beta}$ 不全为零向量. 由 $\boldsymbol{A}(\boldsymbol{\alpha}+\mathrm{i}\boldsymbol{\beta})=(a+\mathrm{i}b)(\boldsymbol{\alpha}+\mathrm{i}\boldsymbol{\beta})$ 知

$$
\boldsymbol{A}\boldsymbol{\alpha}=a\boldsymbol{\alpha}-b\boldsymbol{\beta}, \tag{8.9}
$$

$$
\boldsymbol{A}\boldsymbol{\beta}=a\boldsymbol{\beta}+b\boldsymbol{\alpha}. \tag{8.10}
$$

先证明 $\boldsymbol{\alpha},\boldsymbol{\beta}$ 线性无关. 假如 $\boldsymbol{\alpha},\boldsymbol{\beta}$ 线性相关, 则其中一个向量是另一个向量的纯量倍. 不妨令 $\boldsymbol{\beta}=k\boldsymbol{\alpha}$, 此时 $\boldsymbol{\alpha}$ 不是零向量. $\boldsymbol{A}\boldsymbol{\alpha}=a\boldsymbol{\alpha}-kb\boldsymbol{\alpha}=(a-kb)\boldsymbol{\alpha}$, $\boldsymbol{A}$ 有实特征根, 矛盾; 由向量 $\boldsymbol{\alpha}$ 是向量 $\boldsymbol{\beta}$ 的纯量倍出发亦可推出矛盾. 因此 $\boldsymbol{\alpha}$, $\boldsymbol{\beta}$ 线性无关.

设 V 中向量 $\boldsymbol{\xi}$, $\boldsymbol{\eta}$ 在基 $\boldsymbol{\alpha}_1$, $\boldsymbol{\alpha}_2$, $\boldsymbol{\alpha}_3$, $\boldsymbol{\alpha}_4$ 下的坐标分别为 $\boldsymbol{\alpha}$, $\boldsymbol{\beta}$. 令 $W=\mathscr{L}(\boldsymbol{\xi},\boldsymbol{\eta})$, 则由 (8.9) 式、(8.10) 式知 W 为 σ 的二维不变子空间. 又 $V=W\oplus W^{\perp}$, 因此 $W^{\perp}$ 也是 σ 的不变子空间, 显然 $\dim W=\dim W^{\perp}=2$.

例 8.2.29 设分块矩阵 $\boldsymbol{T}=\begin{pmatrix}\boldsymbol{0} & \boldsymbol{B}\\ \boldsymbol{C} & \boldsymbol{D}\end{pmatrix}$, 其中 $\boldsymbol{B},\boldsymbol{C}$ 分别是 r 阶, s 阶可逆矩阵. 证明 $\boldsymbol{T}$ 是可逆矩阵, 并求 $\boldsymbol{T}^{-1}$.

分析 分块的核心就是整体与部分的有机结合.

解 方法一 定义法.

因为

$$\begin{pmatrix}\boldsymbol{0} & \boldsymbol{B}\\ \boldsymbol{C} & \boldsymbol{D}\end{pmatrix}\begin{pmatrix}-\boldsymbol{C}^{-1}\boldsymbol{D}\boldsymbol{B}^{-1} & \boldsymbol{C}^{-1}\\ \boldsymbol{B}^{-1} & \boldsymbol{0}\end{pmatrix}=\begin{pmatrix}\boldsymbol{I}_r & \boldsymbol{0}\\ \boldsymbol{0} & \boldsymbol{I}_s\end{pmatrix},$$

所以 $\boldsymbol{T}$ 是可逆矩阵, 并且 $\boldsymbol{T}^{-1}=\begin{pmatrix}-\boldsymbol{C}^{-1}\boldsymbol{D}\boldsymbol{B}^{-1} & \boldsymbol{C}^{-1}\\ \boldsymbol{B}^{-1} & \boldsymbol{0}\end{pmatrix}$.

方法二 待定法.

设分块矩阵 $\begin{pmatrix}\boldsymbol{X}_1 & \boldsymbol{X}_2\\ \boldsymbol{X}_3 & \boldsymbol{X}_4\end{pmatrix}$, 其中 $\boldsymbol{X}_1,\boldsymbol{X}_2,\boldsymbol{X}_3,\boldsymbol{X}_4$ 分别为 $s\times r$, $s\times s$, $r\times r$, $r\times s$ 矩阵, 使得

$$\begin{pmatrix}\boldsymbol{0} & \boldsymbol{B}\\ \boldsymbol{C} & \boldsymbol{D}\end{pmatrix}\begin{pmatrix}\boldsymbol{X}_1 & \boldsymbol{X}_2\\ \boldsymbol{X}_3 & \boldsymbol{X}_4\end{pmatrix}=\begin{pmatrix}\boldsymbol{I}_r & \boldsymbol{0}\\ \boldsymbol{0} & \boldsymbol{I}_s\end{pmatrix},$$

则 $\boldsymbol{B}\boldsymbol{X}_3=\boldsymbol{I}_r,\boldsymbol{B}\boldsymbol{X}_4=\boldsymbol{0},\boldsymbol{C}\boldsymbol{X}_1+\boldsymbol{D}\boldsymbol{X}_3=\boldsymbol{0},\boldsymbol{C}\boldsymbol{X}_2+\boldsymbol{D}\boldsymbol{X}_4=\boldsymbol{I}_s$. 解该矩阵方程组, 得

$$\boldsymbol{X}_3=\boldsymbol{B}^{-1},\quad \boldsymbol{X}_4=\boldsymbol{0},\quad \boldsymbol{X}_1=-\boldsymbol{C}^{-1}\boldsymbol{D}\boldsymbol{B}^{-1},\quad \boldsymbol{X}_2=\boldsymbol{C}^{-1}.$$

因此 $\boldsymbol{T}$ 是可逆矩阵, 并且 $\boldsymbol{T}^{-1}=\begin{pmatrix}-\boldsymbol{C}^{-1}\boldsymbol{D}\boldsymbol{B}^{-1} & \boldsymbol{C}^{-1}\\ \boldsymbol{B}^{-1} & \boldsymbol{0}\end{pmatrix}$.

方法三 初等变换法.

因为

$$\left(\begin{array}{c:c}\boldsymbol{T} & \boldsymbol{I}\end{array}\right)=\left(\begin{array}{cc:cc}\boldsymbol{0} & \boldsymbol{B} & \boldsymbol{I}_r & \boldsymbol{0}\\ \boldsymbol{C} & \boldsymbol{D} & \boldsymbol{0} & \boldsymbol{I}_s\end{array}\right)\xrightarrow{r_2-\boldsymbol{D}\boldsymbol{B}^{-1}r_1}\left(\begin{array}{cc:cc}\boldsymbol{0} & \boldsymbol{B} & \boldsymbol{I}_r & \boldsymbol{0}\\ \boldsymbol{C} & \boldsymbol{0} & -\boldsymbol{D}\boldsymbol{B}^{-1} & \boldsymbol{I}_s\end{array}\right)$$

$$\xrightarrow[\boldsymbol{C}^{-1}r_2]{\boldsymbol{B}^{-1}r_1}\left(\begin{array}{cc:cc}\boldsymbol{0} & \boldsymbol{I}_r & \boldsymbol{B}^{-1} & \boldsymbol{0}\\ \boldsymbol{I}_s & \boldsymbol{0} & -\boldsymbol{C}^{-1}\boldsymbol{D}\boldsymbol{B}^{-1} & \boldsymbol{C}^{-1}\end{array}\right)$$

$$\xrightarrow{r_1\leftrightarrow r_2}\left(\begin{array}{cc:cc}\boldsymbol{I}_s & \boldsymbol{0} & -\boldsymbol{C}^{-1}\boldsymbol{D}\boldsymbol{B}^{-1} & \boldsymbol{C}^{-1}\\ \boldsymbol{0} & \boldsymbol{I}_r & \boldsymbol{B}^{-1} & \boldsymbol{0}\end{array}\right),$$

所以 $\boldsymbol{T}$ 是可逆矩阵, 并且 $\boldsymbol{T}^{-1}=\begin{pmatrix}-\boldsymbol{C}^{-1}\boldsymbol{D}\boldsymbol{B}^{-1} & \boldsymbol{C}^{-1}\\ \boldsymbol{B}^{-1} & \boldsymbol{0}\end{pmatrix}$.

例 8.2.30 设 $\boldsymbol{P}=\begin{pmatrix}\boldsymbol{A} & \boldsymbol{B}\\ \boldsymbol{C} & \boldsymbol{D}\end{pmatrix}$, 其中 $\boldsymbol{A},\boldsymbol{D}$ 分别为 r 阶, s 阶方阵.

(1) 证明: $\det\boldsymbol{P}=\begin{cases}\det\boldsymbol{A}\cdot\det(\boldsymbol{D}-\boldsymbol{C}\boldsymbol{A}^{-1}\boldsymbol{B}), & \text{当 }\boldsymbol{A}\text{ 可逆时},\\ \det\boldsymbol{D}\cdot\det(\boldsymbol{A}-\boldsymbol{B}\boldsymbol{D}^{-1}\boldsymbol{C}), & \text{当 }\boldsymbol{D}\text{ 可逆时};\end{cases}$

(2) 证明若 $\boldsymbol{A},\boldsymbol{D}$ 都是可逆矩阵, 则 $\boldsymbol{P}$ 可逆当且仅当 $\boldsymbol{A}-\boldsymbol{B}\boldsymbol{D}^{-1}\boldsymbol{C}$ 和 $\boldsymbol{D}-\boldsymbol{C}\boldsymbol{A}^{-1}\boldsymbol{B}$ 都可逆, 并求 $\boldsymbol{P}^{-1}$.

分析 整体处理与分块矩阵的部分相结合.

解 (1) 因当 $\boldsymbol{A}$ 或 $\boldsymbol{D}$ 可逆时, 分别有

$$\boldsymbol{P}=\begin{pmatrix}\boldsymbol{A} & \boldsymbol{B}\\ \boldsymbol{C} & \boldsymbol{D}\end{pmatrix}\xrightarrow{r_2-\boldsymbol{C}\boldsymbol{A}^{-1}r_1}\begin{pmatrix}\boldsymbol{A} & \boldsymbol{B}\\ \boldsymbol{0} & \boldsymbol{D}-\boldsymbol{C}\boldsymbol{A}^{-1}\boldsymbol{B}\end{pmatrix},$$

$$\boldsymbol{P}=\begin{pmatrix}\boldsymbol{A} & \boldsymbol{B}\\ \boldsymbol{C} & \boldsymbol{D}\end{pmatrix}\xrightarrow{c_1-c_2\boldsymbol{D}^{-1}\boldsymbol{C}}\begin{pmatrix}\boldsymbol{A}-\boldsymbol{B}\boldsymbol{D}^{-1}\boldsymbol{C} & \boldsymbol{B}\\ \boldsymbol{0} & \boldsymbol{D}\end{pmatrix},$$

又因方阵的分块矩阵的第三种初等变换不改变方阵的行列式的值, 故结论成立.

(2) 方法一 因为 $\boldsymbol{A},\boldsymbol{D}$ 都是可逆矩阵, 所以由 (1) 知

$$\det\boldsymbol{P}=\det\boldsymbol{A}\cdot\det(\boldsymbol{D}-\boldsymbol{C}\boldsymbol{A}^{-1}\boldsymbol{B})=\det\boldsymbol{D}\cdot\det(\boldsymbol{A}-\boldsymbol{B}\boldsymbol{D}^{-1}\boldsymbol{C}).$$

因此 $\det\boldsymbol{P}\neq 0$ 当且仅当 $\det(\boldsymbol{D}-\boldsymbol{C}\boldsymbol{A}^{-1}\boldsymbol{B})\cdot\det(\boldsymbol{A}-\boldsymbol{B}\boldsymbol{D}^{-1}\boldsymbol{C})\neq 0$. 从而 $\boldsymbol{P}$ 可逆当且仅当 $\boldsymbol{D}-\boldsymbol{C}\boldsymbol{A}^{-1}\boldsymbol{B}$ 与 $\boldsymbol{A}-\boldsymbol{B}\boldsymbol{D}^{-1}\boldsymbol{C}$ 都可逆.

方法二 因为

$$\begin{pmatrix}\boldsymbol{A} & \boldsymbol{B}\\ \boldsymbol{C} & \boldsymbol{D}\end{pmatrix}\begin{pmatrix}-\boldsymbol{A}^{-1} & \boldsymbol{0}\\ \boldsymbol{0} & \boldsymbol{D}^{-1}\end{pmatrix}\begin{pmatrix}\boldsymbol{A} & \boldsymbol{B}\\ \boldsymbol{C} & \boldsymbol{D}\end{pmatrix}=\begin{pmatrix}\boldsymbol{B}\boldsymbol{D}^{-1}\boldsymbol{C}-\boldsymbol{A} & \boldsymbol{0}\\ \boldsymbol{0} & \boldsymbol{D}-\boldsymbol{C}\boldsymbol{A}^{-1}\boldsymbol{B}\end{pmatrix},$$

所以 $\boldsymbol{P}$ 可逆当且仅当 $\boldsymbol{A}-\boldsymbol{B}\boldsymbol{D}^{-1}\boldsymbol{C}$ 与 $\boldsymbol{D}-\boldsymbol{C}\boldsymbol{A}^{-1}\boldsymbol{B}$ 都可逆.

下面求 $\boldsymbol{P}^{-1}$. 由于

$$\boldsymbol{P}=\begin{pmatrix}\boldsymbol{A}&\boldsymbol{B}\\\boldsymbol{C}&\boldsymbol{D}\end{pmatrix}\xrightarrow{r_2-\boldsymbol{C}\boldsymbol{A}^{-1}r_1}\begin{pmatrix}\boldsymbol{A}&\boldsymbol{B}\\\boldsymbol{0}&\boldsymbol{D}-\boldsymbol{C}\boldsymbol{A}^{-1}\boldsymbol{B}\end{pmatrix}$$
$$\xrightarrow{c_2-c_1\boldsymbol{A}^{-1}\boldsymbol{B}}\begin{pmatrix}\boldsymbol{A}&\boldsymbol{0}\\\boldsymbol{0}&\boldsymbol{D}-\boldsymbol{C}\boldsymbol{A}^{-1}\boldsymbol{B}\end{pmatrix},$$

因此

$$\begin{pmatrix}\boldsymbol{A}&\boldsymbol{0}\\\boldsymbol{0}&\boldsymbol{D}-\boldsymbol{C}\boldsymbol{A}^{-1}\boldsymbol{B}\end{pmatrix}=\boldsymbol{T}_{21}(-\boldsymbol{C}\boldsymbol{A}^{-1})\boldsymbol{P}\,\boldsymbol{T}_{12}(-\boldsymbol{A}^{-1}\boldsymbol{B}).$$

于是

$$\begin{aligned}\boldsymbol{P}^{-1}&=\boldsymbol{T}_{12}(-\boldsymbol{A}^{-1}\boldsymbol{B})\begin{pmatrix}\boldsymbol{A}&\boldsymbol{0}\\\boldsymbol{0}&\boldsymbol{D}-\boldsymbol{C}\boldsymbol{A}^{-1}\boldsymbol{B}\end{pmatrix}^{-1}\boldsymbol{T}_{21}(-\boldsymbol{C}\boldsymbol{A}^{-1})\\&=\begin{pmatrix}\boldsymbol{I}_r&-\boldsymbol{A}^{-1}\boldsymbol{B}\\\boldsymbol{0}&\boldsymbol{I}_s\end{pmatrix}\begin{pmatrix}\boldsymbol{A}^{-1}&\boldsymbol{0}\\\boldsymbol{0}&(\boldsymbol{D}-\boldsymbol{C}\boldsymbol{A}^{-1}\boldsymbol{B})^{-1}\end{pmatrix}\begin{pmatrix}\boldsymbol{I}_r&\boldsymbol{0}\\-\boldsymbol{C}\boldsymbol{A}^{-1}&\boldsymbol{I}_s\end{pmatrix}\\&=\begin{pmatrix}\boldsymbol{A}^{-1}+\boldsymbol{A}^{-1}\boldsymbol{B}(\boldsymbol{D}-\boldsymbol{C}\boldsymbol{A}^{-1}\boldsymbol{B})^{-1}\boldsymbol{C}\boldsymbol{A}^{-1}&-\boldsymbol{A}^{-1}\boldsymbol{B}(\boldsymbol{D}-\boldsymbol{C}\boldsymbol{A}^{-1}\boldsymbol{B})^{-1}\\-(\boldsymbol{D}-\boldsymbol{C}\boldsymbol{A}^{-1}\boldsymbol{B})^{-1}\boldsymbol{C}\boldsymbol{A}^{-1}&(\boldsymbol{D}-\boldsymbol{C}\boldsymbol{A}^{-1}\boldsymbol{B})^{-1}\end{pmatrix}.\end{aligned}$$

注意　在上面例 8.2.30 的 (1) 中, 若 $\boldsymbol{A}=\boldsymbol{I}_r, \boldsymbol{D}=\boldsymbol{I}_s$, 则

$$\det\begin{pmatrix}\boldsymbol{I}_r&\boldsymbol{B}\\\boldsymbol{C}&\boldsymbol{I}_s\end{pmatrix}=\det(\boldsymbol{I}_s-\boldsymbol{C}\boldsymbol{B})=\det(\boldsymbol{I}_r-\boldsymbol{B}\boldsymbol{C}).$$

例 8.2.31　计算 $2n$ 阶行列式

$$D_{2n}=\begin{vmatrix}a&&&&&b\\&\ddots&&&\iddots&\\&&a&b&&\\&&b&a&&\\&\iddots&&&\ddots&\\b&&&&&a\end{vmatrix}\quad(a\neq 0).$$

分析　行列式整体与构成部分相结合.

解　令

$$\boldsymbol{A}=\boldsymbol{D}=\begin{pmatrix} a & & \\ & \ddots & \\ & & a \end{pmatrix}, \quad \boldsymbol{B}=\boldsymbol{C}=\begin{pmatrix} & & b \\ & \iddots & \\ b & & \end{pmatrix},$$

则 $\boldsymbol{A}, \boldsymbol{D}$ 为 n 阶可逆矩阵. 由于

$$\boldsymbol{D}-\boldsymbol{C}\boldsymbol{A}^{-1}\boldsymbol{B}=\begin{pmatrix} a-a^{-1}b^2 & & \\ & \ddots & \\ & & a-a^{-1}b^2 \end{pmatrix},$$

因此由上面例 8.2.30 的 (1), 得

$$\begin{aligned} D_{2n} &= \det\begin{pmatrix} \boldsymbol{A} & \boldsymbol{B} \\ \boldsymbol{C} & \boldsymbol{D} \end{pmatrix} = \det\boldsymbol{A}\cdot\det\left(\boldsymbol{D}-\boldsymbol{C}\boldsymbol{A}^{-1}\boldsymbol{B}\right) \\ &= a^n\left(a-a^{-1}b^2\right)^n = \left(a^2-b^2\right)^n. \end{aligned}$$

例 8.2.32 (弗罗贝尼乌斯 (Frobenius) 不等式) 设 $\boldsymbol{A}\in M_{m\times n}(F)$, $\boldsymbol{B}\in M_{n\times p}(F)$, $\boldsymbol{C}\in M_{p\times q}(F)$. 证明: 秩$(\boldsymbol{ABC})\geqslant$ 秩$(\boldsymbol{AB})$ + 秩$(\boldsymbol{BC})$ − 秩 $\boldsymbol{B}$.

分析 矩阵分块的部分与整体结合.

证明 根据例 3.2.41 的 (1), 秩$(\boldsymbol{ABC})$+ 秩 $\boldsymbol{B}$ = 秩 $\begin{pmatrix} \boldsymbol{ABC} & \boldsymbol{0} \\ \boldsymbol{0} & \boldsymbol{B} \end{pmatrix}$. 因为

$$\begin{pmatrix} \boldsymbol{I}_m & \boldsymbol{A} \\ \boldsymbol{0} & \boldsymbol{I}_n \end{pmatrix}\begin{pmatrix} \boldsymbol{ABC} & \boldsymbol{0} \\ \boldsymbol{0} & \boldsymbol{B} \end{pmatrix}\begin{pmatrix} \boldsymbol{I}_q & \boldsymbol{0} \\ -\boldsymbol{C} & \boldsymbol{I}_p \end{pmatrix}\begin{pmatrix} \boldsymbol{0} & \boldsymbol{I}_q \\ \boldsymbol{I}_p & \boldsymbol{0} \end{pmatrix}\begin{pmatrix} \boldsymbol{I}_p & \boldsymbol{0} \\ \boldsymbol{0} & -\boldsymbol{I}_q \end{pmatrix}=\begin{pmatrix} \boldsymbol{AB} & \boldsymbol{0} \\ \boldsymbol{B} & \boldsymbol{BC} \end{pmatrix},$$

所以由例 3.2.41 的 (2) 知

$$\text{秩}\begin{pmatrix} \boldsymbol{ABC} & \boldsymbol{0} \\ \boldsymbol{0} & \boldsymbol{B} \end{pmatrix} = \text{秩}\begin{pmatrix} \boldsymbol{AB} & \boldsymbol{0} \\ \boldsymbol{B} & \boldsymbol{BC} \end{pmatrix} \geqslant \text{秩}(\boldsymbol{AB})+\text{秩}(\boldsymbol{BC}).$$

因此秩$(\boldsymbol{ABC})\geqslant$ 秩$(\boldsymbol{AB})$ + 秩$(\boldsymbol{BC})$ − 秩 $\boldsymbol{B}$.

例 8.2.33 设 $\boldsymbol{A}, \boldsymbol{B}\in M_n(F)$, $f_{\boldsymbol{B}}(x)$ 是 $\boldsymbol{B}$ 的特征多项式. 证明: $f_{\boldsymbol{B}}(\boldsymbol{A})$ 是非奇异的当且仅当 $\boldsymbol{A}$ 与 $\boldsymbol{B}$ 没有公共特征根.

分析 对特征多项式整体代入矩阵.

证明 设 $\boldsymbol{B}$ 的特征根为 $\lambda_1,\lambda_2,\cdots,\lambda_n$ (重根按重数算), 则

$$f_{\boldsymbol{B}}(x)=(x-\lambda_1)(x-\lambda_2)\cdots(x-\lambda_n).$$

因此

$$f_{\boldsymbol{B}}(\boldsymbol{A})=(\boldsymbol{A}-\lambda_1\boldsymbol{I})(\boldsymbol{A}-\lambda_2\boldsymbol{I})\cdots(\boldsymbol{A}-\lambda_n\boldsymbol{I}).$$

从而 $f_{\boldsymbol{B}}(\boldsymbol{A})$ 是非奇异的当且仅当 $\det(\boldsymbol{A}-\lambda_i\boldsymbol{I})\neq 0$ $(i=1, 2, \cdots, n)$, 当且仅当 $\lambda_1,\lambda_2,\cdots,\lambda_n$ 不是 $\boldsymbol{A}$ 的特征根. 于是 $f_{\boldsymbol{B}}(\boldsymbol{A})$ 是非奇异的当且仅当 $\boldsymbol{A}$ 与 $\boldsymbol{B}$ 没有

公共特征根.

例 8.2.34 设 $\boldsymbol{A}=(a_{ij})$ 是 n 阶实对称矩阵, 则以下几条彼此等价:

(1) $\boldsymbol{A}$ 是正定矩阵;

(2) $\boldsymbol{A}$ 的一切主子式都大于零;

(3) $\boldsymbol{A}$ 的一切顺序主子式都大于零.

分析 矩阵整体的正定性与部分相结合.

证明 (1)$\Longrightarrow$(2). 设 $\boldsymbol{A}$ 是正定矩阵. 对任意的 $i_1,i_2,\cdots,i_k\in\{1,2,\cdots,n\}$, 且 $i_1<i_2<\cdots<i_k$, 令

$$\boldsymbol{A}_k=\begin{pmatrix} a_{i_1i_1} & a_{i_1i_2} & \cdots & a_{i_1i_k}\\ a_{i_2i_1} & a_{i_2i_2} & \cdots & a_{i_2i_k}\\ \vdots & \vdots & & \vdots\\ a_{i_ki_1} & a_{i_ki_2} & \cdots & a_{i_ki_k}\end{pmatrix},$$

且以 $\boldsymbol{A}$ 和 $\boldsymbol{A}_k$ 为矩阵的二次型分别为 $f(x_1,x_2,\cdots,x_n)$ 和 $g(x_{i_1},x_{i_2},\cdots,x_{i_k})$. 因为 $\boldsymbol{A}$ 是正定矩阵, 所以对于任意不全为零的实数 $x_1,x_2,\cdots,x_n$, 都有

$$f(x_1,x_2,\cdots,x_n)>0.$$

因此对于任意不全为零的实数 $x_{i_1},x_{i_2},\cdots,x_{i_k}$, 都有

$$g(x_{i_1},x_{i_2},\cdots,x_{i_k})=f(0,\cdots,x_{i_1},0,\cdots,x_{i_2},0,\cdots,x_{i_k},0,\cdots,0)>0.$$

于是 $g(x_{i_1},x_{i_2},\cdots,x_{i_k})$ 是正定的. 从而 $\boldsymbol{A}_k$ 是正定矩阵. 故 $\det\boldsymbol{A}_k>0$.

(2)$\Longrightarrow$(3). 显然.

(3)$\Longrightarrow$(1). 假设 $\boldsymbol{A}$ 的一切顺序主子式都大于零. 下面证明以 $\boldsymbol{A}$ 为矩阵的二次型 $f(x_1,\,x_2,\,\cdots,\,x_n)$ 是正定的.

当 $n=1$ 时, 结论成立. 这是因为, 当 $a_{11}>0$ 时, 对任意非零的实数 x_1, 都有 $a_{11}x_1^2>0$.

设 $n>1$, 并且假定对于 $n-1$ 个变量的实二次型来说, 结论成立. 现在假设

$$f(x_1,x_2,\cdots,x_n)=\sum_{i=1}^{n}\sum_{j=1}^{n}a_{ij}x_ix_j\quad(a_{ij}=a_{ji})$$

是一个含 n 个变量的实二次型, 它的矩阵 $\boldsymbol{A}=(a_{ij})$, 且设 $\boldsymbol{A}$ 的一切顺序主子式都大于零. 将 $\boldsymbol{A}$ 分块为 $\boldsymbol{A}=\begin{pmatrix}\boldsymbol{A}_1 & \boldsymbol{\alpha}\\ \boldsymbol{\alpha}^{\mathrm{T}} & a_{nn}\end{pmatrix}$, 这里

$$\boldsymbol{A}_1=\begin{pmatrix} a_{11} & \cdots & a_{1,n-1}\\ \vdots & & \vdots\\ a_{n-1,1} & \cdots & a_{n-1,n-1}\end{pmatrix},\quad \boldsymbol{\alpha}=\begin{pmatrix} a_{1n}\\ \vdots\\ a_{n-1,n}\end{pmatrix},$$

$\boldsymbol{A}_1$ 的顺序主子式都大于零. 由归纳假设, 存在 $n-1$ 阶实可逆矩阵 $\boldsymbol{P}_1$, 使得 $\boldsymbol{P}_1^{\mathrm{T}}\boldsymbol{A}_1\boldsymbol{P}_1=\boldsymbol{I}_{n-1}$. 取 $\boldsymbol{Q}=\begin{pmatrix}\boldsymbol{P}_1 & \boldsymbol{0}\\ \boldsymbol{0} & 1\end{pmatrix}$, 则 $\boldsymbol{Q}$ 可逆, 并且

$$\boldsymbol{Q}^{\mathrm{T}}\boldsymbol{A}\boldsymbol{Q}=\begin{pmatrix}\boldsymbol{P}_1^{\mathrm{T}} & \boldsymbol{0}\\ \boldsymbol{0} & 1\end{pmatrix}\begin{pmatrix}\boldsymbol{A}_1 & \boldsymbol{\alpha}\\ \boldsymbol{\alpha}^{\mathrm{T}} & a_{nn}\end{pmatrix}\begin{pmatrix}\boldsymbol{P}_1 & \boldsymbol{0}\\ \boldsymbol{0} & 1\end{pmatrix}=\begin{pmatrix}\boldsymbol{I}_{n-1} & \boldsymbol{\beta}\\ \boldsymbol{\beta}^{\mathrm{T}} & a_{nn}\end{pmatrix},$$

这里 $\boldsymbol{\beta}=\boldsymbol{P}_1^{\mathrm{T}}\boldsymbol{\alpha}$. 取 $\boldsymbol{P}=\begin{pmatrix}\boldsymbol{I}_{n-1} & -\boldsymbol{\beta}\\ \boldsymbol{0} & 1\end{pmatrix}$, 则 $\boldsymbol{P}$ 可逆, 并且

$$\boldsymbol{P}^{\mathrm{T}}\boldsymbol{Q}^{\mathrm{T}}\boldsymbol{A}\boldsymbol{Q}\boldsymbol{P}=\begin{pmatrix}\boldsymbol{I}_{n-1} & \boldsymbol{0}\\ \boldsymbol{0} & -\boldsymbol{\beta}^{\mathrm{T}}\boldsymbol{\beta}+a_{nn}\end{pmatrix}.$$

因为

$$-\boldsymbol{\beta}^{\mathrm{T}}\boldsymbol{\beta}+a_{nn}=\det\begin{pmatrix}\boldsymbol{I}_{n-1} & \boldsymbol{0}\\ \boldsymbol{0} & -\boldsymbol{\beta}^{\mathrm{T}}\boldsymbol{\beta}+a_{nn}\end{pmatrix}=(\det\boldsymbol{Q})^2\det\boldsymbol{A}>0,$$

所以经非退化的线性替换 $\boldsymbol{X}=\boldsymbol{QPY}$ 将二次型 $f(x_1,x_2,\cdots,x_n)=\boldsymbol{X}^{\mathrm{T}}\boldsymbol{AX}$ 化为以 $\boldsymbol{P}^{\mathrm{T}}\boldsymbol{Q}^{\mathrm{T}}\boldsymbol{AQP}$ 为矩阵的二次型 $y_1^2+\cdots+y_{n-1}^2+(-\boldsymbol{\beta}^{\mathrm{T}}\boldsymbol{\beta}+a_{nn})y_n^2$ 是正定的. 因此二次型 $f(x_1,x_2,\cdots,x_n)$ 是正定的, 即对 n 个变量的实二次型结论成立.

例 8.2.35 设 $\boldsymbol{A}$ 是 n 阶正定矩阵, $\boldsymbol{B}$ 是 n 阶半正定矩阵. 证明: $\boldsymbol{A}+\boldsymbol{B}$ 是正定矩阵.

分析 按照定义整体进行计算.

证明 因为 $\boldsymbol{A}$ 是 n 阶正定矩阵, $\boldsymbol{B}$ 是 n 阶半正定矩阵, 所以对任意一个 n 维非零实列向量 $\boldsymbol{X}$, 都有 $\boldsymbol{X}^{\mathrm{T}}\boldsymbol{AX}>0,\boldsymbol{X}^{\mathrm{T}}\boldsymbol{BX}\geqslant 0$. 因此对任意一个 n 维非零实列向量 $\boldsymbol{X}$, 都有 $\boldsymbol{X}^{\mathrm{T}}(\boldsymbol{A}+\boldsymbol{B})\boldsymbol{X}>0$, 即 $\boldsymbol{A}+\boldsymbol{B}$ 是正定的.

例 8.2.36 证明: 若 $f(x)\in F[x]$ 不可约, 则 $f(x+a)$ 也不可约 $(a\in F)$.

分析 整体作代换.

证明 假设 $f(x+a)$ 可约, 则存在次数大于零的多项式 $g(x),h(x)\in F[x]$, 使得 $f(x+a)=g(x)h(x)$. 将 $x=y-a$ 代入上式, 有 $f(y)=g(y-a)h(y-a)$. 而 $\deg g(y-a)=\deg g(y)>0,\deg h(y-a)=\deg h(y)>0$. 故 $f(y)$ 也可约. 这与已知矛盾.

例 8.2.37 求用 $x-1$ 除 $f(x)=5x^4-6x^3+x^2+4$ 所得的商式 $q_0(x)$ 及余式 r_0, 并把 $f(x)=5x^4-6x^3+x^2+4$ 按 $x-1$ 的方幂展开.

分析 整体作代换, 再换回原式. 整体看成函数, 利用泰勒 (Taylor) 公式.

解 方法一 变量替换法.

令 $y=x-1$, 则 $x=y+1$, 并代入 $f(x)=5x^4-6x^3+x^2+4$, 得

$$f(y+1)=5(y+1)^4-6(y+1)^3+(y+1)^2+4.$$

展开并化简, 得

$$f(y+1)=5y^4+14y^3+13y^2+4y+4.$$

再将 $y=x-1$ 代入上式, 得

$$f(x)=5(x-1)^4+14(x-1)^3+13(x-1)^2+4(x-1)+4.$$

方法二 利用泰勒公式.

因为

$$f(x)=f(1)+f'(1)(x-1)+\frac{f''(1)}{2!}(x-1)^2+\frac{f^{(3)}(1)}{3!}(x-1)^3+\frac{f^{(4)}(1)}{4!}(x-1)^4,$$

并且 $f(1)=4, f'(1)=4, f''(1)=26, f^{(3)}(1)=84, f^{(4)}(1)=120$, 所以

$$f(x)=4+4(x-1)+13(x-1)^2+14(x-1)^3+5(x-1)^4.$$

例 8.2.38 证明: 若 $x-1|f(x^n)$, 则 $x^n-1|f(x^n)$.

分析 整体作代换, 并利用多项式根的理论.

证明 方法一 因为 $x-1|f(x^n)$, 所以 $f(1^n)=0$, 即 $f(1)=0$. 从而 $x-1|f(x)$. 故将 x 用 x^n 代替后有 $x^n-1|f(x^n)$.

方法二 因为 $x-1|f(x^n)$, 所以 $f(1^n)=f(1)=0$. 因此对于 n 次单位根 $\omega_0,\omega_1,\cdots,\omega_{n-1}$, 有 $f(\omega_k^n)=f(1)=0$. 从而 ω_k $(k=0,1,\cdots,n-1)$ 是 $f(x^n)$ 的根. 因 $\omega_0,\omega_1,\cdots,\omega_{n-1}$ 两两互异, 故 $(x-\omega_0)(x-\omega_1)\cdots(x-\omega_{n-1})|f(x^n)$, 即 $x^n-1|f(x^n)$.

例 8.2.39 设 $a,b\in\mathbf{R}$, $\boldsymbol{\alpha}=-1+\sqrt{2}\,\mathrm{i}$ 是 $f(x)=x^3+2x^2+ax+b$ 的一个根. 求 a,b 及 $f(x)$ 在复数域 $\mathbf{C}$ 中的其他根.

分析 虚根成对定理, 整体处理再比较局部.

解 根据实系数多项式虚根成对定理, $\overline{\alpha}=-1-\sqrt{2}\,\mathrm{i}$ 也是 $f(x)$ 的根. 设另一根为 β, 则 $f(x)=(x-\alpha)(x-\overline{\alpha})(x-\beta)=(x^2+2x+3)(x-\beta)$, 即

$$x^3+2x^2+ax+b=x^3+(2-\beta)x^2+(3-2\beta)x-3\beta.$$

比较两边系数, 得 $\beta=0, a=3, b=0$.

例 8.2.40 (拉格朗日 (Lagrange) 插值公式) 设 $a_1,a_2,\cdots,a_{n+1}$ 是数域 F 中 $n+1$ 个互异的数, $b_1,b_2,\cdots,b_{n+1}$ 是数域 F 中任意 $n+1$ 个不全为零的数. 求 F 上的一个次数不超过 n 的多项式 $L(x)$, 使得 $L(a_i)=b_i$ $(i=1,2,\cdots,n+1)$.

分析 将所求公式整体上分成多个部分, 再利用现有的条件.

解 将 $L(x)$ 分为 $n+1$ 个部件, 即 $L(x)=L_1(x)+L_2(x)+\cdots+L_{n+1}(x)$, 使 $L_i(x)$ $(i=1,2,\cdots,n+1)$ 满足: 当 $j=i$ 时, $L_i(a_j)=b_i$, 否则 $L_i(a_j)=0$. 于是 $L(x)$ 满足: $L(a_i)=b_i$ $(i=1,2,\cdots,n+1)$. 因为 $L_i(a_j)=0$, 所以 $x-a_j|L_i(x)$ $(j=1,\cdots,i-1,i+1,\cdots,n+1)$. 由 $a_1,a_2,\cdots,a_{n+1}$ 的互异性可知

$$[(x-a_1)\cdots(x-a_{i-1})(x-a_{i+1})\cdots(x-a_{n+1})]|L_i(x).$$

令 $L_i(x)=(x-a_1)\cdots(x-a_{i-1})(x-a_{i+1})\cdots(x-a_{n+1})M_i$, 并将 $x=a_i$ 代入, 得

$$M_i=\frac{b_i}{(a_i-a_1)\cdots(a_i-a_{i-1})(a_i-a_{i+1})\cdots(a_i-a_{n+1})}.$$

故

$$L(x)=\sum_{i=1}^{n+1}L_i(x)=\sum_{i=1}^{n+1}\frac{b_i(x-a_1)\cdots(x-a_{i-1})(x-a_{i+1})\cdots(x-a_{n+1})}{(a_i-a_1)\cdots(a_i-a_{i-1})(a_i-a_{i+1})\cdots(a_i-a_{n+1})}.$$

例 8.2.41 求下列向量空间的同构映射 f.

(1) f: $M_{m\times n}(F)\longrightarrow F^{mn}$; (2) f: $M_{2\times 2}(\mathbf{C})\longrightarrow M_{2\times 4}(\mathbf{R})$.

分析 将元素之间整体上对应, 再联系局部的表达形式.

解 (1) 对任意 $\boldsymbol{A}=(a_{ij})\in M_{m\times n}(F)$, 定义

$$f\colon \boldsymbol{A}\mapsto(a_{11},\cdots,a_{1n},a_{21},\cdots,a_{2n},\cdots,a_{m1},\cdots,a_{mn}).$$

易知 f 是双射, 且保持加法和数乘运算. 于是 f 是 $M_{m\times n}(F)$ 到 F^{mn} 的一个同构映射.

(2) 对任意 $\boldsymbol{A}\in M_{2\times 2}(\mathbf{C})$, 定义

$$f\colon \boldsymbol{A}=\begin{pmatrix}a_1+b_1\mathrm{i} & a_2+b_2\mathrm{i}\\ a_3+b_3\mathrm{i} & a_4+b_4\mathrm{i}\end{pmatrix}\mapsto\begin{pmatrix}a_1 & b_1 & a_2 & b_2\\ a_3 & b_3 & a_4 & b_4\end{pmatrix}.$$

显然 f 是双射, 且保持加法和数乘运算. 因此 f 是 $M_{2\times 2}(\mathbf{C})$ 到 $M_{2\times 4}(\mathbf{R})$ 的一个同构映射.

例 8.2.42 设 $\{\boldsymbol{\alpha}_1,\boldsymbol{\alpha}_2,\cdots,\boldsymbol{\alpha}_n\}$ 是数域 F 上 n 维向量空间 V 的一个基, $(c_1,c_2,\cdots,c_n)^{\mathrm{T}}$ 为线性方程组

$$a_1x_1+a_2x_2+\cdots+a_nx_n=0 \tag{8.11}$$

的一个任意解, 其中 $a_1,a_2,\cdots,a_n$ 不全为零. 令

$$W=\left\{\sum_{i=1}^{n}c_i\boldsymbol{\alpha}_i\,\middle|\,(c_1,c_2,\cdots,c_n)^{\mathrm{T}}\text{是方程组 (8.11) 的解}\right\}.$$

证明: $\dim W=n-1$.

分析 整体看待解的结构, 再联系解的具体表达式.

证明 易证 W 是 V 的子空间. 下证 $\dim W=n-1$.

因 $a_1,a_2,\cdots,a_n$ 不全为零, 不妨设 $a_1\neq 0$, 故 (8.11) 的同解方程组为

$$x_1=-\frac{a_2}{a_1}x_2-\cdots-\frac{a_n}{a_1}x_n,$$

其中 $x_2,x_3,\cdots,x_n$ 为自由未知量. 令

$$\begin{pmatrix} x_2 \\ x_3 \\ \vdots \\ x_n \end{pmatrix} = \begin{pmatrix} a_1 \\ 0 \\ \vdots \\ 0 \end{pmatrix}, \begin{pmatrix} 0 \\ a_1 \\ \vdots \\ 0 \end{pmatrix}, \cdots, \begin{pmatrix} 0 \\ 0 \\ \vdots \\ a_1 \end{pmatrix},$$

则得方程组 (8.11) 的一个基础解系

$$\boldsymbol{\xi}_1 = \begin{pmatrix} -a_2 \\ a_1 \\ 0 \\ \vdots \\ 0 \end{pmatrix}, \boldsymbol{\xi}_2 = \begin{pmatrix} -a_3 \\ 0 \\ a_1 \\ \vdots \\ 0 \end{pmatrix}, \cdots, \boldsymbol{\xi}_{n-1} = \begin{pmatrix} -a_n \\ 0 \\ 0 \\ \vdots \\ a_1 \end{pmatrix}.$$

因此方程组 (6.15) 的任意解为

$$\begin{aligned} \begin{pmatrix} c_1 \\ c_2 \\ \vdots \\ c_n \end{pmatrix} &= k_1\boldsymbol{\xi}_1 + k_2\boldsymbol{\xi}_2 + \cdots + k_{n-1}\boldsymbol{\xi}_{n-1} \\ &= \begin{pmatrix} -a_2 & -a_3 & \cdots & -a_n \\ a_1 & & & \\ & a_1 & & \\ & & \ddots & \\ & & & a_1 \end{pmatrix} \begin{pmatrix} k_1 \\ k_2 \\ \vdots \\ k_{n-1} \end{pmatrix}, \end{aligned}$$

这里 $k_1, k_2, \cdots, k_{n-1}$ 是数域 F 中的任意数. 于是对任意 $\boldsymbol{\alpha} \in W$, 都有

$$\begin{aligned} \boldsymbol{\alpha} = \sum_{i=1}^{n} c_i\boldsymbol{\alpha}_i &= (\boldsymbol{\alpha}_1, \boldsymbol{\alpha}_2, \cdots, \boldsymbol{\alpha}_n) \begin{pmatrix} c_1 \\ c_2 \\ \vdots \\ c_n \end{pmatrix} \\ &= (\boldsymbol{\alpha}_1, \boldsymbol{\alpha}_2, \cdots, \boldsymbol{\alpha}_n) \begin{pmatrix} -a_2 & -a_3 & \cdots & -a_n \\ a_1 & & & \\ & a_1 & & \\ & & \ddots & \\ & & & a_1 \end{pmatrix} \begin{pmatrix} k_1 \\ k_2 \\ \vdots \\ k_{n-1} \end{pmatrix} \end{aligned}$$

$$
= (-a_2\boldsymbol{\alpha}_1 + a_1\boldsymbol{\alpha}_2, -a_3\boldsymbol{\alpha}_1 + a_1\boldsymbol{\alpha}_3, \cdots, -a_n\boldsymbol{\alpha}_1 + a_1\boldsymbol{\alpha}_n)\begin{pmatrix} k_1 \\ k_2 \\ \vdots \\ k_{n-1} \end{pmatrix}.
$$

令

$$
\boldsymbol{\beta}_1 = -a_2\boldsymbol{\alpha}_1 + a_1\boldsymbol{\alpha}_2, \boldsymbol{\beta}_2 = -a_3\boldsymbol{\alpha}_1 + a_1\boldsymbol{\alpha}_3, \cdots, \boldsymbol{\beta}_{n-1} = -a_n\boldsymbol{\alpha}_1 + a_1\boldsymbol{\alpha}_n,
$$

则 $\boldsymbol{\beta}_1, \boldsymbol{\beta}_2, \cdots, \boldsymbol{\beta}_{n-1} \in W$, 且 $\{\boldsymbol{\beta}_1, \boldsymbol{\beta}_2, \cdots, \boldsymbol{\beta}_{n-1}\}$ 线性无关. 从而 $\{\boldsymbol{\beta}_1, \boldsymbol{\beta}_2, \cdots, \boldsymbol{\beta}_{n-1}\}$ 是 W 的一个基. 故 $\dim W = n-1$.

例 8.2.43 设 $\boldsymbol{A}, \boldsymbol{B}$ 分别是数域 F 上的 $s \times n, s \times m$ 矩阵. 证明: 秩 $\boldsymbol{A} =$ 秩$(\boldsymbol{A}, \boldsymbol{B})$ 当且仅当 $\boldsymbol{B}$ 的列向量组可以由 $\boldsymbol{A}$ 的列向量组线性表示.

分析 整体分块, 再联系局部与向量组表达式的关系.

证明 设 $\boldsymbol{A}$ 的列向量为 $\boldsymbol{\alpha}_1, \boldsymbol{\alpha}_2, \cdots, \boldsymbol{\alpha}_n$, $\boldsymbol{B}$ 的列向量为 $\boldsymbol{\beta}_1, \boldsymbol{\beta}_2, \cdots, \boldsymbol{\beta}_m$, 则矩阵 $(\boldsymbol{A}, \boldsymbol{B})$ 的列向量为 $\boldsymbol{\alpha}_1, \boldsymbol{\alpha}_2, \cdots, \boldsymbol{\alpha}_n, \boldsymbol{\beta}_1, \boldsymbol{\beta}_2, \cdots, \boldsymbol{\beta}_m$. 显然

$$
\mathscr{L}(\boldsymbol{\alpha}_1, \boldsymbol{\alpha}_2, \cdots, \boldsymbol{\alpha}_n) \subseteq \mathscr{L}(\boldsymbol{\alpha}_1, \boldsymbol{\alpha}_2, \cdots, \boldsymbol{\alpha}_n, \boldsymbol{\beta}_1, \boldsymbol{\beta}_2, \cdots, \boldsymbol{\beta}_m).
$$

于是秩 $\boldsymbol{A} =$ 秩 $(\boldsymbol{A}, \boldsymbol{B})$ 当且仅当

$$
\mathscr{L}(\boldsymbol{\alpha}_1, \boldsymbol{\alpha}_2, \cdots, \boldsymbol{\alpha}_n) = \mathscr{L}(\boldsymbol{\alpha}_1, \boldsymbol{\alpha}_2, \cdots, \boldsymbol{\alpha}_n, \boldsymbol{\beta}_1, \boldsymbol{\beta}_2, \cdots, \boldsymbol{\beta}_m),
$$

当且仅当 $\boldsymbol{\beta}_1, \boldsymbol{\beta}_2, \cdots, \boldsymbol{\beta}_m \in \mathscr{L}(\boldsymbol{\alpha}_1, \boldsymbol{\alpha}_2, \cdots, \boldsymbol{\alpha}_n)$, 当且仅当 $\boldsymbol{B}$ 的列向量组可以由 $\boldsymbol{A}$ 的列向量组线性表示.

例 8.2.44 设 $\boldsymbol{A}, \boldsymbol{B}$ 分别为 $m \times n$ 与 $m \times s$ 矩阵, $\boldsymbol{X}$ 为 $n \times s$ 未知矩阵. 证明: 矩阵方程 $\boldsymbol{AX} = \boldsymbol{B}$ 有解当且仅当秩 $\boldsymbol{A} =$ 秩$(\boldsymbol{A}, \boldsymbol{B})$, 且当秩 $\boldsymbol{A} =$ 秩$(\boldsymbol{A}, \boldsymbol{B}) = n$ 时, $\boldsymbol{AX} = \boldsymbol{B}$ 有唯一解; 当秩 $\boldsymbol{A} =$ 秩$(\boldsymbol{A}, \boldsymbol{B}) < n$ 时, $\boldsymbol{AX} = \boldsymbol{B}$ 有无穷多解.

分析 整体按列分块, 再联系局部与向量组表达式的关系.

证明 将 $\boldsymbol{A}, \boldsymbol{X}, \boldsymbol{B}$ 按列分块为

$$
\boldsymbol{A} = (\boldsymbol{\alpha}_1, \boldsymbol{\alpha}_2, \cdots, \boldsymbol{\alpha}_n), \quad \boldsymbol{X} = (\boldsymbol{X}_1, \boldsymbol{X}_2, \cdots, \boldsymbol{X}_s), \quad \boldsymbol{B} = (\boldsymbol{\beta}_1, \boldsymbol{\beta}_2, \cdots, \boldsymbol{\beta}_s).
$$

必要性. 若 $\boldsymbol{AX} = \boldsymbol{B}$ 有解 $\boldsymbol{X} = (k_{ij})$, 则

$$
\boldsymbol{\beta}_1 = k_{11}\boldsymbol{\alpha}_1 + k_{21}\boldsymbol{\alpha}_2 + \cdots + k_{n1}\boldsymbol{\alpha}_n, \cdots, \boldsymbol{\beta}_s = k_{1s}\boldsymbol{\alpha}_1 + k_{2s}\boldsymbol{\alpha}_2 + \cdots + k_{ns}\boldsymbol{\alpha}_n.
$$

于是 $\boldsymbol{B}$ 的列向量组可由 $\boldsymbol{A}$ 的列向量组线性表示. 因此秩 $\boldsymbol{A} =$ 秩$(\boldsymbol{A}, \boldsymbol{B})$.

充分性. 若秩 $\boldsymbol{A} =$ 秩$(\boldsymbol{A}, \boldsymbol{B})$, 则 $\boldsymbol{B}$ 的列向量组必是 $\boldsymbol{A}$ 的列向量组的线性组合, 且以组合系数为列向量所构成的 $n \times s$ 矩阵便是 $\boldsymbol{AX} = \boldsymbol{B}$ 的解.

由秩 $\boldsymbol{A} \leqslant$ 秩$(\boldsymbol{A}, \boldsymbol{\beta}_j) \leqslant$ 秩$(\boldsymbol{A}, \boldsymbol{B})$ 知, 当秩 $\boldsymbol{A} =$ 秩$(\boldsymbol{A}, \boldsymbol{B}) = n$ 时, 秩 $\boldsymbol{A} =$ 秩$(\boldsymbol{A}, \boldsymbol{\beta}_j) = n$, 每个 n 元线性方程组 $\boldsymbol{AX}_j = \boldsymbol{\beta}_j$ 有唯一解, 从而矩阵方程 $\boldsymbol{AX} = \boldsymbol{B}$ 有唯一解; 当秩 $\boldsymbol{A} =$ 秩$(\boldsymbol{A}, \boldsymbol{B}) < n$ 时, 秩 $\boldsymbol{A} =$ 秩$(\boldsymbol{A}, \boldsymbol{\beta}_j) < n$, 每个 n 元线性方程组 $\boldsymbol{AX}_j = \boldsymbol{\beta}_j$ 有无穷多解, 因此矩阵方程 $\boldsymbol{AX} = \boldsymbol{B}$ 有无穷多解.

例8.2.45　设 $\boldsymbol{Y} \in M_n(F), f(x), g(x) \in F[x]$, 且 $(f(x), g(x)) = 1, \boldsymbol{A} = f(\boldsymbol{Y})$, $\boldsymbol{B} = g(\boldsymbol{Y})$, 而 W, W_1, W_2 分别是线性方程组 $\boldsymbol{ABX} = \boldsymbol{0}, \boldsymbol{AX} = \boldsymbol{0}, \boldsymbol{BX} = \boldsymbol{0}$ 的解空间. 证明: $W = W_1 \oplus W_2$.

分析　将多项式整体代入矩阵, 再利用相乘的交换性.

证明　因为 $\boldsymbol{A}, \boldsymbol{B}$ 都是 $\boldsymbol{Y}$ 的多项式, 所以 $\boldsymbol{AB} = \boldsymbol{BA}$. 由于 $(f(x), g(x)) = 1$, 因此存在 $u(x), v(x) \in F[x]$, 使得 $u(x)f(x) + v(x)g(x) = 1$. 于是 $u(\boldsymbol{Y})\boldsymbol{A} + v(\boldsymbol{Y})\boldsymbol{B} = \boldsymbol{I}$. 任取 $\boldsymbol{X} \in W$, 则 $\boldsymbol{ABX} = \boldsymbol{0}$. 从而

$$\boldsymbol{X} = u(\boldsymbol{Y})\boldsymbol{AX} + v(\boldsymbol{Y})\boldsymbol{BX}.$$

因 $\boldsymbol{B}[u(\boldsymbol{Y})\boldsymbol{AX}] = u(\boldsymbol{Y})\boldsymbol{BAX} = u(\boldsymbol{Y})\boldsymbol{ABX} = \boldsymbol{0}$, 故 $u(\boldsymbol{Y})\boldsymbol{AX} \in W_2$. 同理可得 $v(\boldsymbol{Y})\boldsymbol{BX} \in W_1$. 于是 $W = W_1 + W_2$. 由于对任意 $\boldsymbol{X} \in W_1 \cap W_2$, $\boldsymbol{AX} = \boldsymbol{0}, \boldsymbol{BX} = \boldsymbol{0}$, 因此 $\boldsymbol{X} = \boldsymbol{0}$. 从而 $W_1 \cap W_2 = \{\boldsymbol{0}\}$. 故 $W = W_1 \oplus W_2$.

例8.2.46　设 V 是一个欧氏空间, $\boldsymbol{0} \neq \boldsymbol{\alpha} \in V, \boldsymbol{\alpha}_1, \boldsymbol{\alpha}_2, \cdots, \boldsymbol{\alpha}_m \in V$ 满足条件

$$\langle \boldsymbol{\alpha}_i, \boldsymbol{\alpha} \rangle > 0 \ (i = 1, 2, \cdots, m), \quad \langle \boldsymbol{\alpha}_i, \boldsymbol{\alpha}_j \rangle \leqslant 0 \ (i, j = 1, 2, \cdots, m, \ i \neq j).$$

证明: $\boldsymbol{\alpha}_1, \boldsymbol{\alpha}_2, \cdots, \boldsymbol{\alpha}_m$ 线性无关.

分析　整体表达之后, 在局部将系数分类, 精细具体化.

证明　设存在一组数 $k_1, k_2, \cdots, k_m \in \mathbf{R}$, 使得

$$k_1\boldsymbol{\alpha}_1 + k_2\boldsymbol{\alpha}_2 + \cdots + k_m\boldsymbol{\alpha}_m = \boldsymbol{0},$$

且不妨设 $k_1, \cdots, k_r \geqslant 0, k_{r+1}, \cdots, k_m \leqslant 0 \ (1 \leqslant r \leqslant m)$ (否则重新编号使之成立). 令 $\boldsymbol{\beta} = k_1\boldsymbol{\alpha}_1 + \cdots + k_r\boldsymbol{\alpha}_r = -k_{r+1}\boldsymbol{\alpha}_{r+1} - \cdots - k_m\boldsymbol{\alpha}_m$, 则

$$\begin{aligned}\langle \boldsymbol{\beta}, \boldsymbol{\beta} \rangle &= \langle k_1\boldsymbol{\alpha}_1 + \cdots + k_r\boldsymbol{\alpha}_r, -k_{r+1}\boldsymbol{\alpha}_{r+1} - \cdots - k_m\boldsymbol{\alpha}_m \rangle \\ &= \sum_{i=1}^{r} \sum_{j=r+1}^{m} k_i(-k_j)\langle \boldsymbol{\alpha}_i, \boldsymbol{\alpha}_j \rangle.\end{aligned}$$

由已知和假设, 得 $\langle \boldsymbol{\beta}, \boldsymbol{\beta} \rangle \leqslant 0$. 而由内积的定义知, $\langle \boldsymbol{\beta}, \boldsymbol{\beta} \rangle \geqslant 0$. 因此 $\boldsymbol{\beta} = \boldsymbol{0}$, 即

$$k_1\boldsymbol{\alpha}_1 + \cdots + k_r\boldsymbol{\alpha}_r = \boldsymbol{0}, \quad k_{r+1}\boldsymbol{\alpha}_{r+1} + \cdots + k_m\boldsymbol{\alpha}_m = \boldsymbol{0}.$$

从而

$$\begin{aligned}0 &= \langle k_1\boldsymbol{\alpha}_1 + k_2\boldsymbol{\alpha}_2 + \cdots + k_r\boldsymbol{\alpha}_r, \boldsymbol{\alpha} \rangle = k_1\langle \boldsymbol{\alpha}_1, \boldsymbol{\alpha} \rangle + \cdots + k_r\langle \boldsymbol{\alpha}_r, \boldsymbol{\alpha} \rangle, \\ 0 &= \langle k_{r+1}\boldsymbol{\alpha}_{r+1} + \cdots + k_m\boldsymbol{\alpha}_m, \boldsymbol{\alpha} \rangle = k_{r+1}\langle \boldsymbol{\alpha}_{r+1}, \boldsymbol{\alpha} \rangle + \cdots + k_m\langle \boldsymbol{\alpha}_m, \boldsymbol{\alpha} \rangle.\end{aligned}$$

因为 $k_i\langle \boldsymbol{\alpha}_i, \boldsymbol{\alpha} \rangle \geqslant 0 \ (1 \leqslant i \leqslant r), k_j\langle \boldsymbol{\alpha}_j, \boldsymbol{\alpha} \rangle \leqslant 0 \ (r+1 \leqslant j \leqslant m)$, 所以由上面两个式子, 得 $k_i\langle \boldsymbol{\alpha}_i, \boldsymbol{\alpha} \rangle = 0 \ (1 \leqslant i \leqslant r), k_j\langle \boldsymbol{\alpha}_j, \boldsymbol{\alpha} \rangle = 0 \ (r+1 \leqslant j \leqslant m)$. 于是 $k_l = 0 \ (l = 1, 2, \cdots, m)$. 故 $\boldsymbol{\alpha}_1, \boldsymbol{\alpha}_2, \cdots, \boldsymbol{\alpha}_m$ 线性无关.

例 8.2.47　设 n 维欧氏空间 V 的基 $\{\boldsymbol{\alpha}_1, \boldsymbol{\alpha}_2, \cdots, \boldsymbol{\alpha}_n\}$ 的度量矩阵为 $\boldsymbol{G}$, V 的线性变换 σ 在该基下的矩阵为 $\boldsymbol{A}$. 证明:

(1) 若 σ 是正交变换, 则 $\boldsymbol{A}^{\mathrm{T}}\boldsymbol{G}\boldsymbol{A}=\boldsymbol{G}$;

(2) 若 σ 是对称变换, 则 $\boldsymbol{A}^{\mathrm{T}}\boldsymbol{G}=\boldsymbol{G}\boldsymbol{A}$.

分析 将矩阵的整体性质转化为元素之间的局部乘积关系.

证明 (1) 因为 σ 是正交变换, 所以 σ 可逆. 于是向量组 $\{\sigma(\boldsymbol{\alpha}_1),\sigma(\boldsymbol{\alpha}_2),\cdots,\sigma(\boldsymbol{\alpha}_n)\}$ 也是 V 的一个基. 因 $\langle\sigma(\boldsymbol{\alpha}_i),\sigma(\boldsymbol{\alpha}_j)\rangle=\langle\boldsymbol{\alpha}_i,\boldsymbol{\alpha}_j\rangle$, 故基 $\{\sigma(\boldsymbol{\alpha}_1),\sigma(\boldsymbol{\alpha}_2),\cdots,\sigma(\boldsymbol{\alpha}_n)\}$ 的度量矩阵也是 $\boldsymbol{G}$. 由 σ 在基 $\{\boldsymbol{\alpha}_1,\boldsymbol{\alpha}_2,\cdots,\boldsymbol{\alpha}_n\}$ 下的矩阵为 $\boldsymbol{A}$ 知, 由基 $\{\boldsymbol{\alpha}_1,\boldsymbol{\alpha}_2,\cdots,\boldsymbol{\alpha}_n\}$ 到基 $\{\sigma(\boldsymbol{\alpha}_1),\sigma(\boldsymbol{\alpha}_2),\cdots,\sigma(\boldsymbol{\alpha}_n)\}$ 的过渡矩阵为 $\boldsymbol{A}$. 从而 $\boldsymbol{A}^{\mathrm{T}}\boldsymbol{G}\boldsymbol{A}=\boldsymbol{G}$.

(2) 设 $\boldsymbol{A}=(a_{ij})$, $\boldsymbol{G}=(g_{ij})$, 其中 $g_{ij}=\langle\boldsymbol{\alpha}_i,\boldsymbol{\alpha}_j\rangle$. 因为 σ 是对称变换, 所以 $\langle\sigma(\boldsymbol{\alpha}_i),\boldsymbol{\alpha}_j\rangle=\langle\boldsymbol{\alpha}_i,\sigma(\boldsymbol{\alpha}_j)\rangle$. 因此有 $\left\langle\sum\limits_{k=1}^{n}a_{ki}\boldsymbol{\alpha}_k,\boldsymbol{\alpha}_j\right\rangle=\left\langle\boldsymbol{\alpha}_i,\sum\limits_{k=1}^{n}a_{kj}\boldsymbol{\alpha}_k\right\rangle$. 于是 $\sum\limits_{k=1}^{n}a_{ki}\langle\boldsymbol{\alpha}_k,\boldsymbol{\alpha}_j\rangle=\sum\limits_{k=1}^{n}\langle\boldsymbol{\alpha}_i,\boldsymbol{\alpha}_k\rangle a_{kj}$, 即 $\sum\limits_{k=1}^{n}a_{ki}g_{kj}=\sum\limits_{k=1}^{n}g_{ik}a_{kj}$. 从而

$$
\begin{aligned}
&(a_{1i},a_{2i},\cdots,a_{ni})(g_{1j},g_{2j},\cdots,g_{nj})^{\mathrm{T}}\\
=&(g_{i1},g_{i2},\cdots,g_{in})(a_{1j},a_{2j},\cdots,a_{nj})^{\mathrm{T}}.
\end{aligned}
$$

因此 $\boldsymbol{A}^{\mathrm{T}}\boldsymbol{G}=\boldsymbol{G}\boldsymbol{A}$.

例 8.2.48 设 $\{\boldsymbol{\alpha}_1,\boldsymbol{\alpha}_2,\cdots,\boldsymbol{\alpha}_r\}$ 与 $\{\boldsymbol{\beta}_1,\boldsymbol{\beta}_2,\cdots,\boldsymbol{\beta}_r\}$ 是 n 维欧氏空间 V 的两个向量组. 证明: 存在正交变换 σ, 使 $\sigma(\boldsymbol{\alpha}_i)=\boldsymbol{\beta}_i$ $(i=1,2,\cdots,r)$ 的充要条件是

$$\langle\boldsymbol{\alpha}_i,\boldsymbol{\alpha}_j\rangle=\langle\boldsymbol{\beta}_i,\boldsymbol{\beta}_j\rangle\quad(i,j=1,2,\cdots,r).$$

分析 将元素之间局部内积性质与整体线性组合结合起来.

证明 必要性. 设存在正交变换 σ, 使得 $\sigma(\boldsymbol{\alpha}_i)=\boldsymbol{\beta}_i$ $(i=1,2,\cdots,r)$, 则

$$\langle\boldsymbol{\beta}_i,\boldsymbol{\beta}_j\rangle=\langle\sigma(\boldsymbol{\alpha}_i),\sigma(\boldsymbol{\alpha}_j)\rangle=\langle\boldsymbol{\alpha}_i,\boldsymbol{\alpha}_j\rangle\quad(i,j=1,2,\cdots,r).$$

充分性. 设 $\langle\boldsymbol{\alpha}_i,\boldsymbol{\alpha}_j\rangle=\langle\boldsymbol{\beta}_i,\boldsymbol{\beta}_j\rangle$ $(i,j=1,2,\cdots,r)$. 令

$$W_1=\mathscr{L}(\boldsymbol{\alpha}_1,\boldsymbol{\alpha}_2,\cdots,\boldsymbol{\alpha}_r),\quad W_2=\mathscr{L}(\boldsymbol{\beta}_1,\boldsymbol{\beta}_2,\cdots,\boldsymbol{\beta}_r),$$

则 $V=W_1\oplus W_1^{\perp}=W_2\oplus W_2^{\perp}$. 定义

$$f_1\colon W_1\to W_2,k_1\boldsymbol{\alpha}_1+\cdots+k_r\boldsymbol{\alpha}_r\mapsto k_1\boldsymbol{\beta}_1+\cdots+k_r\boldsymbol{\beta}_r.$$

易证 f_1 是映射. 对任意 $\boldsymbol{\alpha}=\sum\limits_{i=1}^{r}k_i\boldsymbol{\alpha}_i\in\operatorname{Ker}f_1$ $(\subseteq W_1)$, 由 $\boldsymbol{0}=f_1(\boldsymbol{\alpha})=\sum\limits_{i=1}^{r}k_i\boldsymbol{\beta}_i$ 知

$$0=\left\langle\sum_{i=1}^{r}k_i\boldsymbol{\beta}_i,\sum_{j=1}^{r}k_j\boldsymbol{\beta}_j\right\rangle=\sum_{i=1}^{r}\sum_{j=1}^{r}k_ik_j\langle\boldsymbol{\beta}_i,\boldsymbol{\beta}_j\rangle$$

$$=\sum_{i=1}^{r}\sum_{j=1}^{r}k_ik_j\langle\boldsymbol{\alpha}_i,\boldsymbol{\alpha}_j\rangle=\langle\boldsymbol{\alpha},\boldsymbol{\alpha}\rangle,$$

于是 $\boldsymbol{\alpha}=\mathbf{0}$. 因此 f_1 是单射. 显然 f_1 是满射. 又因为 f_1 保持加法和数乘运算, 并且保持向量内积不变, 所以 f_1 是 W_1 到 W_2 的一个同构映射. 故 $\dim W_1=\dim W_2$. 从而 $\dim W_1^{\perp}=\dim W_2^{\perp}$. 因此 $W_1^{\perp}$ 与 $W_2^{\perp}$ 同构. 假设 f_2 是 $W_1^{\perp}$ 到 $W_2^{\perp}$ 的一个同构映射. 对任意 $\boldsymbol{\alpha}\in V$, 存在 $\boldsymbol{\alpha}_1\in W_1,\boldsymbol{\alpha}_1'\in W_1^{\perp}$, 使得 $\boldsymbol{\alpha}=\boldsymbol{\alpha}_1+\boldsymbol{\alpha}_1'$, 令 $\sigma(\boldsymbol{\alpha})=f_1(\boldsymbol{\alpha}_1)+f_2(\boldsymbol{\alpha}_1')$. 易证 σ 是 V 的一个线性变换, 且保持向量内积不变. 因此 σ 是 V 的正交变换, 并且 $\sigma(\boldsymbol{\alpha}_i)=\sigma(\boldsymbol{\alpha}_i+\mathbf{0})=f_1(\boldsymbol{\alpha}_i)+f_2(\mathbf{0})=\boldsymbol{\beta}_i,i=1,2,\cdots,r$.

例 8.2.49　设 $\{\boldsymbol{\varepsilon}_1,\boldsymbol{\varepsilon}_2,\cdots,\boldsymbol{\varepsilon}_n\}$ 是有限维欧氏空间 V 的一个规范正交组. 若对任意 $\boldsymbol{\alpha}\in V$, 都有 $\sum\limits_{i=1}^{n}\langle\boldsymbol{\alpha},\boldsymbol{\varepsilon}_i\rangle^2=|\boldsymbol{\alpha}|^2$. 证明: $\dim V=n$.

分析　将向量空间整体上分解为部分直和, 再利用已知的正交性质.

证明　令 $W=\mathscr{L}(\boldsymbol{\varepsilon}_1,\boldsymbol{\varepsilon}_2,\cdots,\boldsymbol{\varepsilon}_n)$, 则 $V=W\oplus W^{\perp}$. 对任意 $\boldsymbol{\alpha}\in V$, 设

$$\boldsymbol{\alpha}=\sum_{i=1}^{n}k_i\boldsymbol{\varepsilon}_i+\boldsymbol{\beta},$$

其中 $\boldsymbol{\beta}\in W^{\perp}$. 因为

$$\sum_{i=1}^{n}\langle\boldsymbol{\alpha},\boldsymbol{\varepsilon}_i\rangle^2=\sum_{i=1}^{n}\left\langle\sum_{j=1}^{n}k_j\boldsymbol{\varepsilon}_j+\boldsymbol{\beta},\boldsymbol{\varepsilon}_i\right\rangle^2=\sum_{i=1}^{n}k_i^2,$$

$$|\boldsymbol{\alpha}|^2=\langle\boldsymbol{\alpha},\boldsymbol{\alpha}\rangle=\left\langle\sum_{i=1}^{n}k_i\boldsymbol{\varepsilon}_i+\boldsymbol{\beta},\sum_{j=1}^{n}k_j\boldsymbol{\varepsilon}_j+\boldsymbol{\beta}\right\rangle=\sum_{i=1}^{n}k_i^2+\langle\boldsymbol{\beta},\boldsymbol{\beta}\rangle,$$

所以 $\langle\boldsymbol{\beta},\boldsymbol{\beta}\rangle=0$. 因此 $\boldsymbol{\beta}=\mathbf{0}$. 由此可得 $W^{\perp}=\{\mathbf{0}\}$. 故 $\dim V=n$.

例 8.2.50　设 V 和 V' 是两个 n 维欧氏空间, $\{\boldsymbol{\alpha}_1,\boldsymbol{\alpha}_2,\cdots,\boldsymbol{\alpha}_n\}$ 是 V 的一个基, f 是 V 到 V' 的一个线性映射. 证明: f 是欧氏空间 V 到 V' 的同构映射的充要条件是 $\langle f(\boldsymbol{\alpha}_i),f(\boldsymbol{\alpha}_j)\rangle=\langle\boldsymbol{\alpha}_i,\boldsymbol{\alpha}_j\rangle,i,j=1,2,\cdots,n$.

分析　由部分向量内积到整体求和, 并利用内积的基本性质.

证明　必要性. 设 f 是欧氏空间 V 到 V' 的同构映射, 则对任意 $\boldsymbol{\alpha},\boldsymbol{\beta}\in V$, 都有 $\langle f(\boldsymbol{\alpha}),f(\boldsymbol{\beta})\rangle=\langle\boldsymbol{\alpha},\boldsymbol{\beta}\rangle$. 因此 $\langle f(\boldsymbol{\alpha}_i),f(\boldsymbol{\alpha}_j)\rangle=\langle\boldsymbol{\alpha}_i,\boldsymbol{\alpha}_j\rangle,i,j=1,2,\cdots,n$.

充分性. 设 $\langle f(\boldsymbol{\alpha}_i),f(\boldsymbol{\alpha}_j)\rangle=\langle\boldsymbol{\alpha}_i,\boldsymbol{\alpha}_j\rangle,i,j=1,2,\cdots,n$. 若 $\sum\limits_{i=1}^{n}a_if(\boldsymbol{\alpha}_i)=\mathbf{0}$, 则

$$0=\left\langle\sum_{i=1}^{n}a_if(\boldsymbol{\alpha}_i),\sum_{j=1}^{n}a_jf(\boldsymbol{\alpha}_j)\right\rangle=\sum_{i=1}^{n}\sum_{j=1}^{n}a_ia_j\langle f(\boldsymbol{\alpha}_i),f(\boldsymbol{\alpha}_j)\rangle$$

$$=\sum_{i=1}^{n}\sum_{j=1}^{n}a_ia_j\langle\boldsymbol{\alpha}_i,\boldsymbol{\alpha}_j\rangle=\left\langle\sum_{i=1}^{n}a_i\boldsymbol{\alpha}_i,\sum_{j=1}^{n}a_j\boldsymbol{\alpha}_j\right\rangle.$$

因此 $\sum\limits_{i=1}^{n}a_i\boldsymbol{\alpha}_i=\mathbf{0}$. 由 $\{\boldsymbol{\alpha}_1,\boldsymbol{\alpha}_2,\cdots,\boldsymbol{\alpha}_n\}$ 是 V 的基知, $a_1=a_2=\cdots=a_n=0$. 于是 $f(\boldsymbol{\alpha}_1),f(\boldsymbol{\alpha}_2),\cdots,f(\boldsymbol{\alpha}_n)$ 为 V' 的基. 从而进一步可证 f 是 V 到 V' 的双射, 且对任意 $\boldsymbol{\alpha}=\sum\limits_{i=1}^{n}a_i\boldsymbol{\alpha}_i,\boldsymbol{\beta}=\sum\limits_{j=1}^{n}b_j\boldsymbol{\alpha}_j\in V$, 都有 $\langle f(\boldsymbol{\alpha}),f(\boldsymbol{\beta})\rangle=\langle\boldsymbol{\alpha},\boldsymbol{\beta}\rangle$. 故 f 是 V 到 V' 的同构映射.

例 8.2.51　设数域 F 上向量空间 V 的向量组 $\{\boldsymbol{\alpha}_1,\boldsymbol{\alpha}_2,\cdots,\boldsymbol{\alpha}_r\}$ 线性相关, 但其中任意 $r-1$ 个向量都线性无关. 证明: 如果存在两个等式

$$k_1\boldsymbol{\alpha}_1+k_2\boldsymbol{\alpha}_2+\cdots+k_r\boldsymbol{\alpha}_r=\mathbf{0},\quad l_1\boldsymbol{\alpha}_1+l_2\boldsymbol{\alpha}_2+\cdots+l_r\boldsymbol{\alpha}_r=\mathbf{0},$$

其中 $l_1\neq 0$, 那么

$$\frac{k_1}{l_1}=\frac{k_2}{l_2}=\cdots=\frac{k_r}{l_r}.$$

分析　通过部分元素的性质, 研究整体线性性质.

证明　因 $l_1\neq 0$, 故 $l_2,\cdots,l_r$ 都不等于零. 否则, 若某个 $l_i=0\ (i\neq 1)$, 则

$$l_1\boldsymbol{\alpha}_1+\cdots+l_{i-1}\boldsymbol{\alpha}_{i-1}+l_{i+1}\boldsymbol{\alpha}_{i+1}+\cdots+l_r\boldsymbol{\alpha}_r=\mathbf{0}.$$

由于任意 $r-1$ 个向量都线性无关, 因此 $l_1=0$. 矛盾. 由题设条件, 得

$$k_1l_1\boldsymbol{\alpha}_1+k_2l_1\boldsymbol{\alpha}_2+\cdots+k_rl_1\boldsymbol{\alpha}_r=\mathbf{0},\quad k_1l_1\boldsymbol{\alpha}_1+k_1l_2\boldsymbol{\alpha}_2+\cdots+k_1l_r\boldsymbol{\alpha}_r=\mathbf{0}.$$

两式相减, 得

$$(k_2l_1-k_1l_2)\boldsymbol{\alpha}_2+(k_3l_1-k_1l_3)\boldsymbol{\alpha}_3+\cdots+(k_rl_1-k_1l_r)\boldsymbol{\alpha}_r=\mathbf{0}.$$

因为 $\boldsymbol{\alpha}_2,\cdots,\boldsymbol{\alpha}_r$ 线性无关, 所以 $k_il_1-k_1l_i=0,i=2,3,\cdots,r$. 故结论成立.

例 8.2.52　求下列向量空间的维数和一个基.

(1) 实数域 $\mathbf{R}$ 上由矩阵 $\boldsymbol{A}=\begin{pmatrix}1&0&0\\0&\omega&0\\0&0&\omega^2\end{pmatrix}$ 的全体实系数多项式组成的向量空间 $V=\{f(\boldsymbol{A})|f(x)\in\mathbf{R}[x]\}$, 其中 $\omega=\dfrac{-1+\sqrt{3}\mathrm{i}}{2}$;

(2) $M_3(F)$ 中所有与矩阵 $\boldsymbol{A}=\begin{pmatrix}1&0&0\\0&1&0\\3&1&2\end{pmatrix}$ 可交换的矩阵构成的向量空间 $V=\{\boldsymbol{B}|\boldsymbol{AB}=\boldsymbol{BA},\boldsymbol{B}\in M_3(F)\}$.

分析　将矩阵的幂的问题, 与对角线元素的性质相联系.

解 (1) 因为 $\omega^2=\dfrac{-1-\sqrt{3}\mathrm{i}}{2},\omega^3=1$, 所以

$$\omega^n=\begin{cases}1, & n=3k,\\ \omega, & n=3k+1,\\ \omega^2, & n=3k+2,\end{cases}\quad k\in\mathbf{Z}.$$

因此

$$\boldsymbol{A}^n=\begin{cases}\boldsymbol{I}, & n=3k,\\ \boldsymbol{A}, & n=3k+1,\\ \boldsymbol{A}^2, & n=3k+2,\end{cases}\quad k\in\mathbf{Z}.$$

故对任意 $f(\boldsymbol{A})\in V$, $f(\boldsymbol{A})$ 可表示为 $\{\boldsymbol{I},\boldsymbol{A},\boldsymbol{A}^2\}$ 的线性组合.

下证 $\{\boldsymbol{I},\boldsymbol{A},\boldsymbol{A}^2\}$ 线性无关.

设 $k_0\boldsymbol{I}+k_1\boldsymbol{A}+k_2\boldsymbol{A}^2=\boldsymbol{0}$, 则

$$\begin{cases}k_0+k_1+k_2=0,\\ k_0+k_1\omega+k_2\omega^2=0,\\ k_0+k_1\omega^2+k_2\omega=0.\end{cases}$$

由于系数行列式 $D=3(\omega^2-\omega)\neq 0$, 因此该方程组只有零解 $k_0=k_1=k_2=0$.

从而 $\{\boldsymbol{I},\boldsymbol{A},\boldsymbol{A}^2\}$ 是 V 的一个基, $\dim V=3$.

(2) 设 $\boldsymbol{B}=\begin{pmatrix}a_1 & a_2 & a_3\\ b_1 & b_2 & b_3\\ c_1 & c_2 & c_3\end{pmatrix}\in V$, 使得 $\boldsymbol{AB}=\boldsymbol{BA}$, 则 $\begin{cases}a_3=b_3=0,\\ c_1=3c_3-3a_1-b_1,\\ c_2=c_3-3a_2-b_2.\end{cases}$

因此 $\boldsymbol{B}=\begin{pmatrix}a_1 & a_2 & 0\\ b_1 & b_2 & 0\\ 3c_3-3a_1-b_1 & c_3-3a_2-b_2 & c_3\end{pmatrix}$. 于是

$$\left\{\begin{pmatrix}1 & 0 & 0\\ 0 & 0 & 0\\ -3 & 0 & 0\end{pmatrix},\begin{pmatrix}0 & 1 & 0\\ 0 & 0 & 0\\ 0 & -3 & 0\end{pmatrix},\begin{pmatrix}0 & 0 & 0\\ 1 & 0 & 0\\ -1 & 0 & 0\end{pmatrix},\right.$$

$$\left.\begin{pmatrix}0 & 0 & 0\\ 0 & 1 & 0\\ 0 & -1 & 0\end{pmatrix},\begin{pmatrix}0 & 0 & 0\\ 0 & 0 & 0\\ 3 & 1 & 1\end{pmatrix}\right\}$$

是 V 的一个基, $\dim V=5$.

例 8.2.53 设 σ 是 F 上 n $(n>0)$ 维向量空间 V 的一个线性变换, $\{\boldsymbol{\alpha}_1,\boldsymbol{\alpha}_2,\cdots,\boldsymbol{\alpha}_r,\boldsymbol{\alpha}_{r+1},\cdots,\boldsymbol{\alpha}_n\}$ 是 V 的基. 证明: 如果 $\{\boldsymbol{\alpha}_1,\boldsymbol{\alpha}_2,\cdots,\boldsymbol{\alpha}_r\}$ 是 $\operatorname{Ker}\sigma$ 的基, 那么 $\{\sigma(\boldsymbol{\alpha}_{r+1}),\cdots,\sigma(\boldsymbol{\alpha}_n)\}$ 是 $\operatorname{Im}\sigma$ 的基.

分析 讨论部分组的线性相关性, 整体上来看向量组.

证明 因为 $\{\boldsymbol{\alpha}_1,\cdots,\boldsymbol{\alpha}_r\}$ 是 $\operatorname{Ker}\sigma$ 的基, 所以 $\sigma(\boldsymbol{\alpha}_i)=\mathbf{0},i=1,\cdots,r$. 故

$$\operatorname{Im}\sigma=\mathscr{L}(\sigma(\boldsymbol{\alpha}_1),\sigma(\boldsymbol{\alpha}_2),\cdots,\sigma(\boldsymbol{\alpha}_n))=\mathscr{L}(\sigma(\boldsymbol{\alpha}_{r+1}),\sigma(\boldsymbol{\alpha}_{r+2}),\cdots,\sigma(\boldsymbol{\alpha}_n)).$$

设存在 F 中的一组数 $k_{r+1},k_{r+2},\cdots,k_n$, 使得

$$k_{r+1}\sigma(\boldsymbol{\alpha}_{r+1})+k_{r+2}\sigma(\boldsymbol{\alpha}_{r+2})+\cdots+k_n\sigma(\boldsymbol{\alpha}_n)=\mathbf{0},$$

则

$$\sigma(k_{r+1}\boldsymbol{\alpha}_{r+1}+k_{r+2}\boldsymbol{\alpha}_{r+2}+\cdots+k_n\boldsymbol{\alpha}_n)=\mathbf{0}.$$

于是 $k_{r+1}\boldsymbol{\alpha}_{r+1}+k_{r+2}\boldsymbol{\alpha}_{r+2}+\cdots+k_n\boldsymbol{\alpha}_n\in\operatorname{Ker}\sigma$. 从而

$$k_{r+1}\boldsymbol{\alpha}_{r+1}+k_{r+2}\boldsymbol{\alpha}_{r+2}+\cdots+k_n\boldsymbol{\alpha}_n=k_1\boldsymbol{\alpha}_1+k_2\boldsymbol{\alpha}_2+\cdots+k_r\boldsymbol{\alpha}_r.$$

由于 $\{\boldsymbol{\alpha}_1,\cdots,\boldsymbol{\alpha}_r,\boldsymbol{\alpha}_{r+1},\cdots,\boldsymbol{\alpha}_n\}$ 是 V 的基, 因此 $k_{r+1}=\cdots=k_n=0$. 于是 $\sigma(\boldsymbol{\alpha}_{r+1}),\cdots,\sigma(\boldsymbol{\alpha}_n)$ 线性无关. 故 $\{\sigma(\boldsymbol{\alpha}_{r+1}),\cdots,\sigma(\boldsymbol{\alpha}_n)\}$ 是 $\operatorname{Im}\sigma$ 的基.

例 8.2.54 已知 $\mathbf{R}^4$ 的子空间 W 的一个基

$$\boldsymbol{\alpha}_1=(1,-1,1,-1),\quad \boldsymbol{\alpha}_2=(0,1,1,0).$$

求向量 $\boldsymbol{\alpha}=(1,-3,1,-3)$ 在 W 上的内射影.

分析 归结为内射影的定义或者几何含义.

解 方法一 设 $\boldsymbol{\beta}=(x_1,x_2,x_3,x_4)\in W^{\perp}$, 则 $\langle\boldsymbol{\beta},\boldsymbol{\alpha}_i\rangle=0,i=1,2$. 于是

$$\begin{cases}x_1-x_2+x_3-x_4=0,\\ x_2+x_3=0.\end{cases}$$

解该方程组得 $W^{\perp}$ 的一个基

$$\boldsymbol{\alpha}_3=(-2,-1,1,0),\quad \boldsymbol{\alpha}_4=(1,0,0,1).$$

故 $\{\boldsymbol{\alpha}_1,\boldsymbol{\alpha}_2,\boldsymbol{\alpha}_3,\boldsymbol{\alpha}_4\}$ 是 $\mathbf{R}^4$ 的一个基. 因为

$$\boldsymbol{\alpha}=(2\boldsymbol{\alpha}_1-\boldsymbol{\alpha}_2)+(0\boldsymbol{\alpha}_3-\boldsymbol{\alpha}_4),$$

所以 $\boldsymbol{\alpha}$ 在 W 上的内射影为

$$2\boldsymbol{\alpha}_1-\boldsymbol{\alpha}_2=(2,-3,1,-2).$$

方法二 先将 $\boldsymbol{\alpha}_1,\boldsymbol{\alpha}_2$ 正交化, 得

$$\boldsymbol{\beta}_1=\boldsymbol{\alpha}_1,\quad \boldsymbol{\beta}_2=\boldsymbol{\alpha}_2.$$

再将 $\boldsymbol{\beta}_1,\boldsymbol{\beta}_2$ 单位化, 得

$$\boldsymbol{\gamma}_1=\left(\frac{1}{2},-\frac{1}{2},\frac{1}{2},-\frac{1}{2}\right),\quad \boldsymbol{\gamma}_2=\left(0,\frac{1}{\sqrt{2}},\frac{1}{\sqrt{2}},0\right).$$

于是 $\boldsymbol{\alpha}=(1,-3,1,-3)$ 在 W 上的内射影为

$$\langle \boldsymbol{\alpha}, \boldsymbol{\gamma}_1\rangle \boldsymbol{\gamma}_1 + \langle \boldsymbol{\alpha}, \boldsymbol{\gamma}_2\rangle \boldsymbol{\gamma}_2 = (2, -3, 1, -2).$$

例 8.2.55　求齐次线性方程组

$$\begin{cases} 2x_1 + x_2 - x_3 + x_4 = 0, \\ x_1 + x_2 - x_3 = 0 \end{cases}$$

的解空间 W 的一个规范正交基, 并求 $W^{\perp}$.

分析　归结为规范正交基的性质以及正交补的定义.

解　解方程组得 W 的一个基 $\boldsymbol{\alpha}_1 = (0,1,1,0)^{\mathrm{T}}, \boldsymbol{\alpha}_2 = (-1,1,0,1)^{\mathrm{T}}$. 令 $\boldsymbol{\alpha}_3 = (0,0,1,0)^{\mathrm{T}}, \boldsymbol{\alpha}_4 = (0,0,0,1)^{\mathrm{T}}$, 则 $\{\boldsymbol{\alpha}_1, \boldsymbol{\alpha}_2, \boldsymbol{\alpha}_3, \boldsymbol{\alpha}_4\}$ 为 $\mathbf{R}^4$ 的一个基.

先将 $\boldsymbol{\alpha}_1, \boldsymbol{\alpha}_2, \boldsymbol{\alpha}_3, \boldsymbol{\alpha}_4$ 正交化, 得

$$\begin{aligned}
\boldsymbol{\beta}_1 &= (0,1,1,0)^{\mathrm{T}}, \\
\boldsymbol{\beta}_2 &= \left(-1, \frac{1}{2}, -\frac{1}{2}, 1\right)^{\mathrm{T}}, \\
\boldsymbol{\beta}_3 &= \left(-\frac{1}{5}, -\frac{2}{5}, \frac{2}{5}, \frac{1}{5}\right)^{\mathrm{T}}, \\
\boldsymbol{\beta}_4 &= \left(\frac{1}{2}, 0, 0, \frac{1}{2}\right)^{\mathrm{T}}.
\end{aligned}$$

再将 $\boldsymbol{\beta}_1, \boldsymbol{\beta}_2, \boldsymbol{\beta}_3, \boldsymbol{\beta}_4$ 单位化, 得

$$\begin{aligned}
\boldsymbol{\gamma}_1 &= \left(0, \frac{1}{\sqrt{2}}, \frac{1}{\sqrt{2}}, 0\right)^{\mathrm{T}}, \\
\boldsymbol{\gamma}_2 &= \left(-\frac{2}{\sqrt{10}}, \frac{1}{\sqrt{10}}, -\frac{1}{\sqrt{10}}, \frac{2}{\sqrt{10}}\right)^{\mathrm{T}}, \\
\boldsymbol{\gamma}_3 &= \left(-\frac{1}{\sqrt{10}}, -\frac{2}{\sqrt{10}}, \frac{2}{\sqrt{10}}, \frac{1}{\sqrt{10}}\right)^{\mathrm{T}}, \\
\boldsymbol{\gamma}_4 &= \left(\frac{1}{\sqrt{2}}, 0, 0, \frac{1}{\sqrt{2}}\right)^{\mathrm{T}}.
\end{aligned}$$

故 $\{\boldsymbol{\gamma}_1, \boldsymbol{\gamma}_2\}$ 和 $\{\boldsymbol{\gamma}_3, \boldsymbol{\gamma}_4\}$ 分别是 W 和 $W^{\perp}$ 的规范正交基, $W^{\perp} = \mathscr{L}(\boldsymbol{\gamma}_3, \boldsymbol{\gamma}_4)$.

例 8.2.56　给定非零实数 a 及实 n 阶反对称矩阵 $\boldsymbol{A}$ (即 $\boldsymbol{A}^{\mathrm{T}} = -\boldsymbol{A}$). 记矩阵有序对集合 T 为

$$T = \{(\boldsymbol{X}, \boldsymbol{Y}) | \boldsymbol{X} \in \mathbf{R}^{n\times n},\ \boldsymbol{Y} \in \mathbf{R}^{n\times n},\ \boldsymbol{XY} = a\boldsymbol{I} + \boldsymbol{A}\}.$$

证明: 任取 T 中两元 $(\boldsymbol{X},\boldsymbol{Y})$ 与 $(\boldsymbol{M},\boldsymbol{N})$, 必有

$$\boldsymbol{XN}+\boldsymbol{Y}^{\mathrm{T}}\boldsymbol{M}^{\mathrm{T}}\neq\boldsymbol{0}.$$

分析 整体分块处理, 再利用矩阵的局部性质.

证明 反证法. 若 $\boldsymbol{XN}+\boldsymbol{Y}^{\mathrm{T}}\boldsymbol{M}^{\mathrm{T}}=\boldsymbol{0}$, 则有

$$\boldsymbol{N}^{\mathrm{T}}\boldsymbol{X}^{\mathrm{T}}+\boldsymbol{MY}=\boldsymbol{0}.$$

另外, 由 $(\boldsymbol{X},\boldsymbol{Y})\in\boldsymbol{T}$ 得

$$\boldsymbol{XY}+(\boldsymbol{XY})^{\mathrm{T}}=2a\boldsymbol{I},$$

即

$$\boldsymbol{XY}+\boldsymbol{Y}^{\mathrm{T}}\boldsymbol{X}^{\mathrm{T}}=2a\boldsymbol{I}.$$

类似有

$$\boldsymbol{MN}+\boldsymbol{N}^{\mathrm{T}}\boldsymbol{M}^{\mathrm{T}}=2a\boldsymbol{I}.$$

因此,

$$\begin{pmatrix}\boldsymbol{X}&\boldsymbol{Y}^{\mathrm{T}}\\\boldsymbol{M}&\boldsymbol{N}^{\mathrm{T}}\end{pmatrix}\begin{pmatrix}\boldsymbol{Y}&\boldsymbol{N}\\\boldsymbol{X}^{\mathrm{T}}&\boldsymbol{M}^{\mathrm{T}}\end{pmatrix}=2a\begin{pmatrix}\boldsymbol{I}&\boldsymbol{0}\\\boldsymbol{0}&\boldsymbol{I}\end{pmatrix},$$

进而

$$\frac{1}{2a}\begin{pmatrix}\boldsymbol{Y}&\boldsymbol{N}\\\boldsymbol{X}^{\mathrm{T}}&\boldsymbol{M}^{\mathrm{T}}\end{pmatrix}\begin{pmatrix}\boldsymbol{X}&\boldsymbol{Y}^{\mathrm{T}}\\\boldsymbol{M}&\boldsymbol{N}^{\mathrm{T}}\end{pmatrix}=\begin{pmatrix}\boldsymbol{I}&\boldsymbol{0}\\\boldsymbol{0}&\boldsymbol{I}\end{pmatrix},$$

得

$$\boldsymbol{YY}^{\mathrm{T}}+\boldsymbol{NN}^{\mathrm{T}}=\boldsymbol{0}.$$

所以

$$\boldsymbol{Y}=\boldsymbol{0},\quad\boldsymbol{N}=\boldsymbol{0},$$

导致 $\boldsymbol{XY}=\boldsymbol{0}$, 与 $\boldsymbol{XY}=a\boldsymbol{I}+\boldsymbol{A}\neq\boldsymbol{0}$ 矛盾.

例 8.2.57 设 $\{\boldsymbol{\varepsilon}_1,\boldsymbol{\varepsilon}_2,\cdots,\boldsymbol{\varepsilon}_n\}$ 为 n 维实线性空间 V 的一组基, 令 $\boldsymbol{\varepsilon}_1+\boldsymbol{\varepsilon}_2+\cdots+\boldsymbol{\varepsilon}_n+\boldsymbol{\varepsilon}_{n+1}=\boldsymbol{0}$. 证明:

(i) 对 $i=1,2,\cdots,n+1$, $\{\boldsymbol{\varepsilon}_1,\cdots,\boldsymbol{\varepsilon}_{i-1},\boldsymbol{\varepsilon}_{i+1},\cdots,\boldsymbol{\varepsilon}_{n+1}\}$ 都构成 V 的基;

(ii) $\forall\boldsymbol{\alpha}\in V$, 在 (i) 中的 $n+1$ 组基中, 必存在一组基使 $\boldsymbol{\alpha}$ 在此基下的坐标分量均非负;

(iii) 若 $\boldsymbol{\alpha}=a_1\boldsymbol{\varepsilon}_1+a_2\boldsymbol{\varepsilon}_2+\cdots+a_n\boldsymbol{\varepsilon}_n$, 且 $|a_i|$ $(i=1,2,\cdots,n)$ 互不相同, 则在 (i) 中的 $n+1$ 组基中, 满足 (ii) 中非负坐标表示的基是唯一的.

分析　利用已知条件, 整体代入.

证明　(i) 若 $i=n+1$, 显然有 $\boldsymbol{\varepsilon}_1,\cdots,\boldsymbol{\varepsilon}_n$ 是 V 的一组基. 若 $1\leqslant i\leqslant n$, 令

$$k_1\boldsymbol{\varepsilon}_1+k_2\boldsymbol{\varepsilon}_2+\cdots+k_{i-1}\boldsymbol{\varepsilon}_{i-1}+k_{i+1}\boldsymbol{\varepsilon}_{i+1}+\cdots+k_n\boldsymbol{\varepsilon}_n+k_{n+1}\boldsymbol{\varepsilon}_{n+1}=\mathbf{0},$$

由于 $\boldsymbol{\varepsilon}_1+\boldsymbol{\varepsilon}_2+\cdots+\boldsymbol{\varepsilon}_n+\boldsymbol{\varepsilon}_{n+1}=\mathbf{0}$, 所以有

$$k_{n+1}(\boldsymbol{\varepsilon}_1+\boldsymbol{\varepsilon}_2+\cdots+\boldsymbol{\varepsilon}_n+\boldsymbol{\varepsilon}_{n+1})=\mathbf{0}.$$

两式相减得

$$\begin{aligned}&(k_1-k_{n+1})\boldsymbol{\varepsilon}_1+\cdots+(k_{i-1}-k_{n+1})\boldsymbol{\varepsilon}_{i-1}-k_{n+1}\boldsymbol{\varepsilon}_i\\&+(k_{i+1}-k_{n+1})\boldsymbol{\varepsilon}_{i+1}+\cdots+(k_n-k_{n+1})\boldsymbol{\varepsilon}_n=\mathbf{0}.\end{aligned}$$

由于 $\boldsymbol{\varepsilon}_1,\boldsymbol{\varepsilon}_2,\cdots,\boldsymbol{\varepsilon}_n$ 线性无关, 故得

$$k_1-k_{n+1}=\cdots=k_{i-1}-k_{n+1}=-k_{n+1}=k_{i+1}-k_{n+1}=\cdots=k_n-k_{n+1}=0.$$

从而有

$$k_1=k_2=\cdots=k_{i-1}=k_{i+1}=\cdots=k_n=k_{n+1}=0.$$

因此可得 $\boldsymbol{\varepsilon}_1,\cdots,\boldsymbol{\varepsilon}_{i-1},\boldsymbol{\varepsilon}_{i+1},\cdots,\boldsymbol{\varepsilon}_{n+1}$ 线性无关, 于是 (i) 得证.

(ii) 由于 $(\boldsymbol{\varepsilon}_1,\cdots,\boldsymbol{\varepsilon}_{i-1},\boldsymbol{\varepsilon}_i,\boldsymbol{\varepsilon}_{i+1},\cdots,\boldsymbol{\varepsilon}_n)=(\boldsymbol{\varepsilon}_1,\cdots,\boldsymbol{\varepsilon}_{i-1},\boldsymbol{\varepsilon}_{i+1},\cdots,\boldsymbol{\varepsilon}_{n+1})\boldsymbol{A}$, 这里

$$\boldsymbol{A}=\begin{pmatrix}1 & & & -1 & & & \\ & \ddots & & \vdots & & & \\ & & 1 & -1 & & & \\ & & & -1 & 1 & & \\ & & & \vdots & & \ddots & \\ & & & \vdots & & & 1 & 1\\ & & & -1 & & & & 0\end{pmatrix}$$

为两组基之间的过渡矩阵.

$\forall\boldsymbol{\alpha}\in V$, 设 $\boldsymbol{\alpha}=a_1\boldsymbol{\varepsilon}_1+a_2\boldsymbol{\varepsilon}_2+\cdots+a_n\boldsymbol{\varepsilon}_n$, 若 $a_1,a_2,\cdots,a_n\geqslant 0$, 则结论正确, 否则令 a_i 是负坐标中绝对值最大者, 那么

$$\boldsymbol{\alpha}=(\boldsymbol{\varepsilon}_1,\boldsymbol{\varepsilon}_2,\cdots,\boldsymbol{\varepsilon}_n)\begin{pmatrix}a_1\\a_2\\\vdots\\a_n\end{pmatrix}=(\boldsymbol{\varepsilon}_1,\cdots,\boldsymbol{\varepsilon}_{i-1},\boldsymbol{\varepsilon}_{i+1},\cdots,\boldsymbol{\varepsilon}_{n+1})\boldsymbol{A}\begin{pmatrix}a_1\\a_2\\\vdots\\a_n\end{pmatrix}$$

$$= (\varepsilon_1, \cdots, \varepsilon_{i-1}, \varepsilon_{i+1}, \cdots, \varepsilon_{n+1}) \begin{pmatrix} a_1 - a_i \\ \vdots \\ a_{i-1} - a_i \\ a_{i+1} - a_i \\ \vdots \\ a_n - a_i \\ -a_i \end{pmatrix},$$

于是, $\varepsilon_1, \cdots, \varepsilon_{i-1}, \varepsilon_{i+1}, \cdots, \varepsilon_{n+1}$ 即为所求的一组基.

(iii) 设 $\boldsymbol{\alpha} = a_1\varepsilon_1 + a_2\varepsilon_2 + \cdots + a_n\varepsilon_n$, 且 $|a_i|(i = 1, 2, \cdots, n)$ 互不相同. 设 a_i 是负坐标中绝对值最大者, 除了基 $\varepsilon_1, \cdots, \varepsilon_{i-1}, \varepsilon_{i+1}, \cdots, \varepsilon_{n+1}$ 之外, 可以证明 $\boldsymbol{\alpha}$ 无论在哪一组基下的坐标都有负的分量. 事实上, 对任意的 $k \neq j$ 都有

$$\boldsymbol{\alpha} = (\varepsilon_1, \varepsilon_2, \cdots, \varepsilon_n) \begin{pmatrix} a_1 \\ a_2 \\ \vdots \\ a_n \end{pmatrix} = (\varepsilon_1, \cdots, \varepsilon_{k-1}, \varepsilon_{k+1}, \cdots, \varepsilon_{n+1}) \begin{pmatrix} a_1 - a_k \\ \vdots \\ a_i - a_k \\ \vdots \\ a_n - a_k \\ -a_k \end{pmatrix},$$

其中, $a_i - a_k < 0$, 于是满足 (ii) 中非负坐标表示的基是唯一的.

例 8.2.58 设 $(\mathbf{R}, +, \cdot)$ 为含 $1 \neq 0$ 的结合环, $a, b \in \mathbf{R}$. 若 $a + b = ba$, 且关于 x 的方程组

$$\begin{cases} x^2 - (ax^2 + x^2a) + ax^2a = 1, \\ x + a - (ax + xa) + axa = 1 \end{cases}$$

在 $\mathbf{R}$ 中有解. 证明: $ab = ba$.

分析 整体变形, 再利用可逆性质.

证明 首先注意到

$$\begin{cases} x^2 - (ax^2 + x^2a) + ax^2a = 1, \\ x + a - (ax + xa) + axa = 1 \end{cases} \iff \begin{cases} (1-a)x^2(1-a) = 1, \\ (1-a)x(1-a) = 1 - a, \end{cases}$$

结果有

$$(1-a)x = (1-a)x\{(1-a)x^2(1-a)\}$$

$$
\begin{aligned}
&= (1-a)x(1-a)x^2(1-a) \\
&= (1-a)x^2(1-a) = 1, \\
x(1-a) &= (1-a)x^2(1-a)x(1-a) \\
&= (1-a)x^2 \cdot (1-a)x(1-a) \\
&= (1-a)x^2(1-a) = 1.
\end{aligned}
$$

因此有 $1-a$ 可逆且 $(1-a)^{-1} = x$.

现在考虑 $(1-b)(1-a)$, 则有 $(1-b)(1-a) = 1-a-b+ba = 1$, 结合前面所证 $1-a$ 可逆, 因此得 $(1-a)^{-1} = 1-b$. 进而有

$$1 = (1-a)(1-b) = 1-a-b+ab = 1-ba+ab,$$

亦即 $ab = ba$.

例 8.2.59　设 $\boldsymbol{A}$ 是 n 阶正定矩阵, $\boldsymbol{B}$ 是秩为 m 的 $n \times m$ 实矩阵. 证明: 矩阵 $\begin{pmatrix} \boldsymbol{A} & \boldsymbol{B} \\ \boldsymbol{B}^{\mathrm{T}} & \boldsymbol{0} \end{pmatrix}$ 的符号差为 $n-m$.

分析　整个分块矩阵的符号差与合同矩阵的部分相联系.

证明

$$
\begin{aligned}
&\begin{pmatrix} \boldsymbol{I}_n & \boldsymbol{0} \\ -\boldsymbol{B}^{\mathrm{T}}\boldsymbol{A}^{-1} & \boldsymbol{I}_m \end{pmatrix} \begin{pmatrix} \boldsymbol{A} & \boldsymbol{B} \\ \boldsymbol{B}^{\mathrm{T}} & \boldsymbol{0} \end{pmatrix} \begin{pmatrix} \boldsymbol{I}_n & -\boldsymbol{A}^{-1}\boldsymbol{B} \\ \boldsymbol{0} & \boldsymbol{I}_m \end{pmatrix} \\
= &\begin{pmatrix} \boldsymbol{A} & \boldsymbol{B} \\ \boldsymbol{0} & -\boldsymbol{B}^{\mathrm{T}}\boldsymbol{A}^{-1}\boldsymbol{B} \end{pmatrix} \begin{pmatrix} \boldsymbol{I}_n & -\boldsymbol{A}^{-1}\boldsymbol{B} \\ \boldsymbol{0} & \boldsymbol{I}_m \end{pmatrix} = \begin{pmatrix} \boldsymbol{A} & \boldsymbol{0} \\ \boldsymbol{0} & -\boldsymbol{B}^{\mathrm{T}}\boldsymbol{A}^{-1}\boldsymbol{B} \end{pmatrix}.
\end{aligned}
$$

由于

$$(-\boldsymbol{A}^{-1}\boldsymbol{B})^{\mathrm{T}} = -\boldsymbol{B}^{\mathrm{T}}(\boldsymbol{A}^{-1})^{\mathrm{T}} = -\boldsymbol{B}^{\mathrm{T}}(\boldsymbol{A}^{\mathrm{T}})^{-1} = -\boldsymbol{B}^{\mathrm{T}}\boldsymbol{A}^{-1},$$

因此

$$\begin{pmatrix} \boldsymbol{I}_n & \boldsymbol{0} \\ -\boldsymbol{B}^{\mathrm{T}}\boldsymbol{A}^{-1} & \boldsymbol{I}_m \end{pmatrix} = \begin{pmatrix} \boldsymbol{I}_n & -\boldsymbol{A}^{-1}\boldsymbol{B} \\ \boldsymbol{0} & \boldsymbol{I}_m \end{pmatrix}^{\mathrm{T}}.$$

这说明 $\begin{pmatrix} \boldsymbol{A} & \boldsymbol{B} \\ \boldsymbol{B}^{\mathrm{T}} & \boldsymbol{0} \end{pmatrix}$ 与 $\begin{pmatrix} \boldsymbol{A} & \boldsymbol{0} \\ \boldsymbol{0} & -\boldsymbol{B}^{\mathrm{T}}\boldsymbol{A}^{-1}\boldsymbol{B} \end{pmatrix}$ 合同 (在实数域 $\mathbf{R}$ 上). 由 $\boldsymbol{A}$ 正定可知, 存在 n 阶实可逆阵 $\boldsymbol{P}$, 使得 $\boldsymbol{P}^{\mathrm{T}}\boldsymbol{A}\boldsymbol{P} = \boldsymbol{I}_n$. 由于 $\boldsymbol{A}$ 正定, 因此 $\boldsymbol{A}^{-1}$ 是正定的. 又秩 $\boldsymbol{B}_{n\times m} = m$, 由正定矩阵定义容易验证 $\boldsymbol{B}^{\mathrm{T}}\boldsymbol{A}^{-1}\boldsymbol{B}$ 正定. 故存在 m 阶实

可逆阵 $\boldsymbol{Q}$, 使得 $\boldsymbol{Q}^{\mathrm{T}}(\boldsymbol{B}^{\mathrm{T}}\boldsymbol{A}^{-1}\boldsymbol{B})\boldsymbol{Q}=\boldsymbol{I}_m$. 令 $\boldsymbol{S}=\begin{pmatrix}\boldsymbol{P} & \boldsymbol{0}\\ \boldsymbol{0} & \boldsymbol{Q}\end{pmatrix}$, 则 $\boldsymbol{S}$ 是实 $(n+m)$ 阶可逆阵, 且

$$\begin{aligned}&\boldsymbol{S}^{\mathrm{T}}\begin{pmatrix}\boldsymbol{A} & \boldsymbol{0}\\ \boldsymbol{0} & -\boldsymbol{B}^{\mathrm{T}}\boldsymbol{A}^{-1}\boldsymbol{B}\end{pmatrix}\boldsymbol{S}\\ =&\begin{pmatrix}\boldsymbol{P}^{\mathrm{T}} & \boldsymbol{0}\\ \boldsymbol{0} & \boldsymbol{Q}^{\mathrm{T}}\end{pmatrix}\begin{pmatrix}\boldsymbol{A} & \boldsymbol{0}\\ \boldsymbol{0} & -\boldsymbol{B}^{\mathrm{T}}\boldsymbol{A}^{-1}\boldsymbol{B}\end{pmatrix}\begin{pmatrix}\boldsymbol{P} & \boldsymbol{0}\\ \boldsymbol{0} & \boldsymbol{Q}\end{pmatrix}\\ =&\begin{pmatrix}\boldsymbol{I}_n & \boldsymbol{0}\\ \boldsymbol{0} & -\boldsymbol{I}_m\end{pmatrix}.\end{aligned}$$

因此 $\begin{pmatrix}\boldsymbol{A} & \boldsymbol{B}\\ \boldsymbol{B}^{\mathrm{T}} & \boldsymbol{Q}\end{pmatrix}$ 的也是 $\begin{pmatrix}\boldsymbol{A} & \boldsymbol{0}\\ \boldsymbol{0} & -\boldsymbol{B}^{\mathrm{T}}\boldsymbol{A}^{-1}\boldsymbol{B}\end{pmatrix}$ 的正、负惯性指数分别为 n,m, 所以其符号差是 $n-m$.

第 9 章 构造思想

9.1 主要内容概述

在高等代数中, 有些问题的研究, 往往需要根据问题, 构造需要的相应的结构, 这种构造建立在对问题深入思考的基础上. 下面的例 9.1.1 选自文献 [3] 的定理 4.2.2, 就是一个很好的整体与部分的例子. 为了叙述完整, 将内容与证明列在这里.

例 9.1.1 设 $f(x), g(x) \in F[x]$.

(i) $f(x)$ 与 $g(x)$ 的最大公因式总是存在的;

(ii) 若 $d(x)$ 是 $f(x)$ 与 $g(x)$ 的一个最大公因式, 则存在 $F[x]$ 中的多项式 $u(x), v(x)$, 使得

$$u(x)f(x) + v(x)g(x) = d(x).$$

证明 当 $f(x) = 0, g(x) = 0$ 时, 结论显然成立. 现在假设 $f(x)$ 与 $g(x)$ 不全是零多项式. 作 $F[x]$ 的子集合

$$A = \{h_1(x)f(x) + h_2(x)g(x) | h_1(x), h_2(x) \in F[x]\}.$$

显然 $f(x), g(x) \in A$, 所以 A 中含有非零多项式. 令 $d_0(x)$ 是 A 中任意一个次数最低的非零多项式. 那么存在 $w_1(x), w_2(x) \in F[x]$, 使得

$$d_0(x) = w_1(x)f(x) + w_2(x)g(x). \tag{9.1}$$

下面我们来证明 $d_0(x)$ 就是 $f(x)$ 与 $g(x)$ 的最大公因式.

先证明 $d_0(x)$ 是 $f(x)$ 与 $g(x)$ 的公因式. 假如 $d_0(x)$ 不整除 $f(x)$, 用 $d_0(x)$ 去除 $f(x)$ 所得的商和余式分别是 $q(x), r(x)$, 即

$$f(x) = d_0(x)q(x) + r(x), \tag{9.2}$$

这里 $r(x) \neq 0$, 且 $\deg r(x) < \deg d_0(x)$. 将 (9.1) 代入 (9.2), 整理得

$$r(x) = [1 - w_1(x)q(x)]f(x) + [-w_2(x)q(x)]g(x), \tag{9.3}$$

因此 $r(x) \in A$, 而 $r(x) \neq 0$, 且 $\deg r(x) < \deg d_0(x)$, 这与 $d_0(x)$ 是 A 中次数最低的非零多项式相矛盾. 从而 $d(x)$ 整除 $f(x)$. 类似可证 $d_0(x)$ 整除 $g(x)$. 现在设

$h(x) \in F[x]$, 且 $h(x)|f(x), h(x)|g(x)$. 由 (9.1) 式, 显然 $h(x)|d_0(x)$. 因此, $d_0(x)$ 是 $f(x)$ 与 $g(x)$ 的最大公因式.

设 $d(x)$ 是 $f(x)$ 与 $g(x)$ 的任意一个最大公因式, 则存在 $c \in F, c \neq 0$, 使得 $d(x) = cd_0(x)$. 将 (9.1) 代入 $d(x) = cd_0(x)$, 使得

$$d(x) = cw_1(x)f(x) + cw_2(x)g(x).$$

再令 $u(x) = cw_1(x), v(x) = cw_2(x)$, 我们就有 $u(x)f(x) + v(x)g(x) = d(x)$.

9.2 典型的例子

例 9.2.1 设有 n 阶方阵 $\begin{pmatrix} a & b & \cdots & b & b \\ b & a & \cdots & b & b \\ \vdots & \vdots & & \vdots & \vdots \\ b & b & \cdots & a & b \\ b & b & \cdots & b & a \end{pmatrix}$. 试证明: $a + (n-1)b$ 是它的 1 重特征根, $a - b$ 是它的 $n-1$ 重特征根.

分析 构造矩阵形式, 将求根的问题转化为特征多项式的降阶定理.

证明 设 $\boldsymbol{A} = \begin{pmatrix} b & b & \cdots & b \\ b & b & \cdots & b \\ \vdots & \vdots & & \vdots \\ b & b & \cdots & b \end{pmatrix}_{n\times n} = \begin{pmatrix} 1 \\ 1 \\ \vdots \\ 1 \end{pmatrix}(b, b, \cdots, b)$, 则

$$\det(y\boldsymbol{I}_n - \boldsymbol{A}) = y^{n-1}(y - nb).$$

如果令 $y = x - a + b$, 那么

$$\det[(x - a + b)\boldsymbol{I}_n - \boldsymbol{A}] = (x - a + b)^{n-1}(x - a + b - nb),$$

故 $\boldsymbol{A} + (a-b)\boldsymbol{I}_n$ 的特征根为 $a + (n-1)b,\ a - b,\ a - b,\ \cdots,\ a - b$. 进而

$$\det(\boldsymbol{A} + (a-b)\boldsymbol{I}_n) = (a + (n-1)b)(a-b)^{n-1}.$$

例 9.2.2 证明: n 阶方阵 $\boldsymbol{A}$ 为数量矩阵的充要条件是 $\boldsymbol{A}$ 与所有 n 阶可逆矩阵相乘可交换.

分析 与所有可逆矩阵相乘可交换, 构造一些特殊的可逆矩阵相乘.

证明 必要性. 显然.

充分性. 设方阵 $\boldsymbol{A}=(a_{ij})$ 与所有可逆矩阵相乘可交换, 则 $\boldsymbol{A}$ 与可逆矩阵

$$\boldsymbol{B}=\begin{pmatrix}1 & & & 0\\ & 2 & & \\ & & \ddots & \\ 0 & & & n\end{pmatrix},\quad \boldsymbol{C}=\begin{pmatrix}0 & 1 & 0 & \cdots & 0\\ 0 & 0 & 1 & \cdots & 0\\ \vdots & \vdots & \vdots & & \vdots\\ 0 & 0 & 0 & \cdots & 1\\ 1 & 0 & 0 & \cdots & 0\end{pmatrix}$$

相乘可交换. 由 $\boldsymbol{AB}=\boldsymbol{BA}$, 得

$$\begin{pmatrix}a_{11} & 2a_{12} & \cdots & na_{1n}\\ a_{21} & 2a_{22} & \cdots & na_{2n}\\ \vdots & \vdots & & \vdots\\ a_{n1} & 2a_{n2} & \cdots & na_{nn}\end{pmatrix}=\begin{pmatrix}a_{11} & a_{12} & \cdots & a_{1n}\\ 2a_{21} & 2a_{22} & \cdots & 2a_{2n}\\ \vdots & \vdots & & \vdots\\ na_{n1} & na_{n2} & \cdots & na_{nn}\end{pmatrix}.$$

从而 $ja_{ij}=ia_{ij}$. 于是当 $i\neq j$ 时, $a_{ij}=0\ (i,j=1,2,\cdots,n)$.

由 $\boldsymbol{AC}=\boldsymbol{CA}$, 得

$$\begin{pmatrix}0 & a_{11} & 0 & \cdots & 0\\ 0 & 0 & a_{22} & \cdots & 0\\ \vdots & \vdots & \vdots & & \vdots\\ 0 & 0 & 0 & \cdots & a_{n-1,n-1}\\ a_{nn} & 0 & 0 & \cdots & 0\end{pmatrix}=\begin{pmatrix}0 & a_{22} & 0 & \cdots & 0\\ 0 & 0 & a_{33} & \cdots & 0\\ \vdots & \vdots & \vdots & & \vdots\\ 0 & 0 & 0 & \cdots & a_{nn}\\ a_{11} & 0 & 0 & \cdots & 0\end{pmatrix}.$$

因此 $a_{11}=a_{22}=\cdots=a_{nn}$. 故 $\boldsymbol{A}$ 为数量矩阵.

例 9.2.3 设 $\boldsymbol{A}=(a_{ij})_{n\times n}$, a_{ij} 的代数余子式为 A_{ij}, $i,\ j=1,\ 2,\ \cdots,\ n$. 试证

$$\sum_{i=1}^{n}\sum_{j=1}^{n}A_{ij}=\begin{vmatrix}a_{11}-a_{12} & a_{12}-a_{13} & \cdots & a_{1,n-1}-a_{1n} & 1\\ a_{21}-a_{22} & a_{22}-a_{23} & \cdots & a_{2,n-1}-a_{2n} & 1\\ \vdots & \vdots & & \vdots & \vdots\\ a_{n1}-a_{n2} & a_{n2}-a_{n3} & \cdots & a_{n,n-1}-a_{nn} & 1\end{vmatrix}.$$

分析 先构造一般情形, 再特殊化成需要的样子.

证明 利用行列式性质, 有

$$\begin{vmatrix}a_{11}+x & a_{12}+x & \cdots & a_{1n}+x\\ a_{21}+x & a_{22}+x & \cdots & a_{2n}+x\\ \vdots & \vdots & & \vdots\\ a_{n1}+x & a_{n2}+x & \cdots & a_{nn}+x\end{vmatrix}$$

$$
=\begin{vmatrix} a_{11} & a_{12} & \cdots & a_{1n} \\ a_{21} & a_{22} & \cdots & a_{2n} \\ \vdots & \vdots & & \vdots \\ a_{n1} & a_{n2} & \cdots & a_{nn} \end{vmatrix} + \begin{vmatrix} x & a_{12} & \cdots & a_{1n} \\ x & a_{22} & \cdots & a_{2n} \\ \vdots & \vdots & & \vdots \\ x & a_{n2} & \cdots & a_{nn} \end{vmatrix} + \begin{vmatrix} a_{11} & x & \cdots & a_{1n} \\ a_{21} & x & \cdots & a_{2n} \\ \vdots & \vdots & & \vdots \\ a_{n1} & x & \cdots & a_{nn} \end{vmatrix}
$$

$$
+\cdots+\begin{vmatrix} a_{11} & a_{12} & \cdots & x \\ a_{21} & a_{22} & \cdots & x \\ \vdots & \vdots & & \vdots \\ a_{n1} & a_{n2} & \cdots & x \end{vmatrix}
$$

$$
=\begin{vmatrix} a_{11} & a_{12} & \cdots & a_{1n} \\ a_{21} & a_{22} & \cdots & a_{2n} \\ \vdots & \vdots & & \vdots \\ a_{n1} & a_{n2} & \cdots & a_{nn} \end{vmatrix} + x\sum_{i=1}^{n} A_{i1} + x\sum_{i=1}^{n} A_{i2} + \cdots + x\sum_{i=1}^{n} A_{in}
$$

$$
=\begin{vmatrix} a_{11} & a_{12} & \cdots & a_{1n} \\ a_{21} & a_{22} & \cdots & a_{2n} \\ \vdots & \vdots & & \vdots \\ a_{n1} & a_{n2} & \cdots & a_{nn} \end{vmatrix} + x\sum_{i=1}^{n}\sum_{j=1}^{n} A_{ij}.
$$

在上式中令 $x=1$, 得

$$
\sum_{i=1}^{n}\sum_{j=1}^{n} A_{ij} = \begin{vmatrix} a_{11}+1 & a_{12}+1 & \cdots & a_{1n}+1 \\ a_{21}+1 & a_{22}+1 & \cdots & a_{2n}+1 \\ \vdots & \vdots & & \vdots \\ a_{n1}+1 & a_{n2}+1 & \cdots & a_{nn}+1 \end{vmatrix} - \begin{vmatrix} a_{11} & a_{12} & \cdots & a_{1n} \\ a_{21} & a_{22} & \cdots & a_{2n} \\ \vdots & \vdots & & \vdots \\ a_{n1} & a_{n2} & \cdots & a_{nn} \end{vmatrix}
$$

$$
= \begin{vmatrix} a_{11}-a_{12} & a_{12}-a_{13} & \cdots & a_{1,n-1}-a_{1n} & a_{1n}+1 \\ a_{21}-a_{22} & a_{22}-a_{23} & \cdots & a_{2,n-1}-a_{2n} & a_{2n}+1 \\ \vdots & \vdots & & \vdots & \vdots \\ a_{n1}-a_{n2} & a_{n2}-a_{n3} & \cdots & a_{n,n-1}-a_{nn} & a_{nn}+1 \end{vmatrix}
$$

$$
- \begin{vmatrix} a_{11}-a_{12} & \cdots & a_{1,n-1}-a_{1n} & a_{1n} \\ a_{21}-a_{22} & \cdots & a_{2,n-1}-a_{2n} & a_{2n} \\ \vdots & & \vdots & \vdots \\ a_{n1}-a_{n2} & \cdots & a_{n,n-1}-a_{nn} & a_{nn} \end{vmatrix}
$$

$$= \begin{vmatrix} a_{11} - a_{12} & \cdots & a_{1,n-1} - a_{1n} & 1 \\ a_{21} - a_{22} & \cdots & a_{2,n-1} - a_{2n} & 1 \\ \vdots & & \vdots & \vdots \\ a_{n1} - a_{n2} & \cdots & a_{n,n-1} - a_{nn} & 1 \end{vmatrix}.$$

例 9.2.4　求 n 阶实对称矩阵 $\boldsymbol{A} = \begin{pmatrix} a_1^2 & a_1a_2+1 & \cdots & a_1a_n+1 \\ a_2a_1+1 & a_2^2 & \cdots & a_2a_n+1 \\ \vdots & \vdots & & \vdots \\ a_na_1+1 & a_na_2+1 & \cdots & a_n^2 \end{pmatrix}$ 的全部特征根, 并求 $\det\boldsymbol{A}$.

分析　构造特殊矩阵, 乘成已知矩阵的样子.

解　设 $\boldsymbol{B} = \begin{pmatrix} a_1 & 1 \\ a_2 & 1 \\ \vdots & \vdots \\ a_n & 1 \end{pmatrix} \begin{pmatrix} a_1 & a_2 & \cdots & a_n \\ 1 & 1 & \cdots & 1 \end{pmatrix}$, 则 $\boldsymbol{A} = \boldsymbol{B} - \boldsymbol{I}_n$.

$\begin{pmatrix} \sum\limits_{i=1}^n a_i^2 & \sum\limits_{i=1}^n a_i \\ \sum\limits_{i=1}^n a_i & n \end{pmatrix}$ 的特征根为

$$\lambda_{1,2} = \frac{n + \sum\limits_{i=1}^n a_i^2 \pm \sqrt{\left(n + \sum\limits_{i=1}^n a_i^2\right)^2 - 4\left[n\sum\limits_{i=1}^n a_i^2 - \left(\sum\limits_{i=1}^n a_i\right)^2\right]}}{2}.$$

故 $\boldsymbol{B}$ 的特征根为 λ_1, λ_2, 还有 $n-2$ 个 0. 进而 $\boldsymbol{A}$ 的全体特征根为 λ_1-1, λ_2-1, 还有 $n-2$ 个 -1.

所以

$$\begin{aligned} \det \boldsymbol{A} &= (\lambda_1 - 1)(\lambda_2 - 1)(-1)^{n-2} \\ &= (-1)^{n-2}\left[n\sum_{i=1}^n a_i^2 - \left(\sum_{i=1}^n a_i\right)^2 - n - \sum_{i=1}^n a_i^2 + 1\right]. \end{aligned}$$

例 9.2.5　设 $\boldsymbol{A}$ 与 $\boldsymbol{B}$ 分别是 $m \times n$ 矩阵与 $n \times m$ 矩阵, 且 $m \geqslant n$. 证明:

$$\det(x\boldsymbol{I}_m - \boldsymbol{AB}) = x^{m-n}\det(x\boldsymbol{I}_n - \boldsymbol{BA}).$$

分析 结合分块矩阵初等变换, 构造需要的特殊矩阵.

证明 令 $\boldsymbol{U}=\begin{pmatrix}x\boldsymbol{I}_m & -\boldsymbol{A}\\ \boldsymbol{0} & \boldsymbol{I}_n\end{pmatrix}$, $\boldsymbol{V}=\begin{pmatrix}\boldsymbol{I}_m & \boldsymbol{A}\\ \boldsymbol{B} & x\boldsymbol{I}_n\end{pmatrix}$, 则

$$\boldsymbol{UV}=\begin{pmatrix}x\boldsymbol{I}_m-\boldsymbol{AB} & 0\\ \boldsymbol{B} & x\boldsymbol{I}_n\end{pmatrix},\quad \boldsymbol{VU}=\begin{pmatrix}x\boldsymbol{I}_m & 0\\ x\boldsymbol{B} & x\boldsymbol{I}_n-\boldsymbol{BA}\end{pmatrix}.$$

因为 $\det(\boldsymbol{UV})=\det(\boldsymbol{VU})$, 所以

$$\det(x\boldsymbol{I}_m-\boldsymbol{AB})\det(x\boldsymbol{I}_n)=\det(x\boldsymbol{I}_m)\det(x\boldsymbol{I}_n-\boldsymbol{BA}).$$

因此 $\det(x\boldsymbol{I}_m-\boldsymbol{AB})=x^{m-n}\det(x\boldsymbol{I}_n-\boldsymbol{BA})$.

例 9.2.6 设 $p_1,p_2,\cdots,p_k$ 是 k 个互不相同的素数, n 是一个大于 1 的整数. 试证: $\sqrt[n]{p_1p_2\cdots p_k}$ 是一个无理数.

分析 构造特殊多项式.

证明 考虑多项式 $x^n-p_1p_2\cdots p_k$. 因为 $p_1,p_2,\cdots,p_k$ 是互不相同的素数, $p=p_1$ 满足艾森斯坦判别法的条件, 所以 $x^n-p_1p_2\cdots p_k$ 在有理数域上不可约. 于是 $x^n-p_1p_2\cdots p_k$ $(n>1)$ 没有有理根. 而 $\sqrt[n]{p_1p_2\cdots p_k}$ 显然是 $x^n-p_1p_2\cdots p_k$ 的一个实根, 故 $\sqrt[n]{p_1p_2\cdots p_k}$ $(n>1)$ 是无理数.

例 9.2.7 设 m 为给定的正整数. 证明: 对任何的正整数 n, l, 存在 m 阶方阵 $\boldsymbol{X}$, 使得

$$\boldsymbol{X}^n+\boldsymbol{X}^l=\boldsymbol{I}+\begin{pmatrix}1 & 0 & 0 & \cdots & 0 & 0\\ 2 & 1 & 0 & \cdots & 0 & 0\\ 3 & 2 & 1 & \cdots & 0 & 0\\ \vdots & \vdots & \vdots & & \vdots & \vdots\\ m-1 & m-2 & m-3 & \cdots & 1 & 0\\ m & m-1 & m-2 & \cdots & 2 & 1\end{pmatrix}.$$

分析 构造特殊矩阵, 通过乘积求解.

证明 (1) 令 $\boldsymbol{H}=\begin{pmatrix}0 & & & \\ 1 & \ddots & & \\ & \ddots & \ddots & \\ & & 1 & 0\end{pmatrix}$, 则所求的方程变为

$$\boldsymbol{X}^n+\boldsymbol{X}^l=\boldsymbol{I}+(\boldsymbol{I}+2\boldsymbol{H}+3\boldsymbol{H}^2+\cdots+m\boldsymbol{H}^{m-1}).$$

(2) 考察形如 $\begin{pmatrix} 1 & 0 & 0 & \cdots & 0 & 0 \\ a_1 & 1 & 0 & \cdots & 0 & 0 \\ a_2 & a_1 & 1 & \cdots & 0 & 0 \\ \vdots & \vdots & \vdots & \ddots & \vdots & \vdots \\ a_{m-1} & a_{m-2} & a_{m-3} & \cdots & 1 & 0 \\ a_m & a_{m-1} & a_{m-2} & \cdots & a_1 & 1 \end{pmatrix}$ 的矩阵 $\boldsymbol{X}$, 则有

$$\boldsymbol{X} = \boldsymbol{I} + a_1\boldsymbol{H} + a_2\boldsymbol{H}^2 + \cdots + a_m\boldsymbol{H}^{m-1}.$$

从而

$$\begin{aligned} \boldsymbol{X}^n &= (\boldsymbol{I} + a_1\boldsymbol{H} + a_2\boldsymbol{H}^2 + \cdots + a_m\boldsymbol{H}^{m-1})^n \\ &= \boldsymbol{I} + (na_1)\boldsymbol{H} + (na_2 + f_1(a_1))\boldsymbol{H}^2 \\ &\quad + \cdots + (na_m + f_{m-1}(a_1, \cdots, a_{m-1}))\boldsymbol{H}^{m-1}, \end{aligned}$$

其中 $f_1(a_1)$ 由 a_1 确定, $\cdots$, $f_{m-1}(a_1, \cdots, a_{m-1})$ 由 $a_1, \cdots, a_{m-1}$ 确定.

类似地, 有

$$\boldsymbol{X}^l = \boldsymbol{I} + (la_1)\boldsymbol{H} + (la_2 + g_1(a_1))\boldsymbol{H}^2 + \cdots + (la_m + g_{m-1}(a_1, \cdots, a_{m-1}))\boldsymbol{H}^{m-1}.$$

(3) 观察下列方程组

$$\begin{cases} (n+l)a_1 = 2, \\ (n+l)a_2 + (f_1(a_1) + g_1(a_1)) = 3, \\ \qquad\qquad \cdots\cdots \\ (n+l)a_m + f_{m-1}(a_1, \cdots, a_{m-1}) + g_{m-1}(a_1, \cdots, a_{m-1}) = m. \end{cases}$$

给定正整数 n, l 可以求出该方程的解. 命题得证.

例 9.2.8 设 $\Gamma = \{\boldsymbol{W}_1, \boldsymbol{W}_2, \cdots, \boldsymbol{W}_r\}$ 为 r 个各不相同的可逆 n 阶复方阵构成的集合. 若该集合关于矩阵的乘法封闭 (即 $\forall \boldsymbol{M}, \boldsymbol{N} \in \Gamma$, 有 $\boldsymbol{MN} \in \Gamma$). 证明: $\sum\limits_{i=1}^{r} \boldsymbol{W}_i = \boldsymbol{0} \Longleftrightarrow \sum\limits_{i=1}^{r} \operatorname{tr}(\boldsymbol{W}_i) = 0$, 其中 $\operatorname{tr}(\boldsymbol{W}_i)$ 表示 $\boldsymbol{W}_1$ 的迹.

分析 构造集合, 再利用逆矩阵的性质.

解 必要性. 由迹的性质直接知.

充分性. 首先, 对于可逆矩阵 $\boldsymbol{W} \in \Gamma$, 有 $\boldsymbol{WW}_1, \cdots, \boldsymbol{WW}_r$ 各不相同. 故有

$$\boldsymbol{W}\Gamma \equiv \{\boldsymbol{WW}_1, \boldsymbol{WW}_2, \cdots, \boldsymbol{WW}_r\} = \{\boldsymbol{W}_1, \boldsymbol{W}_2, \cdots, \boldsymbol{W}_r\},$$

即 $\forall \boldsymbol{W} \in \Gamma$, $\boldsymbol{W}\Gamma = \Gamma$.

记 $\boldsymbol{S} = \sum\limits_{i=1}^{r} \boldsymbol{W}_i$, 则 $\forall \boldsymbol{W} \in \Gamma$, $\boldsymbol{W}\boldsymbol{S} = \boldsymbol{S}$, 进而 $\boldsymbol{S}^2 = r\boldsymbol{S}$, 即 $\boldsymbol{S}^2 - r\boldsymbol{S} = \boldsymbol{0}$. 若 λ 为 $\boldsymbol{S}$ 的特征值, 则 $\lambda^2 - r\lambda = 0$, 即 $\lambda = 0$ 或 r.

结合条件 $\sum\limits_{i=1}^{r} \operatorname{tr}(\boldsymbol{W}_i) = 0$ 知, $\boldsymbol{S}$ 的特征值只能为 0. 因此有 $\boldsymbol{S} - r\boldsymbol{I}$ 可逆 (例如取 $\boldsymbol{S}$ 的若尔当分解就可以直接看出).

再次注意到 $\boldsymbol{S}(\boldsymbol{S} - r\boldsymbol{I}) = \boldsymbol{S}^2 - r\boldsymbol{S} = \boldsymbol{0}$, 此时右乘 $(\boldsymbol{S} - r\boldsymbol{I})^{-1}$ 即得 $\boldsymbol{S} = \boldsymbol{0}$.

例 9.2.9 设 $\boldsymbol{A} = (a_{ij})_{n\times n}$ 为实方阵, 满足

(1) $a_{11} = a_{22} = \cdots = a_{nn} = a > 0$;

(2) 对每个 $i \in \{1, 2, \cdots, n\}$, 有 $\sum\limits_{j=1}^{n} |a_{ij}| + \sum\limits_{j=1}^{n} |a_{ji}| < 4a$.

求 $f(x_1, x_2, \cdots, x_n) = (x_1, x_2, \cdots, x_n)\boldsymbol{A}\begin{pmatrix} x_1 \\ x_2 \\ \vdots \\ x_n \end{pmatrix}$ 的规范型.

分析 构造需要的二次型.

解 $f(x_1, x_2, \cdots, x_n) = (x_1, \cdots, x_n)\dfrac{\boldsymbol{A} + \boldsymbol{A}^{\mathrm{T}}}{2}\begin{pmatrix} x_1 \\ x_2 \\ \vdots \\ x_n \end{pmatrix}$.

令 $\boldsymbol{B} = (b_{ij}) = \dfrac{\boldsymbol{A} + \boldsymbol{A}^{\mathrm{T}}}{2}$, 则 $\boldsymbol{B}$ 为实对称矩阵, 且

$$b_{11} = b_{22} = \cdots = b_{nn} = a; \quad \sum_{j=1}^{n} |b_{ij}| = \sum_{j=1}^{n} \left| \frac{a_{ij}}{2} + \frac{a_{ji}}{2} \right| < 2a.$$

结果, $b_{ii} > \sum\limits_{j \neq i} |b_{ij}|$.

若 λ 为 $\boldsymbol{B}$ 的特征值, $\boldsymbol{\alpha} = \begin{pmatrix} x_1 \\ x_2 \\ \vdots \\ x_n \end{pmatrix}$ 为关于 λ 的非零特征向量, 记

$$|x_i| = \max_{1 \leqslant j \leqslant n} |x_j| > 0.$$

由于 $\boldsymbol{B\alpha} = \lambda\boldsymbol{\alpha}$,

$$\lambda = \frac{\sum\limits_{j=1}^{n} b_{ij}x_j}{x_i} \geqslant a - \sum_{j\neq i}|b_{ij}| > 0.$$

故 $\boldsymbol{B}$ 为正定矩阵, f 的规范型为 $y_1^2 + \cdots + y_n^2$.

参 考 文 献

[1] 陈祥恩, 程辉, 乔虎生, 刘仲奎. 高等代数专题选讲 [M]. 北京: 中国科学技术出版社, 2013.

[2] 卢博, 田双亮, 张佳. 高等代数思想方法及应用 [M]. 北京: 科学出版社, 2017.

[3] 刘仲奎, 杨永保, 程辉, 陈祥恩, 汪小琳. 高等代数 [M]. 北京: 高等教育出版社, 2003.

[4] 刘仲奎, 杨世洲, 汪小琳, 张文汇, 王占平. 高等代数学习指导 [M]. 北京: 中国科学技术出版社, 2020.

[5] 李尚志. 线性代数 [M]. 北京: 高等教育出版社, 2006.

[6] 李志慧, 李永明. 高等代数中的典型问题与方法 [M]. 北京: 科学出版社, 2008.

[7] 屠伯埙. 线性代数——方法导引 [M]. 上海: 复旦大学出版社, 1986.

[8] 张禾瑞, 郝鈵新. 高等代数 [M]. 5 版. 北京: 高等教育出版社, 2007.